불확실성에 맞서는 기술

불확실성에
맞서는기술

실업률, 주식, 전쟁, 기후변화, AI까지

1판 1쇄 펴냄 2025년 5월 30일

지은이 데이비드 스피겔할터
옮긴이 양병찬
발행인 김병준 · 고세규
발행처 생각의힘
편집 박소연 · 정혜지 디자인 김정미 · 백소연 마케팅 김유정 · 차현지 · 최은규

등록 2011. 10. 27. 제406-2011-000127호
주소 서울시 마포구 독막로6길 11. 2, 3층
전화 편집 02)6925-4185, 영업 02)6925-4188 팩스 02)6925-4182
전자우편 tpbook1@tpbook.co.kr 홈페이지 www.tpbook.co.kr

ISBN 979-11-93166-99-4 93410

불확실성에 맞서는 기술

실업률, 주식, 전쟁, 기후변화, AI까지

데이비드 스피겔할터

양병찬 옮김

생각의힘

우연, 행운, 운명, 숙명, 카르마,
행운의 여신 포르투나 혹은 그 어떤 힘이든
내게 멋진 파트너와 가족, 친구들, 동료들을 안겨준
그 존재에게 감사드립니다.

추천의 말

《불확실성에 맞서는 기술》은 가치 있고 특별한 책으로, 수학을 좋아하는 사람은 물론 수학이 낯선 일반인들에게도 의미가 있다. 이 책에서 다루는 우연, 무지, 위험을 어떻게 다룰 것인가의 문제는 우리가 살면서 꼭 마주하는 것이기 때문이다. 수학을 흑백논리로만 알고 있던 이들의 편견을 단번에 부숴줄 것이다.

〈이코노미스트〉

이 책은 불확실성이라는 모호한 과학을 다루고, 이를 이해하려고 애쓰는 우리의 노력을 탐구한다. 저자가 남긴 중요한 교훈 중 하나는 바로 불확실한 세상에서도 우리는 스스로의 주체성을 잃지 말고, 허무주의에 빠져서는 안 된다는 것이다.

〈월스트리트 저널〉

데이비드 스피겔할터는 영국을 넘어 세계의 보물이다. 이 책은 그가 쓴 책 중 가장 지혜롭고, 인간적이며, 내밀하다. 죽기 전에 반드시 읽어야 하는 책이다.

_팀 하포드(대영제국훈장 수상 경제학자)

수학과 통계 분야에서 역사상 가장 뛰어나고 아름답게 쓰인 책이다. 데이비드 스피겔할터가 50년동안 쌓은 놀라운 지혜가 가득하고, 에피소드마다 그만의 통찰력과 재치, 따뜻함이 넘친다. 이 책은 우리의 고정관념에 도전하며 불확실성을 받아들이는 새로운 시각을 제공한다.

_해나 프라이(영국 대표 수학전문학회 IMA 회장)

통계학 분야의 대가가 전하는 평생의 지식이 담겨 있다. 과학, 철학, 의학, 통계, 그리고 삶까지! 감동적이고 인간적인 것은 물론 날카로운 한 줄의 통찰력은 감탄사가 터지게 한다. 40년 전에도, 40년 후에도 불멸의 책이 될 것이다.

_마이클 블래스트랜드(영국 왕립통계학회 수여 우수 저널리즘상 수상)

데이비드 스피겔할터는 영국에서 가장 존경받는 통계학자이고, 학계에서 가장 뛰어난 커뮤니케이터다. 이 책은 혼란스럽고 모호하며, 때로는 창의적으로 빛나는 이 학문에 질서를 부여한다.

_존 노튼(케임브리지대학교 예술, 사회과학 및 인문학 연구 센터 수석연구원)

인간이 불확실성을 측정하기 위해 도전한 감동적인 시도들을 놀랍도록 흥미롭게 다룬 책이다. 자신 있게 추천할 수 있다.

_〈퍼블리셔스 위클리〉

불확실성의 본질을 깊이 있게 탐구한 책이다.

_〈커커스 리뷰〉

이 책은 정말 훌륭하다. 우리가 살아가는 세상을 똑똑히 이해하고 싶다면 꼭 읽어야 할 필독서다. 불확실성은 우리의 일상은 물론이고, 사회적·정치적 이슈, 진실과 거짓을 구분하는 일, 그리고 전 세계적인 문제를 이해하고 해결하는 데까지 모든 곳에 존재한다. 데이비드 스피겔할터는 이런 불확실성을 현명하게 바라보고 생각할 수 있는 도구들을 아주 쉽게 전해준다.

_에이드리언 스미스 경(앨런튜링연구소 소장, 영국 왕립통계학회 전 회장)

불확실성에 대해 수학적으로 접근하는 이 책은 철학, 통계, 역사가 조화롭게 어우러져 있으며, 마지막까지 사려 깊고 겸손한 태도로 이야기하고 있다.

_〈타임스〉

예측 불가능한 위험을 다루는 모든 사람, 실험에서 불확실성을 정확하게 다루고 싶어하는 연구자, 전문가들의 말과 자료에 의심을 품는 시민 모두 읽어야 한다.

_〈가디언〉

영국에서 가장 저명한 통계학자인 데이비드 스피겔할터는 서랍에서 짝이 맞는 양말을 꺼낼 확률과 같은 사소한 문제에서 암 발병률에 대한 심각한 질문까지 시선을 확장한다. 불확실성을 이해하고 마침내 포용할 수밖에 없게 한다.

_〈파이낸셜 타임스〉

통계학의 대부가 불확실성을 수용할 수 있는 훌륭한 가이드가 되어준다. 과학자들은 종종 미래를 확실하게 예측해야 한다는 압박을 받는데, 이 책은 우리 지식의 한계를 인정하라고 말하면서 모두를 속박에서 자유롭게 한다.

_〈네이처〉

불확실성을 다룬 책 중 단연코 가장 재미있다.

_데이비드 핸드(통계학계의 노벨상 2002 가이메달 수상)

차례

서론: 불확실성은 위기이자 기회다

내가 세상을 살펴보니, 발이 빠른 자라고 해서 경주에서 이기는 것이 아니며, 강한 자라고 해서 전쟁에서 이기는 것도 아니다. 지혜가 있다고 해서 음식이 생기는 것도 아니고, 슬기롭다고 해서 재물이 더해지는 것도 아니며, 재주가 있다고 해서 은총을 얻는 것도 아니다. 이는 모든 이에게 때와 기회가 동일하게 찾아오기 때문이다.

_《구약성서》〈전도서〉 9장 11절(쉬운성경)

1918년 1월 29일, 이프르Ypre 전선의 영국 제104여단 소속 35세 보급 장교가 서부 전선 파스샹달Passchendaele 북쪽에서 또 다른 검열 임무를 시작했다. 이 지역에는 전년도에 양측에서 약 25만 명의 사상자를 낸 끔찍한 전투 때문에 진흙과 폐허의 황량한 풍경만이 남아 있었다. 그는 독일군의 포탄이 박힌 도로와 참호를 지나왔는데, 이후 6주 동안 그의 일기에는 '귀환 길에 간신히 탈출' '제때 통과한 것이 행운' '포격' 등 다양한 기록이 적혀 있었다. 어느 날 그는 최전선 근처의 독수리 참호를 방문한 후, 돌아오는 길에 훗날 그가 표현한 대로 '폭파'를 당해 야전 치료소에 도착했다. 그리고 구급차를 타고 64번 사상자 처리소로 이송되었다. 마치 그의 운이 다한 것처럼 보였다. 하지만 정말 그랬을까?

이 보급 장교가 바로 내 할아버지 세실 스피겔할터Cecil Spiegelhalter
였고, 아이러니하게도 이날 부상당한 것은 상당한 행운으로 밝혀졌
다. 부상 후 그는 전선 임무에 부적합한 것으로 분류되어 남은 전쟁
을 후방에서 보냈기 때문이다. 한편, 그가 소속됐던 랭커셔 퓨질리어
스Lancashire Fusiliers 18대대는 솜므Somme로 이동했는데, 약 100만 명의
사상자를 낸 1916년 전투 이후 조용해진 지역이었다. 하지만 그들은
1918년 봄 독일군의 대규모 공세에 맞서 필사적인 후방 수비 작전을
펼치던 중, 무리하게 반격하다가 무위에 그쳤다.

그는 전년도에도 운이 좋았다. 그는 군대에서 가장 위험한 계급인
중위로 임명되었기 때문에 공격할 때 가장 먼저 사다리를 타고 올라가
부하들을 독려해야 했다. 하지만 그가 심한 열병에 걸려 요크셔의 서
틀 브리지 캠프Thirtle Bridge Camp에 요양 갔을 때, 그의 대대는 전쟁 중
최악의 전투를 치렀다.* 물론 포탄이 조금 더 가까이 떨어졌거나 그가
부하들을 이끌고 공격에 나서야 했다면 나는 아마 이 이야기를 전하
지 못했을 것이다. 남중국해에서 해적에게 붙잡히기도 했고, 1937년
에는 포탄을 피해 상하이를 떠나야 했던 어머니, 전장에서 만나 인연
을 맺은 부모님, 공군에서 비행기 추락 사고를 가까스로 피한 후 결핵

---

*　할아버지는 영국군이었다. 그의 아버지는 독일에서 온 계약노동 이민자였지만, 세
실은 다른 스피겔할터처럼 살터(Salter)라는 영국식 성으로 굳이 바꿀 필요가 없다
고 생각한 자부심 강한 요크셔 사람이었고, 1919년 쾰른의 영국 참모대학에서 독
일어를 가르칠 때 그의 모국어가 유용하게 사용되었다. 폭격을 당한 후 그는 '군인
의 심장'이라고도 불리는 '심장기능장애(Disordered Action of the Heart, DAH)', 즉 급
성 증상은 있지만 뚜렷한 기질적 원인이 없는 질환에 걸렸다. 나중에 이 질환은 셸
쇼크(shellshock)로 알려지게 되었다. 공교롭게도 서틀 브리지 캠프의 동료 장교 중
에는 1916년의 참호에서 겪은 트라우마를 회복 중이던 J. R. R. 톨킨(J.R.R. Tolki
en)도 있었다.

으로 죽을 뻔한 아버지 등, 이것은 내가 존재하게 된 일련의 우연적 사건들 중 하나에 불과하다. 그리고 1952년 11월 영국에 한파가 닥쳤을 때, 부모님은 난방이 거의 되지 않는 돌로 지은 오두막집에서 텔레비전도 없이 살았고 체온을 유지하려고 일찍 잠자리에 드는 것 외에는 할 일이 없었다 … 그리고 나는 지금 이렇게 살고 있다.

우리 각자가 태어날 확률을 수치로 평가하는 것은 큰 의미가 없다고 생각한다. 우리가 말할 수 있는 것은, 이 헤아릴 수 없이 복잡한 세상에서 일어나는 다른 모든 일과 마찬가지로 우리 각자는 예측할 수 없는 일련의 작은 사건, 즉 미시적 우연들microcontingencies이 만들어낸 결과물이라는 것이다. 그렇다면 이 연쇄적인 사건들로 구성된 취약한 사슬의 근간과 원동력은 무엇일까?

이 질문에 대한 우리의 생각은 우리의 철학, 심지어 영적 신념에 따라 달라진다. 운명, 숙명, 재복fortune, 신의 뜻, 업보와 같은 단어는 근본적인 원인이나 예정predestination을 암시하는 반면 기회, 우연의 일치, 변덕, 운과 같은 단어는 예측 불가하고 통제되지 않는 무작위성randomness을 떠올리게 한다. "미신에 빠지면 불행해진다"라는 옛 도박꾼들의 말처럼, 이는 지극히 개인적인 것이며 일반적으로 이성적인 사고의 영역이 아니다. 그러나 우리의 세계관이 무엇이든, 세실의 경험은 우리가 처음 존재하게 된 과정과 이후 우리와 세상에 일어나는 일 모두에 내재된 삶의 본질적인 불확실성uncertainty을 보여준다.

이처럼 끊임없는 불확실성 상태는 인간의 필수 조건이다. 불확실성은 일상적인 것("점심은 뭘 먹지?")일 수도 있고 실존적인 것("앞으로 100년 안에 재앙적인 세계대전이 일어날까?")일 수도 있고, 불확실성의 정도는 시간과 장소에 따라 상당히 달라질 수 있다. 역사를 통틀어 수많은 사람이 발전과 변화의 기회를 박탈당한 채 변화 없는 삶을 반복하며 살아왔지만, 그렇다고 해서 위험에서 자유로웠던 것은 결코 아니었다. 문화사학자 제리 토너Jerry Toner의 지적에 따르면, 로마시대의 평균수명은 25세 정도였고 로마인들은 굶주림, 추위, 질병, 폭력에 피해를 입었다.[1] 전 세계적으로 볼 때, 일부 시기는 특히 불안정했기 때문에 '불확실성의 시대ages of uncertainty'로 분류할 만하다. 예컨대, 1930년대에는 국내외 긴장이 장기간 고조되어 결국 대규모 분쟁으로 이어졌다.

최근 팬데믹 때문에 사회의 많은 취약점이 드러났다. 민주주의에 대한 포퓰리즘적 압력, 전쟁과 분쟁, 기후변화 및 기타 글로벌 위협 때문에 우리는 현재 또 다른 불확실성의 시대에 사는 중이라고 느낄 수 있다. 국내 문제도 있다. 입소스Ipsos에서 실시한 "2022년 12월 세계가 걱정하는 것"이라는 설문조사[2]의 "귀하의 국가에서 가장 걱정되는 세 가지 주제는 무엇입니까?"라는 항목에서, 인플레이션, 빈곤, 범죄, 실업, 부패, 의료의 질이 상위 여섯 개 응답에 올랐다. 최근 인플레이션이 부각되고 코로나19가 일시적으로 포함되었지만, 이 여섯 개는 최근 몇 년 동안 자주 거론되어온 문제다.

어떤 측면에서는 우리 삶이 이전 세대에 비해 덜 예측 가능해 보일수도 있다. 내가 어렸을 때는 질병이 더 많았고 기대수명이 지금보다훨씬 짧았지만, 영국에서 학생보조금, 공교육, 의료 등 전후시대의 혁신적인 혜택을 누릴 수 있었다. 괜찮은 직업을 구한 후 영국 의학연구위원회Medical Research Council, MRC에서 일하는 동안 내게는 정확히 그랬다. 그러나 이제 고용 불안과 긱 경제gig economy*가 일상화되었다. 밀레니얼세대(1981~1996년생)의 21%는 지난 1년 이내에 직장을 옮긴 적이 있다고 답했는데, 이는 이전 세대의 세 배가 넘는 비율이다.[3] 그러나 이러한 불확실성이 반드시 부정적인 조건만은 아닐 수 있다. 낯선 조직에서 새로운 업무를 시작하는 것은 불안의 원천인 동시에 큰 기회로 작용할 수 있기 때문이다.

불확실성은 우리 주변에 가득 차 있지만, 우리는 숨 쉬는 공기처럼 주의 깊게 들여다보지 않는 경향이 있다. 이 책은 이에 대한 해답을 제시하려고 한다.

나는 무슨 일이 일어나고 있는지, 무슨 일이 일어날 수 있는지, 심지어 왜 그런 일이 일어나는지에 대한 불확실성을 줄이기 위해서 조사하는 일에 평생을 바쳐왔다. 여기에는 일반적으로 방대한 양의 데이터를 조사하고 이용 가능한 증거에서 무엇을 배울 수 있는지 평가하는 작업이 포함되었다. 이 책은 불확실성 속에서 우리가 어떤 주장에 대해 얼마나 확신을 느낄 수 있는지 판단하고 다른 사람들에게 설명하려고 노력한 내 경험에서 비롯되었다. 이 모든 작업을 거쳐, 나는 이 책의 전체적인 아이디어, 질문, 이야기를 관통하는 중요한 교훈 하나를 얻었다. 간단히 말해서, 불확실성은 누군가('당신'도 포함된다)와 외부 세계 사이의 *관계*이므로 관찰자의 주관적인 관점과 지식에 따라 달라진다는 것이다. 따라서 우리가 불확실성에 직면할 때마다―삶을 생각하든, 사람들

---

*　기업들이 정규직보다 필요에 따라 계약직 혹은 임시직으로 사람을 고용하는 경향이 커지는 경제를 일컫는 말. 긱(gig)은 일시적인 일을 뜻하는데, 1920년대 미국 재즈클럽에서 단기적으로 섭외한 연주자를 '긱'이라고 부른 데서 유래하였다. ―옮긴이

의 말을 따져보든, 과학적 연구를 하든―개인적인 판단이 중요한 역할을 한다. 다시 말하지만, 불확실성에 대한 태도는 사람마다 크게 다를 수 있다. 어떤 사람은 예측할 수 없는 상황에 흥미를 느끼는 반면, 어떤 사람은 만성적인 불안감을 느낄 수 있다.

하지만 불확실성이 개인적이라고 해서, 그것이 단지 감정에 관한 것이라고 치부할 수는 없다. 심리학자 대니얼 카너먼Daniel Kahneman은 《생각에 대한 생각》[4]에서 '신속하고 직관적인 사고'와 '보다 사려 깊고 분석적인 사고'라는 두 가지 사고 체계에 대한 개념을 대중화했다. 그에 의하면, 첫 번째 사고 체계(신속하고 직관적인 사고)는 우리가 불확실성을 다룰 때 지나치게 자신감을 갖는 경향이 있고, 중요한 배경 정보는 물론 증거의 질과 양을 무시하는 것이다. 또한 문제가 어떻게 표현되는지에 지나치게 영향을 받고, 극적이지만 발생 가능성이 드문 사건에 지나치게 주목하며, 섣불리 확신하느라 의심을 억누른다고 한다. 이는 결코 장려할 만한 특성이 아니다.

그와 대조적으로, 내가 이 책에서 말하려는 것은 두 번째 사고 체계, 즉 우리가 '알지 못하는 것'을 천천히 생각해 보자는 것이다. 이러한 분석적 접근 방법은 우리 자신의 상황을 명확하게 파악할 수 있을 뿐만 아니라 누군가―정치인, 언론인, 과학자, 소셜 미디어에서 자신의 기괴한 신념에 대한 확신을 독불장군식으로 밀어붙이는 일부 인플루언서―가 과도하게 자신감을 갖는지 판단할 수 있는 힘을 길러줄 수 있을 것이다.

불확실성을 다룬 책에 걸맞게, 나는 (적어도 이론적으로) 확실해질 수 있는 것에 초점을 맞추려고 한다. 당연하게 들릴지 모르지만, 예컨대 '비틀즈 노래 중에서 넘버원' '오늘 저녁에 입을 옷' '신의 존재'에 대한 개인적인 의구심은 논외로 하겠다는 뜻이다. 이런 것들은 검증 가능한 '사실'이 아니므로 "불확실하다"라고 말해야 하지만 우리는 실제로 의견, 망설임, 믿음을 표현하는 경향이 있는데 이는 (다행히도) 내 권한 밖의 일이다.

이러한 이해를 바탕으로, 불확실성이라는 개념을 어떻게 해체해야 하는지 간략하게 살펴보기로 하자. 우선, 우리 일상 언어에는 불확실성과 연관된 단어들(가능성이 낮다unlikely, 가능하다possible, 가능성이 높다likely, 개연성이 있다probable, 드물다rare 등)이 가득하지만 이러한 모호한 용어들은 쉽게 오해될 수 있고, 심지어 핵전쟁의 위험을 증가시켰을 수도 있다는 사실을 알게 될 것이다. 불확실성을 더 확실하게 파악하고 싶다면 숫자를 사용해야 한다. 그 첫 번째 단계는 '가능성이 높다'와 같은 단어가 나타내는 의미를 숫자로 정의하는 것이다. 그런 다음 간단한 퀴즈를 풀면서 우리의 무지함을 숫자로 표현하는 연습을 하고, 우리의 판단력이 얼마나 정확한지 점수를 매겨볼 것이다. 그리고 슈퍼 예측가들이 어떻게 생각하는지도 알게 될 것이다.

하지만 불확실성을 숫자로 표현하는 것이 그렇게 유용하다면, 수천 년 동안 사람들이 목말뼈knucklebone 던지기와 주사위 놀이를 해왔는데도 확률이라는 개념은 왜 그렇게 늦게 등장했을까? 르네상스시대에 이르러서야 주사위를 던졌을 때 어떤 일이 일어나는지 분석하려는 시도가 이루어졌고, 그 후 닫혀 있던 댐이 열리듯 확률의 응용 분야는 연금, 천문학, 법학은 물론 도박으로까지 폭발적으로 확장되었다. 물론 확률의 핵심은 까다롭고, 심지어 학교 시험 문제조차도 약간 당황스러울 수 있다. 하지만 확률을 배우면 역사를 통틀어 두 벌의 카드가 잘 섞인 후 정확히 같은 순서로 배열된 적이 있는지, 카사노바의 수학적 능력이 어떻게 프랑스 복권에서 엄청난 성공을 거둘 수 있었는지 등의 질문에 답하는 데 도움이 될 것이다. 확률은 매우 희한한 것이지만 그것을 측정할 수 있는 도구가 없다 보니 별의별 생각이 다 들기도 한다. 그것은 세상의 '객관적인' 측면일까, 아니면 보는 사람의 눈에 따라 달라지는 것일까? 확률이라는 것이 정말로 존재할까?

나는 겉보기에 놀라운 일이 일어난 후 종종 "그럴 가능성이 얼마나 될까요?"라는 질문을 받곤 한다. 바로 그런 이유로 우연의 일치와 운에 매혹되었다. 확률은 놀라운 사건이 왜 그렇게 자주 일어나는지 설명하는 데 도움을 줄 수 있다. 당신은 4장에서 론 비더먼Ron Biederman의 바지에 얽힌 미스터리에 놀랄 것이다. 9월 19일에 태어나고 결혼하고 사망한 휘트비 마을의 헌트로드 부부Mr. and Mrs. Huntrodds of Whitby는 어떨까? 그런 환상적인 커플이 될 가능성은 얼마나 될까? 그리고 텔레비전에 나온 일루셔니스트 데런 브라운Derren Brown이 동전을 던져 10회 연속 앞면이 나왔을 때, 그는 운이 좋았던 걸까 아니면 운이 나빴던 걸까?

운의 개념을 분해해 보면 가장 중요한 유형은 '구성적 운constitutive luck', 즉 본질적으로 '자신이 어떤 사람으로 태어났는지'인 것으로 밝혀진다. 물론 우리는 어차피 태어났기 때문에 이를 생각할 수 있다. 그러므로 이미 우리 각자가 이 세상에 존재하게 된 사건들로 이루어진 취약한 사슬에 주목한다. 하지만 우리의 탄생을 포함해 세상은 복잡한 기계적 법칙에 따라 작동할까, 아니면 우리의 삶은 정말 무작위성에 지배될까? 나는 이 수백 년 묵은 질문을 회피하려고 노력하겠지만, 독자들의 의견이 무엇이든 간에 **'사실상의' 무작위성**effectivel randomness 때문에 공정한 배분이 보장되고, 서로 다른 의학적 치료를 받은 집단 간의 균형이 맞춰지고, 축구에서 페널티를 줄 수 있으며, 원자폭탄 제작에 매우 유용하다는 것은 의심할 여지가 없다. 하지만 난수 생성기나 영국 복권은 정말 무작위적일까?

확률과 불확실성에 대한 개인적이고 주관적인 관점을 받아들이면, 우리는 자연스럽게 **베이지안 분석** *bayesian analysis* 으로 이끌려간다. 베이지안 분석에서, 우리는 확률 이론을 사용하여 새로운 증거와 비교해 우리의 믿음을 수정한다. 이러한 아이디어는 제2차 세계대전 당시 앨런 튜링Alan Turing이 암호를 해독하는 데 결정적인 역할을 했고, 현재는 인파 속에서 얼굴을 자동 인식하는 것과 같이 불완전한 데이터를 해석하는 데 도움을 준다. 어쩌면 우리에게는 이미 7장에서 살펴볼 베이지안 뇌bayesian brain가 있을지도 모른다.

물론 불확실성을 인정하지 않는 닫힌 마음을 가진 사람이라면 아무리 새로운 증거가 나와도 의견을 바꾸지 않을 것이다. 하지만 기이하게도 7장에서 만날 올리버 크롬웰Oliver Cromwell이 불확실성을 인정하는 겸손한 모습은 우리에게 많은 교훈을 준다. 다행히도, 코로나19 팬데믹 기간 동안 영국에서 끊임없이 변화하는 감염률을 추정하려고 최대 12개의 상이한 방법이 동시에 사용되었을 때 그러한 겸손함의 진면목을 어느 정도 엿볼 수 있었다. 이는 통계 모델statistical model에 기반하여 주장을 펼칠 때 다양한 관점을 탐구하는 것이 얼마나 중요한지를 잘 보여주는 사례다.

또한 이 사례는 과학적 조사가 일반적으로 불확실성을 인정하는 데는 상당히 능숙하지만, 계산 결과 나온 오차 범위는 일반적으로 실제 불확실성보다 너무 작을 수밖에 없다는 것을 보여준다. 그도 그럴 것이, 통계 모델의 모든 가정이 참이라는 조건에서만 유효하기 때문이다. 사정이 이러하다 보니 "모든 모델은 틀렸다"라는 것은 진부한 말이 되어버렸다. 또한 어떤 분석들은 다른 분석들보다 더 낫다고 느껴지는데, 증거가 더 강력하고 더 잘 이해할 수 있기 때문이다. 영국에서 감염된 혈액을 수혈받아 C형 간염에 걸린 사람의 수를 추정할 때 우리 팀이 그랬던 것처럼, 이제 많은 조직은 모든 분석에서 *신뢰도*를 명시하는 것이 유용하다는 사실을 알게 되었다.

무슨 일이 일어났는지 알아내려고 노력하는 것은 매우 좋지만, *왜* 어떤 일이 일어났는지, 누구 또는 무엇에게 책임이 있는지 불확실한 경우가 많다. 지구온난화와 2023년 영국의 전례 없이 더웠던 가을의 배후에는 인간 활동이 있었을까? 1980년 타이태닉호의 2배에 달하는 영국 선박이 흔적도 없이 침몰한 이유는 무엇일까? 민사 소송을 다루는 법정에서 판사는 확률 이론을 사용하여 직장에서의 화학물질 노출이 전 직원의 암 발병에 책임이 있는지 여부를 결정하고, 형사 재판에서는 유죄 판결을 내리기 위해 '합리적 의심을 넘어서는' 증거를 찾는다. 안타깝게도, 자녀를 살해한 혐의를 받고 억울하게 유죄 판결을 받은 어머니들의 이야기는, '어떤 사건은 단지 우연일 가능성이 너무 낮다'라고 주장하기 위해 법정에서 확률이 오용될 수 있다는 것을 보여준다.

아마도 불확실성의 전형적인 표현은 미래를 예측할 때 나타날 것이다. 우리는 다음 날 축구 경기 결과, 다음 주 날씨, 내년 경제 성장률에 관심이 있다. 심지어 자신이 얼마나 오래 살 수 있을지, 지구온난화가 금세기에 재앙적인 수준에 도달할지 여부에 관심을 둘 수도 있다. 이러한 모든 예측에는 수학적 모델링과 많은 판단이 필요하다. 특히 위기와 재난의 위험에 대한 관심이 높은데, 나는 1975년 1,000명 이상의 목숨을 앗아간 원자력발전소 사고의 확률과, 2023년 영국 정부가

'향후 5년 동안 전략적 인질극 및 기타 위협에 직면할지' 여부에 대해 내린 판단을 살펴볼 것이다.

불확실성을 논할 때 피할 수 없는 인용문이 하나 있다.

> 세상에는 이미 알려진 것들이 있다. 첫 번째는 '인지된 기지의 것 known knowns'으로, 그것의 정체가 알려져 있고 우리가 그것을 인지하고 있는 경우를 의미한다. 두 번째는 '인지된 미지의 것known unknowns'으로, 그것의 정체가 밝혀지지 않았다는 것을 우리가 인지하고 있는 경우를 의미한다. 그러나 세상에는 또 하나가 남아 있으니, 바로 '인지되지 않은 미지의 것unknown unknowns'이다. 즉, 정체가 밝혀지지 않았지만 그런 사실조차 우리가 인지하지 못하는 것이다.
>
> – 2002년, 도널드 럼즈펠드Donald Rumsfeld 미국 국방부 장관

이 말은 당시에는 널리 조롱을 당했지만, 이후 무지not-knowing의 언어가 확립되는 데 크게 기여한 것으로 받아들여지고 있다. 과학은 일반적으로 '인지된 미지의 것'에 관심을 두고 있는데, 과학자들은 이것에 대해 가능성을 나열하고 수학적 모델을 구성하고 불확실성을 숫자로 표현할 수 있다. 이와 대조적으로, 럼즈펠드가 말하는 '인지되지 않은 미지의 것'에는 망상delusion, 즉 분석에서 의문의 여지가 없는 (그러나 부적절한) 가정이나, 미래에 일어날 수 있는 사건에 대해 확신에 찬 (그러나 불충분한) 목록과 같이 우리가 알고 있다고 착각하는 것들이 포함될 수 있다. 이 책의 목표 중 하나는, 우리가 겸손한 자세를 갖도록

장려하여 인지되지 않은 미지의 것을 인지된 (또는 최소한 인정된) 미지의 것으로 바꿈으로써 전혀 예기치 못한 일이 생기더라도 완전히 놀라지 않게 하는 것이다. 이를 위해서는 깊은 불확실성 *deep uncertainty*— 즉, 세상에 대한 우리의 총체적 개념화whole conceptualization의 한계—을 직면하고, 앞으로 벌어질 일들에 대한 우리 생각의 경계를 재검토해야 할 수도 있다. 또한 우리가 가진 이해의 격차와 상상력의 한계를 모두 인정해야 한다. 나아가 더욱 복잡한 분석을 하여 최적의 행동 방침optimal course of action을 도출하기보다는 대부분의 상황에 탄력적으로 대응할 수 있는 유연한 전략flexible strategy을 모색하는 것이 더 나을 수 있다.

하지만 럼즈펠드는 한 가지 조합을 누락했으니, 바로 '인지되지 않은 기지의 것unknown knowns'이다. 이것은 철학자 슬라보예 지젝Slavoj Žižek이 설명했는데, 우리가 알고 있다는 것을 인지하지 못하는 경우들, 즉 우리가 현실을 인식하고 현실에 개입하는 방식을 결정하는 모든 무의식적 신념과 선입견unconscious beliefs and prejudices을 의미한다.[5] 더욱 관대하게 말하면, 이 범주에는 우리가 자각하지 못하는 정확한 이해, 소위 암묵적 지식 *tacit knowledge*이 포함될 수 있다.

위험의 규모를 평가하는 기술적 방법에는 지금껏 많은 노력이 있었지만, 불확실성을 제대로 전달하는 데 따르는 어려움에 대한 관심은 적었다. 2003년 이라크전쟁을 앞둔 때처럼 정치인들은 자신의 확신을 과장할 수 있다. 하지만 청중과 신뢰할 수 있는 방식으로 소통하려면 어떤 결정의 잠재적 이점과 해악을 명확히 알려야 한다. 설령 그것이 폐색전증pulmonary embolism에 걸리려면 텔레비전을 얼마나 많이 시청해야 하는지*를 지적하는 것일지라도 말이다. 불확실성에 대해 침묵하는 이유를 흔히 청중이 커뮤니케이터에 대한 신뢰를 잃을지도 모르기 때문이라고 변명하지만, 우리는 그 반대일 때도 있다는 사실을 시사하는 증거를 살펴볼 것이다.

우리 모두는 불확실성에 직면하여 결정을 내린다. 이론적으로는 최선의 행동을 결정하는 공식적인 메커니즘이 있지만, 개인으로서 우리는 주로 본능을 사용하여 운이 좋거나 나쁠 경우 일어날지 모르는 이야기를 상상하는 경향이 있다. 우리는 직원과 대중에게 '용인할 만한to lerable' 위험을 결정하는 섬세한 임무가 있는 정부의 보건 및 안전 규제 당국에 더 많은 것을 기대한다. 이는 즉 영국에서는 공식적으로 직장인들이 사망할 수 있는 '허용할 만한acceptable' 위험이 있다는 것을 의미한다. 타버린 토스트를 하루에 얼마까지 섭취해도 안전한지 지정하는 데는 문제가 있었지만 말이다.

마지막으로 우리는 이 책에서 인공지능, 기후변화, 국제적 불안정성, 수많은 위협과 기회가 도사리고 있는 미래를 살펴볼 것이다. 우리는 미지의 것을 인지하지 못한다는 사실, 우리의 이해가 항상 불충분하다는 사실, 우리의 불확실성을 진정 인정해야 한다는 사실을 직시해야 한다. 그러나 이러한 기본적인 겸손 때문에 우리가 일어날 법한 미래를 고려하고, 결정을 내리고, 삶을 살아가는 데 방해를 받을 필요는 없다.

책을 살짝 펴보고는 수학 때문에 불안해 할 분들께 미리 사과드린다.

---

* 스포일러: 어림잡아, 하룻밤에 5시간씩 1만 9,000년 동안이다. 자세한 내용은 15장을 참조하라.

확률을 논할 때 기술적인 내용을 완전히 피하는 것은 불가능하겠지만, 가급적 최소한으로 줄여서 썼고, 독자가 원한다면 훑어보기만 해도 무방하다. 수식의 대부분은 각주로 처리하여 흐름이 끊기는 걸 원치 않는 분들이 주의가 흐트러지지 않게 했다. 용어집에서는 **굵은** 글씨로 용어의 정의와 추가적인 기술적 설명을 제공하고, 각 장에 대한 요약도 제공된다.

용어가 까다로울 수도 있다. **확률**probability, **기회**chance, **가능성(가능도)**likelihood과 같은 단어는 일상 언어에서 종종 서로 혼용되지만, 나는 좀 더 엄격하게 설명하려고 한다. 불확실성을 표현하는 숫자에는 확률을 유지하되, 동전 던지기처럼 기본 과정에 대해 서로 잘 이해하고 있어서가 확률을 일반적으로 합의할 수 있는 경우에는 *기회*라고 부르며, 예측 불가능성을 나타내는 보다 일반적인 용어로도 *기회*를 사용하겠다. 가능도는 일반적으로 7장에서 설명하는 기술적 의미로 한정하여 사용하겠다. **위험**risk은 원하는 거의 모든 것을 의미할 수 있고, 일상적인 언어에서는 위협threat ("깨진 보도블록은 아주 위험하다")과 사건의 가능성("넘어질 위험은 적다")을 모두 설명하는 데 자주 사용된다. 나는 이 용어를 느슨하게 사용하고 맥락에 따라 그 의미를 부여할 것이다.

이 책은 다양한 독자를 대상으로 한다. 확률학 공부를 하는 학생으로서 표준 수학 교과 과정을 넘어서고 싶은 사람, 위험과 관련된 일을 하면서 자신의 특정 영역을 벗어나 탐구하고 싶은 모든 사람, 자신의 연구에서 발생하는 수치적 및 비수치적 불확실성을 어떻게 전달할지 더 자세히 살펴보고 싶은 과학자, 그리고 무엇보다도 '전문가'에게 크게 의존하고 그들의 신뢰성을 평가하고 싶은 일반 시민을 위한 책이다.

피할 수 없는 불확실성은 인간이라는 조건의 일부다. 하지만 크리스마스에 무엇을 받게 될지 궁금해 하는 사람은 있어도, 자신이 언제 죽을지 (알 수 있다고 가정할 때) 알고 싶어 하는 사람은 별로 없을 것이다.* 불확실성에 대한 명백하고 때로는 불편한 의식은 우리를 인간답게 만드는 요소 중 하나다. 우리는 그것을 무시하는 쪽을 선호할 수도 있지만, 이 책이 독자들이 미지의 경험을 받아들이고 심지어 즐기는 데 도움이 되기를 바란다.

---

* 2장의 마지막 부분에 나오는 독일의 성인 1,000명을 대상으로 한 설문 조사 결과를 참조하라. - 옮긴이

요약

- 우리 자신의 존재는 예측할 수 없는 연쇄적 사건들로 구성된 취약한 사슬에 달려 있다.

- 우리 모두는 앞으로 일어날 일, 과거에 일어났던 일, 세상이 어떻게 돌아가는지에 대한 불확실성을 안고 살아가야 한다.

- 불확실성은 '불확실한 대상'과 그것을 고려하는 '주체'와의 관계다.

- 우리는 우연과 운에 대해 다양한 감정을 느끼고 미래에 대해 의구심을 품고 있다.

- 확률은 불확실성의 공식적인 언어이지만, 확률을 적용할 때는 수많은 가정에 따라 달라지는 현실 세계 모델이 포함된다.

- 확률 모델은 항상 불충분하고, 때로는 더 깊은 불확실성을 인정해야 할 수도 있다.

- 우리는 불확실성을 무시하는 쪽을 선호할 수도 있지만, 그것을 인정하는 편이 더 낫다.

1장

불확실성은 개인적이다

절대적인 확실성은 존재하지 않지만, 인간의 삶의 목적
을 달성하기에 충분한 확실성은 존재한다.

– 존 스튜어트 밀 John Stuart Mill, 《자유론》

동전 던지기는 불확실성을 다루는 전형적인 사례다. 내가 손에 평범한
동전을 들고 당신 앞에 서서 던지려 한다고 상상해 보라.* 나는 당신에
게 앞면이 나올 확률을 묻는다. 당신은 기꺼이 "절반" 또는 "50%" 혹
은 "50 대 50"이나 "2분의 1"이라고 대답한다.

   그런 다음 나는 동전을 던져서 잡은 후 잽싸게 들여다보지만, 당신
이 보기 전에 덮어버린다. 그러고는 이제 앞면에 나오리라 예상하는
'당신의' 확률은 얼마인지 묻는다.

   이제 상황이 바뀌었다. 그도 그럴 것이, 사건의 결과가 나왔기 때문
이다. 무작위성randomness은 없어지고 무지ignorance만 남았다. 그뿐만 아
니라, 나는 답을 알고 당신은 모르기 때문에 어떤 사람들은 불안할 수

---

* 《숫자에 약한 사람들을 위한 통계학 수업》에 나오는 사례를 재사용한 것을 사과드
  린다. 하지만 더 나은 예를 생각해 낼 수 없었다.

30

도 있다. 사람들 대부분은 이제 답을 하는 데 주저하겠지만, 결국에는 다소 마지못해 "절반" 또는 그 비슷한 대답을 반복할 것이다.

이 간단한 연습은 여러 가지 교훈을 준다. 첫 번째, 나는 '확률'이 아니라 '*당신의* 확률'이라는 용어를 사용했고, 불확실성의 소유자로서의 당신의 역할을 강조함으로써 당신을 *주체*로 만들었다는 점에 유의하라. *내* 확률은 동전의 앞면 또는 뒷면이 나왔는지에 따라 1 또는 0이 될 것이다. 두 번째, 불확실성의 대상은 원래 '미래에 동전을 던졌을 때'의 결과였고, 이 경우 불확실성은 우리가 우연이라고 부를 수 있는 것, 즉 불가피한 예측 불가능성unavoidable unpredictability 때문이다. 이를 때때로 **우연적 불확실성**aleatory uncertainty 이라고 부르며, 우리가 알 수 없는cannot know 미래에 관한 것이다. 하지만 이제 대상은 동전의 현재 상태이고 불확실성은 당신의 지식이 부족하기 때문이다. 이를 **인식론적 불확실성**epistemic uncertainty 이라고 하고, 우리가 알지 못하는do not know 현재에 대한 것이다.

고대의 신탁oracle*은 일반적으로 '알 수 없는 미래'에만 관심이 있었다고 여겨지지만, 고전학자 에스더 에이디노Esther Eidinow 의 지적에 따르면 '알지 못하는 현재'뿐만 아니라 '알지 못하는 과거'에 대해서도 질문을 받는 등 인식론적 불확실성을 해결하는 데 더 많이 이용되었다고 한다. 예컨대, 도도나Dodona 의 신탁은 '양 가죽을 가로챈 사람, 은을 훔친 사람, 누군가를 살해한 사람'에 대해 질문을 받았다고 한다.[1] 우리는 이 책 전체에서, 우리가 (아직) 알 수 없는 것과 (어쩌면 알 수도 있지만) 알지 못하는 것에 대한 불확실성을 계속 탐구할 것이다. 하지만

---

* 신탁의 영어 단어인 'oracle'은 '말하다'라는 뜻의 라틴어 동사 ōrāre에서 유래했고, 예언을 하는 사제나 여사제를 가리키기도 한다. —옮긴이

이제 우리는 중요한 질문에 답할 준비가 되었다.

불확실성이란 무엇인가?

불확실성에 대한 공식적인 정의는 대부분 '확실성 부족'이므로, 우리는 먼저 '확실성'의 정의를 살펴봐야 한다. 합의된 내용은 다음과 같다.

확실성: 의심의 여지없이 무언가가 사실이라는 확고한 신념.

이것은 확실성이 개인적인 감정이라는 생각을 명확하게 표현한다. 확실성이 이렇다면, 누군가가 확고한 신념이 없고 의심을 품고 있을 때 발생하는 불확실성도 마찬가지일 것이다. 이는 좀 더 공식적인 정의[2]에 반영되어 있는데, 나는 이 정의가 매력적이라고 생각한다.

불확실성: 무지에 대한 의식적 인식.

이러한 정의에 반영된 중요한 문제(3장에서 다루겠지만, 아원자적 예외 subatomic exception가 존재할 수 있다)는, 우리가 불확실성을 세상의 속성 property이 아니라 세상과의 관계relation로 생각해야 한다는 것이다. 즉, 동전 던지기에서 보았듯이 두 개인이나 집단은 서로 다른 지식이나 관점이 있기 때문에 동일한 사물이라도 다른 정도의 불확실성different degree of uncertainty—이는 상당히 합리적이다—또한 존재할 수 있다.* 이 중

---

* 어떤 것을 절대적으로 확신할 수 있는지는 그냥 넘어가기로 하자. 동료들과 이야

요한 아이디어는 이 책 전체를 관통한다.

일단 불확실성이 관계라는 사실을 받아들이면 불확실성의 특성을 살펴볼 수 있다. 여기에는 다음과 같은 것들이 포함된다.

- 불확실성에는 (개인이 됐든 집단의 합의가 됐든) 자신의 의견이나 판단을 확신하지 못하는 주체 subject 가 있기 마련이므로, 항상 *나의* 확률 또는 *너의* 확률 등 적절한 표현을 사용하는 것이 이상적이다. 하지만 동전 던지기, 복권 추첨, 생년월일 등과 같이 물리적 메커니즘이 명확하여 일반적인 합의가 있을 때는 관형어를 생략하고 확률 또는 *기회*라는 표현을 사용하는 경향이 있다.

- 불확실성의 대상 object 은 잠재적으로 검증할 수 있는 세상의 모든 측면, 즉 과거에 있었던 일, 현재 일어나고 있는 일, 받아들여진 사실, 사물의 작동 방식, 무엇이 무엇을 야기했는지, 그리고 앞으로 일어날 수 있는 일이다. 서론에서 언급했듯이, 잘 정의된 대상에 초점을 맞추면 '불확실성'이라는 용어가 사용되는 여러 가지 느슨한 방식, 즉 불안에 대한 걷잡을 수 없는 생각, 신이 있는지 없는지에 대한 검증 불가능한 주장, 무엇을 해야 할지에 대한 *미결* 상태, 모호한 언어에서 발생하는 부정

기하던 중 "진실이란 무엇인가"라는 질문에 도달할 때마다, 나는 논의를 중단하고 주제를 바꿔야 할 때가 왔다면서 농담을 하곤 한다. 마찬가지로, 나는 무엇이 "진정으로 확실한 것"인지 말하려 하지 않고, 사물이 실제로 어떻게 존재하는지 더 잘 이해하려고 노력할 경우 '충분히 확신'할 수는 있지만 결코 완전한 이해에 도달할 수는 없다는 점을 인정할 뿐이다. 이 장의 시작 부분에 있는 존 스튜어트 밀의 인용문을 참조하라.

확성 등을 다루지 않아도 된다.

- 맥락context은 불확실성을 품은 사람이 알고 있거나 가정하는 것의 밑바탕을 이루며, 통계 모델을 생각할 때 매우 중요하다.
- 불확실성을 유발하는 원인이라는 관점에서 볼 때, 그 원천source에는 측정하려는 모든 것의 자연적 변화, 자연에 내재된 '무작위성', 사람 간의 차이, 제한된 지식, 모호한 정보, 이해를 제한하는 복잡성, 계산의 한계, 오류 가능성, 무슨 일이 일어나고 있는지에 대한 단순한 무지 등이 포함될 수 있다.
- 불확실성의 표현expression은 언어적·수치적·시각적이며, 불확실성의 규모에 대한 아이디어를 어느 정도 전달하고 배경 이해와 가정을 기반으로 하는 것이 일반적이다.
- 적절한 경우, 불확실성에 대한 감정적emotional 반응-('정서affect'*로도 알려져 있다)은 두려움, 흥분, 불안, 체념 등으로 나타날 수 있고 '울렁거리고 메슥거림', 수면 장애 등의 신체 증상을 수반할 수 있다.

예컨대 동전 던지기에서 '주체'는 '당신'이고, '대상'은 '동전 던지기의 결과'이고, '맥락'은 (내가 양면 동전으로 바꿔치기 하지 않았다는 것을 센스 있게 확인한 후) '동전이 공정하다고 가정'하는 것이고, 불확실성의 '원천'은 내가 동전을 던진 후 '결과를 은폐했다는 사실'이고, '표현'은 '수치적 확률'이고, '감정적 반응'은 '짜증'일 수 있다.

나의 동전 던지기는 한 참가자가 다른 참가자보다 더 많은 것을 알

---

* affect는 심리학에서는 '정서'로, 정신과학에서는 '정동(情動)'으로 번역되는 경향이 있다. -옮긴이

고 있는 정보 비대칭asymmetry of information의 극단적인 예다. 하지만 다음 사례에서 알 수 있듯이, 불확실성의 작은 비대칭성조차도 (이를 극복할 수만 있다면) 돈벼락을 맞는 일이 될 수 있다.

카드 게임에서 어떻게 770만 파운드를 딸 수 있을까?

간단한 답은 속임수를 쓰는 것이다. 2012년 런던의 크록포드 카지노에서 스타 포커 플레이어 필 아이비Phil Ivey가 무려 770만 파운드를 딴 사건이 법정에 회부되었을 때 영국 대법원*은 그가 속임수를 썼다고 판결했다. 법원 판결문에서 언급된 것처럼,[3] 아이비는 푼토 방코Punto Banco를 하고 있었다. 푼토 방코는 바카라의 일종으로, 각 플레이어는 여덟 장이 든 카드 한 벌pack을 섞어 '슈shoe'에서 카드를 뽑되, 총합이 9에 최대한 근접한 카드를 보유하려고 노력했다. 8월 20일 오후 9시에 새로운 슈가 시작된 후, 아이비와 그의 파트너는 특정 카드를 특정 방향으로 슈에 다시 넣어달라는 특이한 요청을 하기 시작하며, 이는 단지 "행운을 위한 것"이라고 주장했다. 밤 10시가 되자 슈의 속은 바닥이 났는데, 아이비는 "그 카드 묶음deck으로 4만 파운드를 땄으니" 같은 슈를 다시 사용해 달라고 요청했고, 또한 카드를 손으로 섞지 말고 (방향이 유지되는) 기계로 섞어달라고 요청했다. 아이비는 21일 오전 4시까지 200만 파운드를 땄고, 다시 게임을 하러 돌아올 때를 대비해 같은 슈를 보관해 달라고 요청했다. 그는 오후 3시에 다시 돌아

---

* 나는 통계학자로서는 드물게 《영국 대법원 연감》에 이 사례에 대한 글을 썼다.

왔고 오후 6시 40분까지 총 770만 파운드가 넘는 돈을 벌었다. 당연히 크록포드에서는 의심을 품었지만, 아이비가 무슨 짓을 했는지 바로 알 수는 없었다.

플레이어가 자신의 카드를 집계하는 카드 카운팅은 합법적이지만 (하지만 카지노에서는 못마땅하게 여긴다), 푼토 방코에서는 그다지 사용되지 않는다. 아이비는 카드 카운팅 대신 엣지 정렬*edge sorting*을 사용했다. 카드 뒷면에는 특정 패턴(종종 원 모양 그리드)이 있는데, 카드 한 벌을 생산할 때 왼쪽과 오른쪽 가장자리가 패턴과 동일하게 교차하지 않을 수 있으므로 뒷면에서 보면 카드의 방향을 판단할 수 있다. 아이비는 중요한 카드(이 게임에서 특히 중요한 7, 8, 9)를 한 방향으로 교체하여, 카드가 슈에 다시 등장할 때 뒷면에서 식별할 수 있도록 했다. 대법원은 이 때문에 1% 이상 카지노에 유리하던 게임의 균형이 6% 이상 아이비에게 유리하게 바뀌었다고 판단했다.

다소 놀랍게도 크록포드에서는 비디오 영상을 면밀히 검토한 후에야 이 사실을 깨달았다. 크록포드에서 상금을 지불하지 않자, 아이비는 그들을 법정에 세웠다. 법정에서 아이비는 자신의 전략을 순순히 인정했지만, 부정행위가 아니라 카드 카운팅과 유사한 합법적 '트릭'으로 여긴다고 말했다. 그의 변호사는 영국 법에 따라 그가 무죄라고 주장했는데, 그 당시 영국 법에서는 자신의 부정직함을 인지하고 행동한 사람만을 처벌하고 있었다. 이 사건은 대법원까지 올라갔고, 대법원은 아이비에게 불리한 판결을 내려서 '부정직'에 대한 법적 기준을 근본적으로 변경했다. 그 내용인즉, 용의자 본인의 인식과 관계없이 '합리적인 사람'이 그 행동을 부정직하다고 생각하면 족하다는 것이다.

이 사례는 불확실성의 주관성을 잘 보여준다. 아이비의 행동은 카드 순서의 무작위성을 바꾸지 않았고, 각 카드가 나타날 확률에도 영향을 미치지 않았다. 그러나 카드 뒷면의 패턴을 면밀히 살펴본 후, 아이비는 다음 카드가 무엇인지에 대한 '개인적 불확실성의 정도'를 변경하여 베팅을 조정할 수 있었다. 엄밀히 말하면 카드는 여전히 '알 수 없는' 것이었지만, 그의 간섭 때문에 그와 카지노 간의 지식의 비대칭성이 현저히 줄어들었기 때문에 카드는 그에게 '약간 덜 알 수 없게 slightly less unknowable'된 것이었다. 하지만 그 대가로 그는 상금을 잃었을 뿐만 아니라 막대한 법적 비용도 부담해야 했다.

이번에는 다음과 같은 사고 실험을 해보자.

- *시간과 날짜를 메모하고 눈을 감으라. 1분 후에 당신이 무엇을 하고 있을지 생각해 보라. 이제 1시간, 1일, 1주일, 1년, 20년 후를 생각해 보라.*

짧은 시간 동안은 어떤 일이 일어날지 짐작할 수 있지만, 시간이 갈수록 미래의 가능성은 스파게티 가닥처럼 퍼져나간다. 우리는 모든 가능성을 상상조차 할 수 없고, 어떤 것을 선택할지, 그리고 내 할아버지처럼 (은유적이기를 바라지만) 폭발하는 포탄을 피할 수 있을지 알 수 없다.

- *이제 기억해 보라. 정확히 1일 전, 1년 전, 10년 전에 당신은 무엇을 하고 있었는가?*

이것은 미래를 내다보려는 노력과는 다소 다르다. 우리는 원칙적으로 과거에 무슨 일이 일어났는지 알아낼 수 있지만, 우리를 지금 있는 곳으로 이끈 구체적인 사건들의 사슬을 즉시 기억할 수는 없고, 과거의 대부분은 곧 흐릿해져 기억의 심연 속으로 사라진다. 동전 던지기에서 보았듯이, 불확실성은 우리가 '알 수 없는 무언가'에 대한 것일 수도 있고 '알지 못하는 무언가'에 대한 것일 수도 있다. 그렇다면 불확실성은 우리에게 어떤 느낌을 줄까?

우리는 불확실성에 대해 어떻게 반응할까?

심리학 연구와 우리 자신의 경험에 따르면, 우리가 불확실성(즉, 무지에 대한 의식적 인식)에 반응하는 양태는 천차만별이다. 우리의 반응은 인지적 cognitive (어떻게 생각하는지), 정서적 emotional (어떻게 느끼는지), 행동적 behavioural (어떻게 행동하는지) 측면으로 나눌 수 있다. 표 1.1에는 연구자들이 다각도로 분석한 반응의 측면과 범위가 나열되어 있는데, 당신은 잠시 멈추어 자신이 이러한 축axes에서 어디쯤에 위치하는지 생각해 보고 싶을 수 있다. 예컨대, 불확실성에 직면했을 때 당신은 그것을 부정하는가 아니면 인정하는가? 두려움을 느끼는가 아니면 용기를 내는가? 회피하려 하는가 아니면 접근하려 하는가? 물론 당신의 반응은 상황에 따라 달라질 수 있고, 연구에 따르면 개인의 위험 추구 성향은 영역에 따라서도 다를 수 있다고 한다.[4] 나의 지인 중에는, 엄청난 신체적 위험을 추구하는 것 같으면서도 돈 문제만큼은 매우 신중한 태도를 보이는 사람들이 있다.

	부정적		긍정적
인지적 측면	위협	←——→	기회
	부정	←——→	인정
	취약성	←——→	자신감
	의심	←——→	믿음
정서적 측면	걱정	←——→	평온
	두려움	←——→	용기
	무신경	←——→	호기심
	혐오	←——→	매력
	절망	←——→	희망
행동적 측면	회피	←——→	접근
	무행동	←——→	행동
	결정 연기	←——→	의사결정
	부주의	←——→	정보 탐색

표 1.1
불확실성에 대한 반응의 인지적·정서적·행동적 측면과 잠재적인 반응 범위.[5]

불확실성에 대한 개인의 불내성intolerance을 측정하는 수많은 척도가 개발되었다. "예기치 못한 사건이 일어나면 몹시 화가 난다"부터 "행동해야 할 때, 미래가 불확실하면 몸과 정신이 마비된다"에 이르기까지 다양한 진술에 대한 응답을 유도했다. 불확실성에 대한 불내성 점수가 높은 사람은 임상적으로 불안과 우울증에 걸릴 위험이 높을 수 있다.[6]

불확실성에 대처하기 위한 방법을 제시하는 지침서들이 많이 나와 있고 이 책이 자구책을 제공하는 것도 아니지만, 여기서 내 이야기를 반드시 들려줘야만 할 것 같다. 내 아버지(세실의 아들)는 열정적인 여행가였지만, 나이가 들면서 '여행 열병travel fever'(독일어로는 라이제피버reisefieber, 스웨덴어로는 레스페베르resfeber라고 한다)에 점점 더 시달리게 되었다. 여행 열병이란 여행 전에 느끼는 극심한 불안감을 일컫는 생생한 용어로, 기본적으로 잘못될 수 있는 모든 일에 대한 불확실성 때문이다. 결국 그는 여행 열병 때문에 휴가를 떠나지 못했다. 그래서 나도 여행 전에 비슷한 불안을 겪기 시작했을 때 한 심리 치료사와 상담했다. 그녀는 인지행동치료Cognitive Behavioural Therapy, CBT를 추천했는데, 그 내용인즉 불안의 정신적·신체적 증상을 인정하되 여행에 대한 설렘과 본질적으로 구별할 수 없다고 스스로에게 말하는 것이었다. 표 1.1의 첫 번째 줄처럼, 위협을 기회로 '생각'하는 방법은 여행에 따르는 상당한 불확실성에 대한 나의 반응을 재구성하는 데 꽤 효과적이었다.

불확실성이 문제가 되는 상황은 모험을 앞두고 있을 때만이 아니다. 독일의 성인 1,000명에게 "당신이 언제 죽을지 알고 싶습니까?"라는 질문을 던졌을 때 88%가 "아니오"라고 답했다(8%는 "잘 모르겠다"라고 답했고, 4%만이 "예"라고 답했다).[7] 사전 녹화된 축구 경기 결과를 듣고 싶은지 묻는 질문에 77%는 원하지 않는다고 답했지만, 23%는 원한다고 답했다. 또한 크리스마스에 무엇을 받을지 알고 싶은지에 대해서는 과반수(60%)가 알고 싶지 않다고 답했고, 33%는 잘 모르겠다고 답했으며 7%만이 알고 싶다고 답했다. 우리는 때로 그저 무지를 선호하기도 한다.

그리고 설사 알고 싶다고 해도, 불확실성을 받아들이고 심지어 환영하고 살아갈 수 있다. 이론물리학자 리처드 파인먼Richard Feynman은 "나는 내가 멍청하다는 것을 알만큼 똑똑하다"라고 주장했고, "나는 의심과 불확실성을 안고 살아갈 수 있고, 알지 못해도 아무 상관없다"라고 말하며 사물을 완전히 이해하지 못하는 것을 편안하게 느꼈다. 이는 우리 삶에서 피할 수 없는 불확실성에 대처하는 방법에 대한 좋은 본보기가 된다.[8]

물론 모든 사람이 그런 겸손함을 표현할 수 있는 것은 아니다. 나중에 살펴보겠지만, 정치인과 공식 기관은 특히 대중의 불안을 줄이고 그들을 안심시키려고 할 때 절대적인 자신감을 보여야 한다고 느낄 수 있다. '광우병'으로 널리 알려진 소해면상뇌증Bovine Spongiform Encephalopathy, BSE이 영국 소에서 발견된 후 인간에게 전염될 수 있는지 여부가 불확실했지만 영국 정부는 영국산 소고기가 안전하다고 주장했다. 1990년 당시 농무부 장관이 동부 해안에서 열린 보트쇼를 방문했을 때 네 살배기 딸과 함께 비프 버거를 먹는 모습이 널리 알려지면서 큰 파장을 일으켰다.* 이후 조사에서, 영국 정부는 BSE에 대한 과

---

* 사진을 자세히 살펴보면 딸의 햄버거에 남은 깨문 자국이 어린아이의 것이 아닌 듯해 보이지만, 아버지와 딸 모두 음식 때문에 부작용을 겪은 것 같지는 않다.

민반응을 막는 데만 몰두했고 이 때문에 발생할 수 있는 피해에 대한 불확실성을 부인한 것으로 밝혀졌다.[9] 그 이후로 영국에서는 많은 사람이 감염된 소고기를 먹고 변종크로이츠펠트-야콥병variant Creutzfeldt-Jakob Disease, vCJD에 걸려, 170여 명이 사망했다.

이로써 우리는 개인이나 사회에 일어날 수 있는 모든 불쾌한 일을 포괄하는 가장 넓은 의미로서의 위험이라는 까다로운 영역에 발을 들여놓게 되었다. 폴 슬로빅Paul Slovic과 같은 심리학자들은 이러한 위협에 대한 두 가지 상호 보완적인 접근 방법, 즉 느낌feeling 으로서의 위험과 분석analysis 으로서의 위험에 대해 이야기하는데, 이는 서론에서 소개한 카너먼의 이중 체계와 유사하다. 이 책은 주로 수치, 통계 모델 등을 사용하여 위험과 불확실성에 대한 분석적 접근 방법을 다루고 있지만, 우리가 직면할 수 있는 위험에 대한 개인적인 태도를 지배하는 것은 '위험에 대한 감정'이다.

1980년대 슬로빅 등의 연구에 따르면, 비전문가에게 '위험성'에 대해 질문했을 때 그들의 인식은 실제로 일어날 수 있는 합리적인 확률보다는 **유해성**hazard 이라고 알려진 사건의 특성과 더 많은 관련이 있는 것으로 나타났다. 예컨대, 튼튼한 우리에 갇힌 사자는 유해하지만 문이 닫혀 있는 한 위험하지 않다. 상업용 비행기를 타고 비행하는 것은 유해한데, 상당히 무거운 기계를 타고 10km 상공에 떠 있을 때 다칠 가능성이 분명히 존재하기 때문이다. 하지만 이것은 (다시 한 번 말하지만, 문이 닫혀 있는 경우에) 무시할 만한 위험이다.* 위험을 인식하는

---

* 상어를 예로 들어 유해성과 위험성이라는 개념을 정리하면 다음과 같다. 유해성은 어떤 사물이 무언가에 손상을 입힐 수 있는 잠재력이다. 예컨대 바닷속의 상어는 유해성이 높다고 할 수 있다. 반면 위험성은 확률적인 개념이며, 노출(exposure)이

데 영향을 미치는 특성(유해성)은 크게 두 가지 축으로 나뉘는데, 하나는 '두렵지 않은지 또는 두려운지'이고 다른 하나는 '알려진 것인지 또는 알려지지 않은 것인지'이다.[10] 통제할 수 없고, 비자발적이고, 치명적이고, 불공평하고, 미래 세대에 대한 위험을 증가시키는 경우, 유해성은 더 '두려운 것'으로 간주된다(원자력 사고를 생각해 보라). 관찰할 수 없고, 새롭고, 잘 이해되지 않는 경우, 잠재적 위협은 더 '알려지지 않은 것'으로 간주된다(휴대폰 안테나에서 나오는 전자파에 대한 태도를 생각해 보라). 자전거 타기와 같은 익숙한 활동은 잠재적으로 위험할 수 있지만, 알려지지 않은 것도 아니고 두려운 것도 아니다.

우리의 우려는 지난 수십 년에 걸쳐 다소 바뀌어왔다. 1980년대에는 '알려진 것인지 또는 알려지지 않은 것인지' 축에서 가장 큰 위협 중 하나가 전자레인지였다(나는 이 신비한 기술에 대해 여전히 의구심을 느끼고 있다). 그리고 기후변화와 인공지능이 유발하는 위협은 이러한 축에 자연스럽게 들어맞는 것 같지는 않다. 그러나 기본적인 교훈은 여전히 유효하다. 우리의 우려는 '어떤 일이 일어날지 여부'에 대한 불확실성보다는 '만약 일어날 경우, 광경이 벌어질지'에 대한 불확실성과 관련한 경향이 있다. H. P. 러브크래프트H. P. Lovecraft의 말마따나, '인류의 가장 오래되고 가장 강한 감정은 공포이며, 가장 오래되고 가장 강한 종류의 공포는 미지의 것에 대한 두려움이다.'[11]

있어야만 확률적으로 계산할 수 있다. 그러므로 '위험성＝유해성×노출'이라는 등식이 성립한다. 바닷속 상어의 유해성을 수치화해서 100이라고 하자. 그런데 당신이 바다에 들어가지 않으면 위험성은 '0'이 된다. 왜냐하면 노출이 없기 때문이다(노출＝0). 그런데 상어가 있는 바다에 들어가면 노출이 시작된 것이고, 노출 정도에 따라 위험성이 증가한다. ―옮긴이

요약

- 불확실성은 '관계'이며, 관찰하는 주체, 불확실한 대상, 불확실성의 원천, 표현 방식, 때로는 정서적 반응을 수반한다.

- 광범위하게 말하자면, 우리는 알 수 없는 미래에 대한 우연적 불확실성과 우리가 모르는 현재나 과거에 대한 인식론적 불확실성을 느낄 수 있다.

- 불확실성은 개인적이므로, 우리가 알고 있는 불확실성과 다른 사람이 알고 있는 불확실성은 다를 수 있다.

- 불확실성에 대한 인지적·정서적·행동적 반응은 사람마다 크게 다르며, 불확실성에 대한 극단적인 불내성은 불안과 우울증의 원인이 될 수 있다.

- 우리가 무지를 선호하는 상황도 있다.

- 우리는 불확실성을 인정하는 겸손함이 필요하다.

- 잠재적 위협에 대한 우리의 우려는 '그것이 일어날지 여부'에 대한 불확실성보다는 '과연 어떤 일이 일어날 수 있을지'에 대한 불확실성에 지배되는 경향이 있다.

2장

말하지 말고
숫자로 보여줘라

우리는 의심과 불확실성을 엄격하게 정의할 것을 요구한다.

– 더글러스 애덤스Douglas Adams, 《은하수를 여행하는 히치하이
커를 위한 안내서》

1장에서 살펴본 것처럼 불확실성의 핵심 키워드는 관계인데, 이것
은 실재하는 것something tangible에 대한 '당신'의 무지를 나타낸다. 하지
만 무지는 '전부 아니면 전무all or nothing'가 아니며, 일상 언어에서 '가
능성이 높다' '거의 확실하다' 등의 표현을 사용할 때 우리는 본질적
으로 이 표현들이 불확실성의 정도degree of uncertainty를 전달한다고 봐
야 한다. 이제 자연스럽게 불확실성을 보다 정확하게 수치로 표현해
볼 것이다. 이렇게 하면 재앙에 가까운 오해를 피하는 데 도움이 될 수
있다.

1959년 피델 카스트로Fidel Castro의 혁명가들이 쿠바에서 정권을 잡
은 후, 미국 중앙정보국CIA은 쿠바의 망명자들과 함께 새 정권을 전복
하고 미국에 우호적인 정부를 재건하기 위한 음모를 꾸몄다. 1961년

1월 케네디 대통령이 취임할 무렵에는 계획이 상당히 진전되었지만, 미국 합동참모본부가 침공 제안을 평가했을 때는 다소 회의적이었고 성공 확률이 30% 정도에 불과하다고 판단했다. 데이비드 그레이David Gray 준장은 케네디 대통령에게 제출할 보고서 초안을 작성할 때 이 수치를 적당한 기회a fair chance로 번역했는데, 이는 '별로 좋지 않다not too good'라는 뜻이었다.

그러나 케네디는 '적당한 기회'를 꽤 괜찮은 확률이라는 의미로 해석한 듯하고, 나중에 침공을 지지했다.[1] 1961년 4월 17일 쿠바 남부 해안 피그스만에 상륙한 쿠바 망명자 1,500명은 피델 카스트로가 이끄는 세력의 강력한 저항에 부딪혀 100명 이상이 사망하고 나머지는 대부분 생포되었다. 이 작전은 완전한 실패작이었기 때문에 미국은 크게 당황했다. 쿠바는 러시아와 더욱 가까워졌고, 1962년 미사일 위기 때문에 핵 대결 일보직전까지 갔다.

피터 와이든Peter Wyden은 그의 저서 《피그스만: 알려지지 않은 이야기Bay of Pigs: The Untold Story》에서, 그레이가 수치적 확률을 사용하지 않으면 오해를 불러일으킬 수 있다는 사실을 전혀 생각하지 못했다고 말했다. 피그스만은 반대 의견을 침묵시키는 집단 사고group-think의 사례 연구로도 사용되었다. 이 참사에 대한 조사를 수행한 테일러 장군 General Taylor은 나중에 와이든에게 이렇게 말했다. "은근한 암시와 권유만으로는 조언할 수 없는 때가 있다. 우리는 케네디의 눈을 똑바로 보고 '대통령님, 이건 형편없는 아이디어라고 생각합니다. 우리가 성공할 확률은 10분의 1 정도입니다'라고 말했어야 한다. 그러나 아무도 그렇게 말하지 않았다."

만약 내가 당신에게 변비가 스타틴statins을 복용할 때 생기는 흔한 common 부작용이라고 말한다면, 당신은 이 약을 복용하는 사람 중 몇 퍼센트가 이 합병증을 겪을 것이라고 생각하겠는가? 스타틴을 복용하는 환자 120명에게 이 질문을 했을 때, 평균 비율은 34%였다.[2] 그러나 실제 비율은 이보다 훨씬 더 낮은 약 4%다. 변비가 공식적으로 흔한 부작용으로 간주되는 이유는 유럽 의약품청EMA과 영국 의약품 및 의료제품 규제청MHRA이 환자 정보 리플릿에 발생률이 1%에서 10% 사이인 부작용은 '흔한', 10% 이상은 '매우 흔한'으로 표시하도록 규정하고 있기 때문이다.[3]

이 사례는 ('규모magnitude를 표현할 때 단어를 사용하는 것'의 위험성을 보여주는) 피그스만 이야기에 더 설득력을 부여한다. 왜냐하면 단어는 사람에 따라 매우 다른 의미가 있기 때문이다. 전문 의료 커뮤니티에서는 부작용이 드물다고 가정하기 때문에, 4%의 발생률도 흔한 것으로 간주한다. 하지만 일상 언어에서 이 단어가 사용되는 방식은 판이하게 다르다.

흔하다, 드물다, 많다a lot 등은 일상 언어에서 사용되는 빈도frequency에 대한 모호한 설명이다. 불확실성을 가리키는 표현은 훨씬 더 흔한데, 가능성을 의미하는 단어가 얼마나 많은지(could, might, maybe, perhaps, likely, possible) 생각해 보라. 나는 가능하면 확률을 사용하는 것이 더 낫다고 누누이 강조해 왔다. 하지만 사람들은 불확실성을 숫자로 표현하는 것을 꺼리고 익숙한 구두 용어만 사용하고 싶어 하므로 다음과 같은 중요한 질문이 제기된다.

'가능성이 높다likely'와 같은 용어는 무엇을 의미할까?

2010년 1월 22일 영국의 테러 위협 수준이 '심각severe'으로 상향 조정되었는데, 이는 공식적으로 '공격 가능성이 매우 높다an attack is highly likely'는 의미로 정의된다.[4] 사람들 대부분이 '가능성이 매우 높다highly likely'를 해석하는 방식을 감안할 때 이는 상당히 끔찍하게 들렸기 때문에 당시 내무부 장관인 앨런 존슨Alan Johnson은 "이는 테러 공격 가능성이 높다는 의미이지만, 공격이 임박했다는 것을 시사하는 어떠한 정보도 없다"라고 강조해야 할 의무를 느꼈다.[5] 다행히도 테러 공격은 발생하지 않았다.

수많은 연구에 따르면 이러한 단어를 해석하는 방식은 사람과 맥락에 따라 크게 달라질 수 있다. 예컨대 25개국 출신의 5,000명에게 '가능성이 높다'를 백분율 확률로 해석하는 방법을 물었을 때 응답의 **중앙값**median은 60%였지만, 10명 중 한 명은 25%에서 90%의 범위를 벗어나는 등 엄청난 차이를 보였다.[6]

이러한 모호함은 자연스럽게 용어의 사용을 표준화하려는 시도로 이어졌고, 적어도 특정 맥락에서는 어느 정도 합의가 이루어질 수 있었다. 가장 널리 사용되는 '번역' 중 하나는 기후변화에 관한 정부 간 협의체IPCC에서 개발한 것으로, 표 2.1에 나와 있다. '가능성이 높다'에 대한 대중적 해석의 중앙값(60%)은 IPCC가 정한 구간(66~100%)에 포함되지도 않는다는 점에 주목하라. 일반적으로, 이 용어에 대한 대중의 해석은 표에 나타난 규칙보다 50%에 가깝다는 의미에서 보수

용어	결과의 '가능성'(확률 구간)
거의 확실함virtually certain	99~100%
극히 높음extremely likely	95~100%
매우 높음very likely	90~100%
높음likely	66~100%
낮지 않음more likely than not	50~100%
중간about as likely as not	33~66%
낮음unlikely	0~33%
매우 낮음very unlikely	0~10%
거의 희박함exceptionally unlikely	0~1%

표 2.1
각양각색의 구두 용어가 의미하는 확률 구간(출처: IPCC의 6차 보고서).[8]*

---

* IPCC 보고서에서 사용된 용어의 한글 번역은 한국 기상청에서 발간한 〈IPCC 6차
보고서 번역본(국영문합본)〉에서 인용했다. 옮긴이

적이라는 것을 알 수 있다.[7]

　이 용어를 사용한 사례로, IPCC는 2014년 "1983년부터 2012년까지의 기간이 북반구에서 지난 1400년 중 가장 따뜻한 30년이었을 가능성이 높다"라고 보고한 후, 페이지 하단의 각주에서 '가능성이 높다'라는 것은 66%에서 100%를 의미한다는 정의를 독자에게 상기시켰다. 표 2.1에서 구간이 다소 넓고 겹친다는 데 주목할 필요가 있는데, 사실 IPCC는 '가능성이 매우 높다'(90~100%)라는 표현을 별도로 사용하므로, '가능성이 높다'는 66%에서 90% 사이의 확률을 의미한다고 해석할 수 있다.

　피그스만 사태 이후, 정보 커뮤니티내에서는 불확실성의 정도를 보다 투명하게 하려는 노력이 계속되어 왔다. NATO는 〈모호한 표현의 변형Variants of vague verbiage〉이라는 멋진 제목의 기술 보고서에서, 현재 전 세계 기관에서 '추정 확률의 척도scales of estimative probability'를 어떻게 사용하고 있는지 요약했다.[9] 표 2.2는 '가능성이 높다'라는 단어에 대한 서로 다른 번역을 보여준다.

　이는 커뮤니케이션을 표준화하려는 시도의 한 예일 뿐이다. 9장에서 살펴보겠지만 많은 기관에서는 이와 관련하여 분석적 신뢰도analytic confidence라는 척도를 사용하도록 권장한다.

　커뮤니케이터는 주장이 얼마나 진실한지 강조할 때 정확한 확률을 제시하지 않아도 되기 때문에 구두 용어를 선호하는 경우가 많지만, 역설적이게도 과학적 주장의 소비자들은 정확성 때문에 종종 숫자를 선호한다는 연구 결과도 있다.[10] 구두 용어에 대한 오해의 위험은 모국어가 다른 청중일 때 더욱 커질 수 있다. 사정이 이러하다 보니, 공식적인 커뮤니케이션에서 어떤 단어를 사용하려면 숫자 범위로 정의

'가능성이 높다likely'를 사용하는 기관	해석(확률 범위)
NATO	60~90%
캐나다 정보평가사무국*	70~80%
미국 정보 커뮤니티 지침ICD 203*	55~80%
영국 국방정보국의 확률 기준probability yardstick**	55~75%
노르웨이 정보 강령**	60~90%
기후변화에 관한 정부 간 협의체	66~100%
유럽 식품 표준 당국	66~90%

표 2.2

'가능성이 높다'는 단어에 대한 각 기관별 해석 사례.*

---

* • '있을 것 같은(probable)' '아마도(probably)'도 사용함.
  • • '개연성 있는'도 사용함.

한 다음 청중에게 번역을 반복적으로 상기시키는 것이 일반적으로 권장된다. 실제로는 독자들이 이를 무시하는 경우가 많지만,[11] 그렇다고 해서 그 중요성이 줄어드는 것은 아니다.

우리는 앞에서, 1961년 피그스만 침공 이전에 '적당한 확률'이라는 문구가 잘못 해석되었다는 사실을 살펴보았다. 50년이 지난 지금, 대통령에게 제공되는 조언은 더욱 수치화되고 다양해졌다.

2011년의 유명한 급습이 있기 전, 오사마 빈 라덴이 아보타바드의 한 건물에 머무르고 있을 확률은 어느 정도였을까?

2001년 9월 11일 세계무역센터 테러 이후 10년간의 추적 끝에, 미국 중앙정보국은 파키스탄 아보타바드의 한 건물에 오사마 빈 라덴이 살고 있는 것을 확인했다고 생각했다. 하지만 확신할 수 없었고, 2011년 4월 28일 새벽, 내각 주요 인사들과 다른 참모들이 모여 여러 가지 방안을 논의했다. 그들은 서로 다른 의견을 내놓았는데, 일부는 신중을 기했고 다른 일부는 급습해야 한다고 권고했다. 하지만 수치로 나타낸 평가도 있었다. 버락 오바마는 나중에 이렇게 말했다. "우리 정보국 간부 중 일부는 빈 라덴이 그 건물에 있을 확률이 30%에서 40%에 불과하다고 생각했다. 다른 사람들은 그 확률이 80%에서 90%에 달한다고 생각했다. 장시간에 걸친 토론에서 모든 사람이 자기 나름대로의 평가를 내린 후, 나는 기본적으로 50 대 50이라고 말했다."[12] 오바마는 회의장을 떠나면서, 자신의 의견을 곧 알려주겠다고 말했다. 그리고 그날 아침에 그는 급습을 승인했다.

오바마의 '50 대 50' 뒤에 무엇이 있었는지는 불분명하다. 만약 제시된 의견을 종합한 실제 추정치라면 다소 낮아 보인다. 어쩌면 "우리는 모른다"의 줄임말일지도 모른다. "잘 모르겠으면 50 대 50으로 대충 얼버무린다"라는 부적절한 관행이 아니었길 바란다.*

이제 우리는 빈 라덴이 그 건물에 살았고 사살되었다는 사실을 안다. 이는 아마도 그가 그곳에 있을 가능성이 높다고 말했던 사람들의 입장을 정당화할 것이다. 어떤 사람들은 정보 전문가들 사이의 광범위한 견해가 오바마에게 제시되기 전에 단일 확률 평가a single probability assessment로 축약되었어야 한다고 주장했다.[13] 하지만 나는 의사결정권자는 전문가들의 의견이 다를 때 어떻게 대처할지 알아야 한다고 믿는다. 오바마는 자신이 들은 것을 종합하고 최종적인 책임을 져야 했다. 전하는 말에 따르면, 오바마는 "그런 상황에서 우리가 얻기 시작하는 것은, 실제로 더 유용한 정보를 제공하기는커녕 불확실성을 은폐하는 확률이다"라고 말했다고 한다.[14] 그러나 나는 동의하지 않는다. 확률이 불확실성을 은폐한다는 것은 얼토당토않은 말이다. 모호한 표현에 의존하여 불확실성을 은폐하기는커녕, 확률은 그것을 공개적으로 드러낸다.

이 장에 나오는 이야기들이, 우리의 무지(또는 정반대로 자신감)의 정도를 수치화하는 것이 더 낫다는 생각에 힘을 실어주기를 바란다. 어떤

---

* 오바마는 확률의 동의어로 '기회'를 사용하는 표준 관행을 따르고 있었지만, 이 책에서 나는 실질적으로 판단에 근거하기보다는 공통의 이해에서 합의된 수치가 제시되는 경우에만 기회를 언급하려고 노력할 것이다.

사람들은 이렇게 하는 데 어려움을 겪을 수 있다. 더 나쁜 것은, 어떤 사람들은 자신이 알고 있는 지식을 착각하고 진실이 아닌 사실에 대해 확신하거나 적어도 큰 자신감을 느낀다는 것이다. 다행히도, 신중한 채점 시스템을 갖춘 간단한 퀴즈를 풀어보면 우리의 불확실성을 수치화하고 누가 지나친 자신감을 느끼고 있는지 신속하게 밝혀내는 게 의외로 간단하다는 것을 알 수 있을 것이다.

당신이 뭘 모르는지 알고 있는가?

아래에 나열된 질문들을 생각해 보라. 각각에서 (A) 또는 (B) 중 하나가 정답이다. 규칙은 간단하다.

1. 정답일 가능성이 가장 높은 답을 결정한다.
2. 5에서 10까지의 척도로 당신의 자신감을 수치화한다. 즉, 만약 (A)가 옳다고 전적으로 확신하는 경우 10점 만점에 10점을 주어야 하지만, 70% 정도만 확신하는 경우 7점을 주고 (B)에 3점을 주면 된다. 전혀 모르겠는 경우, 두 선택지 모두에 5점을 준다.
3. 부정행위 금지.
4. 부정행위 절대 금지.

1. 어느 쪽이 더 높을까?	(A) 파리의 에펠탑 (B) 뉴욕의 엠파이어 스테이트 빌딩
2. 누구의 나이가 더 많을까?	(A) 영국 황태자(윌리엄) (B) 영국 황태자비(케이트)
3. 어느 나라가 더 클까?	(A) 크로아티아 (B) 체코공화국
4. 어느 나라의 인구가 더 많을까?	(A) 룩셈부르크 (B) 아이슬란드
5. 어느 책의 단어가 더 많을까?	(A) 《구약성서》(킹 제임스 버전) (B) 톨스토이 《전쟁과 평화》(영문판)
6. 어느 영화의 2023년 IMDb 점수가 더 높을까?	(A) 〈대부〉 2 (B) 〈패딩턴〉 2
7. 어느 행성이 더 클까?	(A) 금성 (B) 지구
8. 어느 도시가 더 북쪽에 있을까?	(A) 뉴델리 (B) 카트만두
9. 어느 쪽이 더 무거울까?	(A) 런던의 2층 버스(비어 있음) (B) 평균적인 아프리카코끼리 2마리
10. 누가 먼저 죽었을까?	(A) 베토벤 (B) 나폴레옹

이 장의 마지막에 있는 정답을 확인하기 전에, 규칙 1부터 4를 사용하여 이 질문들에 답해 보라. 표 2.3은 정답이 나왔을 때 스스로 점수를 매기는 방법을 보여준다.

정답을 맞추고 10점 만점에 10점을 주었다면, 해당 문제에서 25점

당신의 답에 대한 자신감 점수(10점 만점)	5	6	7	8	9	10
맞았을 때의 상점	0	9	16	21	24	25
틀렸을 때의 벌점	0	-11	-24	-39	-56	-75

표 2.3

답일 가능성이 가장 높다고 생각하는 선택지에 5점에서 10점까지의 자신감 점수를 주었을 때, 당신이 받게 되는 상점 또는 벌점. 채점의 패턴을 파악해 보라.

의 상점을 받는다(플러스 점수를 받는다). 그러나 틀린 답에 10점을 주었다면 75점의 벌점을 받게 된다(마이너스 점수를 받는다). 두 선택지 모두에 5점을 주었다면 상점도 벌점도 없다(0점을 받는다). 점수가 *비대칭적*이라는 것은 분명하고, 성공에 대한 보상보다 실패에 대한 처벌이 크기 때문에, 자신감이 있는데 틀렸다면 엄청난 처벌이 따른다. 매우 가혹한 채점 규칙이다.

이는 자의적인 규칙이 아니라 정직하게 점수를 매기도록 채점 규칙을 설계한 결과다. 예컨대 (A) 선택지에 대해 70% 확신하는 경우, (A)에 대해 과장하여 10점을 주는 것보다 7점을 주는 것이 기대 점수expected score를 최대화할 수 있다(그 이유는 이 장의 마지막에 나오는 문제 풀이를 참조하라). 따라서 이러한 채점 규칙은 '적절하다'라고 할 수 있다.

채점의 패턴을 파악했는가? 표 2.3에서 1행의 각 숫자(0, 9, 16, 21, 24, 25)에서 25를 빼보라. 그러면 −25, −16, −9, −4, −1, 0이 나오는데, 이것은 '자신감 부족에 대한 감점'이라고 할 수 있고, 외면받은 선택지에 주어진 점수(5, 4, 3, 2, 1, 0)의 *제곱*과 크기는 같고 부호가 반대라는 것을 알 수 있다. 이 채점 규칙은 이차 점수quadratic score라고도 한다. 1950년대에 한 기상학자가 비rain와 같은 미래 사건의 확률을 제시할 때 기상예보관을 훈련하고 평가하는 방법으로 이 규칙을 홍보한 후, 그의 이름을 따서 **브라이어 점수**brier score라고 알려진 것의 한 버전이기도 하다. 이 장의 마지막에서 알게 될 테지만, 감점을 할 때 '제곱한 점수'가 아니라 '원점수'를 사용하면 피험자가 자신의 자신감을 정직하게 평가하지 않고 부풀리도록 부추길 수 있다.

이 10가지 질문에 당신은 어떻게 답했는가? 학생들을 대상으로 이 퀴즈를 사용해 본 결과, 나는 다음과 같은 세 부류의 사람들을 발견할 수 있었다.

- 꽤 많은 것을 알고 있어서, 10개 질문에서 80점 이상의 비교적 준수한 상점을 받은 사람들.
- 자신이 모른다는 것을 의식한 나머지 조심스레 5점, 6점 또는 7점을 주는 경향이 있다 보니, 0점에 가까울 만큼 상당히 적은 상점을 받은 사람들.
- 잘 모르면서도 잘 안다고 *생각하는* 바람에 매우 많은 벌점을 받은 사람들(젊은 청중을 대상으로 한 내 경험상, 이러한 과도한 자신감의 특성은 남학생에게 더 흔한 것 같다). 당신은 그런 사람을 조언자로 삼고 싶지 않을 것이다.

최종적으로 벌점을 받은 사람들은 모든 질문의 선택지에 '5점'을 준 것보다도 못한 점수를 받았다는 뜻인데, 본질적으로 이것이 누군가의 전략이라는 점을 유의하라. 그런 사람은 답에 대해 전혀 모를 때, 눈 딱 감고 모든 질문에 똑같이 대답한다. 마치 침팬지처럼 말이다.

이는 1장에서 살펴본 인식론적 불확실성에 해당하고, 자신감 점수는 선택한 답에 대한 개인적 확률(예컨대 7을 10으로 나누면 0.7 또는 70%)로 간주할 수 있다. 따라서 이 간단한 퀴즈에는 깊은 교훈이 담겨 있다. 즉, 인식론적 불확실성은 확률로 수치화할 수 있는데, 이 확률은 반드시 주관적이며, 개인이 자신의 가용 지식available knowledge을 바탕으로 표현할 수 있다는 것이다. 여기서 '주관적'이라는 것은, 수치이기는 하지만 측정할 수 있는 외부 세계의 속성이 아니라는 의미다. 시계로 시간을, 저울로 무게를, 자로 거리를 측정하듯 확률을 알려주는 도구는 없고, 확률이란 항상 가정을 바탕으로 한 판단이나 계산이라는 의미다. 당신이 선택지에 부여한 숫자를 (당신의 마음을 충분히 깊이 파고들면 찾아낼 수 있는) '진실된 믿음'이 구현된embodied 것으로 생각해서는 안 되며, 맥락—이 경우에는 퀴즈—에 따라 구성된constructed 것이라는 사실을 알아야 한다.

하지만 이러한 판단이 실제로 유용하려면 사람들의 확률에 몇 가지 합리적인 속성이 있어야 한다. 첫 번째, 이상적으로는 현실 세계에 맞춰 보정되어야 한다. 즉, 누군가가 일련의 사건에 대해 7/10이라는 확률을 부여하면, 그중 약 70%의 사건이 실제로 발생해야 한다는 뜻이다. 두 번째, 확률은 차별적이어야 한다. 즉, '발생하는 사건'에는 '발생하지 않는 사건'보다 더 높은 확률을 부여해야 한다. 만약 모든 질문에 5 대 5라고 답한다면, 정답이 A인 질문과 B인 질문의 수가 거의 같다고 가정할 때 결국 보정될 수 있겠지만, 여기에서는 어떤 테크닉도 찾아볼 수 없다. 적절한 채점 규칙은 보정과 차별성에 모두 보상을 준다.[15] 훌륭한 기상예보관은 보정과 차별성을 모두 갖추고 있다.

사건에 대한 확률을 명시함으로써 우리는 어떤 일이 일어날지 여부를 단순하게 예측한 다음 그 예측이 맞거나 틀렸다는 것을 보여주는 양자택일의 사고방식을 피할 수 있다. 하지만 사람들을 이러한 이분법적 사고방식에서 벗어나게 하는 것은 어려운 문제다. 네이트 실버Nate Silver는 선거 결과 예측으로 명성이 높았던 〈파이브서티에잇FiveThirtyEight〉이라는 정치 분석 웹사이트에서 미국 대선 당일인 2016년 11월 8일에 도널드 트럼프의 당선 확률을 28.6%로 예측했다.[16] 이는 3분의 1에도 미치지 못하지만 트럼프는 보란 듯이 당선되었고, 실버는 트럼프의 승리를 선언하지 않았다는 이유로 실패했다는 비난을 한 몸에 받았다. 확률적 예측은 어디까지나 예측일 뿐, 어느 것도 '선언'하지 않았지만 말이다.

실버의 확률은, 퀴즈에서 (A)라는 선택지에 7점을 줬는데 (B)가 정답으로 밝혀진 것과 비슷하다. 특히 실버의 평가는 다른 해설자보다 트럼프 지지 성향이 더 강했고, 앤드루 프로콥Andrew Prokop은 〈복스 Vox〉에 "네이트 실버의 모델은 트럼프의 당선 가능성을 비정상적으로 높인다"라고까지 썼기 때문에, 그가 예측한 확률이 심각한 오류*라고 보기는 어렵다. 그가 맞았을까?"[17] 물론 실버가 맞지도 틀리지도 않았지만, 이런 확률을 반복적으로 제시한다면 합리적인 채점 규칙에 따라 그의 저조한 성적을 확인할 수 있을 것이다.

피드백을 제공하려면 즉각적인 답이 필요하기 때문에, 지금까지 언급한 스피드 퀴즈는 '사실'과 '역사적 사건'에 대한 인식론적 불확실성을 평가하는 데 사용해야 한다. 그러나 '미래 예측가'의 예측 능력을 평가하는 데에도 이와 유사한 기법을 사용할 수 있다. 전문가 패널은 모의고사 점수에 따라 그들을 비교할 수 있고, 간단한 채점 규칙을 통해 '진지하게 받아들일 만한 의견을 제시하는 사람'을 식별할 수 있다. 그 결과 높은 점수를 받은 사람에게는 집단적 판단 시 추가 가중치가 부여될 수 있다.[18]

---

* 좀 더 상상력을 발휘하여, 평행 세계 세 곳에서 선거가 치러졌는데 두 곳에서는 힐러리 클린턴이, 한 곳에서는 도널드 트럼프가 승리했다고 생각해 볼 수도 있다. 쉽게 말해서, 우리는 우연히 트럼프가 승리한 세계에 살고 있을 뿐이라는 것이다.

이는 정치학자 필립 테틀록Philip Tetlock이 이끄는 연구팀이 오랜 기간에 걸쳐 실험한 결과로 입증되었다. 이들의 '선한 판단 프로젝트Good Judgement Project'에는 수백 명의 열정적인 아마추어가 참여하여 예측 능력을 겨뤘는데, 연구팀은 이들에게 단순히 무슨 일이 일어날지 말해보라고 한 것이 아니었다. 그 대신 "빚더미에 앉은 이탈리아가 2011년 12월까지 구조조정을 할 것인가, 아니면 채무 불이행을 선언할 것인가?"(2011년 1월 9일 질문)처럼 엄격하게 정의되고 검증 가능한 사건에 대해 '합리적인 시간 내에 해결될 확률'을 제시하도록 요청했다.[19] 얼마 후 사건이 실제로 발생했는지 여부가 확인되면, 브라이어 점수 규칙을 사용하여 그들이 제시한 확률을 점수화했다. 그들의 판단을 종합한 결과는 주요 예측 경연 대회에서 우승을 차지했다.

프로젝트에서 고득점을 얻은 참가자들을 분석한 결과, 테틀록의 팀은 예측자가 보수적이든 진보적이든, 낙관주의자이든 비관주의자이든 별 차이가 없다는 사실을 발견했다. 중요한 것은, 그들이 무엇을 생각하는지가 아니라 어떻게 생각하는지였다. 그렇다면 어떤 종류의 사고가 가장 효과적일까?

당신은 여우일까, 아니면 고슴도치일까?

솔직히 말해서 《전쟁과 평화》가 읽기에 다소 어려웠지만 큰 계획이 없고 무슨 일이 벌어지고 있는지 전혀 모르는 한 개인의 관점에서 묘사된 멋진 전투 장면들은 기억에 남는다. 레오 톨스토이는 상황에 휘둘리며 그저 주어진 상황에서 최선을 다하는 인물을 보여주는 데 탁월

한 솜씨를 발휘했다. 하지만 톨스토이는 깊은 내적 갈등에 빠져 있었다. 글에서 영리하게 묘사한 것과는 달리, 그는 세상이 작동하는 방식을 지배하는 거대한 원칙을 간절히 믿고 싶어 했다. 철학자 이사야 벌린Isaiah Berlin은 톨스토이의 딜레마에 대한 (지금은 유명해진) 에세이를 쓸때, 그리스 시인 아르킬로코스Archilochus의 시 한 구절 "여우는 많은 것을 알지만, 고슴도치는 큰 것 하나를 안다"에서 따와, 그것을 '고슴도치와 여우'라고 불렀다. 벌린의 말을 빌리자면, 톨스토이는 "고슴도치의 방식으로 세상을 보려고 애쓰는 여우"였다.

사적으로나 공적으로 알고 있는 사람들을 생각해 보라. 그들은 세상을 바라보는 하나의 큰 관점으로 주변의 모든 것을 해석하는 고슴도치인가? 아니면, 큰 원칙이나 철학 없이 그때그때 상황에 적응하고 마음을 바꾸는 여우 같은 사람인가? 물론 정치인은 고슴도치인 경향이 있지만, 일부는 다른 정치인보다 더욱 실용적이고 교활하다.

이제, 미래에 대한 예측을 할 때 당신은 누구를 가장 신뢰하겠는가? 확신에 찬 고슴도치인가, 아니면 확신이 없는 여우인가? 테틀록의 해석에 따르면 고슴도치는 마르크스주의자, 기독교인, 자유주의자 등과 같이 하나의 거대한 이론이 있고, 이를 예측의 근거로 삼아 확신하면서 주장을 펼쳐나간다. 반면 여우는 거창한 이론에 회의적이고 예측에 신중하고, 새로운 증거에 직면했을 때 자신의 생각을 조정할 준비가 되어 있다. 테틀록은 여우가 고슴도치보다 예측 능력이 훨씬 뛰어나며, 특히 고슴도치는 자신이 많이 안다고 생각하는 주제에 대해서는 너무 확신에 차 있어서 예측에 취약하다는 사실을 발견했다(앞의 퀴즈를 풀 때 당신도 알 수 있었겠지만).

저널리스트이자 테틀록의 공동 연구자인 댄 가드너Dan Gardner는 그의 저서 《앨빈 토플러와 작별하라》[20]에서 훌륭한 예측가의 세 가지 특징을 제시한다.

- 통합*aggregation* : 그들은 다양한 정보 출처를 활용하고, 새로운 지식에 개방적이며, 팀으로 일하는 것을 좋아한다.
- 메타 인지*meta-cognition* : 그들은 자신의 사고에 대한 통찰력이 있고, 우리 모두가 느끼고 있는 편향(예컨대 미리 설정된 아이디어에 대한 확증을 찾는 것)에 대해 잘 알고 있다.
- 겸손*humility* : 그들은 불확실성을 인정하고 오류를 인정하고 기꺼이 마음을 바꿀 의향이 있다. 어떤 일이 일어날지 말하기보다는, 인지된 미지의 것과 인지되지 않은 미지의 것을 모두 인정하면서 미래에 일어날 사건에 대한 확률만 제시할 준비가 되어 있다.

나는 이러한 자질을 갖춰서 판단을 잘할 수 있기를 열망하지만, 내 자신의 고정관념에 대해 충분히 열린 마음과 인식을 갖추는 데는 애를 먹는다. 나는 또한 현재 일어나고 있는 일을 해석하고 앞으로 일어날 일에 대해 예측하는 사람들에게서 이러한 특징을 찾으려고 노력한다. 그러니 누군가가 당신, 국가 또는 세계에 무슨 일이 일어날 거라고 말할 때, 스스로에게 물어보라. 그들은 고슴도치인가, 아니면 여우인가?

확률 평가

퀴즈를 풀면서 사람들로 하여금 스스로 확률을 평가하게 하는 것이 재미있는 게임처럼 느껴졌을 테지만, 사실 확률 평가는 매우 진지한 활동이다. 나는 동료들과 함께 많은 암 전문가를 인터뷰하여 새로운 치료법의 효과에 대한 그들의 확신을 이끌어냈다. 이를 통해 계획된 임상시험이 설득력 있는 결과를 얼만큼 도출할 수 있는지에 대한 전반적인 확률을 평가할 수 있었다. 모든 의사가 의견을 표현하는 데 열성적인 것은 아니었기 때문에, 우리는 양쪽에 면접관을 앉혀 놓고 새로운 치료법을 통한 환자의 생존율에 대한 **확률분포**probability distribution를 도출할 때까지 일어나지 못하게 했다.[21] 이러한 심층 면접은 현재 제약 업계에서 신약 임상시험을 계획할 때 일상적으로 사용되고 있고,[22] 대화형 소프트웨어가 존재하지만 이렇게 대면으로 진행하는 것이 이상적이라고 할 수 있다.

하지만 피험자가 관련 경험이 풍부한 해당 분야의 전문가가 아니라면, 이러한 과정을 거치는 것은 아무런 의미가 없다. 또한 우리가 방금 풀어본 스피드 퀴즈 이후 빠른 피드백을 제공받는 방식으로 확률을 평가하는 훈련도 필요하다. 이는 지나친 자신감을 갖는 경향을 상쇄하겠지만, 알고 있는 편향을 피하도록 주의를 기울이기도 해야 한다. 예컨대 불안감이나 최근 보도 때문에 누군가의 마음속에 더 두드러진 사건이 있다면 그 사건이 발생할 가능성이 더 높다고 생각할 수 있다. 마찬가지로 대략적인 수치로 시작하는 것이 유용할 수 있지만, 초기 판단에 너무 많이 '앵커링anchoring'*되지 않게 주의해야 한다. 피험자에게서

---

* 배가 어느 지점에 닻을 내리면 움직이지 못하듯이, 인간의 사고가 하나의 이미지에 집착한 나머지 그 영향에서 벗어나지 못하는 현상을 말한다. '닻 내림'이라고도 불

확률을 이끌어내는 최선의 방법은 없고, '95% 생존율과 5% 사망률이라는 표현을 동시에 사용'하거나 '10%와 10/100(100점 만점에 10점)이라는 표현을 동시에 사용'하는 등 여러 가지 '프레임'을 사용하여 대화형 질문을 하는 것이 좋다.

전통적인 접근 방법은 합리적인 베팅 **승산**odds을 기준으로 하는 것이다. 예컨대, 어떤 사건이 발생할 때 3 대 1의 베팅을 할 의향이 있다는 것은 25% 이상의 확률을 평가한다는 의미다.* 그러나 이러한 사고 실험에는 도박에 대한 태도 및 돈의 가치에 대한 감각이 섞여 있으므로, 알려진 확률과 비교하는 것이 더 나은 접근 방법이 될 수 있다. 예컨대 나는 판자로 만들어지고 노란색 원으로 이루어진 '확률 바퀴 probability wheel'**가 있는데, 파란색 덮개overlay를 이용하여 그 위를 원하는 비율만큼 덮을 수 있다. 그런 다음 누군가에게 "사건 X가 발생하는 것과 노란색 영역이 아닌 파란색 영역에 무작위로 다트가 떨어지는 것 중 어느 쪽이 더 가능성이 높다고 생각하십니까?"라고 물어볼 수 있다. 그런 다음 피험자가 아무런 편견을 가지지 않을 때까지 영역을 조정할 수 있다.

의사들에게서 전체 확률분포를 이끌어낼 때, 우리는 의사들에게 척도의 다양한 영역에 100점을 할당하도록 요청하였는데, 이는 본질적

리며, 일종의 고정관념이라고 할 수 있다. –옮긴이

* 기본적으로 3 대 1의 승산(배당률)에 1파운드를 베팅할 경우 사건이 발생하면 (원금과 배당액을 합하여) 4파운드를 돌려받게 되므로, (평균적으로) 수익을 기대하려면 당첨 확률이 25% 이상이어야 한다. 전문 용어로, 어떤 사건이 발생할 확률이 p라고 평가된다면 승산은 $\dfrac{p}{(1-p)}$이며, 이 경우에는 $\dfrac{0.25}{0.75} = \dfrac{1}{3}$ 또는 3 대 1이다.

** 원형의 판자나 플라스틱 바퀴에 구역을 여러 개 나누고, 바퀴를 돌리는 방식으로 확률을 시험할 수 있는 수학적 장치. –옮긴이

으로 막대 그래프를 만들게 한 것이다. 사람들의 분포가 중앙 추정치에 지나치게 앵커링되어 너무 좁아지는 경향이 있다는 것은 잘 알려진 사실이기 때문에, 우리는 그들에게 "이미 말한 범위 외에 치료의 효과는 정말 없다고 진심으로 확신하는지"를 물어보면서 이러한 과도한 확신을 극복하려고 노력했다. 그렇게 하자 그들은 매우 만족스러워했다.

앞서 언급했듯이 확률 평가에서 전문성이 입증된 사람들에게 가중치를 부여할 수도 있지만, 우리는 단일 의견을 사용하는 대신 임상의들이 제시한 예측 분포의 단순 평균을 구했다.[23] 사람들이 베팅을 하고 수락하는 베팅 거래소는 집단적 판단의 또 다른 원천을 제공하는데, 이를 통해 우리는 현재 '시장'이 생각하는 합리적인 확률이 무엇인지 파악할 수 있다. 예컨대, 우리는 2008년 미국 대통령 선거에서 버락 오바마가 당선될 것이라는 합의된 확률을 살펴볼 수 있는데, 이 수치는 선거 직전 해에 매일 발표되었다.* 그의 당선 확률은 7%에서 시작하여 2008년 6월 후보 지명을 받았을 때 60%까지 꾸준히 상승했다. 9월에 리먼 브라더스 은행이 파산하면서 오바마의 상대 후보였던 존 매케인John McCain이 선두로 올라서자 잠시 45%까지 떨어졌지만, 이후 오바마의 확률은 100%까지 꾸준히 상승했다. 이 수치는 세상에 대한 '객관적인' 진술이 아니며, '진정한' 확률은 존재하지 않는다. 이는 현재의 지식 상태를 바탕으로 집단적인 주관적 판단collective subjective judgement을 반영한 것일뿐이다. 새로운 정보가 들어오면 확률이 급격하게 변화했는데, 이는 베팅 거래소 참가자들이 여우처럼 행동했다는 것을 보여준다. 그러니 이들의 집단적 판단은 '군중의 지혜wisdom of

---

* 인트레이드 베팅 거래소(Intrade betting exchange)를 말하는데, 2013년에 거래가 중단되었다.

crowds'라고 할 수 있다.

이 장에서 소개한 사례는, 가능하면 불확실성을 숫자로 표현해야 오해를 피하고, 불확실한 사건에 대한 주장을 평가할 수 있는 올바른 근거를 제공할 수 있다는 점을 납득시키기 위한 것이다. 물론 우리가 내리려는 판단과 관련된 좋은 데이터가 있다면 통계 모델을 사용하여 확률을 평가하는 데 도움을 받아야 한다(8장 참조).

하지만 모든 사람이 과거 사건에 대한 우리의 인식론적 불확실성을 확률로 표현하는 것이 합리적이라고 생각하는 것은 아니다. 영국 항소법원은 2013년에 "어떤 일이 일어났을 확률이 25%라고 제대로 말할 수는 없다 … 일어났거나 일어나지 않았을 뿐이다"라고 분명히 밝혔다.[24] 나는 이에 어느 정도 공감하고, 인식론적 확률epistemic probability을 '기회'라고 부르지 않을 것이다. 어쨌든 대법원 판사 레갓 경Lord Leggatt은 나중에 '정당한 믿음'을 뒷받침하는 좋은 증거가 있다면 과거의 사건에 확률을 부여하는 것이 합리적이라고 말하며 이에 동의하지 않았다.[25]

불확실성을 평가할 때 항상 인간의 판단이 필수적인 요소라는 사실은 아무리 강조해도 지나치지 않고, 이를 수치로 표현하는 게 어려울 수 있다는 점을 인정하는 것이 타당하다. 따라서 우리는 말로 해결하려는 유혹에 빠지기 십상이다. 따지고 보면, 우리가 일상 대화에서 밥 먹듯 하는 일이 바로 그런 것이다.

하지만 어떤 두 가지 유형의 상황에 한해서는 쉽게 수치화할 수 없는 '더 깊은' 불확실성이 있다고 주장하는 게 합리적일 수도 있을 것 같다.

1. 질문과 맥락은 명확하게 정의되어 있지만, 근거가 되는 증거가 빈약하거나 극적으로 바뀔 수 있기 때문에 숫자나 범위를 선택하는 데 주저하는 경우가 있다. 이 '낮은 신뢰도' 문제는 9장에서 다룰 것이다.
2. 우리는 무슨 일이 일어나고 있는지에 대해 충분히 알지 못하기 때문에, 확률을 부여하는 것은 고사하고 가능한 결과를 나열할 수조차 없다. 이것이 바로 진정한 깊은 불확실성이다 (13장 참조).

이러한 상황들에 직면하지 않는 한, 우리는 불확실성을 표현하려고 숫자를 사용해야 하는 과제를 받아들일 것이다. 이는 확률의 기본 이론, 즉 예전에는 '확률론the Doctrine of Chances'이라고 불렀던 것을 이해해야 한다는 의미다.

그건 그렇고, 당신은 의사들이 지금껏 새로운 치료법의 효과를 평가하는 데 능숙했는지 궁금할 수도 있다. 치료법 자체의 상당한 불확실성을 고려할 때 그들은 지나치게 낙관적인 경향을 보였지만, 전체적으로 볼 때 나중에 관찰된 데이터와 큰 충돌은 없었다. 주목할 만한 예로, 1989년 폐암에 대한 새로운 방사선 요법의 이점을 평가했을 때 전문가들이 내린 최선의 판단은 월별 사망 위험이 24% 감소한다는 것이었다.[26] 12년 후인 2001년에 임상시험이 마침내 완료되어 결과가 발표되었을 때, 보고된 하락률은 … 24%였다![27] 매우 인상적이지만 약간의 운이 작용했을 수도 있다.

요약

- 사람, 언어, 상황에 따라 해석이 크게 달라질 수 있기 때문에, 단어만으로 불확실성의 정도를 전달하는 데는 한계가 있다.
- 일상적인 단어를 확률 범위로 번역하려는 수많은 시도가 있어 왔다.
- 우리는 불확실성에 숫자를 부여할 수 있고, 채점 규칙은 그 숫자가 얼마나 훌륭한지 평가하는 방법을 제공한다.
- 채점 규칙은 고슴도치가 아닌 여우에게 보상을 준다.
- 우리는 사람들에게서 확률을 이끌어낼 수 있지만, 그들은 평가 주제에 대해 많은 것을 알고 있어야 하고 그 과정은 상호적이어야 한다.
- 확률은 새로운 정보가 입수되면 빠르게 변할 수 있고, 또 그래야 한다.
- 우리는 가능한 한 숫자를 사용하여 불확실성을 표현해야 한다.

퀴즈정답

(굵은 글씨로 표시했다.)

1. (A) 300m (뾰족한 끝까지: 330m)	vs (B) **381m** (뾰족한 끝까지: 443m)
2. (A) 1982년 6월 21일생	vs (B) **1982년 1월 9일생**
3. (A) 56,000km²	vs (B) **79,000km²**
4. **(A) 523,000명**	vs (B) 328,000명
5. **(A) 610,000개**	vs (B) 590,000개
6. **(A) 9.0**	vs (B) 7.8
7. (A) 지름 6,051km	vs (B) **지름 6,371km**
8. **(A) 28.6°N.**	vs (B) 27.7° N.
9. **(A) 12.4톤**	vs (B) 10.9톤
10. (A) 1827년	vs (B) **1821년**

표 2.3의 채점 규칙이 정직한 사람에게 유리한 이유

(B) 선택지에 대해 내가 정직하게 판단할 확률이 70%이고, 그래서 자신감 점수를 7점 부여했다고 가정해 보자. 그러면 16점을 받을 확률은 70%이고, 24점을 잃을 확률은 30%이므로 '기대'* 점수는 (0.7× 16)−(0.3×24)=4점이 된다. 하지만 내가 오만한 나머지, 과장해서 자신감 점수를 10점 부여하기로 했다고 가정해 보자. 그러면 25점을 받을 확률은 70%이고, 75점을 잃을 확률은 30%이므로 기대 점수는

---

* 기술적인 의미의 '기댓값'은 다음 장에서 다루겠지만, '평균' 점수로 생각할 수 있다.

$(0.7 \times 25) - (0.3 \times 75) = -5$점이 되는데, 이는 내가 정직하게 의견을 표명하기로 선택했을 때보다 낮다. 따라서 어떤 경우에는 운이 좋을 수도 있지만, 평균적으로 보면 정직하게 말하는 것이 이득이다.

하지만 표 2.4에 나와 있는 선형적이고 대칭적인 규칙을 사용한다고 가정해 보자.

이 규칙은 기본적으로 정답에서 얼마나 멀어지는지에 따라 불이익을 주기 때문에, 표면적으로는 합리적인 것처럼 보일 수 있다. 앞의 예에서 정직하게 판단한 경우의 기대 점수는 이전과 마찬가지로 $(0.7 \times 10) - (0.3 \times 10) = 4$점이다. 하지만 과장했을 때의 기대 점수는 $(0.7 \times 25) - (0.3 \times 25) = 10$점이다! 따라서 이 '부적절한' 채점 규칙은 사람들로 하여금 자신의 불확실성에 대해 거짓말을 하도록 부추긴다.

당신의 답에 대한 자신감 점수 (10점 만점)	5	6	7	8	9	10
맞았을 때의 상점	0	5	10	15	20	25
틀렸을 때의 벌점	0	-5	-10	-15	-20	-25

표 2.4
과장과 부정직함을 부추기는 부적절한 채점 규칙.

3장

확률이 존재하기는 하는가?

2장에서 나는 특정 사건에 대해 개인이 느끼는 불확실성에 숫자를 부여하는 일에 중점을 두었다. 이는 우리의 판단에 기반하고, 우리 자신만의 고유한 영역에 속한다. 하지만 고등학교나 대학교에서 확률에 대해 배웠다면, 동전 던지기, 주사위 던지기, 복권, 서랍 속에 복잡하게 뒤섞인 양말에 대한 악명 높은 질문 등 '우연'이 작용하는 상황을 통해 확률을 배웠을 테니 일반적인 방식과는 매우 다른 경로를 밟았을 것이다.

이제 역사적으로 게임과 도박에 뿌리를 둔 보다 전통적인 접근 방법으로 전환할 때다. 학교로 돌아간 것처럼 보일 수 있지만, 우리는 간단한 게임을 해보면서 확률의 공식적인 규칙을 직관적으로 파악할 수 있게 될 것이다. 이는 어려운 시험 문제를 풀고 심지어 복권을 설계하는 데 도움이 될 수도 있다.

몇 년 전 나는 동네 정육점에 양의 다리를 주문하면서, 발목 관절을 포함해 달라는 특이한 요청을 한 적이 있다. 그런 다음 아주 아마추어스러운 방식으로 지저분하게 해부하면서 다리와 발 사이의 관절이 되어주는 발목에 박힌 작은 뼈—사람에서는 거골*talus bone*, 동물에서는 목말뼈로 알려져 있고, 종종 지골로 번역된다—를 추출했다. 그림 3.1에서 볼 수 있듯이, 이 뼈의 모양은 뼈가 공중에 날렸을 때 표면에 착지할 수 있는 네 개의 면이 있다는 것을 의미한다. 그리스에서 몽골에 이르기까지 다양한 문화권의 사람들은 최소 5,000년 동안 목말뼈를 도박을 하거나 운세를 점치는 데 사용해 왔다.

목말뼈 하나를 여러 번 던졌을 때, 네 가지 가능한 면이 똑같은 비율로 나올 가능성은 거의 없다. 나는 200번 던져서 그림 3.1의 설명에 나와 있는 백분율을 얻었고, 통계역사가 플로렌스 나이팅게일 데이비드Florence Nightingale David*는 대략 10%, 40%, 40%, 10%의 비슷한 빈도를 보고했다.

로마인들 사이에서 인기를 끌었던 게임은 목말뼈 네 개를 던져 나오는 결과에 베팅하는 것이었는데, 목말뼈 네 개에서 나온 면이 모두 다른 경우 '비너스'라고 불렀다. 또한 목말뼈는 신전에서 신탁을 위해 사용되기도 했는데, 비너스는 유리한 것으로, '개dogs'(모두 1면이 나온 경우)는 불리한 것으로 여겨졌다.** 위대한 로마 역사가 수에토니우스Suetonius는, 시인 프로페티우스Propertius가 언젠가 "유리한 목말뼈를 가

---

*   나이팅게일이 남긴 통계 분석과 그래픽 분야의 선구적인 업적을 감안할 때, 여성
    통계학자에게 적합한 이름이다.

**   그림 3.1에 언급된 비율이 그대로 유지된다고 가정할 때, 비너스가 나올 확률은 약
    4%이고 개가 나올 확률은 0.01%(1만 번 중 한 번)이다.

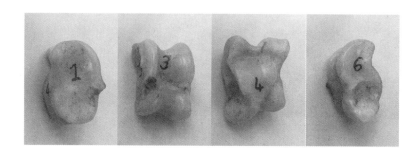

그림 3.1

내가 추출한 양의 목말뼈와, 그것을 던졌을 때 목말뼈가 착지할 수 있는 네 가지 가능한 방법. 200번 던졌더니, 1면이 10%, 3면이 43%, 4면이 36%, 6면이 11% 나왔다.

지고 비너스를 찾으면, 빌어먹을 개들이 항상 뛰어나왔다"라고 말한 적이 있다고 전한다.[1]

이상한 모양의 목말뼈는 점차 더 대칭적인 주사위로 대체되어 도박에 사용되었다. 약 3,000년 전 인더스계곡에서 발견된 테라코타에는 1에서 6까지의 숫자가 표준 패턴(반대쪽 면에 새겨진 숫자를 더하면 7이 된다)으로 새겨져 있다. 하지만 작은 물체를 바닥이나 테이블에 던진 결과에 엄청난 돈이 걸렸을 텐데도, 무슨 일이 일어나고 있는지 냉정하게 분석하는 사람은 1500년대까지 아무도 없었던 것 같다. 그래서 다음과 같은 의문이 제기된다.

수천 년 동안 사람들은 물건을 던지고, 그것이 바닥에 떨어지는 방식에 내기를 걸었다. 그렇다면 확률이라는 개념이 비교적 최근에야 확립된 이유는 무엇일까?

이 기이한 역사의 별난 점에 대한 설명은 여러 가지가 있다. 고대 문명은 실험보다는 논리적 증명을 중시했다는 둥, 목말뼈와 같은 초기 도박 기구에는 정확한 대칭성이 없었다는 둥, 우연의 장난은 신의 손에 달려 있다고 여겨졌다는 둥, 피보나치Fibonacci로 더 잘 알려진 레오나르도 피사노Leonardo Pisano가 10진법과 0을 사용하는 힌두 - 아랍 체계를 대중화한 1200년경까지 서구의 숫자 체계는 부적절했다는 둥(로마 숫자로 수학 계산을 한다고 상상해 보라). 이유야 어찌 됐든, 수치적 확률이라는 개념은 생각조차 하지 못했던 것 같다.

어쩌면 놀랄 일도 아니다. 이미 언급했듯이, 확률은 직접적 관찰과 측정이 불가능한 애매한 현상이기 때문이다. 게다가 1장에서 살펴본 것처럼, 확률은 이중적 성격이 있다. 즉, 그것은 '알 수 있지만 인지하지 못하는 것'에 대한 합리적인 믿음의 정도를 나타내는 인식론적 불확실성의 척도이자, 아직 결정되지 않은 사건에 대한 미래의 무작위성(또는 우연)의 '사행심 가득한 척도'다. 그리고 마침내, 두 번째 경로를 이용해 도박꾼들이 많은 돈을 걸었던 게임을 분석하기 시작하면서 돌파구가 열렸다.

제롤라모 카르다노Gerolamo Cardano는 예술과 수학이 급속도로 발전하던 시기(르네상스기로 알려졌다)인 1500년경부터 1571년까지 이탈리아에 살았다. 전염병 때문에 외모가 흉측해진 채 사생아로 태어난 그는 스스로 인정하듯 '다혈질에 외골수이며 여자에게만 관심이 많은' 사람이었지만, 부유하고 유명한 의사가 되었다.[2]

그는 또한 도박으로 많은 돈을 벌기도 하고 잃기도 했고, 1550년경에는 자신이 축적한 지혜를 책으로 엮어《우연의 게임 지침서Liber de ludo aleae》를 출간했다.[3] 몇몇 짧은 장chapters에서 그는 속이는 방법("부당하게 이기려면 자신의 지지자가 있는 것이 가장 유리하다"),* 운의 역할, 카드와 주사위의 차이점 등을 다뤘다. 그러나 그는 주사위의 대칭성 때문에 숫자들이 나올 가능성이 동일할 수밖에 없다는 사실을 최초로 기록한 사람으로서 명성을 크게 떨쳤다. 겉보기에 별 뜻 없는 문구인 "나는 1, 3, 5를 2, 4, 6만큼 쉽게 던질 수 있다"가 바로 그것이었다.

그는 모든 가능성을 열거하는 데 집중하여 확률이라는 개념에 매

---

* 우리가 1장에서 만난 아이비는 크록포드에서 게임을 할 때 이 사실을 분명히 이해했다.

력적일 만큼 가까이 다가갔다. 일반적인 게임은 주사위 한 개를 두 번 연속 던져 두 면의 합에 베팅하는 것이었는데, 그는 주사위 하나를 굴린 후 다른 주사위를 굴릴 때 가능한 기본 결과가 (1, 1), (1, 2) 등 36가지라는 것을 알아냈다. 그는 가능한 모든 결과의 목록을 '회로circuit'라고 명명했는데, 이는 표 3.1에 나와 있고 결과 합계는 36개의 칸에 표시되어 있다.

그런 다음, 그는 '10을 얻을 수 있는 방법의 수'를 '가능한 결과의 총 수'로 나눠 분수로 표시했다. "10점은 (5, 5)와 (6, 4)로 구성되지만, (6, 4)는 두 가지 방법으로 발생할 수 있으므로, 10을 얻는 방법의 전체 수는 회로의 1/12(=3/36)이 된다"라는 식으로 말이다. 지금은 당연해 보이지만, 주사위 한 개를 두 번 연속 던져 총합 2를 얻을 수 있는 방법은 하나뿐이고, 총합 7을 얻을 수 있는 방법은 더 많다는 것을 깨달은 중요한 단계였다.

따라서 그가 명시적으로 기술한 것은 아니지만, 카르다노는 일반적으로 전 세계 학교에서 가르치는 '고전적' 확률의 창시자로 인정받고 있다. 동일한 가능성을 지닌 일련의 결과 중에서 '적합한' 결과는 몇 가지이고 그 비율은 얼마나 될까? 예컨대, 7점을 얻고 싶다면 총 36가지의 결과 중에서 여섯 가지가 '적합한' 결과이며 확률은 1/6(=6/36)이다.

동일한 확률로 가정할 수 있지만 '주사위 한 개를 두 번 연속 던지기'의 원래 결과와, 그 결과에서 계산된 *관심 사건*event(예컨대 총계, 가장 큰 수, 가장 작은 수 등)를 구별하는 것이 중요하다. 이러한 각 사건은 일련의 기본 결과에서 단일 숫자에 대응mapping된 것으로, 결과 사건에 해당하는 전문 용어는 **확률변수**random variable다. 세 개의 가능한 결과가

	두 번째 던지기					
	1	**2**	**3**	**4**	**5**	**6**
1	2	3	4	5	6	7
2	3	4	5	6	7	8
3	4	5	6	7	8	9
4	5	6	7	8	9	10
5	6	7	8	9	10	11
6	7	8	9	10	11	12

첫 번째 던지기

표 3.1
주사위 한 개를 두 번 연속 던져서 나온 숫자의 합을 더해 베팅하는 게임에서, 36가지의
가능한 기본 결과.

모두 총 10에 대응되는 것을 보았을 때 카르다노가 확인했듯이, 설사 원래 결과의 가능성이 동일하더라도 확률변수에서 가능한 값의 확률은 똑같지 않다.

이러한 방식으로 확률변수에 대한 **확률분포**가 유도되며, 카르다노가 제시한 표 3.1을 사용하면 그림 3.2처럼 공정한 주사위 한 개를 두 번 연속 던졌을 때의 합에 대한 확률분포를 구할 수 있다. 각 이벤트의 확률을 가중치로 사용한 총합의 평균은 7이다.* 이를 확률변수의 **기댓값**expectation 또는 **평균**mean이라고 하고, 이 책 전체에서 중요하게 다룰 내용이다. (a)주사위는 대칭이고, 던지는 방법이 "모든 면이 나올 가능성이 동일하다"라는 가정의 합리성을 보장하고, (b)첫 번째 던지기의 결과가 두 번째 던지기에 영향을 미치지 않는다는 점에서 **독립적**independent이라는 명시적인 가정에 유의하라. 이러한 주의 사항을 계속 반복하면 지루해질 수 있지만, 모든 확률 평가는 수많은 가정에 따라 달라진다는 점을 항상 명심해야 한다.

하지만 카르다노는 몇 가지를 잘못 이해했다. 그는 자신의 분석이 "주사위는 공정하다"라는 가정을 전제로 했다는 점을 감탄이 나올 정도로 분명히 밝혔지만, 안타깝게도 목말뼈에 대해 논의할 때 이 가정을 잊고 "네 개의 면이 나올 기회가 동일하다"라고 암묵적으로 가정하고 비너스가 "모두 똑같은 면이 나오는 것보다 여섯 배 자주 나올 것"이라고 주장했다. 이것은 절망적으로 틀렸다. 그림 3.1을 보면 3면과 4면이 더 자주 나오므로, 내가 관찰한 비율을 적용하면 목말뼈 네 개

---

* 계산 방식은 다음과 같다. $(2 \times \frac{1}{36}) + (3 \times \frac{2}{36}) + (4 \times \frac{3}{36}) + (5 \times \frac{4}{36}) + (6 \times \frac{5}{36}) + (7 \times \frac{6}{36}) + (8 \times \frac{5}{36}) + (9 \times \frac{4}{36}) + (10 \times \frac{3}{36}) + (11 \times \frac{2}{36}) + (12 \times \frac{1}{36}) = 7$.

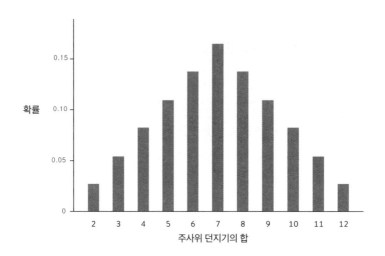

그림 3.2
완벽하게 대칭적인 주사위를 공정하고 독립적으로 던졌다고 가정할 때, 그 합의 확률분포.

에서 모두 같은 면이 나올 확률은 약 5%인 반면, 모두 다른 경우(비너스)는 4%다. 이 사실을 몰랐다는 것은 그가 목말뼈 주사위를 거의 사용하지 않았고, 더 정교하고 값비싼 주사위를 선호했다는 것을 시사한다. 그는 또한 공정한 주사위일 때 "세 번 던질 때 주어진 숫자가 나올 가능성은 반반이다"라고 생각했는데, 예컨대 세 번 던질 때 '3'이 나올 확률이 50 대 50이라는 뜻이다. 정답은 50 대 50에 약간 못 미치는 42%다.*

카르다노는 74세까지 살았지만, 많은 천재가 그렇듯 그의 자녀들은 실망스러웠다. 한 아들은 상습적인 범죄자였다가 인생이 역전되어 고문 및 사형 집행자가 되었고, 아이러니하게도 다른 아들은 아내를 독살한 혐의로 사형에 처해졌다. 또 다른 불운은, 카르다노가 지은 우연 게임을 다룬 저서가 그가 죽은 지 90년이 지난 1663년이 되어서야 정식 출간되었다는 것이다. 그때까지 그의 모든 아이디어는 다른 사람들에게 귀속되었다.

카르다노의 원고가 그의 서류 더미 속에 파묻힌 사이, 유럽 최고의 지성 중 일부가 우연 게임에 대한 연구를 시작했다. 갈릴레오 갈릴레이는 적합한 결과의 수를 세는 방법에 대해 광범위하게(그리고 지루하게) 기술했고, 1650년대 중반에 피에르 드 페르마Pierre de Fermat 와 블레즈 파스칼Blaise Pascal 이 확률 이론의 기초로 여겨지는 서신을 주고

---

* 표준 규칙(이 장의 뒷부분에 나와 있다)을 사용하면, 세 번 중에서 3이 한 번도 나오지 않을 확률은 $\frac{5}{6} \times \frac{5}{6} \times \frac{5}{6} = 0.58$이다. 따라서 3이 적어도 한 번 나올 확률은 $1-0.58=0.42$다. 아마도 그는 여섯 번 던질 때 3이 한 번 나올 거라고 예상했기 때문에, 세 번 던질 때 3이 나올 확률이 50 대 50이어야 한다고 생각했을 것이다. 그러나 그의 생각은 여섯 번 던질 때 3이 나온다는 보장이 있을 때만 성립될 수 있고, 이는 반복이 허용되지 않을 때만 가능하다.

받았지만, 이들은 카르다노와 갈릴레이처럼 본질적으로 가능한 결과를 열거하는 데 관심이 있었다. 사정이 이러하다 보니 확률이라는 단어는 1713년 야코브 베르누이Jacob Bernoulli의 중대한 저서 《추측술Ars Conjectandi》이 나올 때까지 현대적인 의미로 사용되지 않았다.

페르마와 파스칼이 직면한 문제 중 하나는 200년 전에 출제된 '점수의 문제'로, 게임이 중단될 경우 판돈을 어떻게 공정하게 배분할 것인지였다. 이해를 돕기 위해, (매우 허구적인) 사례 하나를 살펴보자.

> 딱히 할 일이 없는 로미오와 줄리엣은 (공평하게) 동전을 던져 앞면 (H)이 세 번 먼저 나오면 로미오가 80두카트*를 가져가고, 뒷면(T)이 세 번 먼저 나오면 줄리엣이 승리하는 게임을 하고 있다. 그 둘은 동전을 세 번 던졌는데, 순서는 THT다. 그러다 새벽이 밝아오자 로미오가 떠나겠다고 선언하고, 게임을 중단해야 한다. 판돈은 어떻게 나눠야 할까?

로미오는 게임에서 둘 중 한 명이 이길 수 있으므로 40두카트씩 균등하게 나눠야 한다고 말한다. 하지만 줄리엣은 자신이 앞서고 있고 뒷면이 한 번만 더 나오면 이기기 때문에 불공평하다고 지적한다. 우리는 그녀가 얼마나 유리한지 계산해야 한다.

접근할 수 있는 방법 하나는 게임이 전개될 수 있는 모든 가능한 방법을 나열하는 것이다. 동전의 앞면이나 뒷면이 세 번 나와야 하므로

---

* 과거에 유럽의 여러 국가들에서 사용된 금화. ─옮긴이

동전 던지기를 다섯 번만 하면 게임은 끝나게 된다. 따라서 마지막까지 계속된다고 가정하면 게임은 다음과 같이 전개될 수 있다.

- **THT** HH – 로미오 승리
- **THT** HT – 줄리엣 승리
- **THT** TT – 줄리엣 승리
- **THT** TH – 줄리엣 승리

동전이 공정하다고 가정하면 네 가지 '가능한 미래'의 발생 가능성은 동일하므로, 줄리엣이 이길 확률은 4분의 3이라고 할 수 있다.

세 번째와 네 번째 시나리오는 네 번의 동전 던지기 후에 중단될 수 있기 때문에 다소 어색한 방법처럼 보인다. 그 대신, 우리는 기괴한 성촉절Groundhog Day* 시나리오에서 두 사람이 같은 게임을 100번 한다면 어떤 일이 일어날지 생각해 볼 수 있다. 이는 그림 3.3에 예상 빈도 수형도expected frequency tree라는 형식으로 표시되어 있다.

계속되는 게임 중 50번은 줄리엣이 다음 던지기에서 이기고, 25번은 두 번 던진 후 앞면과 뒷면이 하나씩 나올 것으로 예상할 수 있다. 이렇게 동일한 가능성을 지닌 '가능한 미래' 중 어떤 것이 발생할지 알 수 없으므로, 줄리엣이 특정 게임에서 결국 승리할 합리적인 확률은

---

* 미국과 캐나다 등에서는 2월 2일이 성촉일인데, 이는 영미권의 경칩으로 보면 된다. 개구리가 깨어난다는 한국의 경칩처럼, 마못(groundhog)이 굴에서 나와 자기 그림자를 보고 깜짝 놀라 다시 굴로 돌아가면 6주간 겨울이 지속되고, 다시 들어가지 않으면 봄이 된다는 독일 전설에서 유래한 전통이다. 저자가 '기괴한'이라는 수식어를 붙인 것은, 마못을 대상으로 이러한 실험을 100번 수행한다고 가정하기 때문이다. – 옮긴이

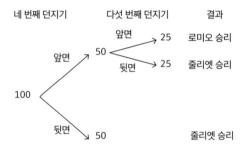

그림 3.3
로미오와 줄리엣의 게임이 중단되지 않고 100번이나 계속된다면 어떤 일이 예상되는지
보여주는 예상 빈도 수형도. 줄리엣이 가능한 100번의 미래에서 75번 이기게 된다.

다시 75/100 = 3/4가 된다.

다른 접근 방법은 그림 3.4처럼 확률 수형도*probability tree*를 그리는 것으로, 각 가지가 나뉠 때의 확률을 가정하여 다양한 가능한 미래가 어떻게 발생할 수 있는지를 보여준다. 다음 던지기(네 번째)에서 앞면이 나올 확률은 1/2인데, 이 경우 두 사람이 같은 지위에 놓이게 되고, 다섯 번째 던지기에서 어느 쪽이든 이길 확률은 1/2이다. 그림 3.3의 빈도와 일치시키기 위해서는 로미오가 승리할 최종 확률 25/100 = 1/4을 구해야 하는데, 가지를 따라가며 적혀 있는 확률을 곱하면 1/2 × 1/2 = 1/4이 된다. 마찬가지로, 그림 3.3에서 줄리엣이 이기는 빈도(75/100 = 3/4)와 맞추기 위해 관련 가지의 끝에서 합산하여 1/4 + 1/2 = 3/4을 얻는다.

우리는 '점수 문제'를 푸는 세 가지 다른 방법을 살펴보았는데, 각각의 개요는 다음과 같다. (a)미래의 모든 가능한 게임을 열거한다. (b)여러 번 반복하면 어떤 일이 예상되는지 살펴본다. (c)단일 연속 게임*single continued game*의 확률을 계산한다. 각각에서 로미오 또는 줄리엣이 이길 확률은 25 대 75의 비율로 계산된다. 그러면 이제 판돈을 어떻게 나눠야 할까?

확률변수의 기댓값은 관련 확률을 가중치로 사용하여 평균한 결과라는 점을 기억하라. 게임이 중단되면 로미오는 80두카트를 획득할 확률이 25%, 0두카트를 획득할 확률이 75%이므로 그의 승리 기댓값*expected win*은 (80 × 25%) + (0 × 75%) = 20두카트인 반면, 줄리엣의 승리 기댓값은 60두카트다. 파스칼과 페르마를 비롯하여 점수 문제를 연구하는 모든 사람은 각 참가자의 예상 승리에 따라 판돈을 나누는 것이 공정하다고 암묵적으로 가정했기 때문에, 로미오는 20두카트,

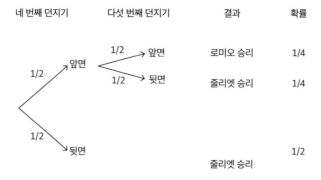

네 번째 던지기	다섯 번째 던지기	결과	확률
	1/2 → 앞면	로미오 승리	1/4
1/2 → 앞면	1/2 → 뒷면	줄리엣 승리	1/4
1/2 → 뒷면		줄리엣 승리	1/2

그림 3.4
로미오와 줄리엣의 중단된 게임에 대한 단일 사례의 확률 수형도. 줄리엣이 이길 확률은
1/2+1/4=3/4이다.

줄리엣은 60두카트를 받아야 한다고 생각했다.

중단된 경기의 결과를 결정하는 문제는 다소 사소해 보일 수 있지만 주요 일일 크리켓 토너먼트에서는 매우 중요한 문제다. 악천후나 조명 불량 때문에 경기가 중단되면 상대팀을 물리칠 수 있는 목표 점수를 몇 점으로 설정할지 평가해야 한다. 통계학자 프랭크 덕워스Frank Duckworth*와 토니 루이스Tony Lewis가 처음 고안한 덕워스-루이스-스턴 DLS 방법은 남은 위켓wicket**과 공 등의 가용 '자원'을 감안하여 예상되는 득점 수를 추정해서 이 목표를 설정한다. 이 방법은 여러 차례 수정되어 더욱 복잡해졌고, 그 의미가 항상 명확하지는 않다. 예컨대 2009년 가이아나에서 열린 잉글랜드와 서인도제도의 일일 경기에서, 서인도제도의 감독은 팀이 덕워스-루이스-스턴의 목표를 달성했다고 믿고 조명이 좋지 않다는 이유로 팀을 철수시켰다. 그러나 그는 한 선수가 마지막 공을 들고 퇴장했다는 사실을 고려하지 않았고, 이 불행한 계산 착오 때문에 우승은 1점 차이로 잉글랜드팀에게 넘어갔다. 공식에 따른 결정decision made by formula에 직면한 모든 이에게 교훈이 될 만한 이야기다.

그림 3.3의 로미오와 줄리엣 게임에 대한 확률 수형도는 직관적이고 다소 단순해 보이지만 확률의 기본 규칙을 잘 보여준다.

---

* 나는 프랭크를 알고 있다. 그는 원자력 업계에서 통계학자로 일하다 은퇴 후 국제적으로 유명해진 매력적인 크리켓 애호가로, 이 책이 완성될 무렵 안타깝게도 세상을 떠났다.

** 야구 베이스(base)에 해당하는 것으로, 필드 중앙에 약 20m 간격으로 세운다. —옮긴이

1. 사건의 확률은 *0과 1 사이의 숫자다*: 불가능한 사건(예컨대, 로미오나 줄리엣이 아닌 다른 사람이 이길 경우)에는 확률 0이, 특정 사건(로미오와 줄리엣 중 한 명이 이길 경우)에는 확률 1이 주어진다.

2. '여사건의 규칙Complementary rule : 어떤 사건이 일어나지 않을 확률은 1에서 그 사건이 일어날 확률을 뺀 값이다. 예컨대 줄리엣이 이길 확률은 1에서 로미오가 이길 확률(여사건의 확률)을 뺀 값으로, 1-1/4=3/4이 된다.

3. 덧셈 또는 OR 규칙: 상호배타적인 사건(두 사건이 동시에 일어날 수 없다는 것을 의미한다)의 확률을 더하여 총 확률을 구한다. 예컨대 줄리엣이 이길 확률은 3/4이다. 왜냐하면 1/2의 확률로 '네 번째 던질 때 뒷면'이 나오거나(OR) 1/4의 확률로 '앞면+뒷면'이 나올 수 있기 때문이다.

4. 곱셈 또는 AND 규칙: 확률을 곱하여 일련의 독립사건independent events들(사건 하나가 다른 사건에 영향을 미치지 않음을 의미한다)이 발생할 전체 확률을 구한다. 예컨대, 앞면과(AND) 앞면의 확률은 $1/2 \times 1/2 = 1/4$이다.

이러한 규칙들은 확률 수형도를 그린 후 다음과 같이 계산한다는 의미다.

- 가지의 끝에 도달할 전체 확률을 구하려면 가지의 분지Sprlit 확률을 곱한다(규칙 4).
- 어떤 사건(예를 들면 줄리엣이 우승하는 경우)에 대한 전체 확률을 얻으려면 해당 사건으로 이어지는 각 가지의 확률을 더한다

(규칙 3).

이게 전부다! 확률 이론 전체는 이러한 간단한 아이디어들로 요약할 수 있다. 이것들은 놀라울 정도로 유용할 것이다.

많은 우연 게임에서 반복되는 관찰은 독립적이라고 가정하는 것이 합리적이다. 즉, 첫 번째 동전 던지기의 결과는 두 번째 동전 던지기와 관련된 확률에 영향을 미치지 않는다. 하지만 이전 결과에 따라 달라지는 확률이 필요한 경우가 종종 있는데, 이를 **조건부 확률**conditional probability 이라고 한다. 예컨대 모든 카드 카운터들이 알고 있듯이, 어느 한 벌의 에이스가 나오면 다음 카드가 에이스일 확률은 낮아진다.

이제 앞에서 경고했던 '서랍 속 양말' 이야기를 꺼내려 한다.

> 나는 너무 게을러서 양말 짝을 분명하게 맞추지 못한다. 어느 날 아침 서랍 속에 보라색 양말 두 개와 녹색 양말 네 개가 섞여 있는데, 나는 눈 딱 감고 무작위로 두 개를 뽑는다. 그게 짝이 맞는 한 쌍의 양말일 합리적인 확률은 얼마나 될까?

이를 비복원 추출sampling without replacement 이라고 하는데, 뽑은 양말을 서랍에 다시 넣지 않고 보관하기 때문에 다음 양말에 대한 확률이 변경된다. 카르다노의 '주사위 두 번 연속 던지기'에 대한 표와 유사한 표(표 3.2)를 만들 수 있지만, 같은 양말을 두 번 뽑을 수 없기 때문에 표의 일부 칸은 불가능하다는 점에 유의해야 한다. 이러한 단순 열거는

두 번째 양말

	P1	P2	G1	G2	G3	G4
P1		짝				
P2	짝					
G1				짝	짝	짝
G2			짝		짝	짝
G3			짝	짝		짝
G4			짝	짝	짝	

첫 번째 양말

표 3.2
보라색(P1, P2라고 표시되었다) 양말 두 개와 녹색(G1~G4) 양말 네 개에서 무작위로 양
말 두 개를 뽑을 때 가능한 모든 결과. 30개의 가능한 결과 중 14개가 양말 한 쌍으로 이
어지며, 각각의 확률은 똑같다고 가정한다. 따라서 짝 맞는 양말 한 쌍을 뽑을 수 있는 합
리적인 확률은 14/30=7/15=47%다.

'한 쌍의 짝 맞는 양말'에 대해 7/15의 확률을 부여한다.

가능한 결과에 대한 확률 수형도(그림 3.5)를 작성할 수도 있다. 예컨대 첫 번째 양말이 보라색일 확률은 2/6＝1/3이고, 양말이 다섯 개가 남았는데 그중 한 개가 보라색이므로 두 번째 양말도 보라색일 확률(조건부 확률)은 1/5이다. 규칙 4에 따르면 각 유형의 쌍(보라색·보라색 보라색·녹색, 녹색·보라색, 녹색·녹색)의 전체 확률을 구하려면 가지를 따라가며 확률을 곱하여 그림 3.5의 오른쪽에 표시된 값을 구해야 한다. 따라서 보라색＋보라색이 나올 총 확률은 첫 번째 양말이 보라색일 확률에 두 번째 양말이 보라색일 확률(조건부 확률)을 곱한 값으로,* 2/6×1/5＝2/30이 된다.

규칙 3에 따라 한 쌍의 양말을 얻을 확률은 '보라색＋보라색' 확률에 '녹색＋녹색' 확률을 더한 값으로, 2/30＋12/30＝14/30＝7/15이기 때문에 모든 가능성을 철저하게 열거하여 얻은 답과 동일하다.

이는 매우 기본 개념처럼 보일 수 있으나 나중에 살펴보겠지만 입학 시험 문제에 이 개념이 등장해서 많은 학생이 당황스러워했다.

◆

2015년 6월 4일 목요일의 밝고 화창한 아침, 영국의 15세와 16세 학생 10만여 명이 시험장에 긴장한 채 앉아 Edexcel GCSE 고등 수학 시험 시작을 앞두고 있었다.[4] 학생들은 시험지를 넘겼고, 일반적인 기

---

*   표기법에 따라 Pr(두 양말 모두 보라색) = Pr(첫 번째 양말이 보라색) × Pr(두 번째 양말이 보라색 | 첫 번째 양말이 보라색)으로 표시할 수 있다. 여기서 '$\text{Pr}(\ )$' 은 '확률'로 읽고 '|' 기호는 '주어진' 또는 '조건부'로 읽어야 한다. 이는 두 사건 A 와 B의 결합확률(joint probability)에 대한 일반 규칙 $\text{Pr}(A \text{ and } B)=\text{Pr}(A|B) \times \text{Pr}(B)$의 특수한 경우다.

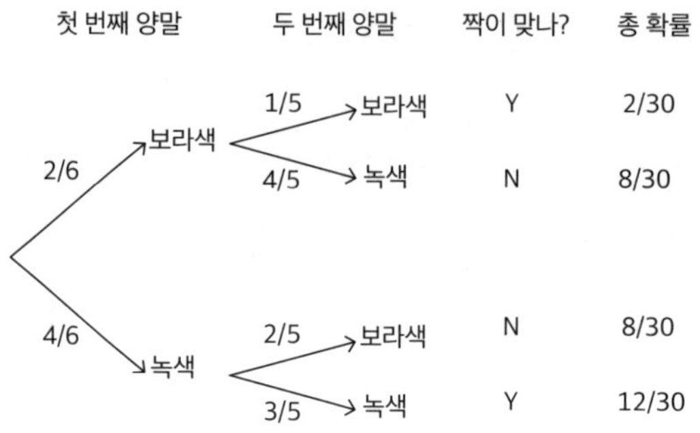

첫 번째 양말	두 번째 양말	짝이 맞나?	총 확률

보라색 2/6

1/5 → 보라색   Y   2/30

4/5 → 녹색   N   8/30

녹색 4/6

2/5 → 보라색   N   8/30

3/5 → 녹색   Y   12/30

그림 3.5

서랍에 보라색 양말 두 개와 녹색 양말 네 개가 들어 있을 때, 무작위로 양말 두 개를 고르는 확률 수형도. 고른 것이 짝이 맞는 양말 한 쌍일 확률은 2/30+12/30=14/30이다.

하와 대수를 거쳐 19번 문제에서 해나의 사탕Hannah's sweets을 다룬 문제를 발견했다.

> 가방에 사탕이 n개 들어 있다. 그중 여섯 개는 주황색이고, 나머지는 노란색이다. 해나가 가방에서 무작위로 사탕을 하나 꺼내어 먹는다. 해나가 가방에서 무작위로 사탕을 하나 더 꺼내어 먹는다. 해나가 주황색 사탕 두 개를 먹을 확률은 1/3이다.
>
> (a) $n^2 - n - 90 = 0$임을 보여라. [3점]
>
> (b) $n^2 - n - 90 = 0$을 풀어서 n의 값을 구하라. [3점]

많은 학생과 그 가족은 이 문제를 어렵게만 생각한 것이 아니라 당황스러워했다. 소셜 미디어에는 "와우, 저건 도대체 어디서 나온 거야?" "해나, 네가 왜 사탕을 먹어야 해?"[5] 같은 댓글이 달렸다. Edexcel의 등급표를 변경해 달라는 청원에 수천 명이 서명했고, 해나의 사탕은 전국적인 화제가 되어 텔레비전과 뉴스 매체에서 해결책이 제시되었다. 당신이 16세가 되어 시험장에 돌아왔다고 가정하고, 해나의 사탕 문제를 풀 수 있을까? 15세에서 16세 학생들에게 기대되는 수준의 대수를 사용한 아래의 풀이를 읽기 전에 먼저 시도해 보라.

해나의 사탕 풀이

사탕이 n개 있고 그중 여섯 개가 주황색이므로, 첫 번째 사탕이 주황색일 확률은 $6/n$이다. 해나가 그 사탕을 먹은 후 남은 사탕은 $n-$한 개이며, 그중 다섯 개는 주황색이다. 따라서 두 번째 사탕이 주황색일 확률은 $5/(n-1)$이다. 사탕 두 개가 모두 주황색일 확률은 두 확률의 곱인데, 제시문에 따르면 이것이 1/3과 같다고 한다. 이 식을 정리하면 다음과 같이 된다.

$$\frac{1}{3} = \frac{6}{n} \times \frac{5}{(n-1)}$$

다르게 말하면,

$$n \times (n-1) = 90$$

즉,

$$\therefore n^2 - n - 90 = 0$$

이로써 (a)의 요구 사항은 해결되었다. (b)에서는 표준 공식(시험지에 제공되었다)을 사용하여 이 이차방정식을 풀거나 방정식이 다음과 같이 인수분해되는지 확인한다.

$$(n-10)(n+9) = 0$$

이것이 참이 되려면 n은 10이거나 -9여야 하는데, n은 양수여야 하므로 가방에 주황색 여섯 개와 노란색 네 개로 총 사탕 10개가 들었다는 결론을 내릴 수 있다.

이렇게 하면 GCSE 수학 시험에서 6점을 받을 수 있다!

지금까지 소개한 모든 예는 가능성이 동일한 결과의 나열을 기반으로 하고, 이러한 나열 중 일부는 복잡해질 수 있다. 안타깝게도 이러한 계산 기법은, '순열permutation과 조합combination'의 수를 계산하는 방법이 불확실성과는 아무런 관련이 없음에도 불구하고 '확률을 가르치는 데 있어서 중요하고, 일반적으로 인기 없는 부분'으로 전락해 온 경향이 있음을 밝힌다. 하지만 어느 정도 익숙해지면 도움이 되므로 속죄하는 마음으로 몇 가지 세부 사항을 소개한다.

간단한 예로, 새 은행 카드의 비밀번호 자리 숫자를 잊어버렸지만 6, 7, 8, 9가 한 번씩 사용되었고, 어떤 순서인지만 기억나지 않는다고 가정해 보자. 당신은 현금 인출기ATM 앞에 서 있다. 올바른 코드를 확실히 입력하려면 몇 번 시도해야 할까?*

이것은 본질적으로 또 다른 '비복원 추출'의 문제다. 내가 입력하는 첫 번째 숫자는 네 가지 선택지 중 하나, 두 번째 숫자는 나머지 세 가지 중 하나, 세 번째 숫자는 나머지 두 가지 중 하나일 수 있다. 마지막 숫자는 선택의 여지가 없다. 즉, 6789, 6879, 6897 등과 같이 6, 7, 8, 9의 순열을 입력할 수 있는

$$4 \times 3 \times 2 \times 1 = 24$$

즉 24가지 다른 방법이 있다는 뜻이다. 이러한 순열의 총 개수에 대한 유용한 수학적 표기법이 있다. 그것은 4!인데, '4 팩토리얼'로 알려져 있고, 내가 학교 다닐 때는 '4−꺅'이라고 불렸다. 일반적인 규칙에 따르면, 사물이 n개 있을 때 $n! = n \times (n-1) \times (n-2) \times ...1$의 순서로 배치할 수 있고, 유용하지만 이상한 규칙은 0! 값에 1을 할당하는 것이다.

다음 예에서 볼 수 있듯이, $n-$꺅의 값은 놀라울 정도로 커질 수 있다.

---

* 실제로는 몇 번만 시도하면 잠길 가능성이 높다.

카드 한 벌을 잘 섞어라. 누군가가 카드 한 벌을 잘 섞은 후 당신과
정확히 같은 순서의 카드가 나온 적이 역사상 있을까?

당신이 카드를 섞는 행위는 한 벌에 들어 있는 52장의 카드의 특정
순서를 만들어낸다. 순열의 일반적인 규칙에 따르면

$$52 \times 51 \times \ldots \times 1 = 52!$$

즉 52!가지의 다른 순서가 있다. 이를 계산기에 입력하면 약 8×10^{67}, 즉 8 뒤에 0이 67개가 붙는 매우 큰 숫자로 급격히 커진다. 이는 우리 은하인 은하수에 있는 원자 수보다 조금 더 많은 수다.[6]

지금까지 지구상에 존재한 인구는 약 1,000억 명으로 추산되며, 성경에 언급된 내용들을 참고하여 이들이 평균 70년(성경에 기록된 수명은 70세대)을 살았다고 아주 관대하게 가정해 보자. 이들 모두가 10초마다 한 번씩 카드 섞기를 하는 것 외에는 평생 아무것도 하지 않았다고 가정하면, 섞인 한 벌은 2×10^{19}개가 된다. 이는 역사상 실제로 존재했던 카드 섞기의 수를 엄청나게 과대평가한 것이 분명하지만, 설사 그렇다고 해도 당신이 섞은 것과 일치할 확률은 10^{48}분의 1 ($2 \times 10^{19}/8 \times 10^{67} \approx 1/10^{48}$) 미만이다.

따라서 당신이 섞은 것과 100% 일치하게 섞은 것은 지금까지 단한 번도 없다고 확신할 수 있다. 텔레비전 프로그램 〈QI〉에 출연한 스티븐 프라이Stephen Fry는 자신이 방금 한 것과 동일하게 섞은 사람은 아무도 없다고 단언했지만,[7] 우리는 왠지 절대적으로, 완전히, 논리적으로 납득하지 못한다. 역사상 두 번의 동일한 섞기가 있었을 확률은 이

보다 훨씬 더 높지만, 여전히 거의 0에 가깝다.*

어쩌면 당신은 확률의 중요한 개념을 깨달았다기보다는, 계산 방법을 가르치는 나의 열정이 부족하다고 느꼈을지도 모르겠다. 하지만 사물을 배열하는 방법이 얼마나 많은지 계산하는 것이 확률과 통계 과학의 발전에 근본적인 역할을 해왔고 복권을 설계할 때 필수적이라는 것은 부인할 수 없는 사실이다.

다음 질문은 1700년대부터 시작되어 오늘날 통계 모델링의 광범위한 영역에 영향을 미치는 주요 지적 발전의 일부를 형성하고 있다.

공정한 동전을 여러 번 던지면 특정 횟수만큼 앞면이 나올 확률은 얼마일까?

각 던지기가 독립적이고 앞면이 1/2의 확률로 나온다고 가정하면, 각 특정 시퀀스(배열)가 발생할 가능성은 동일하다(예컨대 네 번 던졌을 때 HHHH와 HTTH가 나올 가능성은 동일하고, 각각의 확률은 $1/2 \times 1/2 \times 1/2 \times 1/2 = 1/2^4 = 1/16$이다). 이는 직관에 반하는 것처럼 보일 수 있다. 왜냐하면 두 번째 시퀀스가 앞면만 나오는 순서보다 더 '전형적인' 것처럼 느껴질 수 있기 때문이다. 복권 추첨에서 공 번호 (27, 22, 6, 48, 50, 7)가 (1, 2, 3, 4, 5, 6)보다 가능성이 높아 보이는 것처럼 말이다. 하지만

---

* 역사상 2×10^{19}번이라는 터무니없는 횟수의 카드 섞기가 있었다고 가정하면, 2×10^{38}개의 가능한 카드 섞기 쌍이 만들어진다. 이는 카드 놀이의 역사상 잘 섞은 카드 두 벌이 동일할 확률은 $2 \times 10^{38}/(8 \times 10^{67}) \approx 1/10^{29}$ 미만이라는 의미다.

확률에서 으레 그렇듯이, 우리의 직관은 종종 틀릴 수 있다.

그러나 실제 시퀀스가 아닌 확률변수로 앞면의 수를 세는 경우, 가능한 사건이 발생할 가능성은 더 이상 동일하지 않다. 예컨대 네 번 모두 앞면이 나오는 경우보다 앞면이 두 번, 뒷면이 두 번 나올 가능성이 더 높다. 이번에는 우리의 직관이 맞을 것이다. 하지만 가능성이 얼마나 더 높을까?

주사위 한 개를 두 번 연속 던진 카르다노와 마찬가지로, 이 확률변수의 분포를 알고 싶다면 특정 총 앞면 수를 얻을 수 있는 방법의 수를 계산해야 한다. 다행히도 '파스칼의 삼각형Pascal's triangle'으로 알려진 것이 이를 제공하지만, 파스칼은 자신이 그것을 발명하지 않았다고 인정했다. 참고로, 이것은 누군가의 이름을 딴 것이 실제로는 그 사람의 발명품이 아닐 수도 있다는 스티글러의 명명 법칙Stigler's Law of Eponymy의 대표적인 예다. 당연히, 통계 역사가 스티븐 스티글러Stephen Stigler는 자신이 이 법칙을 만들지 않았다고 인정했다.[8]

그림 3.6은 파스칼 삼각형의 처음 몇 행을 보여주는데, 각 항목은 그 위에 있는 두 항목의 합이 되는 만족스러운 패턴을 나타낸다.

예컨대 네 개의 동전을 한 번에 하나씩 던지는 경우, 4행은 다음과 같이 16개의 가능한 시퀀스가 있다는 것을 보여준다.

- 앞면이 0번 나오는 한 가지 방법 (TTTT)
- 앞면이 한 번 나오는 네 가지 방법 (HTTT, THTT, TTHT, TTTH)
- 앞면이 두 번 나오는 여섯 가지 방법 (HHTT, HTHT, HTTH, THHT, THTH, TTHH)

행								
0				1				
1			1		1			
2		1		2		1		
3		1	3		3		1	
4	1		4	6		4		1
5	1	5	10		10	5		1
6	1	6	15	20	15	6	1	

그림 3.6
파스칼의 삼각형. n번째 행은 n개의 기회로 이루어진 시퀀스에서 특정 횟수의 사건을 얻는 방법의 수를 보여준다.

- 앞면이 세 번 나오는 네 가지 방법 (HHHT, HHTH, HTHH, THHH)
- 앞면이 네 번 나오는 한 가지 방법 (HHHH)

각 특정 시퀀스의 확률이 똑같으므로, 앞면이 두 번 나올 확률이 앞면이 0번 나올 확률보다 여섯 배나 크다는 뜻이다. 이제 일부 표기법이 유용해져서 소개하려고 하는데, 복잡해 보일까 봐 미리 사과드린다. 삼각형의 n번째 행에 있는 r번째 열은 n개의 풀pool에서 r개의 서로 다른 요소를 선택할 수 있는 방법의 수이며, $_nC_r$ 또는 $\binom{n}{r}$로 표기되는 기본 공식을 따르는데, 여기서 $\binom{n}{r}=\dfrac{n!}{r!(n-r)!}$이다.* 예컨대, 체육 수업에서 늑목wall bar에 기대어 선 어린이 12명이 있고 다섯 명을 선발하여 한 팀을 구성하려는 경우, 구성할 수 있는 팀은 $_{12}C_5=\binom{12}{5}=\dfrac{12!}{5!7!}=792$가지다.

일련의 동전 던지기에서 앞면이 나오는 횟수는 이항분포binomial distribution라고 알려진 것을 따르며,** 그림 3.7에 그 예가 나와 있다. 막대의 높이는 파스칼 삼각형에 적힌 숫자에 비례하고, 이를 이항계수binomial coefficient라고 한다.

이러한 분포를 이용하여, 다양한 편차deviation(앞면과 뒷면의 균등한 분

---

* 동전을 n번 던질 때, 정확히 r개의 앞면—따라서 $(n-r)$개의 뒷면—이 있는 시퀀스의 수를 $_nC_r$이라고 한다. 예컨대, $\binom{4}{2}=\dfrac{4!}{2!(4-2)!}=\dfrac{4\times3\times2\times1}{2\times2}=\dfrac{24}{4}=6$이 된다.

** 동전 던지기의 이항분포는, n번의 던지기에서 정확히 r개의 앞면을 얻을 수 있는 확률이 $\binom{n}{r}\times\dfrac{1}{2^n}=\dfrac{n!}{r!(n-r)!}\times\dfrac{1}{2^n}$이라는 걸 보여준다.

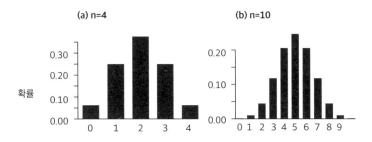

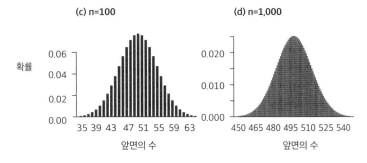

그림 3.7

공정한 동전을 이용한 n번 던지기에서 나오는 앞면의 수에 대한 이항 확률분포. n이 커질수록, 이 분포는 정규분포 곡선의 부드러운 근사치가 되는 경향이 있다.

포에서 벗어난 정도)에 대한 확률을 평가할 수 있다. 예컨대, 100번의 동전 던지기에서 60 대 40 또는 그보다 극단적으로 앞면이나 뒷면에 쏠릴 확률은 6%다.

이러한 계산은 매우 까다로울 수 있지만, 다행히도 거의 300년 전에 프랑스의 수학자 아브라함 드 무아브르Abraham de Moivre는, 그림 3.7(d)의 1,000번 던지기에 대한 부드러운 곡선에서 볼 수 있듯이, n이 클 경우 이항분포에서 매끄러운 근사치smooth approximation가 나타난다는 사실을 깨달았다. 이를 제대로 이해하려면 먼저 분포의 **분산**variance이라는 개념을 소개할 필요가 있는데, 분산이란 분포의 퍼짐spread을 요약한 것이다.* 드 무아브르가 발견한 매끄러운 근사치는 현재 **정규분포**normal distribution 또는 **가우스 분포**gaussian distribution로 알려져 있고 이항분포와 동일한 기댓값(평균)과 분산을 가진다.

우연히도, 정규분포의 공식을 이용하면 동전의 앞면과 뒷면의 개수가 정확히 같을 확률이 대략 $\sqrt{\dfrac{2}{n\pi}}$임을 알 수 있다.** 예컨대, 100번의 동전 던지기에서 앞면과 뒷면이 정확히 50개씩 나올 확률은 대략 $\sqrt{\dfrac{1}{50\pi}} = 0.08$이다. 원의 둘레와 지름의 비율인 π가 동전의 앞면과 뒷면의 개수가 같을 확률과 밀접하게 연관되어 있다는 사실이 신기해 보

---

* 분포의 분산은, 확률변수의 값에서 평균값을 뺀 값의 제곱을 평균한 것이다. 표준편차(standard deviation)는 분산의 제곱근이므로, 각 관찰값과 평균값 사이의 평균 거리라고 할 수 있다. 공정한 동전을 n번 던졌을 때 앞면이 나오는 횟수의 분포는 $n/2$의 평균과 $n/4$의 분산을 갖는다.

** 평균 m과 분산 v를 가진 확률변수의 정규분포는 확률밀도함수 $f(x) = \dfrac{1}{\sqrt{2\pi v}}$ $\exp\left[-\dfrac{1}{2}(x-m)^2/v\right]$를 갖는다. 만약 $x = m$이라면(즉, 우리가 앞면의 기댓값을 관찰한다면), 분산은 $n/4$이므로 함수에 두 값을 대입하면 $f(m) = \sqrt{2/n\pi}$가 된다.

일 수도 있다.

카사노바의 수학적 능력이 어떻게 복권 성공으로 이어졌을까?

자코모 카사노바Giacomo Casanova는 연인, 도박꾼, 모험가로 악명이
높지만 수학과 확률에 대한 그의 놀라운 능력은 덜 알려져 있다. 스티
븐 스티글러는 《카사노바의 복권Casanova's Lottery》에서, 1757년 카사노
바가 베네치아의 감옥에서 멋지게 탈옥한 후 파리로 돌아왔을 때 자신
의 분석적 재능과 설득력을 총동원하여 프랑스의 군사학교인 에콜 밀
리테르École Militaire의 운영비를 마련하려고 국영 복권을 만들고 협업했
던 과정을 설명한다.[9] 복권은 1부터 90까지 번호가 매겨진 공이 들어
있는 '행운의 바퀴'를 기반으로 공 다섯 개를 무작위로 추첨하는 방식
이었고, 현재는 5/90 복권5/90 lottery으로 알려져 있다. 국민들은 한 개,
두 개 또는 세 개의 특정 숫자가 나오는 것에 베팅을 하고, 당첨될 경
우 고정된 배당금을 받을 수 있었다. 카사노바는 정부가 모든 추첨에
서 수익을 내지는 않을 것이라는 점을 분명히 했지만, 장기적으로는
카사노바 자신이 제안한 배당금을 당첨자에게 지불하더라도 정부는
수익이 보장된다고 주장했다.

만약 카사노바가 수익 창출 가능성을 제대로 파악하지 못했다면 이
는 무모한 제안이었을 것이다. 다행히도 1700년대 중반에는 앞에서
설명한 조합 공식을 사용하여 복권 당첨 확률을 계산하는 기술이 확립
되었고, 카사노바의 기술은 표 3.3에 나와 있는 확률을 계산하고 수익
을 낼 수 있는 배당금을 정부에 추천하기 충분했다.[10]

베팅의 유형: r	발행된 복권의 수: $_{90}C_r$ (a)	당첨된 복권의 수: $_5C_r$ (b)	당첨될 확률 (c= b/a)	배당금 총액 (d)	배당률 (c x d)
숫자 1개 (extrait)	90	5	$\dfrac{1}{18}$	15	$\dfrac{15}{18}=83\%$
숫자 2개 (ambe)	4,005	10	$\dfrac{1}{400.5}$	270	$\dfrac{270}{400.5}=67\%$
숫자 3개 (terne)	117,480	10	$\dfrac{1}{11,748}$	5,200	$\dfrac{5,200}{11,748}=44\%$

표 3.3
카사노바의 복권. 1부터 90까지의 수에서 숫자 한 개, 두 개 또는 세 개를 선택한다. 다섯 개의 공이 추첨되고, 추첨된 공 중에 선택한 숫자가 포함되면 당첨된다.

예컨대 당신이 20과 42라는 숫자 두 개가 명시된 '두 번호 복권'을 구입했다고 가정해 보자. 발행된 두 번호 복권은 모두 $_{90}C_2=4,005$장이다.* 당첨자는 추첨된 공 다섯 개에서 나오므로, 당첨 쌍은 $_5C_2=$ 10개다. 따라서 발행된 두 번호 복권 중에서 10/4,005, 즉 400.5장당 한 장이 당첨되며, 당신이 당첨된 숫자 쌍 중 하나를 선택했을 확률은 바로 이것이다.

카사노바는 배당금을 신중하게 선택했다. 예컨대 한 장당 1리브르livre인 '세 번호 복권'일 때, 당첨될 확률은 1만 1,748분의 1이고 지급될 배당금 총액은 5,200리브르였다. 이는 평균적으로 세 번호 복권에 베팅한 금액의 44%만 배당금으로 지급된다는 뜻이다. 따라서 복권이 매 추첨마다 수익을 보장한 것은 아니지만 장기적으로는 수익을 낼 수밖에 없었다. 전체적으로 이 복권은 수입 금액의 72%를 지급했는데, 이는 베팅 금액의 절반 정도를 지급하는 현재 영국 복권보다 훨씬 더 많은 금액이다.[11]

카사노바의 복권은 매우 성공적이었고, 한때 국민소득의 4%에 달하는 막대한 금액을 정부에 제공했다. 비교적 작은 변화만 있었을 뿐, 1758년부터 1836년까지 복권 사업은 계속되었다. 1789년 바스티유 습격 사건이나 1791년 루이 16세의 처형 때도 복권 추첨은 영향받지 않았지만, 혁명 이후 공포정치가 자행되던 3년간 모든 복권이 금지되

---

*   일반적인 조합 공식에서 $_{90}C_2=\dfrac{90!}{(88!\times2!)}=\dfrac{(90\times89)}{2}=4,005$이다. 또는 우리가 알기로, 첫 번째 선택지에는 90개의 옵션이 있고 두 번째 선택지에는 89개의 옵션이 있다. 그러나 이는 모든 숫자 쌍이 (29, 62) 및 (62, 29)처럼 두 번 표시된다는 의미이므로, 90×89를 둘로 나눠 $\dfrac{(90\times89)}{2}=4,005$장의 고유한 '두 번호 복권'을 얻어야 한다. 이게 바로 순열과 조합의 차이다.

면서 일시적으로 중단되었다. 이는 확률에 대한 신중한 평가가 얼마나 중요한지를 설득력 있게 보여주는 사례였다.

카사노바는 방탕, 도박, 사업 실패로 떠돌이 생활을 계속했고 음란한 회고록으로 영원한 악명을 얻었지만, 안타깝게도 그의 수학적 능력은 제대로 평가받지 못했다.

지금까지는 가능성이 동일한 결과를 가정하고 가능한 '적합한' 결과의 수를 단순히 열거함으로써 사건의 확률을 평가할 수 있는 상황만을 다루었다. 그러나 이는 매우 제한적이기 때문에, 1700년대 초 스위스의 수학자 야코브 베르누이는 자신의 이름을 딴 **베르누이 시행**bernoulli trial 이라는 확률변수를 제시했다. 베르누이 시행은 어떤 사건이 발생하면 1, 발생하지 않으면 0이라는 값을 갖고, 사건이 발생할 확률은 p다. 예컨대 주사위를 던져 6이 나오는지 여부에만 관심이 있다면 p는 1/6이 될 것이다. 만약 p가 1/2이 아니라면 가능한 모든 시퀀스의 확률은 더 이상 동일하지 않고, 관심 있는 사건의 총 발생 횟수는 일반적인 p에 대한 이항분포로 주어진다.* 이 공식을 사용하면, 예컨대 12번의 주사위 던지기에서 6이 정확히 두 번 나올 확률(0.3이 된다)**을 계산할 수 있다.

베르누이는 또한 유명한 큰 수의 법칙Law of Large Numbers을 발견했는데, 그 내용인즉 독립적인 베르누이 시행의 수가 증가하면 사건이 발

---

* 성공할 확률이 p일 때, n번의 시행에서 성공 횟수 R에 대한 이항분포는
$$\Pr(R=r)=\binom{n}{r}\,p^r(1-p)^{n-r}=\frac{n!}{r!(n-r)!}p^r(1-p)^{n-r}\text{이다.}$$

** 이항정리 공식을 사용하면, $\Pr(R=2)=\binom{12}{2}\left(\frac{1}{6}\right)^2\left(\frac{5}{6}\right)^{10}=\frac{12\times11}{2}\frac{5^{10}}{6^{12}}=0.3$이다.

생하는 비율이 p로 수렴하는 경향이 있다는 것이다. 예컨대 인구의 30%가 지구 평면설을 믿는다면, 충분히 큰 무작위 표본을 추출하여 의견을 물을 경우 표본에서 관찰되는 평면 지구인flat-earther의 비율은 30%에 가까워질 것이다. 물론 이는 표본 추출에 체계적 편향(예컨대 지구 평면설 대회에 참석한 사람들의 인터뷰)이 없다는 것을 전제로 한다.

표본 크기가 증가하면 관찰된 비율은 30%에 점점 더 가까워지기 전에 많이 요동칠 것이다. 도박사의 오류는 초기 불균형이 평준화되는 마법 같은 과정이 있다고 가정하는 것이다. 고전적인 예로 특정 복권 번호나 룰렛 휠의 색깔이 한동안 나오지 않았기 때문에 "이제는 나올 때가 되었다"라고 주장하는 경우를 들 수 있다. 사실 초기 불균형은 *바로잡힌다기*보다는 *해소된다*고 생각하는 것이 가장 좋다.

확률 이론은 우리가 미지의 참값 p에 근접하려면 어떻게 해야 하는지 알려줄 수 있고, 그래서 우리는 p에 대한 추정치estimate와 구간 interval을 계산할 수 있다. 따라서 통계 과학은 표본 추출에 내재된 불확실성을 고려하고 확률 이론을 사용하여 세계의 기본 상태에 대한 추론을 생성하는 방법이다.* 이는 300여 년 전 우연의 게임을 분석한 몇몇 뛰어난 사람들의 놀라운 업적을 바탕으로 한 위대한 성과다.

확률 이론은 1930년대에 러시아 수학자 안드레이 콜모고로프Andrey Kolmogorov가 주도해 기본 규칙을 더욱 엄격하게 정립하는 등 많은 발전을 거듭해 왔다. 그러나 이는 추론 과정을 수학적으로 정리할 수 있을 뿐, 더욱 근본적인 질문에 대한 답은 되지 못한다.

---

* 이에 대한 자세한 내용은 나의 이전 책인 《숫자에 약한 사람들을 위한 통계학 수업》을 참조하라!

미리 경고한다. 이 장의 나머지 부분은 다소 철학적이지만 조금만 참고 버티면 큰 통찰을 얻을 것이다.

여러 세대의 통계학자들이 학생들에게 가르쳐온 전통적인 관점은, 확률을 세상의 *객관적인* 특징으로 취급함으로써 예측 불가능한 사건에 어느 정도의 규칙성을 부여하게 해주었다. 확률의 의미에 대한 전통적 통계학자들의 제안은 다음과 같다.

- 대칭성에 기반한 **고전적 확률**classical probability. 동전, 주사위 또는 복권의 사례에서 보았듯이, 동일한 가능성을 지닌 사건들을 열거함으로써 우연에 의존하는 게임을 분석할 수 있게 해준다. 그러나 이는 '가능성이 똑같다'라는 판단이 필요하기 때문에 순환적 정의circular definition라고 할 수 있다.

- **빈도주의 확률**frequentist probability. 이것은 본질적으로 동일한 상황이 무한히 반복될 때 나타날 수 있는 사건의 이론적 비율을 말한다. 이 접근 방법은 '객관적'이라고 여겨지는 과학 연구에서 널리 채택되고 있다. 특정 상황에 적용할 때, 각각의 단일 사건은 동일한 확률을 갖는다고 가정된 사건의 참조 클래스*reference class*에 배치되어야 한다. 이는 룰렛이나 복권과 같이 반복적인 맥락에서는 명확할 수 있지만, 일반적으로 이러한 참조 클래스의 선택에는 (설사 명시적으로 이루어지는 경우는 드물

더라도) 필연적으로 판단이 개입될 수밖에 없다.

- **성향**propensity . 향후 10년 안에 내가 심장마비를 일으키게 된다는 식으로, 이것은 특정 상황에서 특정 사건이 발생할 수 있는 어떤 근본적인 경향이 있다는 생각이다. 이 다소 신비스럽고 검증할 수 없는 개념은 원칙적으로 고유한 확률을 객관적인 것으로 간주할 수 있게 하지만, 인식론적 확률에는 적용될 수 없다.

- **논리적 확률**logical probability . 이것은 일련의 전제 조건이 논리적으로 결론을 암시하는 객관적인 정도를 의미한다. 따라서 원칙적으로, 예컨대 공중에 던진 후 낚아채 손바닥으로 덮은 동전이 앞면일 가능성이 50 대 50이라는 믿음이 원칙적으로 정당화될 수 있다. 하지만 이는 매우 제한적인 상황에만 적용된다.

확률에 대한 이러한 모든 '객관적인' 해석은 실제로 수치 값을 할당하려면 상당한 판단이 필요하다는 점에 유의하라.

이 책의 시작부터 내가 채택한 근본적으로 다른 관점은, 확률이란 개인의 불확실성을 주관적으로 수치화한 것, 즉 '편파적 믿음partial belief'이라는 것이다. 그러나 이 경우에도, 예컨대 이 글을 쓰는 시점(2023년 12월)의 베팅 거래소 시세를 기준으로 도널드 트럼프가 2024년 미국 대통령 선거에서 승리할 확률이 약 40%로 판단된다고 말할 때 그 의미를 정의해야 하는 과제가 남는다(나는 독자들이 충분히 먼 미래에 진실을 알게 될 사례를 의도적으로 선택했다).

내가 선호하는 첫 번째 정의는 전적으로 '합리적인' 의사결정과 관련이 있다.

- **확률이 '알려진' 사건에 베팅할 때의 무차별성**: 고전적 확률에 서와 마찬가지로, 나는 '동일한 가능성'이라는 개념을 허용한 다. 이 경우, 난수 생성기가 0과 1 사이의 숫자를 무작위적으로 생성한다(모든 숫자가 생성될 확률은 동일하다). 그러면 트럼프 가 차기 대통령이 될 것이라는 데 베팅하는 것과, 난수 생성기 가 0.4 이하의 숫자를 생성할 것이라는 데 베팅하는 것이 무차 별한지 여부를 확인할 수 있다. 이것은 2장에서 언급한 확률 바퀴의 전자적 등가물이다.
- **합리적인 베팅 확률**: 1926년, 프랭크 램지Frank Ramsey*는 모든 확률 법칙이 특정 도박에 대한 선호도 표현에서 도출될 수 있 다는 것을 보여주었다.

---

* 프랭크 램지의 주장에 따르면, 만약 당신의 확률이 '법칙'을 따르지 않는다면, 누군 가가 당신이 돈을 잃을 것이 보장된 일련의 베팅, 이른바 '더치북(Dutch book)'을 할 수 있다고 한다. 램지는 내가 가장 만나고 싶은 역사 속 인물이기도 하다. 그는 확률, 수학, 경제학 분야에서 여전히 근본적인 것으로 여겨지는 업적을 남긴 천재 였고, 루트비히 비트겐슈타인(Ludwig Wittgenstein)의 박사학위 지도교수이자 번 역가, 친구였다. 그는 몸무게가 17스톤(약 238파운드, 108kg)에 달하는 거구였다. 오 전에만 일하고 오후에는 테니스를 치고 술을 마시고 호화로운 파티를 즐겼고, 아내 와 애인이 있었고, '하마처럼' 웃는 사람이었다. 그는 1930년 캠강에서 수영을 한 후(내가 정기적으로 해온 일이다) 바일병(Weil's disease)으로 추정되는 질병에 걸려 26세에 사망했다. 이것은 영국 지성사에 큰 손실이 아닐 수 없었다. 그가 살아 있었 다면 킹스칼리지 케임브리지에서 앨런 튜링의 지도교수가 되었을 것이고, 의심할 여지없이 나치의 암호를 해독하고 전쟁을 단축하는 데 튜링을 비롯한 블레츨리 공 원(Bletchley Park)의 사람들보다 훨씬 더 도움이 되었을 테니 말이다. 나는 BBC 라디오 4에서 〈위대한 삶(Great Lives)〉이라는 램지에 관한 다큐멘터리를 제작했 는데, 이 다큐멘터리에는 훌륭한 전기 《프랭크 램지: 권력의 과잉(Frank Ramsey: A Sheer Excess of Powers)》의 저자 셰릴 미삭(Cheryl Misak)이 출연했다.

베팅의 결과에는 '효용utility'이 주어지고 도박의 가치는 기대 효용으로 요약된다. 여기서 기대 효용에 더해지는 가중치는 우리의 편파적 믿음을 나타내는 주관적 수치, 즉 우리의 개인적인 확률에 따라 결정된다. 따라서 돈에 대한 개인적 가치 평가(15장 참조)를 고려할 때, 우리의 확률은 2024년 선거에 대한 도박에서 기꺼이 받아들일 수 있는 가능성에 따라 결정된다.[12]

램지가 제시한 베팅 확률은 임의적이지 않았다. 그는 확률이 (우리가 2장에서 살펴본 의미에서) 보정되어 0.4의 확률이 부여된 모든 사건 중 40%가 발생할 것으로 예상하고, 다음과 같이 썼다. "특정 형태의 습관이 있다면, 우리는 습관이 진실로 이어지는 '실제 비율'에 가까워지는지, 멀어지는지에 따라 누군가를 칭찬하거나 비난할 수 있다."

- **기대 '점수' 극대화**: 대선 결과가 예측 경연 대회에서 출제된 문제라고 상상해 보면, 2장에 나온 것과 같은 규칙을 사용하여 확률을 평가해야 하고, 당신은 기대 점수를 극대화하려고 0.4의 확률을 할당할 것이다. 일반적으로 기대 점수를 극대화하려면 확률이 올바른 법칙을 따라야 한다.

내가 선호하는 다른 해석들은 '주관적 빈도주의'로 간주할 수 있다. 왜냐하면, 비록 개인적인 판단이지만 반복되는 경우의 예상 비율을 나타내기 때문이다.

- **유사한 상황이 일어날 예상 비율**: 물리학자 리처드 파인먼은 확

률을 '어떤 사건이 일어날 가능성이 가장 높은 경우의 비율에 대한 우리의 판단'으로 정의했는데,[13] 이는 명백히 주관적이며 유사한 사건의 연속을 상정한다. 앨런 튜링도 이와 비슷한 개념을 사용했다. "특정 증거에 대한 사건의 확률은, 그 증거가 주어졌을 때 그 사건이 일어날 것으로 예상되는 경우의 비율을 의미한다."[14] 확률에 대한 빈도주의적 해석과 마찬가지로 이러한 정의는 현재의 판단을 어떤 큰 부류에 포함시켜야 하지만, 0.4 또는 40%의 확률이 주어지는 모든 상황으로 간주될 수 있을 것이다. 따라서 파인먼과 튜링은 본질적으로 일련의 판단 과정에서 확률이 보정될 것으로 예상된다고 말한다.

- **'가능한 미래'의 예상 비율:** 일련의 반복된 평가에 특정 확률을 포함시키는 대신, 상상력을 확장하여 현재 상황이 계속해서 반복될 경우 어떤 일이 일어날지 생각해 볼 수 있다. 예컨대 2023년 12월부터 2024년 12월까지 발생할 수 있는 '가능한 미래' 중 40%에서 도널드 트럼프가 당선될 것이라고 판단할 수 있다. 나는 이 개념이 은유적이기는 하지만 유용하고, 나중에 설명하는 '다세계 해석many-worlds interpretation'에도 적용될 수 있다고 생각한다.

물론 이러한 주관적인 '편파적 믿음' 중 일부는 다른 것보다 더 강력한 정당성이 있을 것이다. 내가 동전을 던지기 전에 그것을 주의 깊게 살펴보았고, 그 동전이 딱딱한 표면에 떨어져 혼란스럽게 튀어오르는 것을 관찰했다고 생각해 보라. 나는 그 동전이 50 대 50의 확률로 나올 것이라고 스스로 판단하는 게 더 정당하다고 느낄 것이다. 어떤 수상한 사람이 동전을 던져서 엉성하게 몇 바퀴 돌리고 잡을 때보다 말이다. 따라서 9장에서 살펴볼 것처럼, 우리는 어떤 판단에 대해 더 강하게 확신할 수 있다.

확률의 수학을 배운 사람들에게는 확률이 실제로 무엇인지에 대해 아직 합의가 이루어지지 않았다는 사실이 놀랍게 다가올 수 있다. 또는 지금 우리가 생각하는 것처럼, "확률이 과연 존재하기는 하는가"라는 의문을 품을 수 있다.

1970년대에 대학에서 수학을 공부하던 시절, 내 스승이었던 에이드리언 스미스Adrian Smith*는 브루노 드 피네티Bruno de Finetti의 《확률론》[15]을 이탈리아어 원서를 사용해 번역하고 있었다. 드 피네티는 1930년대에 램지와는 완전히 독립적으로 주관적 확률에 대한 아이디어를 발전시켰고,** 다음과 같은 도발적인 진술로 책을 시작했다.

확률은 존재하지 않는다.

이는 상당히 극단적으로 보일 수 있고, 무언가가 '존재한다'는 것이 무엇을 의미하는지에 대해 논하는 것은 나의 철학적 수준을 넘어서는 일이다. 하지만 나는 이것을 단순히 드 피네티가 확률이 세상의 객관적인 속성이 아니라고 선언한 것으로 해석한다. 나는 젊었을 때 이 정

---

* 2024년 애드리언 스미스 경(Sir Adrian Smith)은 영국 과학자로서는 최고의 영예인 왕립학회 회장직을 수행했다.

** 생전에 정치적 견해는 바뀌었지만, 그 당시 드 피네티는 무솔리니의 파시즘 스타일을 열렬히 지지했다. 램지의 확고한 사회주의와는 사뭇 대조적이다.

서를 완전히 받아들였고, 지난 50년 동안 물리적 대칭성, 데이터 분석 또는 복잡한 모델을 고려할 것일지라도 확률은 주관적인 판단이라는 관점에서 한 번도 벗어난 적이 없다. 유일하게 가능한 예외는, 아원자 양자subatomic quantum 수준에서 진정으로 객관적이고 결정적인 확률이 존재한다고 주장할 수 있는 경우다(6장 참조).

이는 확률이 시간, 거리, 온도 등 우리가 일상적으로 사용하는 다른 숫자와 근본적으로 다르다는 의미다. 2장에서 언급했듯이 시계, 자, 온도계, 기타 도구를 사용한 측정에는 방대한 지적 자원이 투입되어 왔고, 그 결과 나온 숫자는 필요한 정확도에 따라 외부 세계를 적절하게 설명하는 것으로 합의되었다. 하지만 확률을 측정할 수 있는 '확률계probability-ometer'는 어디에 있을까? 무한히 반복 가능한 동일한 실험이라는 매우 제한적인 이론적 경우를 제외하고는 존재하지 않는다. 사실 확률은 가상의 양virtual quantity으로 간주될 수 있다.

하지만 확률이 개인적 판단에 따라 구성된다는 것을 인정한다면, 이전에 제시된 규칙을 준수하는 한 아무 숫자나 사용해도 괜찮다는 뜻일까? 내가 지붕에서 훌쩍 날 수 있는 확률이 99.9%라고 말할 수 있을까? 물론 그럴 수도 있겠지만, 내가 그렇게 말한다면 곧 내가 형편없는 확률 평가자라는 게 증명될 것이다. 객관적인 외부 세계가 필요한 것은 바로 이 때문이다. 현실과 비교하여 확률을 평가evaluation 할 때, 적절한 채점 규칙을 사용해야 한다. 그러지 않으면 구급차를 불러야 할 것이다.

다행히도, 6장에서 자세히 살펴보겠지만 실제로는 일상적인 비양자세계quantam world에 객관적인 확률이 실제로 존재하는지 여부를 판단할 필요가 없다. 우리는 그저 그것이 *마치 존재하는 것처럼* 행동하는 실용적인 접근 방법을 취할 수 있다. 아이러니하게도, 마치 확률이 정말 존재하는 것처럼 행동해야 한다는 가장 설득력 있는 주장은 1931년 '교환 가능성exchangeability'을 다룬 연구에서 드 피네티 자신이 제시했다.[16] 그에 의하면, 각 순서에 대한 우리의 믿음이 관찰 순서에 영향을 받지 않는다면, 일련의 사건들은 **교환 가능한**exchangable 것으로 판단된다고 한다. 예컨대 특정한 기간의 각 날짜에 간헐천이 분출할 확률을 평가할 때, 실제 날짜는 상관없고 의도한 관찰은 어떤 순서로든 가능하다는 것이다. 이러한 교환 가능성을 가정할 경우, 그것은 "각 날짜의 사건이 마치 독립적인 것처럼 행동하고, 각각의 분출에는 진짜 기본 확률이 존재하고, 그 미지의 확률에 대한 불확실성은 주관적인 인식론적 분포subjective epistemic distribution로 표현된다"라는 것과 수학적으로 동일하다. 드 피네티가 이 모든 내용을 멋지게 증명했다니! 이는 놀랍다기보다는 차라리 아름답다. 믿음에 대한 순전히 주관적인 표현에서 출발하여, 우리는 마치 사건이 객관적인 확률에 따라 주도되는 것처럼 행동해야 한다는 사실을 보여주니 말이다.

오늘날 확률 이론은 모든 통계 과학과 많은 과학 및 경제 활동의 기초가 된다. 이렇게 중요한 이론이 (일설에 의하면) 존재하지 않을 수도 있는 것에서 비롯되었다는 사실은 매우 놀라운 일이다.

요약

- 사람들은 수천 년 동안 도박을 해왔지만, 놀랍게도 확률에 대한 개념은 1600년대까지 제대로 발전하지 못했다.

- 대규모 반복에서 어떤 일이 일어날 것으로 예상되는지를 고려하면, 확률의 규칙은 직관적으로 도출될 수 있다.

- 상황이 변하면서 달라지는 조건부 확률은 비복원 추출 과정에서 자연스럽게 발생한다.

- 동일한 가능성이 있는 결과들을 생성하는 물리적 과정이 존재한다고 가정할 수 있다면, 확률을 평가하는 것은 관심 있는 사건으로 이어지는 '성공적인' 결과를 헤아리는 문제가 된다.

- 성공적인 결과를 헤아리는 공식과 근사치를 사용해 도박, 복권 등의 게임에서 이길 확률을 추정할 수 있다.

- 확률은 세상의 객관적인 속성과 주관적인 판단 등 다양한 방식으로 해석되어 왔다.

- 확률이 일상적으로 사용되는 다른 척도와는 다르며 주관적 판단에 기초하여 구성된다는 점을 인정하더라도, 우리는 여전히 객관적인 세계를 이용하여 확률의 품질을 평가할 수 있다.

- 그러나 객관적인 확률은 아원자 양자 수준에서 존재할 수 있고, 일상 생활에서 마치 그것이 존재하는 것처럼 행동하는 것이 유용할 수 있다.

4장

우연을
통제할 수 있는가?

나는 1장에서 불확실성을 '무지에 대한 의식적 인식'이라고 정의했고, 2장의 퀴즈와 3장의 확률 연습을 해보며 사건에 대한 의식적 불확실성을 어떻게 수치로 나타낼 수 있는지 보여주었다. 하지만 삶의 대부분에서 우리는 그렇게 의식적으로 행동하지 않는다. 일어날 수 있는 모든 가능성에 대해 생각하지 않고, 대략적인 계획에 따라 어슬렁어슬렁 움직일 뿐이다. 마치 항로를 유지하는 고독한 요트맨처럼, 거의 자동적으로 미세 조정을 거듭하고 의도된 경로를 따라 나아간다.

하지만 때때로 우리는 예상치 못한 사건 때문에 안일함에서 벗어나기도 한다. 괴물 같은 파도에 휩쓸린 선원처럼 생각지 못한 불행을 맞닥뜨릴 수도 있고, 종종 우연의 일치coincidence라고 불리는 무탈하거나 운 좋은 동시 발생 사건들concurrence of events 때문에 요행수를 느낄 수도 있다. 사고나 재난은 우리에게 충격이나 피해를 줄 수 있지만, 상당수의 우연은 불확실성의 '이점'이라고 할 수 있을 만큼 우리를 미소 짓게한다. 나로 말하자면, 실제로는 우연한 사건이 거의 일어나지 않았지만 종종 우연의 일치에 매료되곤 한다. 그래서 몇 년 전 BBC에서 우연을 다룬 프로그램을 제작할 때 케임브리지에 있는 나의 팀원들과 함께 '케임브리지 우연의 일치 컬렉션Cambridge Coincidence Collection'을 만들기시작했고, 결국 대중이 제출한 이야기 약 5,000개를 수집하게 되었다.[1]

말이 나온 김에, 론 비더먼의 바지 이야기를 소개한다.[2] 어떤 남성 (편의상 그를 더그Doug라고 부를 것이다)에게서 들은 이야기다. 그 내용인즉 마이애미의 배낭 여행객 호스텔에서 옷을 모두 도둑맞았는데 친절하게도 론 비더먼이라는 사람이 이스라엘산 줄무늬 셔츠를 자신에게 선물했다는 것이다. 몇 년 후, 더그는 런던의 다른 호스텔에 머물렀다. 그러고는 그 호스텔 내부 카페에서 자신의 맞은편에 앉은 한 소녀와 이스라엘에 대해 이야기하기 시작했다. 두 사람이 발견한 첫 번째 우연은 둘 다 론 비더먼을 만난 적이 있고, 두 번째는 당시 더그가 론에게 선물받은 셔츠를 입고 있었다는 것이었다. 그러자 소녀는 자리에서 일어나 자신의 바지와 잘 어울린다고 밝히며, 키부츠에서 론 비더먼에게 선물받은 것이라고 말했다.

솔직히 말해서 나는 이 이야기가 좀 억지스럽다고 생각했는데, 나중에 론 비더먼이 직접 나에게 이메일을 보내 자초지종을 설명했다! 그는 자신이 더그에게 옷을 주었다면서 자신과 바지의 사진을 보내주었고, 수혜자들이 만났다는 말을 듣고 매우 기뻤다고 말했다. 이유여하를 막론하고 매우 흐뭇한 인연이었다.

사람들은 자신이 경험한 우연에 대해 이야기하는 걸 좋아하는 것 같은데, 우연이란 과연 무엇일까? 고전적인 학술 논문에서, 통계학자 페르시 디아코니스Persi Diaconis 와 프레드릭 모스텔러Frederick Mosteller 는 우연을 다음과 같이 정의했다.

> 우연: 명백한 인과관계가 없는데도 유의미하게 연관된 것으로 인식되는 사건들의 놀라운 동시 발생.[3]

이 정의에는 세 가지 필수 요소가 포함되어 있다.

1. 예상치 못한 연관성.
2. 일상적인 상황에서 불쑥 튀어나와 우리의 주의를 사로잡음. (평생 기억에 남을 수도 있다.)
3. 왜 그런 일이 일어났는지에 대한 즉각적인 설명은 없음. (나중에 살펴보겠지만, 왜 그런 일이 일어나는지에 대한 많은 이론이 있다.)

케임브리지 우연의 일치 컬렉션의 가장 일반적인 테마는 다음과 같다.

- 만난 사람과의 연관성 찾기: 낯선 두 사람이 로마의 한 호텔에서 이야기를 나누다가 같은 회사에서 일하는 아들들이 있다는 사실을 알고 각자 전화를 걸었는데, 공교롭게도 아들들이 바로 옆 테이블에 앉아 있는 것을 발견하는 경우.
- 예상치 못한 장소에서 아는 사람 만나기: 피레네산맥에서 휴가를 보내던 믹 프레스턴Mick Preston 이 친구 앨런에게 보낼 엽서

를 들고 우체국으로 출발했다가 도중에 앨런을 만나는 경우.

- 물건이 다시 나타남: 포르투갈에서 휴가를 보내던 중 40년 전에 동생이 사용하던 옷걸이를 발견하는 경우.[4]

일부 이야기는 분류하기가 쉽지 않았다. 예컨대 독일의 같은 마을에서 태어났다는 사실을 알게 된 부부가 있었는데, 그 마을에는 작은 병원이 하나 있었고 모든 아기가 태어난 침대가 단 하나뿐이었다고 한다. 그러니 그들은 필시 같은 침대에서 태어났을 거라나 뭐라나.[5]

이 모든 기괴한 사건들은 "그럴 확률이 얼마나 될까?"라는 당연한 질문에 대한 답을 요구한다. 안타깝게도 우연의 대부분이 공식적인 분석이 불가능하지만, 몇 가지 우연에 숫자를 들이댈 수는 있다. 그리고 그런 사건 중 하나가 나에게 일어났다.

◆

앞서 말했듯이, 나는 우연의 일치를 거의 경험하지 않는다. 나는 관찰력이 너무 부족해서 다른 사람들이 보고한 것처럼 런던 시내를 돌아다니는 동안 같은 사람을 반복해서 보는 일은 절대 없을 것이다. 또한 나는 전형적인 영국인이기 때문에 소개를 받지 않는 한 낯선 사람에게 말을 걸지 않는 편이어서, 기차에서 오랫동안 잃어버린 쌍둥이가 옆에 몇 시간 동안 앉아 있어도 전혀 알아차리지 못했을 것이다. 사실 내 인생에서 (지금까지) 가장 큰 우연은 2018년에 BBC 라디오 프로그램을 녹음하던 중 일어났는데, 그 프로그램은 놀랍게도 '우연'을 다룬 것이었다.[6]

나는 생일과 관련된 우연의 일치 이야기를 하고 있었는데, 그 날짜가 공교롭게도 1월 27일이었다. 녹음이 느닷없이 잠시 중단되었다가 인터뷰어가 말했다. "데이비드, 당신이 1월 27일 생일에 대한 정말 흥미로운 이야기를 하고 있는 동안 프로듀서 케이트가 방금 제 귀에 대고 자기 생일이 1월 27일일 뿐만 아니라 지금 이 인터뷰를 녹음하고 있는 스튜디오에서 함께 일하는 엔지니어도 1월 27일이 생일이라고 말했어요." 음, 그럴 확률이 얼마나 될까?

케이트의 생일이 1월 27일일 합리적인 확률은 1/365이고, 엔지니어가 그녀의 쌍둥이가 아니라고 가정하면 둘 다 1월 27일에 태어날 확률은 1/365×1/365로 약 13만 3,000분의 1이다. 이 장에 소개한 이야기들만큼은 아니지만 정말 놀라웠다. 그리고 꽤 만족스럽게도, 프로그램을 녹음하는 도중에 포착된 에피소드의 내용이 프로그램의 주제와 일치한다는 것은 매우 드문 사례라고 할 수 있다.

언론에 자주 등장하는 이야기(아마도 이렇다 할 뉴스거리가 없는 날 통신사에서 제공한 것으로 추정된다), 이를테면 나이가 다르지만 생일이 같은 세 자녀를 둔 가족에 대한 이야기에도 같은 계산이 적용된다.* 생일이 1년 내내 무작위로 발생한다고 가정하고 맏이의 생일을 기준으로 '설정'하면, 두 동생이 같은 날 태어날 확률은 (라디오 녹음 중 특정 생일이 일치한 것과 마찬가지로) $1/365×1/365 \approx 1/133,000$이다. 가끔 언론에서 이를 잘못 보도하는 경우가 있는데,[7] 첫 번째 생일을 계산에 포함시키고 1/365를 더 곱하여 4,800만 분의 1의 확률이라며 난리법석을 떠는 것이다(하지만 냉정하게 생각해 보라. 가능성이 정말 이렇게 작다면, 왜 이런 이야기가 자주 화제에 오르겠는가?).

BBC의 인기 있는 통계 관련 라디오 프로그램인 〈모어 오어 레스

---

* 구글에서 '같은 날 태어난 자녀 세 명'을 검색하면 모든 이야기가 나온다.

More or Less)는,[8] 내게 2월 6일에 태어난 청취자 데이비드David가 던진 비슷한 질문에 답해 달라는 연락을 받았다(그의 자녀 세 명 중 두 명도 2월 6일에 태어났다고 했다).

부모와 자녀 세 명(쌍둥이는 없다)이 있는 가정에서, 부모와 자녀 중 두 명의 생일이 같을 확률은 어느 정도일까?

언뜻 보기에는 $(1/365) \times (1/365) \approx 1/133,000$이라는 확률의 리바이벌처럼 보일지도 모른다. 하지만 데이비드에게는 자녀가 세 명이므로 $_3C_2 =$세 쌍의 가능한 조합이 있고, 어머니와 아버지 중 하나를 선택할 수도 있으므로 확률은 약 $6/133,000 \approx 22,000$분의 1이라는 결론에 도달하게 된다. 영국에는 18세 미만의 자녀가 세 명인 가정이 약 100만 가구가 있으므로, 나는 데이비드에게 그의 가정이 약 $1,000,000/22,000 \approx 45$개의 비슷한 가정 중 하나라고 말해 주었다. 따라서 그들은 특이하지만 결코 독특하다고 할 수는 없었다.

이 모든 계산은 1년 365일 모두 생일이 될 확률이 동일하다고 가정한다. 하지만 엄밀히 말해서 이는 사실이 아니다. 첫 번째, 가족은 연중 특정 시기에 출산을 계획할 수 있다.* 두 번째, 공휴일에는 출산이 적고 크리스마스 연휴 이후 약 40주 동안 출산이 많은데, 1년 중 가장 흔한 생일은 9월 27일이다. 그러나 이러한 편향은 순전히 우연에 의한

---

* 나는 세심한 가족 계획 덕분에 자녀들이 모두 일주일 이내의 차이로 생일을 맞이하여, 적어도 파티를 함께하기 때문에 비용을 절약할 수 있었다는 누군가의 이야기를 들었다.

것으로서 계산에 상당한 영향을 미칠 만큼 크지 않고, 어떤 경우에도 대세에는 지장이 없다.[9]

이러한 사례가 세상을 뒤흔들 만큼 중요한 것은 아니라고 인정하지만, 겉보기에 이례적인 사건을 분석하는 기법을 보여준다.

A. 가능하다면, 살펴보고 있는 특정 사례에 대한 확률을 평가한다.

B. 특정 기간 동안 정의된 맥락에서 유사한 사건이 발생할 수 있는 기회의 총 수를 추정한다.

C. (A)와 (B)의 답을 곱하여 예상되는 사건의 수를 구한다.

D. (C)의 예상치를 사용하여, 그러한 사건에 대해 듣는 것이 얼마나 '놀랄 만한' 일인지 평가한다.

이러한 기법은 머피의 법칙*과 (지금 보고 있는 것처럼) 감동적인 가족사 모두에 사용할 수 있다.

어떤 이야기는 평생 동안 펼쳐지는데, 이는 그림 4.1에 표시된 영국 요크셔주 휘트비에 있는 헌트로드 부부의 특별한 추모비[10]에서 볼 수 있다.

보시다시피, 두 사람은 1600년 9월 19일에 태어나 9월 19일에 결혼하여 자녀 12명을 낳았고, 1680년 9월 19일 함께 80번째 생일을 맞은 후 다섯 시간 차이로 사망했다. 정말 인상적인 찰떡궁합이다.

오늘날 헌트로드 부부처럼 생일이 같은 커플은 얼마나 희귀할까?[11] 잉글랜드와 웨일즈에는 약 1,300만 쌍의 동거 커플이 있다.[12] 그러므

---

* "잘못될 수 있는 일은 하필이면 최악의 순간에 터진다"라는 뜻으로, 일이 좀처럼 풀리지 않을 때 쓰는 말이다. ─ 옮긴이

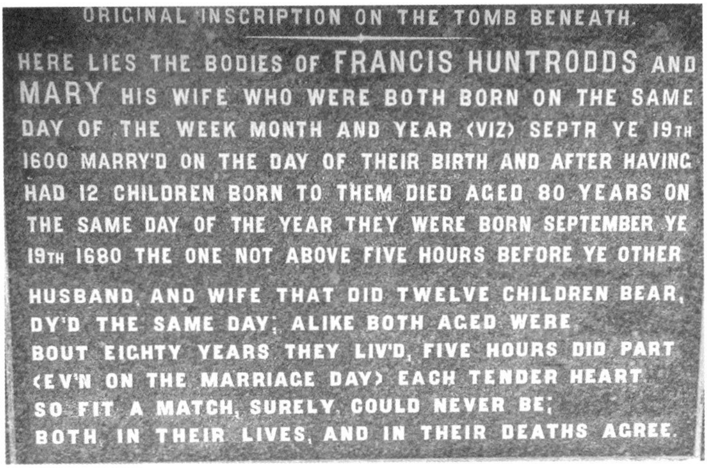

ORIGINAL INSCRIPTION ON THE TOMB BENEATH.

HERE LIES THE BODIES OF FRANCIS HUNTRODDS AND MARY HIS WIFE WHO WERE BOTH BORN ON THE SAME DAY OF THE WEEK MONTH AND YEAR (VIZ) SEPTR YE 19TH 1600 MARRY'D ON THE DAY OF THEIR BIRTH AND AFTER HAVING HAD 12 CHILDREN BORN TO THEM DIED AGED 80 YEARS ON THE SAME DAY OF THE YEAR THEY WERE BORN SEPTEMBER YE 19TH 1680 THE ONE NOT ABOVE FIVE HOURS BEFORE YE OTHER

HUSBAND, AND WIFE THAT DID TWELVE CHILDREN BEAR,
DY'D THE SAME DAY; ALIKE BOTH AGED WERE
BOUT EIGHTY YEARS THEY LIV'D, FIVE HOURS DID PART
(EV'N ON THE MARRIAGE DAY) EACH TENDER HEART
SO FIT A MATCH, SURELY COULD NEVER BE;
BOTH, IN THEIR LIVES, AND IN THEIR DEATHS AGREE.

여기에 프랜시스 헌트로드와 그의 아내 메리의 시신이 안치되어 있다. 둘 다 같은 요일, 같은 달, 같은 해(즉 1600년 9월 19일)에 태어났고, 태어난 날 결혼하여 자녀 12명을 낳은 후, 태어난 해와 같은 날(1680년 9월 19일) 80세의 나이로 사망했다. 열두 자녀를 낳은 부부가 같은 날 다섯 시간도 안 되는 간격으로 죽었다. 두 사람은 80년을 해로했고, 결혼식 날에도 다섯 시간밖에 떨어져 있지 않았는데, 금슬이 너무 좋아서 한시도 헤어질 수 없었던 것이다. 둘은 살아 있을 때나 죽을 때나 찰떡 궁합이었다.

그림 4.1
영국 요크셔주 휘트비 성 메리 교회에 있는 프랜시스와 메리 헌트로드 부부를 기리는 추모비.* 두 사람은 같은 날(9월 19일)에 태어나고 결혼하고 사망했다.

---

*   이 이미지를 제공해 주신 티먼드라 하크니스(Timandra Harkness)에게 감사드린다.

로 생일이 사람들의 만남에 아무런 영향을 미치지 않는다면, 우연히 생일을 공유할 수 있는 커플은 13,000,000/365≈36,000쌍이라고 예상할 수 있다. 그런데 2001년에 결혼한 커플 중 약 9%가 동갑내기였다. 따라서 다시 무작위로 짝을 이룬다고 가정하면, 3,000쌍 이상의 커플이 같은 수의 촛불로 생일 케이크 한 개를 공유할 수 있다. 주목할 만한 사례로, 1928년 8월 8일에 태어나 2008년 8월 8일에 함께 80번째 생일을 맞은 웨스트서식스주 페이검의 조이스와 론 펄스퍼드Joyce and Ron Pulsford 부부가 있다.[13]

헌트로드 부부의 사례를 우연의 일치가 아니라고 생각할 수도 있다. 결국, 결혼 상대와 결혼 날짜는 당사자들이 선택했을 것이기 때문이다. 정말 이상한 것은, 동갑내기인 두 사람이 80번째 생일을 맞은 날 함께 사망했다는 것이다. 생일이 다른 날보다 위험하다는 보고가 종종 있지만, 출생 직후 안타깝게 사망한 아기와 (출생일이 사망 일자 칸에 잘못 복사되는) 등록 오류가 통계에 영향을 미칠 수 있다. 혹시 1680년 휘트비에 전염병이 돈 것은 아닐까? 생일 파티에서 사고가 난 것은 아닐까? 알 수 있으면 정말 좋을 텐데. 그들은 지역의 유명 인사였을 것이다. 자녀가 많고 생일이 같고, 그 당시로서는 나이가 많았을 테니 말이다. 어쨌거나 그들은 여러 모로 추모받을 만하다.

우연의 일치가 일어나는 이유에 대한 이론은 항상 존재했고 많은 사람이 이러한 '놀라운 일치'를 발생시키는 어떤 외력external force 이 있을 거라고 주장해 왔다. 파울 카메러Paul Kammerer 는 "고전물리학의 인과성causality 과 함께 우주에는 통일성을 지향하는 두 번째 기본 원리, 즉 만유인력과 비슷한 인력이 존재한다"라고 주장하면서 연쇄성seriality 개념을 발전시켰다. 이와 마찬가지로, 정신과 의사이자 정신분석가인 칼 융Carl Jung은 물리적 우연뿐만 아니라 예감까지 설명하는 '비인과적 연결 원리acausal connecting principle'인 동시성synchronicity의 존재를 제안했다. 초심리학 연구자인 루퍼트 셸드레이크Rupert Sheldrake도 형태공명morphic resonance에 대한 유사한 아이디어를 제시했는데, 그는 "형태발생 장morphogenetic field은 무작위적이거나 불확실한 활동 패턴에 패턴을 부과하면서 작동한다"[14]라고 주장하면서, 이것이 항간에서 주장되는 현상(예컨대 누군가가 자신을 응시하고 있다는 느낌, 주인이 귀가하는 시간을 아는 반려견)을 설명할 수 있다고 했다.

나는 이러한 외력에 대한 이론에 회의적이며, 엄청나게 놀라운 사건의 의심의 여지없는 발생은 일반적으로 세 가지 주요 원인으로 설명할 수 있다고 주장한다.

- 정말로 큰 수의 법칙The Law of Truly Large Numbers[15]: 엄청나게 많은 기회가 주어지면 매우 드문 사건도 결국에는 발생한다.
- 선택적 경향: 우리는 놀라운 우연의 일치만 기억하고, 실현되지 않은 모든 무관한 예측, 꿈, 예감은 무시하는 경향이 있다. 스포츠 경기의 결과를 예측한다고 알려진 수많은 '초능력자' 동물들이 이를 증명한다.
- 사건을 더욱 놀랍게 하기 위해 이야기를 꾸며냄: 예컨대 초감각 지각 테스트extrasensory perception에서, 판정관은 서로 떨어져 있는 두 사람이 그린 그림이 "일치한다"라고 관대하게 선언한다.

우연의 일치에서 가장 놀라운 측면은, 아마도 보고되는 사례가 매우 적다는 점일 것이다. 보고되는 사례 한 건당, 아슬아슬하게 놓친 사례가 엄청나게 많을 것이다. 어쩌면 나는 태어날 때 헤어진 쌍둥이 형제 옆에 앉아 있었을지도 모른다. 우리가 마주치는 사람들과의 가능한 연결 고리를 밝혀낼 수만 있다면, 이러한 '잠복성' 우연이 우리 주변에서 항상 일어나고 있다는 것을 알게 될 것이다.

정말로 큰 수의 법칙에 대한 고전적인 실험에는 원숭이와 유명한 극작가가 등장한다.

타자기를 사용하는 원숭이 무리가 결국 셰익스피어 전집을 다 써낼 수 있을까?

2010년 방영된 BBC 〈호라이즌Horizon〉의 한 프로그램을 위해,[16] 나는 사무실에 원숭이 시뮬레이터 프로그램[17]을 설치하고 며칠 동안 켜두었다.[18] 가상으로 1억 3,000만 번이나 키를 입력한(원숭이 50마리가 1초에 1글자씩 입력할 경우 약 26일치 분량에 해당한다) 끝에, 가상 원숭이들이 만들어낸 최고의 글자는 '우리 연인we lover'이라는 아홉 글자였다. 이것은 셰익스피어의 희곡 〈사랑의 헛수고〉 2막 1장에 나오는 구절로, 보이엣이 연설하는 장면에서 등장하는 "우리 연인들이 영향을 받을 자격이 있는 것With that which we lovers entitle affected"이라는 대사의 일부다.

셰익스피어 전집에는 약 500만 개의 문자가 있고, 대문자와 소문자, 구두점을 무시하더라도 원숭이가 타이핑을 시작할 때마다 셰익스피어를 완성할 확률은 $10^{7,500,000}$분의 1이라는 계산이 나온다. $10^{7,500,000} \approx 2^{25,000,000}$이므로, 이는 공정한 동전을 2,500만 번 던져서 매번 앞면이 나오거나 2만 년 동안 매주 복권에 당첨될 확률과 거의 같다. 가능성은 낮지만 논리적으로 불가능한 것은 아니므로 시도해 볼 만한 가치가 있다. 그래서 2003년, 연구자들은 예술위원회에서 2,000파운드의 기금을 지원받아 페이지턴 동물원의 여섯 마리 마카크 원숭이—엘모, 검, 헤더, 홀리, 미슬토, 로완—가 있는 우리에 4주 동안 키보드를 설치했다. 안타깝게도, 원숭이들은 주로 문자 S로 가득 찬 다섯 페이지 분량의 뜻 모를 텍스트를 남기고 키보드를 배설물로 더럽혔다.*

정말로 큰 수의 법칙에 따르면, 우연의 일치는 무수한 기회가 있기 때문에 발생하고 그리하여 놀랄 만한 일이 의외로 자주 일어날 수 있다. '확률의 역설'이라고도 불리는 대표적인 예 중 하나는, 23명의 사람들이 무작위로 모인 그룹들 중에서 적어도 절반 이상은 '생일이 같은 쌍'이 한 쌍 이상 존재할 수 있다는 것이다. 예컨대, 축구 경기의 절반 이상에서 경기장을 누비는 사람들(22명의 선수와 심판 중) 중 두 명이 생일을 공유한다는 뜻이다.

공교롭게도 월드컵 대표팀은 정확히 23명으로 구성되므로, 2023년 여자 월드컵에 참가한 32개 팀 중 16개 팀이 생일이 같은 선수가 있을 것으로 예상되었다. 결과는 … 17팀이었다! 나이지리아의 글로리 오그본나Glory Ogbonna와 크리스티 우체이베Christy Ucheibe라는 두 선수는 모두 크리스마스에 태어났다.[19] 사실 엘리트 스포츠 선수들은 동년배 중에서 생일이 빠른 편이기 때문에 더 많은 짝을 예상할 수도 있었다.**

---

* 플리머스대학교 미디어랩의 제프 콕스(Geoff Cox)는 "과학적인 측면에서는 절망적인 실패였지만, 그게 요점은 아니다"라고 말한다.

** 이것을 상대적 연령 효과(Relative Age Effect, RAE)라고 하는데, 동년배 중에서

사람이나 다른 사물의 그룹이 있을 때 적어도 한 쌍이 특정 특성을 공유할 확률을 구한다는 점에서, 이것은 '짝 찾기(매칭) 문제'의 또 다른 예라고 할 수 있다. 이런 문제의 첫 번째 교훈은, 모든 사람이 짝을 찾지 못할 확률을 계산한 다음 1에서 이 확률을 빼는 것이 가장 좋다는 것이다.

이 확률을 구하는 방법에는 두 가지가 있는데, 하나는 (다소 복잡하지만) 정확한 계산을 하는 것이고 다른 하나는 깔끔한 지름길을 사용하는 것이다. 먼저 정확한 계산을 해보자. 23명이 한 줄로 서 있는데, 이들의 생일이 모두 다를 확률을 구한다고 가정해 보자. 첫 번째 사람의 생일은 아무거나 될 수 있고, 두 번째 사람의 생일은 첫 번째와 달라야 하고(364/365),* 세 번째 사람의 생일은 첫 번째 및 두 번째와 달라야 하고(363/365), ... 이것은 본질적으로 비복원 추출의 예이므로 조건부 확률이 달라진다. 따라서 23명의 생일이 모두 다를 확률은 다음과 같다.

$$\frac{364}{365} \times \frac{363}{365} \times ... \times \frac{343}{365} = 0.997 \times 0.995 \times ... \times 0.9 = 0.49$$

이 22개 숫자는 모두 1에 가까운데, 각각의 특정 개인이 '남들과 다른' 생일이 있을 가능성이 높다는 것을 반영한다. 그러나 이러한 숫자들을 많이 곱하면 그 곱은 1/2 미만이 되는데, 이러한 수치적 현상은 직관적이지 않은 결과의 근원이 된다.

다음으로 대략적인 계산을 해보자. 약속한 대로, 이러한 확률을 알

생일이 빠른 사람들의 비중이 높은 현상을 의미하고, 청소년 스포츠와 학계의 상위 계층에서 나타나는 편향을 설명하는 데 사용된다. – 옮긴이

* 이 장에서는 윤년을 무시하는데, 그 이유는 차이가 미미하기 때문이다.

아내는 데 매우 유용한 지름길이 있다. 어쩌면 친구들을 놀라게 하고 돈을 벌 수도 있다.

> 규칙: 특정 유형의 희귀한 사건이 발생할 기회가 많은 상황에 처해 있다고 가정해 보자. 희귀한 사건이 평균적으로 m번 발생할 것으로 예상된다면, 그것이 한 번도 발생하지 않을 확률은 e^{-m}이다.

여기서 e는 지수 상수인 2.718…로, n이 무한대일 때 얻어지는 $\left(1+\dfrac{1}{n}\right)^{n}$ 의 극한값이다. 이것은 1683년 야코브 베르누이가 복리를 연구할 때 처음 발견한(또는 발명한) 매우 유용한 수치로, **지수 성장**exponential growth 개념의 기초가 되었고, 코로나19 팬데믹 기간 동안 인지도가 크게 상승했다.* 앞의 규칙은 e의 정의에서 직접 도출할 수 있다.**

이제 생일 문제로 돌아가서, 23명 중 한 명 이상의 생일이 일치할 확률이 50% 이상이라는 것을 보다 직접적으로 보여주는 방법을 살펴보자. 23명으로 구성된 그룹에서 어느 한 쌍을 택했을 때, 그들의 생일

---

* 복리 이자(예컨대 100파운드의 예금이 매년 3%씩 증가)는 초기 수량에 단위 시간마다 고정된 수치 k를 곱하는 예다. $r=\log_e k$(밑수 e에 대한 자연로그)라고 정의한다면, 이는 $k=e^r$을 의미하고, n 단위의 시간이 지나면 초기 수량이 e^{rn}배로 증가한다는 의미다. 이것이 바로 지수 성장이라고 불리는 이유다.

** e^{-x}는 n이 무한히 커질 때 $\left(1-\dfrac{x}{n}\right)^{n}$ 의 극한값으로 정의된다는 점에 유의하라. n개의 희귀 사건 각각이 발생할 확률 p가 작다면, m의 기댓값은 np이고, 사건이 한 번도 발생하지 않을 확률은 $(1-p)^n = \left(1-\dfrac{np}{n}\right)^{n} = \left(1-\dfrac{m}{n}\right)^{n} \approx e^{-m}$이다.

이 일치할 확률은 1/365이다. 그러나 가능한 짝은 많고, 그 수는 실제로 $_{23}C_2 = (23 \times 22)/2 = 253$이다(각 사람에게 다른 모든 사람과 악수를 하라고 했을 때 필요한 악수 횟수와 같다). 따라서 각각 1/365의 확률로 253번의 매칭 기회가 있으므로, 매칭 건수의 기댓값은 253/365 = 0.693이다.* 앞의 규칙을 사용하여 계산기를 누르면, 매칭이 한 건도 없을 대략적인 확률은 $e^{-0.693} = 0.499$이므로, 이 간단한 근사치를 사용해 두 사람이 생일을 공유할 확률은 50%가 조금 넘는다는 정답을 얻을 수 있다.

> 한 스포츠 팀에서 모든 선수가 자신의 사물함 열쇠를 심판에게 맡겼는데, 심판이 그 열쇠를 뒤섞은 채 한 무더기로 보관했다고 가정해 보자. 나중에 심판은 열쇠를 무작위로 돌려주고 각 선수는 받은 열쇠로 사물함을 열려고 시도한다. 한 명 이상의 선수가 실제로 사물함을 열 수 있는 합리적인 확률은 얼마일까?**

표 4.1은 기대 사건 수의 특정 값에 대한 간단한 규칙의 몇 가지 예를 보여준다. 이 규칙은 다양한 종류의 매칭 문제를 해결하는 데 사용할 수 있다.

팀의 규모를 밝히지 않았기 때문에 답이 없는 것처럼 보일 수도 있다. 하지만 중요한 점은, 선수의 수에 관계없이 정당한 소유자에게 반

---

* 이 사건은 독립적이지 않지만, 베르누이 시행 집합의 기댓값은 의존성에 관계없이 개별 확률을 합한 값이다.

** 이것은 전통적으로 '모자 확인' 문제로 알려져 있고, 오페라에서 사람들이 모자를 맡기면서 체크인하고 카운터 직원이 티켓을 뒤섞는 경우(즉 보관증을 잘못 주는 경우)가 여기에 해당한다. 하지만 이건 좀 구식인 것 같다.

사건 수의 기댓값: m	사건이 전혀 일어나지 않을 확률의 근사값: e^{-m}	정확히 1번의 사건만 일어날 확률의 근사값: me^{-m}	최소한 1번의 사건이 일어날 확률의 근사값: $1-e^{-m}$
0.693	50%	35%	50%
1	37%	37%	63%
2	14%	27%	86%
3	5%	15%	95%
4	2%	7%	98%

표 4.1
희귀한 사건이 발생할 수 있는 기회가 많고, 알려진 기댓값 m이 있다고 가정하자. 각 열 (column)은 사건이 전혀 일어나지 않을 경우, 정확히 한 번만 일어날 경우, 최소한 한 번은 일어날 경우의 대략적인 확률을 보여준다. 사건이 한 번만 발생할 확률은 잠시 후 논의할 푸아송 근사(poisson approximation)에서 나온 것이며, 모든 숫자는 반올림되었다.

환되는 열쇠 수의 기댓값은 1*이라는 것이다. 즉, 선수의 수가 증가하면 각 선수가 자신의 열쇠를 받을 확률은 낮아지지만, 선수 수가 많아지므로 총 매칭 횟수의 기댓값은 동일하게 유지된다는 것이다. 따라서 표 4.1에서 아무도 올바른 열쇠를 얻지 못할 확률은 대략 $e^{-1}=1/e=0.37$, 즉 37%이므로 적어도 한 명의 선수가 자신의 사물함을 열 수 있는 확률은 63%다. 팀에 최소한 다섯 명의 선수가 있는 경우 근사치는 매우 정확하다.

이 모든 것은 1700년대에 프랑스 수학자 피에르 레이몽 드 몽모트 Pierre Raymond de Montmort가 트레즈Treize 게임을 분석한 이래로 300년 동안 알려져 왔다. 이 게임은 플레이어 두 명이 각각 하트와 스페이드로 구성된 13장의 카드 한 벌을 섞는 스냅Snap의 한 형태로, 한 번에 한 장씩 동시에 카드를 뒤집어 같은 번호의 카드, 이를테면 하트 5와 스페이드 5가 나오면 매칭을 선언했다. 몽모트의 방법은 나중에 유명한 수학자 니콜라스 베르누이Nicolas Bernoulli (야코브의 조카)와 레온하르트 오일러Leonhard Euler[20]에 의해 더욱 정교해졌다. 즉, 그들은 카드의 개수를 다양하게 바꿔가며 매칭 확률이 $1-e^{-1}=0.6321...$에 매우 빠르게 접근한다는 것을 보여주었다. 예컨대 각 플레이어가 다섯 장의 카드만 가지고 있을 때 매칭 확률은 0.63이다. 이 간단한 게임은 매칭 발생에 베팅하는 사람에게 항상 유리하다.

---

* 추론은 다음과 같다. 선수가 n명이고 따라서 열쇠가 n개라고 가정한다. 특정 선수가 각 열쇠를 받을 확률이 $1/n$이고, 따라서 자신의 열쇠를 받을 확률도 $1/n$이므로 각 선수가 올바른 열쇠를 받을 횟수의 기댓값은 $1/n$이다. 확률변수 집합의 기댓값은 개별 기댓값의 합이므로, 팀 전체가 올바른 열쇠를 받는 횟수의 총 기댓값은 $n \times 1/n = 1$이다.

만약 당신이 그런 사람이라면, 어떻게 이런 아이디어를 이용해 사람들에게서 돈을 딸 수 있을까? 물론이다. 먼저, 승자 독식을 가정하고 트레즈 스냅 게임을 할 수 있다. 항상 매칭에 베팅하면, 카드 수에 관계없이 63%의 확률로 승리할 수 있다.

상대방이 이 점을 금세 알아챌 수 있으므로 다른 트릭이 몇 가지 있다. 디아코니스와 모스텔러는 생일이 어느 정도 근접하게 일치한다고 확신하는 데 필요한 사람 수에 대한 간단한 근사치*를 제시한다.[21] 표 4.2는 이 방법을 사용하여 최대 3일 차이로 생일이 일치할 확률이 50% 또는 95%일 때 필요한 사람 수를 판단하는 방법을 보여준다. 예컨대 생일이 단 하루 차이일 때 매칭을 선언할 준비가 되었다면, 표 4.2에 따르면 13명만 있으면 대략 50%의 확률로 매칭을 선언할 수 있다.** 그리고 23명 중에서 생일이 정확히 일치하는 사람이 나올 확률은 50%이며, 그중 두 사람의 생일이 이를 테면 6월 6일과 8일 식으로 이틀 간격일 확률은 최소한 95%라는 것을 알 수 있다(21명일 경우 거의 정확히 95%이므로, 23명일 경우에는 확률이 더 높다). 따라서 그다지 인상적이지는 않지만 이 내기에서 당신이 이긴다는 것은 거의 기정사실이라고 할 수 있다.

친구들을 당황시키거나, 놀라게 할 수 있는 또 다른 방법은 전화번호의 마지막 두 자리를 물어보고 일치하는 사람이 있는지 확인하는 것

---

* 사람이 n명일 경우 쌍의 수는 대략 $n^2/2$이므로, 특정 쌍이 매칭될 확률이 $1/K$라면 매칭 건수의 기댓값은 약 $n^2/(2K)$이고 매칭되지 않을 확률은 $e^{(-n^2)/(2K)}$다. 이를 0.50 및 0.95와 같게 놓고 n을 풀면 필요한 근사치인 $1.2\sqrt{K}$와 $2.5\sqrt{K}$를 구할 수 있다.

** 2월 29일(윤일)을 무시하고, 임의의 생일을 가정한 정확한 확률은 0.483이다.

생일 차이	매칭되는 생일을 가진 사람이 나올 확률:K분의 1	매칭될 확률이 약 50%가 될 때 필요한 사람의 수: $1.2\sqrt{k}$	매칭될 확률이 약 95%가 될 때 필요한 사람의 수: $2.5\sqrt{k}$
없음 (100% 일치함)	365분의 1	23	48
+/- 1일	122분의 1	13	28
+/- 2일	71분의 1	10	21
+/- 3일	52분의 1	9	18

표 4.2

생일이 지정된 차이로 일치할 확률이 50% 또는 95%가 되기 위해 필요한 사람 수의 근사치. 두 사람의 생일이 특정 차이로 일치할 확률이 1/K이라고 가정하면, 50% 확률로 일치하려면 약 1.2√K명이 필요하고, 95% 확률로 일치하려면 약 2.5√K명이 필요하다.

이다. 표 4.3을 보면 예컨대 15명으로 구성된 그룹에서 예상되는 매칭 건수는 1.05이므로,* 적어도 한 쌍이 일치할 확률의 근사값은 65%로 참값인 67%에 가깝다는 것을 알 수 있다.

나는 20명으로 구성된 그룹과 함께 이 게임을 해봤는데, 그들이 1에서 100 사이의 난수random number를 선택하고 그중 두 명이 같은 숫자를 선택하면 내가 이기는 것이었다. 그들이 진짜 무작위로 선택한다면 내가 이길 확률은 87%이고, 매칭되는 숫자가 계속 나오는 광경은 매우 인상적일 것이다.**

하지만 사람들은 무작위 숫자를 고르는 것을 매우 어려워하고 7이나 99처럼 좋아하는 숫자를 선택하는 경향이 있어서, 당첨 확률은 크게 높아지지만 트릭은 시시해지기 십상이다. 전화번호는 더욱 무작위적이지만 게임을 한 번밖에 할 수 없다는 문제점이 있다. 또는 자녀들과 함께 길고 지루한 자동차 여행을 할 때, 그들이 보는 자동차 번호판의 마지막 두 자리를 기록하게 하라.*** 그 다음 자동차 20대에서 반복되는 숫자를 찾는 데 용돈을 걸게 하면, 당신이 이길 확률이 87%에 달할 것이므로 자녀들은 돈도 벌고 베팅에 대한 소중한 교훈도 얻을 수 있을 것이다.

---

* 15×14/2＝105쌍이고, 각각 1/100의 매칭 확률을 가진다. ∴105/100＝1.05

** 일반적으로 주변에 n명이 있는 경우, 1에서 $n^2/4$ 사이의 숫자를 무작위로 선택하게 한다(예컨대 30명이 있는 경우 1에서 900/4＝225 사이의 숫자를 선택함). 예상 매칭 수는 한 쌍의 사람 수(대략 $n^2/2$)에 특정 쌍이 같은 숫자를 선택할 확률(4/n^2)을 곱한 값인 2이므로, 매칭이 없을 확률은 약 e^{-2}＝0.13이다. 따라서 정말로 무작위로 숫자를 고른다면 적어도 숫자 두 개가 같을 확률은 약 87%이다.

*** 이 아이디어는 마커스 드 사토이(Marcus du Sautoy)의 것을 도용한 것이다.

총 인원	전화번호의 마지막 두 자리가 일치하는 건 수의 기댓값: m	전화번호의 마지막 두 자리가 일치하는 사람이 1쌍 이상일 확률(근사값): $1 - e^{-m}$	전화번호의 마지막 두 자리가 일치하는 사람이 1쌍 이상일 확률(참값)
2	0.01	1%	1%
5	0.1	10%	10%
10	0.45	36%	37%
15	1.05	65%	67%
20	1.90	85%	87%
25	3.00	95%	96%
30	4.35	99%	99%

표 4.3

전화번호의 마지막 두 자리가 일치할 확률의 근사값과 참값. 20명이 모이면 그중에서 한 명 이상의 전화번호 마지막 두 자리가 일치할 확률은 87%다.

푸아송 남작 입장이요!

지금까지는 사건이 하나도 발생하지 않을 확률만 살펴봤는데, 정확히 하나, 둘 또는 그 이상의 사건이 발생할 확률이 궁금해지는 것은 인지상정이다. 사건이 발생할 확률이 각각 p인 독립적인 기회가 n개 있다고 가정하면, 3장에서 소개한 이항분포를 사용할 수 있다. 100명을 대상으로 특정 기호(예컨대 마마이트를 좋아하는지 여부)에 대해 질문한다고 가정해 보자.* 전체 인구에서 실제 점유율이 10% 또는 1%라고 가정하고 설문조사가 완벽하게 수행되었다고 대담하게 가정하면, 마마이트를 좋아하는 응답자의 수는 그림 4.2에서 검은색으로 표시된 이항분포를 따를 것이다.

1711년 아브라함 드 무아브르는 n이 크고 p가 작을 경우 이항 확률을 더 간단한 형태로 잘 근사화할 수 있다는 것을 나타냈는데, 이는 1837년 시몽 드니 푸아송 남작Siméon Denis Poisson이 공표한 후 **푸아송분포**poisson distribution라고 불렸다.** 푸아송분포는 기댓값 m에 따라 완전히 결정되는데, 이 경우 $m = np = 10$ 또는 1이 되며, 잉글랜드와 웨일즈에서 매일 발생하는 살인 사건 수,[22] 매년 말의 발길질에 맞아 죽는 프로이센 장교의 수, 11장에서 살펴보겠지만 축구 경기에서의 골 수처럼 드문 사건이 발생할 기회가 많은 상황에 적용될 수 있다.

---

* 영국인이 아닌 독자들에게: 마마이트는 효모 추출물로 만든 강력한 향이 나는 스프레드로, 극찬과 극도의 혐오라는 양극화된 감정을 불러일으키는 경향이 있다.

** 스티글러의 명명 법칙의 또 다른 예다.

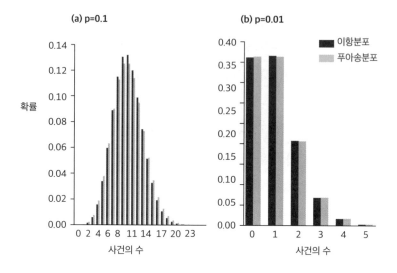

그림 4.2

n=100일 때, p=0.1(10%) 및 p=0.01(1%)인 이항분포와 기댓값이 10과 1인 푸아송분포를 비교한 것.

이 분포를 사용하면 모든 발생 건수에 대한 확률*을 추정할 수 있으므로, 앞의 예제보다 다소 끔찍한 다음과 같은 유형의 우연에 대한 답을 구하는 데 사용할 수 있다.

8일 동안 대형 항공기 추락 사고 세 건이 발생한 것은 얼마나 이례적인 일일까?

2014년을 돌이켜 보면, 7월 17일 말레이시아항공 17편이 우크라이나 상공에서 격추되었고, 7월 23일에는 트랜스아시아 222편이 대만의 건물에 충돌했고, 7월 24일에는 에어알제리 5017편이 말리에서 멈춰서 추락했다. 이런 비극적인 사고들이 잇따르는 것은 얼마나 놀라운 일일까?

비행기 추락 정보를 전문적으로 다루는 〈비행기 사고 정보PlaneCrashInfo〉[23]라는 웹사이트에 따르면 직전 10년(2004~2013년) 동안 18명 이상의 승객이 탑승한 상업용 항공기 91대가 추락했는데, 이는 평균 40일마다 한 대씩 추락한 셈이다.**

8일을 단위로 하는 모든 특정 기간을 생각해 보자. 비행기가 10년

---

*   푸아송분포의 기댓값이 m인 경우, r건의 사건을 관찰할 확률은 $e^{-m}\dfrac{m^r}{r!}$이다. 0!=1이라는 규칙을 기억하면, 표 4.1에서 살펴본 것처럼 사건이 한 건도 발생하지 않을 확률($r=0$)은 e^{-m}이고, 사건이 한 건 발생할 확률($r=1$)은 $e^{-m}m$이다.

**   이 웹사이트는 2010년 승객의 기내 수하물에서 살아 있는 악어가 탈출한 후 패닉 상태에 빠져 발생한 추락 사고를 비롯하여 비행기 사고에 대한 흥미로운 세부 정보로 가득 차 있으므로, 비행하는 걸 불안해 하는 사람은 피하는 것이 좋다. 대중교통에서 탈출한 야생동물을 다루는 또 다른 이야기는 다음 장을 참조하라.

(3,650일) 동안 91건의 비율로 전혀 예측할 수 없는 방식으로 추락한다면, 우리는 모든 특정 8일 동안 $(8 \times 91)/3,650 = 0.2$건의 추락이 발생할 것으로 예상할 수 있다. 이 평균을 적용한 푸아송분포를 사용하면, 최소 세 번의 충돌이 발생할 합리적인 확률은 약 1,000분의 1이다. 따라서 2014년 7월 17일부터 7월 24일 사이에 충돌이 세 번이나 발생한 것은 매우 놀라운 일이라고 할 수 있다.

그러나 이것은 올바른 추론이 아니다. 이 특정 8일 동안에는 특별한 것이 없고, 우리는 추락 사고 때문에 이 특정 기간에 관심을 두고 있을 뿐이다. 그보다는 차라리, 우리는 그러한 사건 클러스터cluster(일련의 연속된 사건들)가 좀 더 오랜 기간(이를테면 10년)에 걸쳐 놀라운 현상인지 여부에 관심을 두어야 한다. 이 기간 동안 가능한 모든 8일 창eight-day window을 허용하는 다소 복잡한 '스캔 통계scan-statistic' 조정을 거치면 발생 확률은 0.59까지 올라간다.[24] 즉 10년 동안 이러한 대규모 클러스터가 나타날 확률은 약 10분의 6이므로, 이 같은 클러스터가 가끔씩 발생하는 것은 전혀 놀라운 일이 아니다. 그리고 다행히도, 치명적인 항공기 추락 사고의 비율은 꾸준히 감소하고 있다.

통계 분석은 2014년 비행기 추락 사고가 어떤 공통된 원인이 있다는 생각을 빠르게 무너뜨렸지만, 다른 비극적인 사건 클러스터는 악의적인 행동에 대한 의심을 불러일으킬 수 있다. 이어지는 사망 또는 심각한 사건들이 특정 개인과 연관되어, '의료 살인'이라는 의혹을 불러일으키는 법정 소송이 잇따라 발생한 적도 있었다. 20년 동안 최소 215명의 환자를 살해한 것으로 밝혀진 영국의 가정의학과 의사 해럴드 시프먼Harold Shipman 박사의 예처럼, 기본적인 통계 분석을 사용해 사건의 패턴이 우연만으로는 설명할 수 없다는 것이 명확하게 드러나는 경우도 있다. 내가《숫자에 약한 사람들을 위한 통계학 수업》에서 설명했듯이, 누군가 데이터를 살펴보기만 했어도 약 40명이 사망한 후에 그가 매우 특이한 사람이라는 것을 확인할 수 있었을 것이다.

시프먼은 완전한 연쇄 살인범의 극단적인 예이다. 하지만 다른 사례는 법원이 악의적인 사건이라고 결론을 내리기 전에 신중을 기해야 한다는 것을 보여준다. 루시아 드 베르크Lucia de Berk는 네덜란드의 소아과 간호사로, 2004년 어린이 일곱 명을 살해하고 세 명을 더 살해하려 한 혐의로 유죄 판결을 받았다. 그녀가 의심을 받게 된 후, 집중적인 조사를 통해 그녀가 돌보던 환자들에게서 일련의 이상 사례adverse event가 확인되었다. 그녀의 재판에서는, 그녀가 근무하는 동안 그렇게 많은 사망자가 순전히 우연히 발생할 확률은 3억 4,200만 분의 1에 불과하다는 주장이 제기되었다.

베테랑 통계학자들은 증거를 재검토한 결과, 그것보다 더욱 합리적인 확률은 25분의 1이라는 결론을 내렸고, 의학적 증거가 추가로 밝혀지면서 드 베르크는 2010년에 재판을 다시 받고 풀려났다. 이후 왕립 통계학회의 보고서는 "단순히 우연일 가능성이 너무 낮다"라는 주장을 비판하는 데 전문 통계학자가 참여해야 한다고 주장했다.[25] 10장에서는 이와 유사한 사법 오류를 살펴볼 것이다.

나는 이 책 전반에 걸쳐, 모든 확률 평가는 가정을 전제로 하고, 그 가정이 합리적인지, 의심스러운지, 심지어 완전히 틀린 것인지 끊임없이 자문해야 한다고 누누이 강조한다. 복잡한 계산에 뛰어들기 전에 주의해야 할 점을 설명하려고 뉴스거리가 없는 날에 자주 등장하는 또 다른 고전적인 우연의 일치 이야기, 즉 큰 달걀 한 상자를 구입했는데 모두 쌍알double yolk(노른자가 두 개인 알)인 것을 발견한 사람을 예로 들어보겠다. 늘 그렇듯이 이 이야기는 "그럴 확률이 얼마나 될까?"라는 질문으로 이어진다. 2010년의 한 사례에서 '달걀 위원회Egg Council'의 누군가는 달걀 1,000개 중 한 개꼴로 쌍알이므로, 달걀 한 상자에서 쌍알이 여섯 개 나올 확률은 1,000,000,000,000,000,000분의 1(1/1,000을 여섯 번 곱한 값)이라고 주장한 적이 있었다.[26]

첫 번째 단계는 이 숫자가 조금이라도 그럴 듯한지 확인하는 것이다. 영국에서는 매년 약 20억(2,000,000,000) 개의 달걀이 판매되지만, 달걀 위원회의 주장이 사실이라면 이렇게 엄청난 숫자를 감안하더라도 달걀 한 상자가 모두 쌍알이라는 희귀한 사건은 5억 년에 한 번 일어날 거라고 예상할 수 있다. 하지만 그런 일이 방금 일어났다면, 달걀 위원회가 들이댄 확률이 완전히 틀렸다는 것을 시사한다. 명백한 오류는 상자 안의 달걀이 독립적이라고 가정하는 것인데, 실제로 각 상자 속의 달걀들은 같은 무리에서 나오는 경향이 있으므로, 쌍알 한 개가 발견됐다면 같은 상자에서 다른 쌍알이 나올 확률이 높아진다.

하지만 우리의 가정에 더욱 근본적인 문제가 있을지도 모른다. 내가 직접 시장에 가서 달걀 한 상자를 사서 깨뜨려 보니 모두 쌍알인 것으로 확인되었다! 이게 도대체 어찌된 일일까?

그림 4.3을 보면, 내가 '이중 노른자'라는 라벨이 붙은 상자를 구입했다는 것을 알 수 있다. 달걀들은 불빛에 비추어 쌍알인지 확인할 수 있고 상자에 넣을지 말지 쉽게 결정할 수 있으므로, 판매자는 통상적인 분류 과정을 거쳐 상자를 쌍알로 가득 채운 후 100% 쌍알이란 걸 나타내는 딱지를 붙였을 것이다. 이런 일이 얼마나 자주 일어나는지는

그림 4.3
내가 시장에서 구입한 달걀 한 상자에는 쌍알이 가득 들어 있었다. 그러나 알고 보니 이는 전혀 놀라운 일이 아니었다. 상자를 들여다보니, 이중 노른자와 수작업 선별hand selected이라는 글씨가 아로새겨져 있었던 것이다.

알 수 없지만, 5억 년에 한 번은 분명 아닐 것이다.

이 우스꽝스러울 정도로 사소한 예는 중요한 교훈을 준다. 우리는 끊임없이 우리의 가정에 의문을 제기하고 우리의 사고 기반이 송두리째 틀릴 수 있다는 것을 인정할 만큼 겸손해야 한다.

◆

이 장에서 나는 우연의 일치에 대해 살펴보고, 겉으로 보기에 놀라운 사건이 의외로 자주 일어날 수 있다는 것을 보여주었다. 우연의 일치 사례는 때때로 중요하기보다는 재미있기도 하다. 그러나 금융 붕괴, 환경 재해, 소행성 충돌 등 우리가 직면할 수 있는 주요 피해의 긴 목록에 포함되는 드물고 예상치 못한 사건들 중 상당수는 단순히 웃어넘길 일이 아니다. 이러한 재앙은 이전에 발생했던 그 어떤 것과도 다를 수 있으므로 12장에서 살펴볼 것처럼 불확실성에 대처하기 위한 상상력 넘치는 접근 방법이 필요하다.

요약

- 사람들은 우연의 일치, 즉 기억에 남는 놀라운 사건의 동시 발생에 매료된다.

- 때때로 우리는 우연의 일치가 발생할 가능성을 평가할 수 있는데, 특히 매칭(짝 찾기)이 포함되어 있을 때 그렇다.

- '특정 사건이 발생할 확률이 낮은 것'과 '정의된 기간 동안의 어느 시점에 유사한 사건이 발생할 확률이 훨씬 더 높은 것'을 구별하는 게 중요하다.

- 푸아송 근사는 특정 기간 내에 예상되는 사건의 수만 있으면 되기 때문에 유용하다.

- 환자의 사망과 같이 매우 이례적인 일련의 비극적인 사건이 악의적 행동의 증거인지 여부를 판단하려면 신중한 분석이 필요하다.

- 놀라운 사건에 대한 모든 분석은 강력한 가정을 기반으로 하므로, 우리는 그 타당성에 대해 늘 경계를 게을리하지 말아야 한다.

5장

인생은 운에
얼마나 좌우되는가?

위험 요인에 노출된 피험자가 암에 걸리느냐 안 걸리느냐는 대체로 운luck의 문제다. 위험에 처한 수천 개의 줄기세포가 있을 때, 암 발병에 필요한 여러 변이가 동일한 줄기세포에서 모두 발생하면 불운이고 그렇지 않으면 행운이라고 할 수 있다. 개인적으로 나는 이 말이 타당하다고 생각하지만, 많은 사람은 그렇지 않은 것 같다.[1]

– 리처드 돌Richard Doll, 흡연과 암의 연관성을 확인하는 데 기여한 역학자

1949년 8월 19일 정오 무렵, 짙은 안개가 자욱한 가운데 벨파스트에서 맨체스터로 향하던 영국 유럽 항공 DC-3(다코타) 여객기가 랭커셔주 올덤 인근의 새들워스 무어 언덕에 추락했다.[2] 승무원 전원과 승객 29명 중 21명이 충돌 때문에, 또는 충돌 직후 사망했다. 한 어린 소년과 그의 부모를 포함한 승객 여덟 명이 살아남았지만, 그 소년의 동생은 사망했다. 살아남은 소년은 내 친구이자 통계학 동료인 스티븐 에번스Stephen Evans 교수였다.

1971년 크리스마스 날, 17세의 율리아네 쾨프케Juliane Koepcke는 아마존 밀림 상공에서 LANSA 508편에 탑승하고 있었는데 비행기가 번개에 맞았다. 그녀는 좌석에 묶인 채 밖으로 튕겨져 나가 3,000m 아래로 떨어졌다. 하지만 두꺼운 정글 캐노피가 그녀의 추락을 막아주었고, 그녀는 살아남았지만 어머니를 포함한 90명은 사망했다.[3]

우리의 즉각적인 반응은, 스티븐 에번스와 율리아네 쾨프케가 둘 다 억세게 운이 좋았다고 생각하는 것이다. 하지만 운이 좋다는 것—또는 운이 나쁘다는 것—은 무엇을 의미할까? 인생의 결과 중 얼마나 많은 부분이 운에 따라 결정될까? 그리고 운에 대한 인정*acknowledgement*은 운에 대한 *믿음*—아마도 미신으로 더 잘 알려져 있는 것—과 어떤 관련이 있을까? 우리는 일상적으로 운에 대해 이야기하지만, 운이 실제로 무엇을 의미하는지, 운이 우리 삶에서 어떤 역할을 하는지 스스로에게 물어본 적은 없는 것 같다.

'운'이란 무엇이며, 그 영향은 무엇일까?

우리가 과거에 일어난 사건을 돌아볼 때, 자신의 통제권 밖에 있는 무언가—종종 가능성이 낮은 우연한 사건chance event으로 인식된다—때문에 이익을 얻거나 피해를 입은 경우 "운이 좋았다"라거나 "운이 나빴다"라고 말할 수 있다. 작가이자 도박사인 데이비드 플러스펠더David Flusfelder는 운을 가리켜 "개인적으로 받아들여지는 우연의 작용"이라고 말한다.[4]

중요한 요소는 통제력의 부족이지만, '운이 좋은' 결과를 살펴보면 사람들이 즉시 분명하게 알 수 있는 것보다 더 많은 통제력이 있다는 걸 깨닫게 되는 경우가 많다. 예컨대 나와 함께 진행한 라디오 인터뷰에서,[5] 스티븐 에번스는 자신의 아버지가 RAF(영국 공군)에 복무했던 경험 때문에 가족들이 비행기 뒷좌석에 앉아야 한다고 주장했고, 유일한 생존자들도 뒷좌석에 앉았다고 말했다. 그리고 율리아네 쾨프케는 추락 사고에서 살아남았을 뿐만 아니라 정글에서 11일 동안 혼자 살아남아 야영지까지 가서 구조대를 찾아냈다. 그녀가 이렇게 할 수 있었던 것은, 아마존에서 자랐고 길을 찾고 상처를 치료하는 데 필요한 기술이 있었기 때문이다.

우리가 운이 좋았다고 표현할 수 있는 우연한 사건 때문에 예측할 수 없는 중대한 결과가 초래될 수도 있다. 스티븐 에번스는 사고 현장을 다시 방문하여 "살아 있다는 것에 대해 엄청난 감사함을 느꼈다. 우리 가족에게는 분명히 비극이었고 다른 많은 사람에게는 훨씬 더 끔찍한 일이었지만 그 때문에 일어난 수많은 좋은 일을 되돌아보았다"라고 말했다. 오랜 기간 동안 부상에서 회복한 후, 그는 보상금 덕분에 훌륭한 교육을 받고 엄청난 특권을 누리는 삶을 살 수 있었다고 한다.*

아마도 우연한 사건의 영향에 대한 가장 악명 높은 사례는, 1914년 6월 사라예보에서 프란츠 페르디난트Franz Ferdinand 대공을 기다리던 암살팀 중 한 명이었던 가브릴로 프린치프Gavrilo Princip와 관련이 있을 것이다. 첫 번째 시도가 실패한 후 그들은 임무를 포기했지만, 그날 오후 대공의 운전사가 길을 잘못 들어 프린치프가 서 있던 쉴러의 델리카트슨delicatessen** 바로 앞에 차를 세웠다. 프린치프는 재빨리 대응하여 대

---

* 스티븐은 자신을 '그리스도를 섬기는 사람'이라고 묘사하는데, 이는 당연히 자신의 행운에 대한 견해에 영향을 미쳤을 것이다. 또한 그는 한때 비행기 착륙이 중단된 상황에서 옆에 앉은 승객을 안심시키려고 노력했던 일화를 다음과 같이 소개했다. "내가 그녀에게 '한 사람이 비행기 추락 사고를 두 번 겪을 가능성이 얼마라고 생각하나요?'"라고 물었더니, 수백만 분의 1일 거라고 하더군요. 나는 내가 한 번 겪어본 사람이라며, 별일 없을 테니 걱정하지 말라고 했죠. 하지만 나는 소기의 목적을 이루지 못했어요. 그녀는 내가 첫 번째 사고의 원인이었고 두 번째 사고의 원인도 제공한다고 확신하고 있었거든요." 어쩌면 그녀는 조건부 확률을 이해하고 있었을지도 모른다.

** 조리된 육류나 치즈, 흔하지 않은 수입 식품 등을 파는 가게. - 옮긴이

공과 그의 아내를 모두 살해했는데, 이는 프린치프에게는 운이 좋았을지 모르지만 희생자들과 이후 세계대전에 끌려간 수백만 명에게는 불행한 일이었다.

반면, 윈스턴 처칠은 1931년 12월 뉴욕에서 5번가를 건너다가 한눈을 파는 바람에 쓰러져 중상을 입은 후 운 좋게도 회복할 수 있었다.[6] 거의 동시대에 일어났지만 안타깝게도 검증되지 않은 비슷한 사건이 있다. 존 스콧-엘리스John Scott-Ellis (훗날의 하워드 드 월든 경Lord Howard de Walden)는 처칠이 사고를 당하기 몇 달 전인 1931년 8월 차를 몰고 뮌헨을 달리다가 누군가를 쓰러뜨린 이야기를 들려주었는데, 그는 나중에 그 사람이 아돌프 히틀러였다고 주장했다.[7] 말할 필요도 없이, 이 두 사건 중 하나라도 치명적이었다면 역사의 흐름은 상당히 달라졌을지도 모른다.

운에는 여러 가지 유형이 있을까?

아리스토텔레스 이래로 철학자들은 개인적 통제 범위를 벗어난 사건에 대해 사람들이 칭찬이나 비난을 받아야 하는지—소위 '도덕적 운moral luck'—에 대해 논쟁을 벌여왔다.[8] 대표적인 사고 실험은, 같은 파티에 참석하여 똑같이 술에 취한 채 차를 몰고 똑같은 길을 달려 집으로 돌아오던 두 친구 앨런과 빌에 관한 것이다. 앨런은 무사히 집에 도착하지만, 빌은 갑자기 자신의 차 앞에 뛰어든 아이와 마주치고 그 아이는 끝내 사망한다. 두 친구 중 누가 더 큰 비난을 받아 마땅할까? 빌이 앨런보다 더 가혹한 평가를 받는 경향이 있지만, 어떤 면에서는 둘 다 똑같이 과실이 있고 앨런은 그저 운이 좋았을 뿐이다.

이러한 논제는 이 책의 범위를 벗어나지만, 운의 유형에 대한 유용

한 분류 방법을 낳았다.[9]

- 결과적 운resultant luck : 비슷한 상황에 처해 있지만, 자신이 통제할 수 없는 요인 때문에 어떤 사람은 좋은 결과를 얻고 어떤 사람은 나쁜 결과를 얻는 경우를 말한다. 복권 당첨, 제1차 세계대전 때 보병 공격에서 살아남은 것, 빌과 앨런이 차를 몰고 집으로 돌아오던 중 벌어진 일 등이 이에 해당한다.
- 상황적 운circumstantial luck : 결과를 결정하는 중요한 요인이 적시에 적절한 장소에 있거나, 잘못된 시간에 잘못된 장소에 있는 경우(예컨대 추락하기 직전의 비행기에 탑승한 것)를 말한다.
- 구성적 운constitutive luck : 선천적 특성인 부모, 배경, 유전자, 성격 특성 등과 관련된 운을 말한다.

스티븐 에번스는 이 모든 것을 경험했다. 그는 (사고에서 살아남은) 결과적 운이 좋았고, (추락한 비행기에 탑승한) 상황적 운이 나빴고, (현명하고 배려심 많은 부모를 둔) 구성적 운이 좋았다.

다른 사람들은 그렇게 운이 좋지 않았다. 1951년 1월 9일, 55세의 펠리시티 칠콧Felicity Chilcott에게 일어난 일을 생각해 보자. 그녀는 리젠트 공원 인근 컴벌랜드 뮤즈에 있는 집으로 가는 버스를 탔는데 한 침팬지*(Cholmondeley라고 쓰고 '첨리Chumley'라고 읽는다)가 리젠트 공원 동물원의 요양소에서 탈출한 사실을 알지 못했다. 당시 버스의 뒷문이

---

* 1948년부터 동물원에서 살던 이 침팬지는 당시 인기 넘치던 '침팬지 티 파티'에서 공연 중이었고, 감기 치료를 받고 있었다. 1951년에 세 번과 53번 버스의 노선은 올버니 스트리트를 경유하여 컴벌랜드 뮤즈로 향하는 것이었다.

열려버려서 첨리가 버스에 탑승할 수 있었다. 그러고나서 그는 펠리시티의 다리를 두 번 물었다.

이 이야기는 잘못된 시간에 잘못된 버스를 탔다는 불운과 첨리에게 우연히 걸려들었다는 불운이 결합된 이야기다. 힘든 하루를 보냈다고 느낄 때 이 이야기를 떠올려보라.

우리는 운을 생각해 보기 위해 더 과거로 거슬러 올라갈 수도 있다. 실존적 운existential luck은 단지 '태어났기'때문에 생긴다. 불교에서는 인간으로 환생하는 일이 거북이가 100년에 한 번 수면으로 올라와 단 하나의 황금 고리에 우연히 머리를 넣는 것만큼이나 드물다고 가르친다. 다음으로, 우리는 지구에 생명이 생겨났다는 운이나 태양계가 존재한다는 운을 생각할 수 있다. 하지만 우리가 이미 존재한다는 것을 감안할 때, 이러한 모든 실존적 고민이 의미가 있는지는 의문이다 (16장 참조).

운은 반드시 우리에게 일어나는 좋은 일이나 나쁜 일과 관련이 있는 것은 아니다. 우리가 올바른 믿음이 있어도 그 근거가 잘못되었다면 인식론적 운epistemic luck을 갖게 될 수 있다. 예컨대 2장의 퀴즈에서 10점 만점의 확신을 느끼면서 답했고 이것이 정답으로 밝혀졌더라도, 그런 확신을 느끼게 된 이유가 단지 문제를 잘못 이해해서일 수도 있다.

내 생각에는 구성적 운이 가장 중요하다. 출생과 초기 양육 환경을 통제할 수는 없지만, 이러한 요인이 인생의 궤적에 압도적인 영향을 미치는 것은 분명하다. 나는 특별한 구성적 운—친절한 부모님, 튼튼한 건강, 평화와 기회가 넘치고 정부의 지원이 좋았던 전쟁 이후 시대와 환경에서 태어난 것—의 혜택을 누렸다.

사람들은 성공의 원인을 찾을 때 자신의 노력과 후천적으로 습득한 기술의 역할을 과대평가하는 경향이 있는데, 태어날 때부터 좋은 운을 타고났다는 것, 즉 구성적 운에 감사해야 한다.

때때로 우리의 운은 당시에는 분명하지 않다. 내 할아버지 세실 스피겔할터는 제1차 세계대전을 막 앞둔 1880년대에 태어났다는 불행한 구성적 운과, 이프르 지역의 보급 장교였다는 더 불행한 상황적 운에 놓여 있었다. 서론에서 언급했듯이 1918년 1월 29일 독일군의 포탄이 그의 근처에 떨어졌을 때 그는 자신이 행운아라고 생각하지 않았겠지만, 이러한 결과적 운은 그를 제1차 세계대전에서 가장 위험한 장소 중 한 곳으로 파견되지 않게 해준 것으로 밝혀졌다.

또는 미국 우주왕복선의 초기 임무를 수행하던 우주비행사들을 생각해 보라. 1986년 1월 28일, 우주왕복선 챌린저호가 25번째 임무를 수행하던 중 수백만 명의 시청자가 보는 앞에서 폭발하여 승무원 일곱 명 전원이 사망하는 사고가 발생했다. 챌린저호 사고에 대한 로저스 위원회의 일원으로 활동했던 리처드 파인먼은 영하의 발사 온도가 오링 패킹O-ring seal의 유연성에 미치는 영향을 그래픽으로 설명한 후,* 위원회 보고서의 개인 의견란에 다음과 같이 썼다. "발사 실패 때문에 일어날 우주선 손실 및 인명 피해 가능성에 대해서는 엄청난 의견 차이가 있는 것으로 보인다. 추정치는 대략 100분의 1에서 10만분의 1까지 다양하다. 실무 엔지니어들은 높은 수치를, 경영진은 매우 낮은 수치를 제시했다."[10] 하지만 파인먼조차도 승무원들이 직면한 위험을

---

* 1986년 2월 11일 방영된 청문회에서, 파인먼은 얼음물이 담긴 유리잔에 오링 소재 조각을 넣고 기온 저하로 인한 유연성 상실 과정을 보여주었다.

과소평가했을 수 있다.

2011년 NASA의 우주왕복선 안전 및 임무 보증 사무소Space Shuttle Safety and Mission Assurance Office는 30년 동안 135회의 '우주 왕복선 임무에 대한 회고적 위험 분석'을 수행하던 중, 라디오 인터뷰에서 "현재 우리가 보유하고 있는 지식을 당시의 우주선 구성에 적용하고 있다"라고 설명했다.[11] 그들은 위험이 당시 평가한 것보다 훨씬 더 컸고, 첫 발사의 재앙적 손실 확률은 약 10%로 파인먼이 제시한 최악의 수치보다 10배나 높았다는 결론을 내렸다.[12] 연구팀은 25번째 발사(챌린저호)에서 우주선을 잃지 않고 발사할 확률은 6%에 불과하다고 추정하고 이렇게 마무리했다. "우리는 운이 좋았고, 아슬아슬한 순간이 여러 번 있었다." 초기 우주왕복선 승무원들은 자신들이 얼마나 운이 좋았는지 깨닫지 못했다.

국제 크리켓 경기 순서는 동전 던지기로 결정되는데, 잉글랜드의 크리켓 대표팀 주장이던 나세르 후세인Nasser Hussein은 14번의 동전 던지기에서 단 한 번도 이기지 못했다.[13] 이럴 확률은 $1/2^{14} = 1/16,384$이므로 사람들은 그를 억세게 운 나쁜 사람으로 여겼지만, 이 놀라운 사건의 진정한 의미는 무엇일까?

한 텔레비전 프로그램에서 방영된 마술사 데렌 브라운Derren Brown의 동전 던지기에서, 10번 연속 앞면이 나오는 진풍경이 연출되었다. 그는 운이 좋았을까, 아니면 운이 나빴을까?

이 장면은 〈더 시스템The System〉[14]에 소개되었는데, 브라운은 프로그램 후반부에서 이 과제를 완수하려고 아홉 시간 동안 노력한 끝에 촬영에 성공했다는 것을 인정했다. 이는 '보여지는 것'을 교묘하게 선택하여 시청자를 속이는 좋은 예라고 할 수 있다. 하지만 앞면을 10번 연속으로 얻는 데 그렇게 오랜 시간이 걸린 것은 운이 좋았던 것일까, 아니면 운이 나빴던 것일까?

이를 알아내기 위해서는, 사건이 발생하는 데 걸리는 시간을 분석해야 한다. 6이 나올 때까지 주사위를 계속 던지는 간단한 과제를 생각해 보자. 주사위를 몇 번 던져야 할까? 주사위를 던질 때마다 독립적이고 주사위가 완벽히 대칭이라고 가정할 수 있으므로, 지금까지 성공하지 않고 주사위를 던졌다면 다음 주사위에서 6이 나올 확률은 $\frac{1}{6}$

이다. 그렇다면 예컨대 세 번째 던지기에서 처음으로 6이 나올 확률은 얼마일까? 즉, 처음 두 번 던질 때는 6이 나오지 않았지만(확률은 5/6 × 5/6이다) 세 번째로 던질 때는 6이 나와야 하므로(확률은 1/6이다), 총 확률은 $\frac{5}{6} \times \frac{5}{6} \times \frac{1}{6} = \frac{25}{216} = 0.12$가 된다. 이는 다른 모든 횟수에 대한 확률과 함께 그림 5.1에 나와 있다.

이를 **기하분포**geometric distribution라고 한다.* 그림 5.1에 나오는 분포의 평균은 6이므로, 6이 한 번 나오려면 평균적으로 여섯 번 던져

---

*   각각의 독립적인 사건이 발생할 확률이 p라면, x번째 시도에서 최초의 사건이 발생할 확률은 $(1-p)^{x-1}p$이다. 이 기하분포의 기댓값(평균)은 $1/p$이다. p가 작을 경우, 이 분포는 평균이 $1/p$인 **지수분포**(exponential distribution)로 근사화되므로 $\Pr(X > x) \approx e^{-xp}$가 된다.

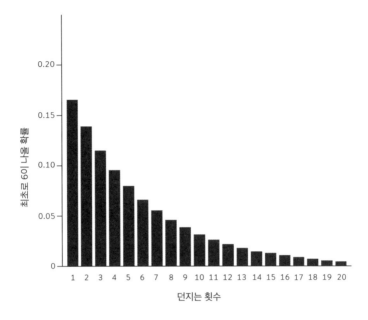

그림 5.1
주사위를 계속 던질 때 최초로 6이 나오는 횟수에 대한 기하 확률분포. 이 분포의 평균은
6, 중앙값은 4, 최빈값^{mode}은 1이다.

야 하고 6이 100번 나오려면 600번 던져야 할 것으로 예상할 수 있다. 유용한 일반 규칙은, 우리가 무언가를 달성하려고 할 때 각 독립적인 시도에서 성공할 확률이 p라면 평균적으로 $1/p$의 시도가 필요하다는 것이다(그러나 그보다 더 많은 시도가 필요할 확률은 37%다)*. 이 분포의 **중앙값**median은 4인데, 그 이유는 51%의 시도에서 6을 얻기 위해 네 번 이하만 던지면 되기 때문이다. 즉, $\Pr(1 \leq X \leq 4) \approx 51\%$가 된다. 이는 아마도 '일반적인' 필요 횟수라고 해석할 수 있을 것이다.

이 분포의 **최빈값**—최초로 6이 나올 가능성이 가장 높은 횟수—은 바로 첫 번째다.** 이는 다소 직관적이지 않은 것처럼 보일 수 있지만, 각 시도에서 사건의 발생 확률이 일정할 경우 다음 사건의 발생 가능성이 가장 높은 시점은 즉시Straight away이다. 4장에서 살펴본 것처럼, 이는 외견상 무작위로 보이는 사건들이 클러스터(군집)를 이루는 이유를 설명하는 데 도움이 될 수 있다. 원자력발전소 사고나 (대부분의) 비행기 추락과 같이 서로 연결되지 않은 희귀 사건들의 발생 확률이 각 단위 시간마다 일정하다면, 그 사이의 간격(대기 시간)은 지수분포를 보이게 된다. 대기 시간이 동일하게 유지되도록 추동하는 힘은 존재하지 않고, 한 비행기가 추락한 후 다음 추락의 발생 가능성이 가장 높은 시간은 바로 그 순간이다.

이제 데렌 브라운이 아홉 시간 동안 동전을 던진 장면으로 되돌아가자. 뒷면이 나올 때까지 동전을 던지는 것을 '시도'라고 간주한다면,

---

* 기하분포에 따르면, 평균 시도 횟수보다 더 많은 시도가 필요할 확률은 $\Pr(X > 1/p) \approx e^{-p/p} = e^{-1} = 0.37$이다.

** 기하분포에서, $\Pr(X=x) = (1-p)^{x-1}p$는 x가 1일 때 최대이며, x가 증가할수록 감소한다. -옮긴이

10번 연속 앞면이 나올 확률은 $\frac{1}{2} \times \frac{1}{2} \times ... \times \frac{1}{2}$(10번), 즉 $\frac{1}{1,024}$이다. 따라서 우리가 알고 있는 기하분포에 따르면 평균 1,024번 시도해야 할 것이다.

브라운이 앞면 10개를 얻기까지 약 1,600번을 시도한 것으로 추정할 수 있으므로,* 평균보다 더 많이 시도한 것으로 보인다. 성공할 때까지 이만큼 시도할 확률은 약 21%이므로,** 운이 조금 나빴지만 아주 많이 나쁘지는 않았다고 볼 수 있다. 그리고 아홉 시간 동안 촬영한

---

* 촬영된 영상에서, 그는 약 7초의 도입부를 가졌고 각 던지기의 소요 시간은 평균 7초였다. 각 시도는 최초의 뒷면이 나오는 것으로 끝나고, 기하분포에 따르면 각 시도는 평균 두 번(아래 표 참조)의 던지기로 구성되므로 한 번 시도할 때마다 평균 약 20초($\approx 7 + 2 \times 7$)가 소요된다. 그렇다면 1분당 세 번의 시도가 가능하고 아홉 시간은 540분이므로, 브라운은 대략 $540 \times 3 \approx 1,600$번 시도했다고 볼 수 있다. – 옮긴이

시도	내역	1회 시도당 던지기 횟수	던지기 계
512	T	1	512
256	HT	2	512
128	HHT	3	384
64	HHHT	4	256
32	HHHHT	5	160
16	HHHHHT	6	96
8	HHHHHHT	7	56
4	HHHHHHHT	8	32
2	HHHHHHHHT	9	18
1	HHHHHHHHHT	10	10
1	HHHHHHHHHH	10	10

시도 총계:
1,024(a)

던지기 총계:
2,046(b)
던지기 평균(b/a)$\approx$2

** 기하분포에 따르면, 1,600번 이상 시도할 확률은 약 $e^{-1600/1024} = 0.21$이다. 162쪽 첫 번째 각주를 참고하라. – 옮긴이

후에도 마치 처음 시도하는 것처럼 보였고, 앞면이 10개에 가까워질 수록 침착함을 유지할 수 있었다는 점이 매우 인상적이었다.

내 동료인 제임스 그라임James Grime은 한 영상[15]에서 이 위업을 재연했는데, 단 한 시간 만에 234번째 시도에서 성공했다. 이렇게 빨리 성공할 확률은 20% 정도이니, 데렌 브라운은 운이 없었고 그는 운이 좋았던 셈이다. 제임스는 용감하게도 1,024번의 시도를 계속하기로 결심했고, 이를 위해 다섯 시간 동안 동전 던지기를 시도했지만 성공을 반복하지는 못했다. 이것은 우연 게임의 진수를 보여주려던 진지한 헌신으로 평가된다.

◆

복권의 당첨 번호는 무작위로 선택되므로 2022년에 39번 공이 가장 많이 나왔을 때[16] 39번을 '가장 운이 좋은 복권 번호'로 분류한 일은 타당했다(그러나 6장에서, 우리는 39번이 1회부터 5회 복권 추첨까지 가장 불운한 숫자였다는 사실을 알게 될 것이다). 그러나 복권과 달리 스포츠는 우연의 문제가 아니기 때문에, 연구자들이 다음과 같은 질문을 던진 것은 이상하게 보일 수 있다.

> **상위 축구 리그에서 성적의 변동성은 얼마나 많은 부분이 운에 따라 결정될까?**

축구 리그의 표준 시즌에서, 각 팀은 서로 두 번씩—홈 경기장에서 한 번, 원정 경기장에서 한 번—경기를 치른다. 경기 결과 승리한 팀만 승점 3점을 얻고, 무승부일 때는 각 팀이 1점을 얻는다. 시즌이 진행됨에 따라 승점이 합산되며, 잉글리시 프리미어 리그 2022~2023 시즌의 최종 점수 분포는 그림 5.2에서 회색 블록으로 표시되어 있다. 중첩된 곡선은, 경기 결과가 운으로만 결정되었을 경우 예상되는 분포를 보여준다.

그렇다면, 순전히 우연에 따라 결과가 결정될 경우 이런 분포가 나온다는 걸 어떻게 예상한 것일까?[17] 상위 축구 리그에서 약 50%의 경기는 홈팀이 승리하고, 약 25%는 무승부이며, 약 25%는 원정팀이 승리하는 것으로 알려져 있는데, 이를 '50/25/25 분석'이라고 부를 수 있다. 각 경기가 시작될 때 동전 던지기가 단순히 경기 방향을 결정하는 것이 아니라 실제로 승부를 결정한다고 가정해 보자. 즉, 동전을 던져 앞면이 나오면 홈팀이 승리한다. 뒷면이 나오면 다시 던지고, 이번에도 앞면이 나오면 무승부가 선언되고 뒷면이 나오면 원정팀이 승리한다.

이렇게 하면 많은 시간과 노력을 절약할 수 있다. 관중이나 텔레비전 시청자에게는 흥미진진하게 보이지 않을 수 있지만, 실제로 50/25/25라는 정확한 분석으로 귀결될 것이다. 경기는 우연에 따라 결정되기 때문에 모든 팀은 본질적으로 동등하겠지만, 시즌이 끝나면 여전히 상위권 팀과 하위권 팀이 공존하는 전체 리그 순위표가 존재하게 될 것이다. 누군가는 반드시 맨 위에 있겠지만, 그저 운이 좋았을 뿐이다. 팀의 동등성을 보장하는 또 다른 사고 실험은, 프리미어 리그의 모든 선수 풀에서 각 팀이 매주 무작위로 구성되는 것이다.

2022~2023 시즌 프리미어 리그에서 나온 홈팀 승리 48%, 무승부 23%, 원정팀 승리 29%라는 실제 비율을 사용하여 경기 결과가 무작위로 결정됐다면, 승점 분포는 그림 5.2의 매끄러운 곡선과 같이 됐을 거라고 예상할 수 있다.

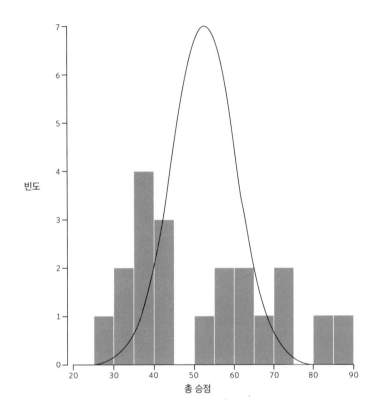

그림 5.2

회색 블록은 2022~2023 잉글리시 프리미어 리그에서 획득된 승점 분포를 나타낸다. 맨체스터시티는 89점으로 1위를 차지했고, 사우샘프턴은 25점으로 꼴찌를 기록했다. 매끄러운 곡선은 홈팀 승리, 무승부, 원정팀 승리의 관찰된 비율에 따라 각 경기의 결과가 순전히 우연에 의해 결정될 경우 예상되는 분포를 보여준다.

시즌이 끝났을 때 일부 팀은 분명히 '우연' 분포를 벗어나므로, 최종 승점 분포의 상당 부분이 오로지 우연으로만 설명될 수 있더라도 각 팀 간에 실질적인 차이가 난다는 결론을 내릴 수 있다. 이 비율을 요약하는 방법에는 여러 가지가 있는데, 예컨대 프리미어 리그 승점의 **표준편차**standard deviation 중 45%가 우연 또는 운에 의한 것이라고 말할 수 있다. 더 간단하게는, 관찰된 승점 격차(25~89점, 즉 64점의 범위)를 우연에 따라 결정된 경기에서 예상되는 승점 격차(39~66점, 즉 27점의 범위)와 비교할 수 있다. 따라서 27/64=42%는 관찰된 격차의 절반에 가까운 42%를 우연으로 설명할 수 있다.

표 5.1은 주요 유럽 리그의 2022년부터 2023년까지 결과를 사용하여 이러한 분석을 반복한 결과를 보여준다.[18] 리그들은 마지막 열의 수치—우연이나 운에 따라 설명되는 승점 격차의 비율—에 따라 정렬되었다.

표 상단에 있는 리그들은 우연으로 설명 가능한 승점 격차 비율이 가장 낮고, 스코틀랜드 프리미어 리그의 레인저스나 셀틱과 같이 리그를 지배하는 뛰어난 팀이 몇 개 포진하는 경향이 있다. 반면, 표 하단에 위치한 리그들은 관찰된 승점 격차가 훨씬 더 작은데 스코틀랜드 챔피언십(2부 리그)에서는 최종 승점 격차의 거의 3분의 2가 우연으로 설명될 수 있다.

상하위 팀 간의 승점 격차가 더 작은 표의 하단은 거의 대부분 2부 리그로 구성되어 있다는 점도 주목할 만하다. 예외적으로 독일 분데스리가 1은 승점 격차의 58%가 우연으로 설명될 수 있는 것으로 나타나, 독일 최상위 팀들 간의 놀라운 유사성을 보여준다.

잉글리시 프리미어 리그는 순위표의 중간 정도에 위치하고, 팀 간 차이가 충분하여 확실한 승자가 나오지만, 경기를 너무 예측 가능하게

리그	팀 수	홈팀 승/무승부/원정팀 승(%)	최하위 팀 (승점)	최상위 팀 (승점)	관찰된 승점 격차	예상된 승점 격차(우연, 운으로만 결정될 경우)	우연, 운에 따라 결정되는 비율
스코틀랜드: 프리미어 리그	12	52/18/31	던디 유나이티드 (31)	셀틱 (99)	68	42~65 = 24	$\frac{24}{68}$=35%
그리스: 에스니키 카티고리아	14	42/25/32	아폴론 (21)	올림피아코스 (83)	62	36~39 = 23	37%
이탈리아: 세리에 A	20	42/26/31	흐로닝언 (19)	나폴리 (90)	71	39~65 = 27	38%
네덜란드: 에레디비시	18	45/24/31	그로닝엔 (18)	페예노르트 (82)	64	35~59 = 25	39%
포르투갈: 리가 1	18	49/18/33	산타 클라라 (22)	벤피카 (87)	65	35~61 = 26	39%
프랑스: 르 샹피오나	20	43/24/33	앙제 (18)	파리 생제르맹 (85)	67	39~66 = 27	40%
튀르키예: 리기 1	19	45/21/34	하타이스포르 (23)	갈라타사라이 (88)	65	37~63 = 26	41%
스페인: 리가 프리메라	20	48/23/29	엘체 (25)	바르셀로나 (88)	63	39~66 = 27	42%
잉글랜드: 프리미어 리그	20	48/23/29	사우샘프턴 (25)	맨체스터 시티 (89)	64	39~66 = 27	42%
벨기에: 주필러	18	44/22/34	세라잉 (20)	헹크 (75)	55	35~60 = 25	46%
잉글랜드: 챔피언십	24	41/27/32	블랙풀 (44)	번리 (101)	57	47~78 = 31	54%
이탈리아: 세리에 B	20	41/32/27	베네벤토 (35)	프로시노네 (80)	45	38~64 = 26	57%

프랑스: 디비시옹 2	20	44/27/29	니오르 (29)	르 아브르 (75)	46	39~65 = 26	57%
독일: 분데스리가 1	18	47/25/28	헤르타 (29)	바이에른 뮌헨 (71)	42	35~59 = 24	58%
스페인: 리가 세군다	22	44/33/23	루고 (31)	그라나다 (75)	44	43~69 = 27	61%
독일: 분데스리가 2	18	46/24/30	잔트하우젠 (28)	다름슈타 트 (67)	39	35~59 = 25	63%
스코틀랜드: 챔피언십	10	39/29/31	코브 레인저 스 (31)	던디 (63)	32	38~59 = 20	64%

표 5.1

2022~2023 시즌 주요 유럽 축구 리그 분석으로, 홈팀 승리/무승부/원정팀 승리의 비율, 하위 및 상위 팀과 그들의 승점, 관찰된 승점 격차, 우연에 따라 결정된 예상 승점 격차, 예상 승점 격차와 관찰된 승점 격차의 비율을 보여준다. 리그들은 마지막 열의 수치—우연에 따라 설명되는 승점 격차의 비율—에 따라 정렬되었다.

할 수 있을 정도로 차이가 나지 않는 '골디락스' 위치라고 할 수 있다. 하지만 프리미어 리그는 일부 팀에 막대한 자금이 투입되기 전에는 훨씬 더 박빙의 승부를 펼쳤다. 예컨대 1996~1997 시즌에는 맨체스터 유나이티드가 1위를 차지했지만 승점이 75점에 불과했고, 노팅엄 포레스트가 34점으로 최하위를 차지했는데, 이 격차의 62%가 우연으로 설명 가능한 것으로 현재의 2부 리그와 비슷한 수준이었다.

각 팀의 '품질'은 어떻게 평가할 수 있을까?

시즌 종료 승점 합계는 각 팀이 얼마나 좋은 성적을 거두었는지 설명한다. 예컨대, 잉글리시 프리미어리그 2022~2023 시즌에서 맨체스터 시티는 38경기를 치르고 총 89점을 획득하여 경기당 평균 $89/38=2.34$점을 기록했다. 사우샘프턴의 $25/38=0.66$점과 비교했을 때, 경기당 평균 승점은 근본적인 품질에 대한 추상적인 척도의 추정치로 볼 수 있다. 약간의 상상력을 발휘하면, 이는 시즌이 무한정 계속될 경우 각 팀이 경기당 획득할 평균 승점으로 생각할 수 있다. 이러한 '실제' 경기당 평균 승점 개념은 비디오 게임 경기에서 추정하는 선수의 '진정한 실력'이라는 개념과 유사하다.[19] 이 추정치에 대한 오차 범위를 계산할 수 있으므로, 그림 5.3과 같이 관찰된 각 게임당 평균 승점 주위에 **불확실성 구간**uncertainty interval을 둘 수 있다.

불확실성 구간이 팀 사이에 상당 부분 겹친다는 것은, 각 팀의 '실제' 품질을 확신하기에 충분한 경기가 치러지지 않았다는 의미다. 그러나 평균(점선)보다 높은 다섯 개 팀과 평균보다 낮은 다섯 개 팀에 대해서는 매우 확신할 수 있다.

동일한 아이디어를 사용하여 각 팀의 '진정한' 순위에 대한 불확실

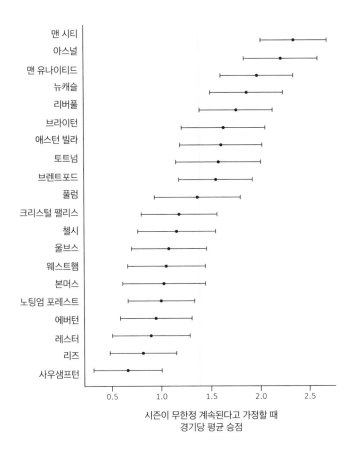

그림 5.3

20개의 점은 2022~2023시즌 말에 관찰된 각 잉글리시 프리미어 리그 팀의 경기당 평균 승점이다. 20개의 범위는 시즌이 무한정 계속된다면 '경기당 평균 승점'이 어디에 위치할 것인지에 대한 95% 확률 구간을 보여준다. 중앙을 따라 수직으로 내려 그은 점선은 평균의 평균이다.

성을 탐색할 수도 있는데, 이는 시즌이 무한정 지속될 경우 가상의 리그 순위표에서 각 팀이 어디에 위치할 것인지로 해석될 수 있다.

그림 5.4는 각 팀의 진정한 순위에 대한 불확실성이 매우 크다는 것을 보여준다. 상위권에 속할 것이라고 합리적으로 확신할 수 있는 팀은 다섯 개 팀인 반면, 강등된 하위권 세 개 팀(레스터, 리즈, 사우샘프턴)을 포함하여 하위권에 속할 것이라고 확신할 수 있는 팀은 네 개 팀에 불과하다.

통계학자들은 또한 시즌 우승팀인 맨체스터 시티가 정말 최고의 팀이었을 확률을 조사할 수도 있다. 우리는 이 확률을 67%로 평가하는데, 아스널의 27%와 명백히 비교된다(후자는 시즌이 무한정 지속될 경우로 아스널이 실제로 리그 1위를 차지할 확률로 해석할 수 있다). 강등된 팀들이 정말 최악의 세 개 팀이었을까? '품질' 면에서 정말 하위 3위에 속할 확률은 사우샘프턴 88%, 리즈 58%, 레스터 47%로 평가되었다. 강등을 가까스로 피한 에버턴은 진정으로 하위 세 개 팀에 속할 확률이 28%로 평가되었다.

불확실성을 리그 순위표에 반영하는 이러한 기법은 시험관 아기 클리닉,[20] 20개 수술실 및 학교에 적용되었다.[21] 이러한 분석은 리그 순위표에 대한 건전하고 회의적인 관점을 준다. 일반적으로 순위에는 큰 불확실성이 존재하고, 누군가가 1위에 올랐다고 해서 반드시 최고라는 것을 의미하지는 않는다. 우리는 그들의 성공에 상당한 운이 개입했다는 것을 알고 있다.

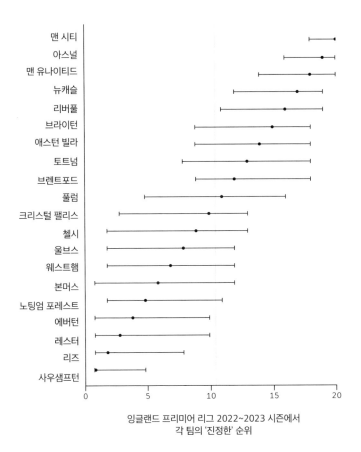

맨 시티
아스널
맨 유나이티드
뉴캐슬
리버풀
브라이턴
애스턴 빌라
토트넘
브렌트포드
풀럼
크리스털 팰리스
첼시
울브스
웨스트햄
본머스
노팅엄 포레스트
에버턴
레스터
리즈
사우샘프턴

잉글랜드 프리미어 리그 2022~2023 시즌에서
각 팀의 '진정한' 순위

그림 5.4
20개의 점은 시즌 말에 관찰된 순위다. 각 범위는 시즌이 무한정 지속될 경우 각 팀의 최종 순위에 대한 95% 확률 구간이다.

미래의 운

지금까지 우리는 과거의 사건을 살펴보고 그 결과에 운이 얼마나 관여했는지 판단해 보았다. 하지만 많은 사람이 운을 '미래에 영향을 미치는 외력'으로 믿고 있는 것 같다. 즉, 우리는 이제 미신, 길조, 징조, 주술, 부적, 수정, 점성술, 수비학numerology 등의 모호한 영역으로 모험을 떠나고 있는 것이다. 나는 이러한 주제에 대해 논하느라 귀중한 지면을 할애하고 싶지 않다.

물론 어떤 행동은 단순한 미신으로 보일 수 있지만, 유용하고 실질적인 역할을 할 수도 있다. 예컨대, 많은 스포츠 스타는 일상적으로 의식ritual을 수행한다. 테스트 크리켓 선수 에드 스미스Ed Smith는 타석에서 공을 받기 전에 엄지로 이마를 닦고 헬멧의 꼭대기를 만지고 글러브의 벨크로를 누른 다음 허벅지 패드를 재정비한다. 하루에 최대 200번까지 이 동작을 반복하는 에드 스미스는 "공을 받을 때마다 이렇게 닦고 만지작거리며 무언가를 하고 있었던 것 같다"라고 말했다. 아마도 그는 격렬한 활동의 반복적인 틈새에서 집중력을 유지하고 있었을 것이다. 하지만 그는 자신의 삶에서 운—기차에서 아내를 만난 것은 가장 큰 행운이었다.[22]—의 역할을 인정할 준비가 되어 있다.

행운을 가져다주는 신비로운 과정을 믿지 않더라도, 사건이 우리에게 유리하게 바뀔 가능성을 높일 수 있을까? 첫 번째 단계는 "연습을 많이 할수록 운이 좋아진다"라는 (일반적으로 골퍼 게리 플레이어Gary Player의 말로 알려진) 격언에 따라 우리의 지식과 기술을 향상시키는 것이다. 이러한 명백한 전략 외에도, 심리학자 리처드 와이즈먼Richard Wiseman은 소위 '운 좋은' 사람들은 네 가지 기본 원칙을 따르는 경향이 있다고 결론지었다.[23]

- 그들은 마주치는 모든 기회를 포착하고 활용한다.
- 적절한 행동에 대한 직관이 뛰어나다.
- 긍정적인 기대를 하기 때문에 행동에 대한 자신감이 있다.
- 불리한 상황에 대처하고 이를 유리하게 전환할 수 있는 회복 탄력성resilience이 있다.

율리아네 쾨프케는 정글 여행에서 살아남았을 때 이러한 특성을 충분히 보여주었다. 마찬가지로 '세렌디피티serendipity (뜻밖의 발견)'라고 불리는 과정 때문에 계획에 없던 발견을 하는 사람들은 단순히 운이 좋았던 것이 아니다. 논란의 여지는 있지만, 알렉산더 플레밍Alexander Fleming은 1928년 어느 날 휴가를 보내던 중 방치된 접시에서 곰팡이가 세균의 확산을 막는 듯한 현상을 목격한 후 페니실린을 발견하고, 세균 퇴치에 대한 집중적인 연구 프로그램에 참여하게 되었다. 그 후 수년간의 노력 끝에 유용한 항생제가 개발되었고, 제약회사 화이자는 제2차 세계대전 중에 페니실린을 대량 생산할 수 있게 되었다.

이후 화이자는 심장 혈관 확장 치료제를 연구하던 중, 임상시험에 참여한 웨일즈 광부들이 "실데나필sildenafil이 신체의 다른 부위의 혈류에 예상치 못한 영향을 미친다"라는 사실을 보고하면서 뜻밖의 발견을 하게 된다. 이 회사는 이 화합물을 발기부전 치료제로 리브랜딩rebranding*할 수 있다는 사실을 깨닫고 비아그라를 탄생시켰다. 실데나필은 나중에 폐동맥 고혈압pulmonary arterial hypertension 치료제로도 승인

---

*   브랜드 리뉴얼, 리포지셔닝(repositioning) 등을 사용해 새롭고 차별화된 브랜드 위상을 정립하는 활동. − 옮긴이

되어 원래의 계획을 입증했다.

이 모든 사례에서 발견은 장기간에 걸친 조사의 일부였고, 놀라운 관찰을 인식하고 활용하려면 상상력, 통찰력, 투자가 필요했다. 단순한 운이 아니었던 것이다.

운의 역할을 어떻게 하면 세심하게 전달할 수 있을까?

몇 년 전 나는 심장 수술을 받는 어린이를 다룬 웹사이트를 구축하는 데 참여하면서[24] 환아 가족들과 긴밀히 협력하며 개발을 진행했다. 예컨대 "이 수술을 받은 어린이 100명 중 98명은 생존하고, 안타깝게도 두 명은 생존하지 못할 것으로 예상된다"라는 식으로 생존율에 대한 통계를 설명했지만, 왜 어떤 어린이는 생존하고 어떤 어린이는 생존하지 못하는지에 대한 이유를 설명할 단어를 찾기가 어려웠다. 이것을 운이라고 부를 수 있을까? 우연, 행운, 운명? 이 모든 표현은 왠지 세심함이 부족해 보였다. '이항변동'이나 '무작위 변동성'과 같은 전문 용어는 더욱 심각했다. '불가피한 예측 불가능성'이 가장 근접했지만 너무 어색하게 느껴졌다.

이에 대한 의견을 수렴한 결과, 한 학생이 '예견할 수 없는 요인 unforeseeable factors' 때문에 일부 아기가 사망할 수 있다고 말하면 어떻겠냐고 제안했다. 우리는 즉시 이 용어를 받아들였고 부모들에게서도 좋은 반응을 얻었다. 그래서 지금은 그런 모든 상황에서 이 표현을 사용하고 있다.

이 장에서 소개한 모든 이야기를 고려한 후, 내가 내린 결론은 운은 신비로운 힘mystical force이 아니라는 것이다. 진정한 행운은 태어날 때 단 한 번 찾아오고, 그 후의 문제는 통제할 수 없는 외부 사건에 직면하여 주어진 패를 최대한 활용하는 것이 정도에 따라 달라지기 때문이다. 따라서 우연을 불가피한 예측 불가능성으로 생각한다면, 나는 '운이란 개인적으로 받아들이는 우연chance, taken personally'이라는 생각에 동의한다. 다시 말해서, 모든 '행운'은 나중에 과거를 되짚으며 붙이는 딱지라고 할 수 있다. 에드 스미스는 기차에서 우연히 한 여성과 만나 대화를 나누기 시작했지만, 그는 나중에—특히 두 사람이 결혼하기로 결정했을 때—이 사건을 돌아보며 행운이라는 딱지를 붙였을 것이다.

이 장은 '암에 걸리는 데 있어서 운의 역할'에 대한 리처드 돌의 인용문으로 시작되었다. 돌은 '나쁜 *결과적 운*'의 전형적인 사례를 언급한 것으로 보인다. 즉, 줄기세포가 우연히 특정 변이를 일으키는 바람에 종양의 첫 단계가 시작된다는 것이다. 하지만 어떤 사람들은 암을 유발하는 유전적 결함을 가지고 태어난 '나쁜 *구성적 운*' 때문에 암에 걸리게 된다. 내 아들에게 이런 일이 일어났을 때 나는 정신이 번쩍 들었고,* 내가 모든 일에 대한 설명을 찾지 않고 좋든 나쁘든 운과 불확실성을 있는 그대로 받아들이려고 노력하는 계기가 마련되었다. 다음 장의 시작 부분에 나오는 이야기에서 자세히 설명할 것이다.

---

* 스피겔할터에게는 (다음 장에 나오는) 두 딸 외에도 아들이 하나 있었는데, 암에 걸려 다섯 살에 세상을 떠났다. – 옮긴이

요약

- 우연의 작용을 '운'이라고 부를 수 있고, 이러한 우연적 사건은 중대한 결과를 초래할 수 있다.

- 철학자들은 '결과적' '상황적' '구성적' 운을 구분해 왔다. 아마도 가장 중요한 형태의 운은 우리가 통제할 수 없는 출생 환경과 관련이 있을 것이다.

- 때때로 우리는 과거의 사건에서 운의 양을 수치화할 수 있다.

- 축구 리그 순위표에서 우연의 역할을 조사하여, 각 팀이나 조직의 '진정한' 순위에 대한 불확실성을 평가할 수 있다.

- 많은 사람은 운이 미래의 사건에 영향을 미치는 적극적인 힘이라고 믿는 것처럼 보인다. 이러한 믿음이 없더라도, 일부 행동과 태도는 사람들이 운으로 인식하는 것과 관련이 있다.

- 중요한 사건에서 작용한 우연의 역할을 제대로 전달하려면 세심하게 주의해야 한다.

6장

예측할 수 있다고
착각하지 마라

나는 2016년에 전립선암 진단을 받았다. 이로써 직계 가족 구성원들의 암 병력에 새로운 항목을 추가한 셈이 되었다. 두 딸을 둔 아버지로서, 나는 유방암 및 기타 암 발병 가능성을 현저히 높이는 BRCA2 유전자의 보인자carrier일지도 모른다는 걱정이 생겼다. 나는 유전 상담사에게 우리 가족의 병력을 제시했고, 유전 상담사는 암 가족력을 바탕으로 특정 유전자 이상이 있을 확률을 평가하는 전문 소프트웨어인 BOADICEA에 데이터를 입력했다.[1] 그 결과 내가 BRCA2 유전자를 가지고 있을 확률은 33%로 추정되었는데, 이는 기저율*의 100배가 넘는 수치여서 유전자 검사를 받는 게 바람직하다는 권고를 받았다.

---

* 사건이 발생할 수 있는 최소한의 확률. ‒옮긴이

내게 그 유전자가 있거나, 있지 않거나 둘 중 하나일 텐데, 이 '33% 확률'은 마치 공중에 동전을 던진 후 손으로 덮는 행위처럼 인식론적 불확실성의 전형적인 예다. 그러나 이 수치의 밑바탕에는 '인구 내 유전자 분포'와 '다양한 암 발생 위험' 간의 관계에 대한 가정을 포함한 확률이 추가로 존재한다. 결정적으로, 이 확률은 부모에게서 유전자를 물려받을 고정된 확률을 규정하는 멘델 유전 mendelian inheritance 에 대한 가정에 따라 달라진다.

모든 인간은 세포 핵에 23쌍의 염색체(긴 DNA 분자)를 가지고 있다. 유전자는 염색체 한 쌍에 위치한 부위 site 로, 사람마다 대립유전자 allele 라는 한 쌍의 유전자 버전이 있다. 정상적인 인간 생식에서 자손은 난자와 정자의 결합 때문에 탄생하고, 난자와 정자는 부모가 가진 한 쌍의 염색체 중 한 개(또는 두 개의 조합)를 포함한다.* 따라서 특정 부위에 대해, 자손이 각 부모에게서 대립유전자 두 개 중 하나를 물려받을 확률은 동전 던지기와 마찬가지로 50 대 50이다.

그림 6.1은 낭성섬유증 Cystic Fibrosis, CF 의 유전에 대한 기본 모델을 보여준다. 이 질환은 두 버전의 CFTR 유전자가 모두 'CF'인 경우에만 발생하지만, 인구의 약 25명 중 한 명은 CF 유전자를 가지고 있으며 보인자로 알려져 있다. 유전의 기본적 대칭성은 가능한 다양한 결

---

* 부모의 모든 세포에는 23쌍의 염색체가 있고, 모든 난자와 정자에는 각 염색체쌍 중 하나의 복사본이 있어서, $2^{23} \approx 8,000,000$개의 서로 다른 조합이 가능한 것으로 알려져 있다. 그러나 현실은 이보다 훨씬 더 복잡하다. 난자에 있는 염색체의 약 절반은 정확한 사본이 아니라, 염색체의 일부 부위에서 분리되었다가 다시 결합된 한 쌍의 조합이기 때문이다. 아버지의 정자도 사정은 마찬가지다. 운명의 여신인 포르투나—또는 당신이 믿는 다른 누구(무엇)든—는 본질적으로 무한한 가능성 중에서 당신을 선택했다. 그러니 한 부모에게서 태어난 형제자매가 그토록 다른 모습을 지니고 있을 수밖에.

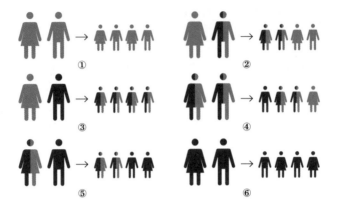

| 유전자를 2개 가진 사람 | 보인자 | 보인자가 아닌 사람 |

그림 6.1

CF 유전자가 하나만 있는 사람을 CF 보인자라고 하고, 낭성섬유증에 걸리지는 않지만 자녀에게 유전자를 물려줄 수 있다. 부모가 모두 이 질환을 앓고 있다면(⑥), 자녀는 낭성섬유증 유전자 두 개를 물려받을 것이므로 낭성섬유증에 걸릴 확률이 높다. 부모가 모두 보인자인 경우(④), 자녀가 부모의 낭성섬유증 유전자 두 개를 물려받아 질병에 걸릴 확률은 25%, 보인자가 될 확률은 50%, 어느 것도 물려받지 않아 심지어 보인자도 되지 않을 확률은 25%다. 부모 중 한 명이 이 질환을 앓고 있고 다른 한 명이 보인자인 경우(⑤), 자녀가 낭성섬유증에 걸릴 확률은 50%, 보인자가 될 확률은 50%다. 이 그림은 부모가 네 자녀를 낳을 경우 예상되는 결과를 보여준다. ※출처: 낭성섬유증 재단의 인포그래픽을 각색함.[2]

과의 확률을 쉽게 계산할 수 있다는 것을 의미한다.

CF 유전자와 마찬가지로, 만약 부모님 중 한 명의 한쪽 염색체에 BRCA2 유전자가 있다면 내가 그 유전자를 물려받을 확률은 50%이며, 내가 BRCA2 유전자 보인자일 확률이 33%라는 계산은 이 가정에 바탕을 두고 있었다.

나는 딸들을 위해 기꺼이 유전자 검사를 받았고, 내가 BRCA2 보인자가 아니라는 사실에 안도했다. 하지만 이 '50% 기회'라는 유전 확률이 정말로 의미하는 것은 무엇일까? 내가 어떤 염색체를 물려받을지 결정하는 완전히 무작위적인 메커니즘이 있다는 뜻일까? 아니면 대칭성 때문에 확률이 50 대 50으로 균형을 이루는, 매우 복잡하지만 기계적인 과정이 존재할 뿐이라는 뜻일까?

자연계에서 일어나는 일은 대부분 불확실하다. 물 분자가 바다의 해류와 파도를 만드는 방식, 셀 수 없이 다양한 눈송이를 형성하는 얼음 결정, 생명체의 정확한 특성 등 모든 것은 예측이 불가능하다. 하지만 그중 얼마나 많은 것이 **확률적**stochastic 이라고 알려진 진짜 무작위성을 갖고 있을까? 완전히 결정론적인 프로세스의 산물이지만 시스템이 너무 복잡해서 착시 현상을 일으키는 경우를 가정해 보자. 무작위성과 구별할 수 없는 수많은 작은 영향이 변화를 일으켜 혼란을 야기할 텐데, 외견상 예측이 불가능한 것 중에서 그런 부분이 차지하는 비중은 얼마나 될까? 초기 조건의 미세한 차이가 증폭되어 무작위성을 모방하는 소위 **카오스계**chaotic system 를 생각해 볼 수도 있다. 나비가 날개를 펄럭이면 몇 주 후에 토네이도를 일으킬 수 있다는 고전적인 이미지로 유명하듯이 말이다. 요컨대 예측 불가능성은 '우연' 때문일까, 아니면 '복잡성' 때문일까?

이것은 까다로운 질문이다. 예컨대, 진화는 부모 세포의 유전체에 변이가 일어나고 그 변이가 자손에게 전달될 때 일어난다. 환경이 어떤 이유든 그런 변이를 가진 개체에 유리한 경우, 변이가 더 많이 발생하는 경향이 있으므로 변이가 다음 세대에 전달되고 증폭된다.* 변이는 외부 요인이나 세포 복제 오류 때문에 미세한 영향을 받아 발생하므로, 숨겨진 특정 원인을 추적하는 것은 불가능하다. 따라서 진화를 우연 또는 복잡성, 확률적 또는 결정론적이라고 명확하게 분류할 수는 없다.

마찬가지로, 조지 데이비 스미스George Davey-Smith 와 같은 역학자들은 "평생에 걸친 사람들의 건강 변동성의 대부분은 유전자를 포함한 측정 가능한 위험 요인으로 설명할 수 없다"라는 것을 확인했다. 유전적으로 동일한 사람이라도, 예측할 수 없는 극적으로 다른 건강 결과를 겪을 수 있다. 나는 5장에서 "누가 암에 걸리는지 여부는 대체로 운에 달렸다"라는 리처드 돌의 말을 인용한 적이 있다. 작가이자 방송인이며 〈모어 오어 레스〉의 창립자인 마이클 블래스트랜드Michael Blastland 는 이를, "당신은 절반을 모른다"라는 말에서처럼 "수수께끼 같은 변동성, 즉 초라한 인간의 이해를 초월하는 수많은 신비와 놀라움"을 나타내는 숨겨진 절반hidden half 이라고 표현한다.[3]

그렇다면 이 설명할 수 없는 놀라운 변동성의 근저에는 무엇이 있을까? 우리는 큰 철학적 의문에 직면해 있다.

---

*   유전체의 각 염기쌍은 매년 약 5억 분의 1 확률로 변이를 일으키는데, 하나의 유전체는 약 30억 개의 염기쌍으로 구성되어 있으므로 1년에 약 여섯 개의 변이가 발생할 것으로 예상할 수 있다.

세상은 근본적으로 결정론적일까, 아니면 확률적일까?

1814년 확률을 다룬 글을 쓸 때,[4] 프랑스의 천재 피에르 시몽 라플라스Pierre-Simon Laplace는 이렇게 상상했다. "자연을 움직이는 모든 힘과 자연을 구성하는 모든 항목의 모든 위치를 어느 순간에 알 수 있는 지성이 존재한다면, 이 지성이 또한 이러한 데이터를 분석할 수 있을 만큼 광대하다면, 우주의 가장 큰 천체와 가장 작은 원자의 움직임을 하나의 공식으로 포괄할 수 있을 것이다. 그러한 지성에게는 아무것도 불확실하지 않을 것이고, 미래가 과거와 마찬가지로 눈앞에 존재할 수 있을 것이다."

다시 말해서, 만약 우리가 현재 세계와 그 세계를 지배하는 모든 법칙에 대해 모든 것을 알고 있는 전지전능한 존재라면 미래를 정확히 예측할 수 있다는 것이었다. 이 사고 실험은 라플라스의 악마Laplace's demon라는 이름으로 알려졌고, 모든 일이 정해진 기계적 법칙에 따라 일어난다고 믿는다는 의미에서 극단적인 결정론determinism을 대표한다. 라플라스는 시계 태엽처럼 돌아가는 우주의 엄청난 복잡성에 대한 우리의 개인적인 무지를 다루기 위해 확률이라는 개념이 필요하다고 주장했다.

그런데 약 100년 전, 양자역학이 등장하면서 이 주장은 명백히 무너졌다. 물리학자 닐스 보어Niels Bohr, 베르너 하이젠베르크Werner Heisenberg 등이 한 연구에서, 가장 깊은 아원자 수준에서 세계는 근본적으로 확률적이라는 결론이 나왔다. 즉, 입자는 관찰될 때까지 가능한 위치와 속도의 확률분포만 있고, 그 후 이 분포는 점 하나로 축소된다는 것이었다.

이러한 근본적인 불확실성의 결과 중 하나는 방사성 붕괴의 예측 불가능성인데, 이는 크고 불안정한 원자의 핵이 뚜렷한 이유 없이 자발적으로 붕괴하여 입자를 방출하고 (일반적으로 더 안정적인) 축소된 원자 구조를 남길 때 나타난다. 특정 원자가 고정된 시간 내에 붕괴할 확률은 일반적으로 원자의 나이, 온도 또는 외부 현상에 영향을 받지 않으므로, 관찰자나 다른 어떤 것에도 영향을 받지 않는 결정된 확률determined probability , 즉 세계의 객관적인 속성으로 간주할 수 있고, 당신은 이에 맞춰 시계까지 설정할 수 있을 정도다. 물론 세슘 원자의 공진 주파수resonance frequency를 기반으로 한 '원자 시계'를 사용할 때 그렇게 할 수 있다. 이는 이 책에서 강조하는 주관적 확률과는 뚜렷하게 대조된다.

환원 불가능하고 결정된 확률이라는 개념에 대한 반론은 항상 있어 왔다. 아인슈타인은 신을 언급하고 "나는 신이 주사위 놀이를 하고 있지 않다고 확신한다"라고 말했다. 입자 뒤에 숨어서 미래 상태를 제어하는 '숨겨진 변수'에 대한 이론이 계속 제기되어 왔지만, 이 아이디어를 반증했다고 주장하는 연구팀에게 노벨상이 수여되기도 했다.[5] 또한 일어날 수 있는 모든 일이 실제로 일어나고 우리는 단지 그 결과 중 하나에 속한다는 '다세계 해석many-worlds interpretation' 또는 다중우주multiuniverse가 있다.

그러나 양자 세계에 대한 주류의 견해를 받아들인다면, 물질의 핵심인 이 본질적인 확률성이 우리 삶에서 실제로 관찰되는 것에 영향을 미치는지에 대한 의문을 제기하는 것은 당연하다. 일반적인 견해는

'양자 불확정성quantum indeterminacy'이 분자처럼 큰 것, 특히 생물학적 세포에서는 평균화되리라는 것이지만, 동전 던지기조차 뇌의 양자 효과에 영향을 받을 수 있다는 주장도 있다.[6] 이는 우리가 실제로 경험하는 아원자적 무작위성을 우연과 연결하기 때문에 주목할 만한 것이다.

이 모든 논쟁은 의심할 여지없이 흥미롭고 중요하지만, 내가 다룰 수 있는 수준을 훨씬 넘어서기 때문에 흥미롭다면 다른 문헌을 읽어보기 바란다. 다행히도 나는 불확실성을 관찰자와 사건 사이의 관계로 정의하므로, 생물학적 유기체(예컨대 사람) 사이의 설명할 수 없는 거대한 변동성이 진짜 무작위성 때문인지, 아니면 결정론적이지만 알 수 없는 영향 때문인지에 대한 의견을 내지는 않아도 된다. 어느 쪽이 됐든 나에게는 실질적인 차이가 없다. 실제로 세상은 전적으로 신의 뜻에 지배되고, 따라서 완전히 예정된 것일 수도 있지만, 우리는 그 뜻을 모르기 때문에 여전히 인식론적 불확실성을 안고 살아간다.

그러나 세계가 정말 확률적인지 결정론적인지에 대한 논쟁을 피할 수 있다 하더라도, 우리는 여전히 다양한 현상을 어떻게 다룰 것인지 결정해야 한다.* 가장 기본적인 수준에서 시작하여 규모를 꾸준히 늘

---

* 라플라스의 결정론적 악마는 진정한 무작위성 또는 개인의 자유의지라는 논쟁적인 주제로 반박될 수 있다. 다행히도 자유의지가 환상인지 아닌지에 대한 오랜 논쟁은 피할 수 있다. 왜냐하면 이는 세계가 확률적인지 결정론적인지에 따라 달라지지 않기 때문이다. 하지만 내 견해는 "인간은 단지 자신의 행동을 의식할 뿐, 그 행동이 결정되는 원인을 의식하지 못하기 때문에 스스로 자유롭다고 믿는다"라는 스피노자의 말과 일치하고, 이는 우리가 의식적으로 숙고하기 전에 결정을 내리는 경향이 있다는 현대 신경과학의 주장으로도 뒷받침되는 것 같다. 그래서 나는 모든 생각·의도·행동은 헤아릴 수 없을 정도로 복잡한 원인들의 사슬 때문에 발생하고, 자율적이고도 자유로운 '자아'는 존재하지 않는다고 믿는다. 하지만 이것은 분명히 논점 이탈이다.

려나가는 것이 도움이 된다.

- 아원자 입자는 일반적으로 확률적이라고 가정한다.
- 개별 분자는 뉴턴의 역학 법칙을 따르므로 결정론적이라고 가정할 수 있다.
- 분자가 두 개 이상이라면 상대적 움직임relative movement을 계산할 수가 없고, 그 결과는 초기 조건에 엄청나게 민감하게 반응한다. 따라서 많은 기체 분자의 행동은 통계 역학 이론에 반영된 확률적인 것처럼 취급할 수 있다.
- 더 큰 기체나 고체는 보일의 법칙과 뉴턴의 법칙을 따르므로 결정론적으로 취급할 수 있다.
- 개별 유기체나 사람의 행동은 유전학에서처럼 확률적인 것으로 간주한다.
- 대규모 집단은 자살 건수를 대략적으로 예측할 수 있는 등 어떤 면에서 (거의) 결정론적인 성격을 띠게 된다. 1800년대에 아돌프 케틀레Adolphe Quetelet와 같은 연구자들이 집단 행동을 지배하는 명백한 '법칙', 즉 푸아송분포의 규칙성을 밝혀내면서 '통계적 운명론statistical fatalism'으로 알려지게 되었다.
- 사회의 발전에는 예측 불가능성이 존재하고, 이는 어쩌면 확률적으로 다루는 것이 가장 좋을지도 모른다.

따라서 아원자에서 전체 사회로 시야를 넓혀갈수록, 확률적으로 취급할 수 있는 미시적 수준의 사건들이 모여 결정론적으로 취급할 수 있는 규칙성을 나타내고, 더 큰 단위에서 다시 확률적으로 취급되는 반복적인 패턴이 존재한다는 것이 드러난다. 각 수준에서 우리는 당면한 과제를 처리하는 데 도움이 되는 세계에 대한 **모델**을 가정하고 있는데, 이러한 모델은 현실은 아니지만 8장에서 살펴볼 것처럼 매우 유용할 수 있다.

내가 채택한 실용적 접근 방법에 따르면, 어떤 것이 무작위적이라는 것은 알려진 확률분포에서 도출된 것과 실질적으로 구별할 수 없다는 의미에서 **사실상 무작위적**effectively random 이다. 그리고 이러한 효율적인 무작위성은 많은 분야에 적용된다.

맨해튼 프로젝트Manhattan Project에서 난수가 필요했던 이유는 무엇일까?

플루토늄-239는 인간이 만든 동위원소로 그대로 두면 반감기가 2만 4,100년인데, 이는 원자 집합의 절반이 우라늄-235로 붕괴할 것으로 예상되는 기간, 즉 특정 원자가 붕괴할 확률이 50%인 기간에 해당한다. 이것은 상당히 안정적인 것처럼 들리지만, 임계 질량이 존재할 경우 원자 하나가 붕괴할 때 방출되는 입자가 주변 원자를 붕괴시키면서 연쇄 붕괴와 엄청난 에너지 방출로 이어질 수 있다. 제2차 세계대전 당시 맨해튼 프로젝트—미국 로스앨러모스의 원자폭탄 프로그램—에서, 과학자들은 임계 질량의 방사성 물질에서 이러한 연쇄반응을 모델링하기 위한 수학적 해법을 찾으려고 고심하고 있었다. 한마디로 너무 복잡했다.

에드워드 텔러Edward Teller 와 함께 최초의 수소폭탄을 설계하게 될 스타니스와프 울람Stanisław Ulam은 그 과학자들 중 하나였다. 폴란드 출신의 뛰어난 유대인 핵 물리학자였던 그는 운 좋게도 나치 침공이 시작되기 불과 3일 전인 1939년 8월 29일 폴란드를 떠나 미국으로 갈 수 있었다. 울람은 우연 게임을 좋아했고, 솔리테어(페이션스라는 카드 게임의 한 형태)를 즐겼고, 자신의 우아한 수학을 이용해 이러한 게임에서 승리할 확률을 계산하려고 노력했다. 그는 결국 실패했는데, 내키지는 않지만 무차별 대입법을 사용할 수 있다는 것을 깨달았다. 즉, '무작위' 섞기를 사용하여 게임을 100번 하면서, 게임을 끝낼 수 있는 횟수의 비율을 세면 그만이었다. 그런 다음, 그는 이러한 '통계적 시뮬레이션' 방법을 복잡한 원자 연쇄반응을 이해하는 데 적용하여 놀라운 도약을 이루었다. 그 내용인즉, 가상의 단일 연쇄반응 과정을 반복적으로 모델링함으로써 임계 한계에 도달하는 횟수의 비율을 조사하는 것이었다. 울람에게는 '몬테카를로에 가서' 도박을 할 수 있도록 돈을 빌려주는 삼촌이 있었던 것 같다. 그래서 **몬테카를로 방법**montecarlo methods이 탄생했는데, 이 방법에서는 '복잡한 계산'이 '가능한 사건열event sequence의 반복적 시뮬레이션'으로 대체되었다.*

로스앨러모스의 과학자들은 다음과 같은 사실을 발견했다. 용기 한 개에 플루토늄-239의 작은 덩어리가 많이 담겨 있다가 갑자기 뭉쳐져 약 6kg의 단일 조각이 되면, 연쇄반응이 일어나서 붕괴가 더 이상 표준적인 느린 패턴을 따르지 않는다. 1945년 8월 9일 오전 11시 2분 일본에 투하된 두 번째 핵폭탄인 팻맨Fat Man이 나가사키 상공에서 폭발했을 때 바로 이런 일이 일어났다. 약 1kg의 플루토늄-239가 순식간

---

* 양자 컴퓨팅은 이 프로세스의 엄청난 속도 향상을 약속한다.

에 붕괴하면서 약 2만 1,000톤의 TNT에 해당하는 에너지를 방출하자 약 3만 5,000명이 즉각적인 여파로 사망했고, 거의 같은 수의 사람들이 나중에 부상과 방사능 노출로 사망했다.

정상적인 조건에서는 1kg(전체의 16%)이 붕괴하는 데 6,000년쯤 걸렸을 것이다.* 이 냉정한 사례는, 원자 붕괴의 확률이 일반적으로 '객관적'으로 간주되지만, 맥락(이 경우에는 붕괴하는 다른 원자의 근접성)에 따라 달라질 수 있다는 것을 보여준다.

몬테카를로 분석은 초고속 컴퓨터가 등장하면서 더욱 실현 가능해졌지만, 이 방법에는 충분한 난수를 공급받아야 했다. 1947년 새로 설립된 RAND 연구소는 초당 약 1만 개의 펄스를 생성하는 전파 발생기를 기반으로 '난수 생성기'를 제작하기로 결정하고, 이를 전자적으로 계산하여 매 초마다 최종 숫자를 펀치 카드에 기록했다.[7] 결국 RAND는 각각 50개의 숫자로 구성된 카드 2만 장을 제작하여 총 100만 개의 무작위 숫자를 확보했다.[8]

물론 이러한 숫자가 사실상 무작위적인지 확인하려고('진정한 무작위 숫자'가 통과할 것으로 기대되는 통계 검증을 충족한다는 의미에서) RAND 연구소는 수많은 테스트를 수행했다. 1947년 7월 7일과 8일에 생성된 12만 5,000개의 숫자 블록에서 한 달 동안 계속 시스템을 실행한 결과, 홀수가 짝수보다 약간 더 많은 것을 발견하고 실망했다.[9] 그들은 인접한 카드를 조합하여 홀수-짝수 편향을 제거함으로써 이 문제를 해결

---

* 반감기가 2만 4,100년이라는 것은, 물질의 16%가 $24{,}100 \times \log(0.84)/\log(0.5) = 6{,}060$년 동안 붕괴한다는 의미다.

했고,* 추가 확인에 성공한 후 1955년에 마침내 난수표를 책으로 펴냈다. 이 책은 모든 페이지가 숫자로 이루어진 책으로, 아마도 우리가 상상할 수 있는 가장 지루한 책일 것이다. 하지만 내가 BBC 다큐멘터리 〈테일즈 유 윈Tails You Win〉에서 말했듯이,[10] "이 책에서 마음에 드는 점을 말해 보라. 적어도 줄거리는 예측 불허이므로 스릴 만점이다."

난수표에서 다음 숫자가 뭐가 될지는 알 수 없지만, 예측 가능한 패턴은 많이 있다. 예컨대 다섯 개 숫자의 특정 시퀀스가 12345일 확률은 $\frac{1}{10} \times \frac{1}{10} \times \frac{1}{10} \times \frac{1}{10} \times \frac{1}{10} = \frac{1}{1,000,000}$ 이므로 100만 개의 숫자로 구성된 책에서 이러한 문자열이 10번 나올 것으로 예상할 수 있다. 실제로 이 시퀀스는 13번 나왔고, 평균 10인 푸아송분포와 매우 잘 어울린다. 또한 일곱 개의 동일한 숫자로 이루어진 하나의 시퀀스도 예상할 수 있는데, 푸아송 근사에 따르면 정확히 한 개의 시퀀스가 있을 확률은 37%이고, 적어도 한 개 있을 확률은 63%다(4장의 표 4.1 참조). 실제로 그림 6.2에 표시된 것처럼 6666666으로 구성된 시퀀스가 정확히 한 개 존재했다. 이것은 매우 만족스러운 발견이지만, '무작위' 숫자 집합을 시작하려고 무심코 이 위치를 선택했다면 약간 당황스러울 것이다.

1980년대 후반에 통계 모델링 문제가 깔끔한 수학으로 풀기에는 너무 복잡해지자, 통계학자들은 몬테카를로 분석으로 눈을 돌렸다. **마르코프 연쇄 몬테카를로**Markov Chain Monte Carlo, MCMC라고 불리는 이 분석

---

* 각 카드의 50개 숫자는 이전 카드의 해당 숫자에 합산된 후, 'modulo 10'이라는 함수에 입력되었다. modulo 10은 '10으로 나눈 나머지'를 반환하는 함수로, 예컨대 7+8=15라는 덧셈의 결과를 입력하면 5를 반환한다.

그림 6.2

100만 개의 난수가 적힌 책에서 연속된 숫자 일곱 개를 확인하는 장면. BBC의 〈테일즈 유 윈〉에서 내가 손가락으로 가리키고 있다.

법은 단순히 미래 관측치를 시뮬레이션하는 것을 넘어, 데이터의 기초가 되는 미지의 양unknown quantity에 대해 그럴듯한 값을 시뮬레이션하는 데까지 나아갔다. 컴퓨팅 기술의 급격한 발전과 결합되어, 이전에는 비현실적이었던 분석이 보편화될 수 있었다. 이 혁신은 내 커리어를 바꾸었고, 나는 약 15년 동안 MCMC 방법과 소프트웨어를 연구했다. 그러므로 나는 스탠 울람Stan Ulam의 '카드 게임에 대한 집착'에 많은 빚을 진 셈이다.

최신 난수 생성기는 얼마나 무작위적일까?

오늘날 난수는 게임, 시뮬레이션, 온라인 보안 등 현대 기술의 필수적인 부분이 되었지만, 최신 난수 생성기의 대부분이 실제로 완전히 결정론적이라는 사실을 알게 되면 놀랄 수도 있다.

컴퓨터에게 무턱대고 무작위 난수 숫자열을 생성하라고 요구할 수는 없다. 알고리즘이 있어야 한다. 난수 생성기는 일반적으로 '시드seed—111과 같이 기억하기 쉬운 숫자—로 시작한다. 그런 다음 여기에 알려진 큰 숫자를 곱하고, 또 다른 큰 숫자를 더하고, 마지막 숫자를 제외한 모든 숫자를 제거한 다음 이를 난수라고 부른다. 그런 다음 이 과정을 반복하여 무작위성 테스트를 통과하는 숫자열을 얻는다. 하지만 시드 번호를 알고 프로세스를 다시 시작하기만 하면 프로세스를 정확하게 재현할 수 있다. 이는 MCMC 작업에서 발견했듯이 시뮬레이션을 정확하게 반복하고 싶을 때 매우 유용하다.

이러한 알고리즘은 불확실성을 전혀 포함하지 않기 때문에 **의사 난**

수 생성기pseudo-random number generator라고 더 정확하게 알려져 있다. 그러나 두 가지 요인 때문에, 숫자열은 여전히 본질적으로 예측 불가능하다. 첫 번째, 한 숫자에서 다른 숫자로의 변화는 일정한 증분 패턴을 따르지 않고 예측할 수 없는 거친 경로를 따를 수 있다는 점에서 매우 '비선형적non-linear'이다. 두 번째, 이는 '초기 조건'에 매우 민감하다는 의미로, 예컨대 $\sqrt{112}$를 선택하면 전혀 다른, 서로 관련이 없는 숫자열을 얻을 수 있다. 이는 카오스계의 고전적인 특성으로, 나중에 더 자세히 살펴보기로 하자.

이러한 아이디어는 동전 던지기, 대칭을 이루는 주사위 던지기, 룰렛 바퀴 돌리기, 안을 잘 섞은 드럼통에서 복권 공 뽑기 등 무작위성을 생성하는 익숙한 여러 가지 방법의 이면에 숨어 있다. 이러한 메커니즘은 고전물리학의 법칙을 따르기 때문에 본질적으로 결정론적이지만, 극도로 복잡하기 때문에 예측할 수 없고, 이러한 예측 불가능성은 일반적으로 모든 실용적인 목적에 충분할 만큼 사실상 무작위적이라는 것을 의미한다.

4장에서 우연의 일치를 분석하고 만났던 페르시 디아코니스는 떠돌이 마술사 출신으로 확률학 교수가 되었다. 그는 동전을 던져 (원한다면) 앞면이 위로 향하도록 잡는 방법을 스스로 터득했고, 그의 팀은 동전이 원하는 대로 컵에 떨어지도록 조정할 수 있는 동전 던지기 기계를 만들었다.[11] 이 두 가지 모두 동전 던지기가 본질적으로 결정론적이라는 것을 입증하는 방법이다.*

---

* 페르시는 '완벽한 섞기'를 할 수도 있었는데, 그 내용인즉 카드 한 벌을 26장씩 두 부분으로 나눈 다음 리플 셔플(riffle-shuffle)하여 각 부분의 카드가 번갈아 가며 완벽하게 섞인 카드 묶음을 만드는 것이었다. 관찰자 입장에서는 제대로 섞는 것처

어린 자녀를 둔 사람이라면 누구나 '공정성'이 그들의 세계에서 중요한 부분이라는 것을 금방 깨닫게 될 것이다. 연구에 따르면 많은 아이가 8세 정도가 되면 '무작위 뽑기'가 그러한 공정성을 보장하는 한 가지 방법이라는 것을 이해할 수 있다고 한다.[12] 이를 추첨에 의한 분배sortition라고 부르는데, 고대 아테네에서 배심원을 선정한 이래로 기회 균등을 입증하는 데 사용되어 왔다.

물론, 선택이 사실상 무작위적이고 카드가 누군가에게 불리하게 쌓이지 않는 경우에만 공정하다. 2011년 미국 영주권 추첨US Green Card lottery에서 발생한 프로그램 오류 때문에 당첨자의 90%가 등록이 허용된 30일 중 처음 이틀 동안에 나왔다.[13] 이 때문에 추첨을 다시 해야 했으므로 일찍 신청했던 사람들은 큰 실망을 했을 것이다. 더욱 악명 높은 것은 1969년 베트남전쟁에 참전하기 위한 미국 징병 추첨으로, 매우 무작위적이지 않은 추첨 때문에 12월에 태어난 31명 중 26명이 징집된 반면, 1월에 태어난 사람들 중에서는 14명만이 징집되었다.[14]

당연히, 카사노바도 잘 알고 있었듯이(3장 참조) 복권은 항상 추첨의 무작위성에 대해 엄격한 조사를 받아왔는데, 조작이 조금이라도 의심될 경우 불만을 품은 복권 구입자들의 항의가 빗발칠 것이기 때문이다. 그래서 다음과 같은 의문이 생긴다.

영국 복권은 정말 무작위적일까?

럼 보일 수 있지만, 그의 트릭은 이 작업을 여덟 번 연속으로 수행하여 카드 한 벌의 원래 순서로 정확히 되돌리는 것이었다. 이런 사람과 카드 놀이를 하면 패가망신할 수 있으니 조심하라.

영국의 주요 복권은 1994년에 *6/49* 복권으로 시작되었는데, 이 복권은 1에서 49까지의 번호가 매겨진 공을 드럼통에 넣고 잘 섞은 다음 여섯 개의 공을 차례로 추출하여, 공에 적힌 번호를 상금의 기초로 삼는다. 공을 59개로 변경한 2015년 10월까지 2,065번의 추첨이 있었다. 그림 6.3은 50회, 500회, 1,000회, 2,065회 추첨 후 49개 번호가 각각 선택된 빈도의 분포를 보여준다.[15]

50회 추첨 후 39번 공은 한 번만 나온 반면 다른 번호는 11번이나 나오는 등 출현 빈도에 상당한 변동성이 있었다. 이 때문에 필연적으로 39번이 '나올 차례'라는 주장이 제기되었는데, 실제로 더 많은 추첨을 거친 후에는 빈도 분포가 더욱 매끄러워져 39번 공이 열세를 '따라잡았다.' 그러나 3장에서 살펴본 것처럼, 50회 추첨부터 1,000회 추첨 사이에서 39번 공은 예상했던 116번($=950 \times 6/49$)에 근접한 110번이나 나왔기 때문에 '마법 같은 보상 메커니즘'은 존재하지 않는다는 점을 강조하는 것이 중요하다. 이미 살펴보았듯이 중요한 통찰은 이것이 이전의 불균형을 해소하기에 충분했다는 사실이다. 빈도 분포표의 매끄러움이 증가했다는 것은, 절대적인 출현 횟수 차이는 계속 커졌지만(마지막 추첨 후 가장 많이 나온 23번 공의 출현 횟수가 282번인 반면, 13번과 20번 공은 215번으로 67번이나 뒤처졌다) 상대적인 변동성이 줄어든 것이 반영된 결과다.

RAND가 난수 100만 개를 사용한 것과 마찬가지로, 우리는 통계적 방법을 이용하여 복권 추첨이 사실상 무작위적이라는 것을 확인할 수 있다. 가장 간단한 기법은 그림 6.3의 분포가 기본적인 **균등분포**uniform distribution(모든 숫자의 추첨 가능성이 동일하다는 가정을 나타낸다)와 잘 어울리는지 확인하는 것이다.[16] 복권의 데이터는 이 테스트를 잘 통과하므로,

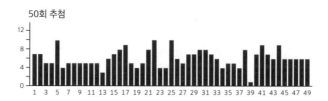

50회 추첨

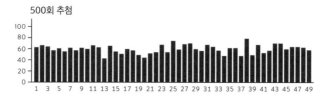

500회 추첨

빈도

1,000회 추첨

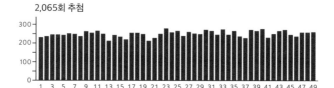

2,065회 추첨

그림 6.3

복권 번호의 발생 빈도표(1994년 11월 1회 추첨부터 2015년 10월 2,065회 추첨까지
6/49 형식이었고, 그 후에는 공이 59개로 변경되었다). 이 분포는 우연만으로 예상했던
것과 일치한다.

출현 횟수 간의 차이는 우리가 예상하는 것과 거의 같다고 볼 수 있다.*

개별 추첨은 사실상 무작위적이지만, 출현 횟수의 패턴은 대체로 예측 가능하다. 각 숫자가 매 회 추첨에서 선택될 확률이 6/49이므로, 특정 숫자가 당첨되는 횟수는 유명한 이항분포를 따른다.** 그림 6.4는 2,065회 추첨 후 '49개 숫자의 총 출현 횟수'의 분포를 보여주는데, 이항분포에 대한 정규 근사치와 중첩되며, 23번의 출현 횟수가 가장 많고, 13번과 20번의 출현 횟수가 가장 적다. 이러한 중첩은 합리적이라고 할 수 있고(출현 횟수가 가장 적은 번호가 두 개라는 점이 약간 특이하지만), '빈번한' 번호와 '적은' 번호가 구체적으로 무엇인지 미리 알아낼 수는 없을 망정 출현 횟수의 분포를 정확하게 예측할 수 있다는 것을 보여준다.

---

* 기술적 참고 사항: 통계적 가설 검증에 익숙한 분들이라면 카이제곱 검정(chi-squared test)이 적절하다는 것을 알 것이다. 그러나 매 회 추첨에서 하나의 숫자를 두 번 이상 선택할 수 없으므로, 이것은 독립적인 관찰이 아니다. 따라서 약간 조정해야 한다.

** 이항분포의 평균은 $2,065 \times 6/49 = 252.9$이고 분산은 $2,065 \times 6/49 \times 43/49 = 221.9$이지만, 관찰된 출현 횟수의 분산은 '출현 횟수의 총합이 $2,065 \times 6$이어야 한다'라는 제약 때문에 약간 줄어들 것으로 예상된다. 실제로 관찰된 출현 횟수의 **표본 분산**variance of a sample은 263.1로 이론 값보다 다소 큰데, 이는 다소 낮은 출현 횟수를 반영한다. 이 차이는 무작위 프로세스에서 예상되는 표본 추출의 변동 범위 내에 있다.

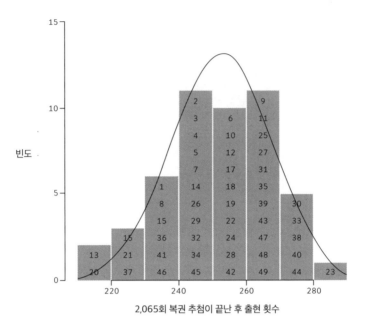

그림 6.4

2,065회 복권 추첨이 끝난 후 관찰된 숫자 49개의 출현 횟수 분포. 확률 이론에 따라 예측된 것처럼 정규분포를 근사적으로 따른다.

202

'당첨될 숫자를 족집게처럼 집어내는 것은 전혀 불가능하다'라는 이러한 증거가 수많은 웹사이트에서 제공하는 복권 '당첨 방법'에 대한 조언을 막지는 못한다. 예컨대 "가장 자주 당첨되는 숫자 조합에 베팅하라"는 조언과 "이전에 당첨된 숫자 조합에 베팅하지 말라"는 조언이 양립하는 다소 모순적인 상황이 초래될 수 있다.[17] 심지어 홀수와 짝수의 비율이 적절해야 한다든지, "1, 11, 21, 31, 41, 51과 같이 끝자리가 같은 숫자"는 "과거에 당첨된 적이 없으므로 베팅하지 않는 것이 좋다"라는 조언이 난무하기도 한다.

연속된 숫자나 생일을 선택하지 말라는 조언은 '추첨된 공을 맞출 확률'에는 영향을 미치지 않지만, 당첨될 경우 '잭팟을 공유하는 사람의 수'에 영향을 미칠 수 있으므로 약간 쓸모가 있다. 이는 1995년 1월 14일 영국 복권의 9회 추첨에서 무려 133명이 잭팟을 나눠야 했던 사례에서 명확하게 입증되었다. 49개 숫자가 복권에 배열된 방식을 살펴보면, 뽑힌 공들(7, 17, 23, 32, 38, 42)이 두 줄에 걸쳐 상당히 규칙적인 패턴을 형성한다는 것을 알 수 있다. 따라서 이는 누구나 쉽게 선택할 수 있는 세트였다. 그렇다면 숫자를 불규칙적으로 흩뿌릴 경우 "여러 사람이 동시에 잭팟을 터뜨릴 가능성이 낮다"라는 의미에서 더 많은 당첨금을 받을 수 있으므로, '럭키 딥'* 기능을 사용하여 난수를 얻으라고 제안할 수 있다. 하지만 솔직히 그만한 노력의 가치가 있어 보이지는 않는다.

복권은 무작위 추첨에 의존하지만 추첨할 때마다 새로운 티켓을 구입

---

* 속이 보이지 않는 통에 선물을 넣어 놓고 사람들이 뽑게 하는 선물 뽑기 게임. ─옮긴이

해야 한다. 이와는 대조적으로, 영국 프리미엄 채권은 정부가 운영하는 제도로서 매달 추첨을 해서 경품을 지급하지만 지분을 잃지 않는다. 사실상 저축제도라고 할 수 있고, 현재 나를 포함한 약 2,200만 명이 총 1,210억 파운드 이상을 투자했다(그림 6.5 참조). 추첨은 1956년에 시작되어, 당첨 번호를 뽑는 기계인 '어니Ernie' (전자 난수 표시 장치에서 착안한 이름)'에 대한 전폭적인 호응 속에서 진행되었다. 어니는 전기적 잡음을 난수의 원천으로 삼았고, 토미 플라워스Tommy Flowers (제2차 세계대전 당시 독일군의 암호를 해독하려고 블레츨리 파크Bletchley Park에서 최초의 프로그래밍 가능한 전자 컴퓨터인 콜로서스Colossus 기계를 만들었던 인물)가 이끄는 팀이 우체국 연구소Post Office Research Station에서 설계하고 제작했다. 이전의 RAND 숫자와 마찬가지로, 최종 숫자는 독립된 장치 두 개에서 출력된 숫자에서 얻었고, 당연히 사실상의 무작위성을 확인해야 했다. 팀에서 유일한 여성인 스테파니 셜리Stephanie Shirley*가 이 과제를 맡았고, 그녀가 생성한 숫자는 무작위성 테스트를 거뜬히 통과했다.[18]

무작위란 어떤 모습일까?

---

* 셜리는 특별한 여성이다. 다섯 살 때 어린이 구조 열차인 킨더트랜스포트 (Kindertransport)를 타고 영국에 온 그녀는 초기 컴퓨터로 작업했고, 야간 수업으로 수학 학위를 받았고, 재택 근무 여성 프로그래머를 위한 단체를 설립했으며, 자신의 비즈니스 레터에 '스티브(Steve)'라고 서명하여 남성인 것처럼 보이게 했다. '스티브' 셜리의 조직은 이후 주요 기술 회사로 성장하여 2007년에 4억 5,000만 파운드에 매각되었는데, 주요 지분은 직원들에게 있었다. 셜리는 5,000만 파운드 이상을 자선 단체에 기부했다.

그림 6.5

1958년, 나의 다섯 번째 생일에 구입한 프리미엄 채권. 그 후로 매달 경품 추첨에 응모했지만 당첨된 적은 없는 듯하고, 1파운드의 지분은 1958년 가치의 약 3%로 평가 절하되었다.

우리 인간은 '순수한 우연이 어떻게 펼쳐지는지'에 대한 직관이 매우 부족하기로 악명이 높다. 토스트 위에 아로새겨진 얼굴이든, 구름 속의 동물이든, '기한이 임박한' 복권 번호든, 성경의 글자 속에 숨겨진 메시지든, 우리는 어디서나 패턴을 보고 해석하려 한다. 이러한 착각은 대부분 무해하지만, 주변의 모든 것에서 감지되는 패턴에 깊은 불안감을 느끼는 사람들이 있다. 실제로 아포페니아*apophenia* 라는 유용한 용어는 1958년 정신과 의사인 클라우스 콘라드Klaus Conrad가 조현병 schizophrenia의 초기 단계와 관련하여 만든 것으로, 서로 관련이 없는 사물 사이의 연관성을 관찰하고 해석하는 경향을 뜻한다.[19]

내가 생각하기에, 인간의 기본적인 문제는 "*무작위는 규칙적이지 않다는 뜻*"이라는 사실을 납득하지 못하는 데 있다. 이를 테스트하는 표준 요령은, 여러 사람들이 보는 앞에서 쌀 한 줌을 지도 위에 던져 놓고 특정 군집을 의미한다고 암시하는 것이다. 시험자가 "이것은 암 환자를 나타낸다"라고 말하면, 사람들은 즉시 특정 지역에서 그렇게 많은 환자가 발생하는 이유를 찾기 시작할 것이다. 하지만 비행기 추락 사고든 생일이든, 무작위성은 몰려 있는*clumpy* 경우가 많다. 사고는 으레 한꺼번에 세 건씩 일어난다고 말하는 것은 다소 단순하지만, 우연만으로도 종종 그런 일이 일어날 거라고 충분히 예상할 수 있다.

전화, 계산, 사진 촬영, 시간 확인, 길 찾기 등을 위해 별도의 기기를 휴대해야 했던 '쥐라기' 시절에, 나는 음악을 재생하려고 아이팟을 사용했다. 총 1,000개 정도의 트랙에, 각각 음악 10곡이 삽입된 앨범 약 100개를 저장하고 있었다. 그런데 '셔플' 기능을 사용하여 다음 트랙을 무작위로 선택할 때, 나는 믿을 수 없을 만큼 여러 번의 반복을 경험했다. 38개 트랙을 재생한 후에 50%의 확률로 같은 곡이 반복되고, 13개 트랙을 재생한 후에는 50%의 확률로 같은 앨범의 다른 곡이 나오는 것이 아닌가!* 들리는 소문에 의하면, 무작위의 참뜻을 이해하지 못한 고객들의 불만이 빗발치자 애플은 셔플의 알고리즘을 조작하여 (고객들이 생각하는) 무작위처럼 보이게 했다고 한다. 경쟁 업체인 스포티파이도 같은 수법을 사용할 수밖에 없었던 것 같다.[20]

나는 학생들과 함께 교실에서 이와 비슷한 연습을 많이 했는데, 가장 성공적인 것 중 하나는 일련의 동전 던지기였다. 학생들이 테이블에 둘러앉으면, 나는 그들에게 각자 20번씩 동전 던지기 시늉을 하라고 한다. 그러고는 종이 한 장씩을 제공하고, 가상의 앞면 또는 뒷면을 순서대로 기록한 다음 뒷면에 '가짜'라고 적게 한다. 그런 다음, 나는 학생들에게 고풍스러운(멋지고 묵직한) 1페니짜리 동전을 한 개씩 나눠주고, 진짜 동전 던지기를 20번 하고 결과를 기록하되 이번에는 뒷면에 '진짜'라고 적게 한다. 마지막으로, 각 테이블의 학생들은 기록지를 섞어서 다음 테이블로 넘기고, 이것을 넘겨받은 학생들은 내용을 읽어보고 어떤 것이 '진짜로 무작위적'이고 어떤 것이 '꾸며낸 것'인지 맞혀야 한다.

학생들은 연습의 요점을 매우 빨리 파악한다. 그도 그럴 것이, 어떤 종이에서는 앞면과 뒷면의 전환이 꽤 길게 이어지는 반면, 어떤 종이에서는 앞면 또는 뒷면만이 몇 번이고 연속되기 때문이다. 그런 다음, 나는 그림 6.6의 그래프를 보여준다.

---

* 언뜻 보면 반복이 너무 잦은 것 같지만, 이건 결코 오작동이 아니다. 뒤의 문제는 좀 어려우니 넘어가기로 하고, 앞의 문제는 4장에 나오는 표 4.3의 공식을 이용하여 바로 해결할 수 있다. 한 쌍의 트랙이 같을 확률은 1,000분의 1이므로, 같은 노래를 들을 확률이 50%가 되려면 약 $1.2\sqrt{1,000} = 38$개의 트랙이 필요하다.

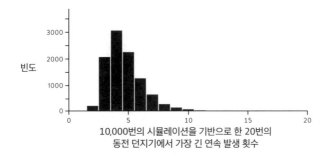

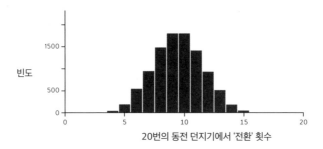

그림 6.6

무작위로 동전을 20번 던졌을 때의 특성. '가장 긴 앞면 또는 뒷면의 연속'과 '앞면과 뒷면의 전환 횟수'의 관점에서, '네 번 이상' 연속되고, '약 10번'의 전환이 있을 거라고 예상할수 있다는 것을 보여준다. 이 예상은 1만 번의 시뮬레이션을 기반으로 한다.

첫 번째 그래프는 20번의 무작위 동전 던지기에서 앞면 또는 뒷면만이 네 번 이상 연속으로 나올 확률이 매우 높다(78%)는 것을 보여준다. 이것은 사람들의 직관에 반하고, 이 연습을 해본 적이 없는 한 그렇게 긴 연속을 '꾸며낸 시퀀스'에 포함하는 사람은 아무도 없을 것이다. 대부분은 최대 두 번의 연속만 포함하는데, 시퀀스가 정말 무작위적일 경우 이럴 확률은 2%에 불과하다. 마찬가지로, 앞면과 뒷면 전환 횟수를 세어보면 평균은 9.5번이고 대부분 여덟 번에서 11번이지만, 사람들은 훨씬 더 많은 횟수로 시퀀스를 구성하는 경향이 있다.

이 연습은 재미있고 인기 있는 수업이며, 학생들은 일반적으로 모든 기록지를 진짜와 가짜 시퀀스로 정확하게 구분할 수 있다. 바라건대, 학생들이 무작위성의 뭉침clumping (군집화)에 대해서도 뭔가 배웠으면 좋겠다.

◆

무작위 선택은 공정성을 보장할 뿐만 아니라 (심지어 우리가 알지 못하는 방식으로) '승자'와 '패자'가 비슷하도록 보장할 수 있다. 이것은 다양한 과학적 용도로 활용된다. 예컨대 '확률 표본 추출probability sampling'은 설문조사에 선정된 사람들이 전체 인구를 대표할 수 있도록 해준다. 새로운 치료법에 대한 신뢰할 수 있는 임상시험에서는 각 지원자를 치료군과 대조군에 무작위로 할당하므로, 이후 두 그룹은 '알려진 위험 요인'과 '알려지지 않은 위험 요인' 모두에서 균형을 이루게 된다. 이렇게 하면, 향후 결과의 차이는 모두 우연적 요인이 아니라 치료 때문인 것으로 간주할 수 있다. 8장에서 살펴볼 것처럼, 무작위 임상시험randomized clinical trial이라는 이 간단한 아이디어는 의학을 변화시켰고 수백만 명의 생명을 구하는 데 기여했다.

무작위성은 존 케이지John Cage와 게르하르트 리히터Gerhard Richter의 작품에서처럼 예술에서도 사용될 수 있지만 게임이나 전쟁에서 상대를 속이는 데에도 사용될 수 있다. 상대방은 당신의 다음 수를 예측하기 위해 필사적으로 당신의 전략을 알아내려고 노력할 텐데, 당신이 무작위성을 추가하면 다음 수를 전혀 예측할 수 없게 된다. 예컨대 순수한 무작위성을 사용하여 가위바위보를 선택한다면, 당신의 선택을 추측하려는 모든 상대를 이길 수 있을 것이다. 하지만 일반적으로 사람들은 도움을 주는 장치 없이 무작위로 선택하는 것을 매우 어렵게 생각한다.* 이와 대조적으로, 슈터가 공을 어디로 조준할지 결정해야 하는 1만 1,000여 건의 축구 페널티킥을 분석한 결과,[21] 프로 선수들은 실제로 예측 불가능한 전략을 구사하여 골키퍼가 종종 엉뚱한 방향으로 다이빙하게 할 수 있는 것으로 나타났다.

제2차 세계대전이 끝난 후, 3장에서 양의 목말뼈 던지기를 분석할 때 만난 플로렌스 나이팅게일 데이비드는 과거에 독일군의 침공에 대비해 영국 해변에 매설됐던 지뢰를 제거하는 작업에 참여했다. 독일군은 체계적인 육각형 패턴으로 지뢰를 매설했기 때문에, 처음 몇 개가 발견되면 나머지는 쉽게 탐지할 수 있었다. 하지만 영국군은 상상력을 더 발휘하여, 난수를 사용해서 지뢰 사이의 간격을 결정했기 때문에 아무도 그 패턴을 감지할 수 없었다. 그녀는 나중에 이렇게 회고했다. "우리는 노픽 샌즈Norfolk Sands의 해변에서 … 패턴을 기록하는 것을 깜박 잊었다. 참으로 어처구니없는 일이었다. 내 친구 중 하나가 폭발 사

---

* 마커스 드 사토이는 그의 저서 《80게임으로 세계일주(Around the World in 80 Games)》에서, 파이(π)를 구성하는 숫자(사실상 무작위다)를 사용하여 다음에 낼 것을 선택하는 전략을 사용하여 가위바위보에서 연전연승했다고 보고한다.

고를 당했지만 기발한 아이디어를 떠올렸다. 그는 고출력 소방 호스로 해변을 씻어내자고 제안했다. 강력한 물줄기로 흙을 씻어내자 지뢰가 드러났다."[22]

무작위 전략은 대부분 효과적이지만, 다른 압도적인 힘을 견디기에는 역부족이다.

요약

- '순수한' 무작위성은, 사건이 우리가 알고 있는 확률분포를 따르며 우리가 가진 외부 지식의 영향을 받지 않을 때 발생한다고 할 수 있다.

- 이러한 객관적 확률은 아원자 수준에서 발생할 수 있지만, 실제로는 대부분의 원천이 '사실상의' 무작위 사건을 생성한다.

- 자연계의 복잡성은 대부분 원인을 알 수 없고, 우연으로 생각할 수 있는 미시적 사건에 따라 추동된다. 그런 다음 비선형적이고 '카오스적인chaotic' 과정을 거쳐 그 효과가 증폭될 수 있다.

- 세계가 진정으로 결정론적인지 확률적인지는 대부분의 분석에서 실질적으로 중요하지 않지만, 어떤 현상을 확률적인 것처럼 취급해야 하는지 여부는 신중하게 고려해야 한다.

- 난수 생성기 대부분은 완전히 결정론적이며 무작위성을 전혀 포함하지 않는다.

- 복권 추첨 방식과 같은 물리적인 무작위화 장치는 사실상 무작위적일 수 있지만, 예측 가능한 패턴을 포함하고 있다.

- 무작위성에 대한 우리의 직관은 부족하다. 무작위성은 우리가 기대하는 것보다 훨씬 더 '몰려 있는' 경향이 있다.

- 무작위성은 공정성, 대표성, 비교 가능성을 보장하고 상대방을 속이는 데 매우 유용할 수 있다.

7장

미래의 가능성을 바꾸는
베이즈 정리의 힘

2021년 6월 영국에서, 코로나19 사망자 중 대부분이 백신 접종을 완료한 상태였던 것으로 나타났다. 이것이 백신에 대한 우려의 원인이 되었을까?

코로나19 팬데믹 기간 동안 많은 불확실성이 있었다. 사회적 거리두기 정책, 안면 마스크 착용 등의 효과에 대한 논쟁은 앞으로도 수년간 계속될 것이다. 백신은 그 효과와 잠재적 위해성 측면 모두에서 논란의 여지가 있는 이슈가 되었고, 이 특별한 관찰(코로나19 사망자 중 대부분이 백신 접종을 완료한 상태였다)은 상당한 우려를 불러일으켰다.

언뜻 보기에는 코로나19 사망자 중 대부분이 백신을 완전히 접종한 사람들이라는 사실이 우려스러운 통계로 보일 수 있다. 백신이 실제로 해로운 것일까? 그러나 2021년 6월 영국의 상황을 생각해 보라. "코로나로 인한 중증 질환을 예방하는 데 매우 효과적이지만 완벽하지는 않다"라고 주장되는 백신이 수많은 사람에게 투여되었고, 가장 빠른 수혜자는 고위험군(예컨대 노인층, 임상적으로 취약한 사람들)이었다. 그렇다면 코로나 때문에 사망한 사람들의 일견 모순된 구성make-up을 어떻게 설명해야 할까?

나중에 백신 문제에 대한 공식적인 해답을 제시하겠지만, 이미 직관적인 답을 떠올린 독자도 있을 것이다. 백신은 코로나로 인한 사망을 예방하는 데 100% 효과가 있는 게 아니므로, 충분한 수의 사람이 백신을 맞으면 '돌파감염breakthrough infection'으로 인한 사망자가 미접종 그룹의 사망자를 추월하게 된다는 것이다. 백신을 맞는 것이 안 맞는 것보다 훨씬 덜 위험한데도 말이다. 납득이 가지 않는 사람들을 위해 비유를 하나 들어보겠다. 자동차 사고로 사망하는 사람 중 대부분이 안전벨트를 착용하고 있는데, 이는 안전벨트가 해롭다는 것을 의미하는 것일까? 천만의 말씀! 거의 모든 사람이 착용하고 있지만, 완벽한 보호 기능을 제공하지 못한다는 의미일 뿐이다.

이것은 불확실성보다는 통계에 대한 질문처럼 보일 수 있지만, 본질적으로 조건부 확률conditional probability을 다룬 것이다. 우리는 백신을 맞은 사람이 코로나로 사망할 조건부 확률(낮음)에 대해 알고 있지만, 대중의 관심사는 그 '반대'—코로나 때문에 사망한 사람이 백신을 맞았을 조건부 확률(1/2 이상으로 밝혀졌다)—이다. 이 문제에 대한 기술적 해결책은 **베이즈 정리**Bayes' theorem를 포함하는데,* 이는 확률 규칙의 단순한 결과

---

*   '정리'란 특정한 가정 아래 사실로 증명된 수학적 규칙일 뿐이다.

일 뿐이지만 중요한 파급력이 있다.

내가 이 장에서 주장하려는 것은, 베이즈 정리가 '경험을 통한 학습'의 기초로 간주될 수 있고, 원칙적으로 확률 이론 하나만으로 통계적 추론의 전체 토대를 형성할 수 있다는 점이다. 또한 베이즈 정리는 인간이 새로운 정보에 반응할 때 일어나는 일—소위 베이지안 뇌—의 기초가 된다는 주장도 제기되었다. 한때 무명에 가까웠던 18세기 성직자가 실로 엄청난 업적을 남긴 것이다.

토머스 베이즈Thomas Bayes는 1700년경 태어나 에든버러대학교에서 교육받고 장로교 목사가 되었다. 이후 세련된 온천 마을인 툰브리지 웰스에서 살면서 매우 지루한 설교를 일삼고 숙련된 아마추어 수학자로 활동했으며 왕립학회 회원으로 선출되기도 했다. 그는 1761년에 사망했지만, 그의 명성은 1763년 그의 유고 뭉치에서 발견된 원고가 사후 출판된 데서 비롯되었다.[1] 〈우연을 다룬 교리 문제를 해결하려고 쓴 에세이An essay towards solving a problem in the doctrine of chances〉라는 제목의 이 논문은 그의 친구 리처드 프라이스Richard Price 박사가 제출한 것인데, 프라이스는 서론에서 "신의 존재에 대한 논거를 제공한다"라는 주장을 포함하여 확률에 대한 베이즈 연구의 가치를 찬양했다.*

확률에 대한 베이즈의 정의는 명확하지는 않지만,** 기본적으로

---

* 프라이스의 주장에 따르면, 베이즈의 목적은 다음과 같다. "사물의 구성에는 사물의 발생을 다루는 고정된 법칙이 내재한다. 따라서 세계의 틀은 지적 명분(intelligent cause)을 가진 지혜와 힘의 효과에 따른 것임에 틀림없고, 이에 대해 믿을 만한 증거를 보여준다. 그리고 이렇게 하여 신의 존재에 대한 목적론적 원인에서 도출된 주장을 확증한다." 하지만 베이즈는 이런 주장을 한 적이 없다.

** 원문을 살펴보면 베이즈의 정의가 얼마나 불명확한지 알 수 있다. "어떤 사건의 확

'내기에서 얻을 것으로 *기대되는 금액*'이 '만약 내기에서 이긴다면 받을 수 있는 금액'에서 차지하는 비율을 말한다. 예컨대 어떤 내기에서 이기면 1파운드(100펜스)를 얻게 되어 있지만 당신이 사전에 기대하는 금액은 평균 60펜스뿐이라고 가정하면, 당신이 이길 확률은 60/100＝0.6이다. 따라서 우리가 3장에서 살펴본 것처럼 확률의 관점에서 기댓값을 정의하는 대신, 베이즈는 기댓값의 관점에서 확률을 정의한다고 볼 수 있다. 대칭성이나 장기적 빈도에 대해서는 일언반구도 없고, 확률은 전적으로 주관적인 믿음의 관점에서 정의된다. 명색이 장로교 성직자라는 사람이 가장 기본적인 정의를 도박의 관점에서 내린다는 것은 다소 아이러니한 일이다.

베이즈는 런던 번힐 필즈의 비국교도Nonconformist 공동묘지에 묻혀 있고, 주변에는 대니얼 디포Daniel Defoe, 윌리엄 블레이크William Blake 등 내로라하는 이들이 고이 잠들어 있다. 그의 업적은 20세기까지 제대로 인정받지 못했지만, 지금은 '베이지안'이라는 용어가 표준이 되어 통계, 머신러닝, 인공지능 분야에서 널리 알려졌다. 에든버러대학교는 'AI 및 데이터 과학 혁신 허브'를 베이즈 센터Bayes Centre로 명명해 저명한 동문을 기리고 있고, 번힐 필즈와 거의 인접한 카스 경영대학Cass Business School은 존 카스John Cass와 노예제와의 연관성을 조사한 후 2021년에 베이즈 경영대학Bayes Business School으로 이름을 바꿨다. 베이즈의 논문은 장황하고 모호한 그의 설교 스타일을 따르고 있지만,

---

률은 '사건의 발생에 따른 기대치로 계산되어야 하는 값'과 '사건이 발생했을 때 예상되는 것의 값'의 비율이다(The probability of any event is the ratio between the value at which an expectation depending on the happening of the event ought to be computed, and the value of the thing expected upon its happening)".

논문의 복잡한 언어와 끔찍한 표기법*에는 근본적인 아이디어가 묻혀 있다. 즉 "어떤 미지의 양에 대한 초기 믿음은 데이터를 관찰한 후 수정되고, 새로운 믿음은 향후 추정 및 예측의 기초를 형성한다"라는 것이다. 그의 아이디어를 좀 더 공식적으로 설명하기 전에 다소 인위적인 예로 시작하기로 하자.

> 그림 7.1과 같이, 동일한 불투명한 가방 두 개가 내게 주어졌다. 나는 가방 하나를 무작위로 선택하여 공 한 개를 꺼내고, 그 공에 점이 찍혀 있다는 것을 확인한 후 원래 가방에 도로 집어넣는다. 내가 '가방 1' 또는 '가방 2'를 선택했을 합리적인 확률은 얼마일까? 만약 내가 같은 가방에서 다시 공 한 개를 뽑으면 점이 찍혀 있을 확률은 얼마나 될까? 그리고 그게 점이 찍혀 있다면 이제 가방 두 개 중에서 어느 가방을 뽑았을지에 대한 합리적인 확률은 얼마일까?

당신은 직감적으로 '만약 내가 점박이 공을 뽑았다면, 가방 1보다는 가방 2에서 나왔을 가능성이 더 높아 보인다'라는 생각이 들 수 있다. 그러면 이 경우, 두 번째로 뽑은 공이 점박이일 가능성이 더 높아질 것이다. 이러한 직감은 정확하고, 베이즈 정리는 이것을 정교화하는 방법을 보여준다.

---

*   베이즈는 미적분학을 기술할 때 뉴턴의 '유율법(fluxions)'이라는 표기법을 사용했지만, 피에르 시몽 라플라스는 1774년에 베이즈의 연구를 재발견했을 때 훨씬 더 나은 성과를 거두었다. 라이프니츠의 표기법을 사용한 라플라스의 설명은 오늘날에도 즉시 알아들을 수 있다.

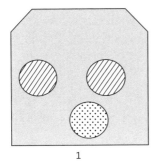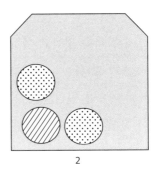

그림 7.1

동일하고 불투명 가방 두 개에 각각 공이 세 개씩 들어 있다. 가방 1에는 점박이 공 한 개와
줄무늬 공 두 개가 들어 있고, 가방 2에는 점박이 공 두 개와 줄무늬 공 한 개가 들어 있다.

3장에서 소개한 예상 빈도 수형도expected frequency tree라는 개념을 사용하여 전체 과정을 18번 반복하면 어떤 일이 일어날지 생각해 보자. 그림 7.2에서처럼 나는 첫 번째 공을 뽑을 때 각 가방을 아홉 번씩(총 18번), 여섯 개의 공을 각각 세 번씩(총 18번) 선택할 것으로 예상된다. 18번의 선택 중에서 아홉 번은 점박이 공을 뽑을 텐데, 그중 세 번은 가방 1에서 나올 것이고 여섯 번은 가방 2에서 나올 것이다. 점박이 공 하나를 뽑았다는 것을 이미 알고 있으므로, 그 공이 가방 1 또는 가방 2에서 나왔을 합리적인 확률은 3 대 6이다. 그러므로 두 가방에서 점박이 공이 나왔을 확률은 각각 1/3(3/9)과 2/3(6/9)다. 따라서 점박이 공 한 개를 뽑은 후, 나는 가방 2에서 점박이 공을 뽑을 확률은 가방 1에서 뽑을 확률의 두 배라고 간주한다.

이제 내가 뽑았던 점박이 공을 가방에 도로 넣은 후, 같은 가방에서 또 하나의 공을 뽑는다고 가정해 보자. 그림 7.2는 두 번째 뽑기에서 예상되는 결과도 보여준다. 이번에는 1+4=5개의 점박이 공이 뽑힐 것으로 예상된다. 따라서 가방에서 나온 두 번째 공이 점박이일 전체 확률은 5/9로, 첫 번째 공이 점박이일 확률인 1/2(9/18)보다 약간 높다. 더 많은 것을 알게 되면서 불확실성이 바뀐 셈이다. 즉, 첫 번째 점박이 공은 내가 선택한 가방에 대한 믿음을 바꾸고, 이는 다음 공이 점박이일 확률을 바꾼다.

두 번째 점박이 공을 뽑을 수 있는 다섯 가지 가능성 중 네 가지가 가방 2에서 나온다. 따라서 내가 가방 2를 선택했을 합리적인 확률은 이제 4/5=80%가 되며, 점박이 공 두 개를 뽑은 후 눈앞의 가방에 대한 믿음이 1/2(50%), 2/3(67%), 4/5(80%)로 빠르게 수정되었다는 것을 보여준다.

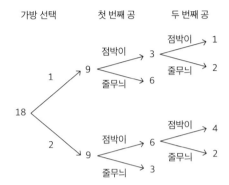

가방 선택　　　첫 번째 공　　두 번째 공

그림 7.2
가방 두 개 중 하나를 무작위로 고른 후 그 가방에서 공 하나를 뽑는 과정을 18번 반복하면 어떤 일이 일어날지 예상할 수 있다. 나는 첫 번째 공에 점이 찍힌 것을 확인한 후 원래 가방에 도로 집어넣고, 그 가방에서 다시 공 하나를 뽑는다. 첫 번째로 뽑은 공이 점박이인 경우는 아홉 번(=3+6)이고, 그중에서 두 번째로 뽑은 공도 점박이인 경우는 다섯 번(=1+4)이다.

경험에 비추어 확률을 수정하는 과정은 미묘한 개념이며, 일반적인 원리가 직관적이라 하더라도 그 메커니즘이 즉각적으로 명확하지는 않다. 일반적인 수학적 표기법을 사용하면 도움이 될 수 있다. 즉, 어떤 사건 A에 대한 확률—이를 $\Pr(A)$라고 표시한다—이 있다고 가정하자. 그런 다음 사건 B를 관찰하고, 이 새로운 증거가 $\Pr(A)$를 어떻게 새로운 조건부 확률—이를 $\Pr(A|B)$라고 표시한다—로 바꾸는지 알아보기로 하자.

베이즈 정리는 이러한 신념을 새롭게 바꾸기 위한 공식적인 절차를 제공하며, 기본 형식은 다음과 같다.

$$\Pr(A|B) = \frac{\Pr(B|A)}{\Pr(B)} \times \Pr(A)$$

이는 3장의 조건부 확률 개념에서 바로 이어진다.* 표준 용어로는, 초기 또는 **사전 확률**prior probability인 $\Pr(A)$로 시작하여 증거 B를 관찰한 후 이를 최종 또는 **사후 확률**posterior probability인 $\Pr(A|B)$로 수정한다고 말한다.

베이즈 정리를 이용해 가방과 공 문제를 풀려면 사건 A를 '가방 2 선택'으로, 사건 B를 '점박이 공 선택'으로 설정하면 된다. 가방을 무작위로 선택했으므로, 사전 확률인 $\Pr$(가방 2 선택)은 당연히 1/2이 될 것이다. 점박이 공을 관찰한 후, 이러한 믿음은 베이즈 정리에 따라

---

* 조건부 확률의 정의에 따르면 $\Pr(A \text{ and } B) = \Pr(A|B) \times \Pr(B)$이고 $\Pr(B \text{ and } A) = \Pr(B|A) \times \Pr(A)$이다. $\Pr(A \text{ and } B) = \Pr(B \text{ and } A)$이므로(순서는 상관없다), 이는 $\Pr(A|B) \times \Pr(B) = \Pr(B|A) \times \Pr(A)$를 의미한다. 양변을 $\Pr(B)$로 나누면 베이즈 정리가 나온다.

다음과 같은 사후 확률 Pr(가방 2 선택 | 점박이 공 뽑기)로 변경된다.

$$\mathrm{Pr}(\text{가방 2 선택} \mid \text{점박이 공 뽑기}) = \frac{\mathrm{Pr}(\text{점박이 공 뽑기} \mid \text{가방 2 선택})}{\mathrm{Pr}(\text{점박이 공 뽑기})}$$
$$\times \mathrm{Pr}(\text{가방 2 선택})$$

이제 가방에 대한 지식에서 Pr(점박이 공 뽑기 | 가방 2 선택)=2/3이고, 가방의 대칭성*때문에 점박이 공과 줄무늬 공의 뽑기 확률이 같으므로 Pr(점박이 공 뽑기)=1/2이다. 따라서

$$\mathrm{Pr}(\text{가방 2 선택} \mid \text{점박이 공 뽑기}) = \frac{2/3}{1/2} \times 1/2 = 2/3$$

이것은 보다 직관적인 예상 빈도 수형도의 결과와 일치한다.

이 사례는 세 가지 중요한 점을 보여준다. 첫 번째, 우리의 분석은 특정 공을 뽑을 수 있는 우연적 확률aleatory probability에 대한 가정을 기반으로 하는데, 이는 우연으로 간주될 수 있으며, 베이즈 정리에 따라 (어떤 가방을 선택했는지에 대한 개인적 믿음이라는 의미에서) 인식론적 확률로 변환된다. 이것은 매우 중요한 단계로, 관찰된 데이터와 '세상이 어떻게 돌아가는지'(우연의 작용)에 대한 우리의 가정이 눈앞에 놓인 특정 사례에 대한 판단으로 전환된다.

두 번째, 반복되는 뽑기는 복원 추출을 거쳐 이루어지므로 물리적으로 독립적인 것처럼 보이지만, 점박이 공에 대한 확률은 변한다. 이

---

* 가방 1에는 점박이 공 한 개, 줄무늬 공 두 개, 가방 2에는 줄무늬 공 한 개, 점박이 공 두 개가 들어 있으므로, 대칭성의 원칙에 따라 점박이 공과 줄무늬 공의 뽑기 확률은 똑같이 1/2이다. ─옮긴이

는 언뜻 독립사건이라는 개념과 모순되는 것처럼 보일 수 있다. 그러나 뽑기는 (불확실한) 가방 선택을 고려할 때만 *조건부로 독립적*이며, 앞서 살펴본 것처럼 뽑은 공이 점박이라는 사실을 알면 다음 공이 점박이일 것이라는 우리의 믿음은 상당히 합리적으로 바뀐다.

조건부 독립성 conditional independence 은 많은 통계 모델링의 기초가 되는 강력한 개념인데, 만약 관찰에 영향을 미치는 공통 요인을 알고 있다면 관찰이 독립적이라고 가정하는 것이 종종 합리적이므로, 여러 번 관찰하여 그러한 공통 요인에 대해 배울 수 있다.* 예컨대 일련의 축구 경기 결과는 특정 팀들을 고려할 때 조건부 독립적이라고 가정할 수 있지만, 여전히 그 팀들의 기본기에 대해 무언가를 알려줄 수 있다.

마지막으로, 이 모든 분석은 가방이 보여준 대로이고 우리가 거짓말에 현혹되지 않는다는 가정에 달려 있다. 나는 학생들과 비슷한 연습을 할 때 가끔 끈적끈적한 덩어리를 하나의 가방에 넣기도 하는데 이는 세 가지 목적 때문이다. 첫 번째는 재미있는 비명을 지르게 하려고, 두 번째는 학생들에게 모든 확률은 가정에 따라 달라진다는 것을 가르치기 위해서, 그리고 세 번째는 사람들을 무조건 신뢰하는 것을 경계해야 한다는 점을 일깨우기 위해서다.

◆

2023년 5월 6일, 찰스 3세 국왕은 런던의 웨스트민스터 사원에서 대관식을 치렀다. 경비가 삼엄했고, 런던 경찰은 자동 안면 인식 기술을 사용하여 군중 속에 특정 인물이 있는지 탐지 중이라고 보고했다.[2] 하지만 이 시스템은 얼마나 신뢰할 수 있었을까?

---

*   3장에서 언급한 드 피네티의 증명을 기억하라. 교환 가능한 시퀀스는 알려지지 않은 모종의 공통적 발생 기회를 고려할 때 조건부 독립적인 것으로 간주할 수 있다.

경찰이 사용하는 실시간 안면 인식 시스템은 '감시 대상자 명단'에 있는 사람 중 70%를 식별하는 반면, 1,000명 중 한 명에 대해서만 오경보false alert를 생성한다고 한다. 이 시스템은 어떤 사람, 예컨대 '조지'를 '감시 대상자 명단에 등재된 사람과 일치하는 사람'으로 판정하고 군중 속에서 골라낸다. 그런데 조지가 실제로 감시 대상자 명단에 있는 사람으로 판명될 합리적인 확률은 얼마나 될까?

안면 인식 시스템은 고품질 이미지를 이용하여 통제된 환경에서 사용할 때 탁월한 성능을 발휘할 수 있다. 이것이 자동 여권 심사대를 빠르게 통과할 수 있게 해줄 때, 매우 감사하게 생각한다. 하지만 '실시간' 안면 인식'Live' Facial Recognition, LFR을 사용하여 군중을 스캔해서 감시 대상자 명단에 있는 개인을 식별하는 건 시민의 자유의 관점에서뿐만 아니라, 정확성 측면에서 논란의 여지가 더 많다. 감시 대상자 명단에 사용된 이미지와 스캔의 품질이 훨씬 낮을 가능성이 있기 때문이다.

영국 경찰대학의 공식 지침[3]에서는 다음과 같은 용어를 사용한다.

- 실제 인식률True Recognition Rate, TRR은 감시 대상자 명단에 있는 사람 중에서 '스캔 결과, 올바른 경보가 생성된 사람'의 비율을 말한다. 이는 의료용 선별 검사screening test의 맥락에서 '민감도sensitivity'로 알려져 있다.

- 오경보율False Alert Rate, FAR은 LFR 시스템에서 처리된 피험자들 중에서 '오경보가 생성된 사람'의 비율을 말한다. 선별 검사에서는 '위양성률false-positive rate' 또는 '1 – 특이도'1 – specificity'

라는 용어를 사용하는데, 이는 오경보의 수를 '감시 대상자 명단에 등재되지 않은 피험자 수'로 나눠 산출되지만, 이 맥락에서는 본질적으로 FAR과 동일하다.

메트로폴리탄 경찰은 실제 인식률이 70%이고 오경보율이 1,000명 중 한 명이라고 주장했는데,[4,5] 이는 조사된 군중 1,000명 중 한 명만이 감시 대상자로 잘못 판정된다는 의미다. 과연 그럴까?

군중 1만 명 속 어딘가에 경찰이 주시하는 감시 대상자가 10명 있다고 가정해 보자. 그림 7.3은 시스템에서 스캔된 1만 명에게 어떤 일이 일어날 것으로 예상되는지 보여준다.

요주의 감시 대상자는 10명이며, 시스템은 그중 일곱 명을 제대로 식별할 것으로 예상된다(실제 인식률 70%). 또한 이 시스템은 명단에 없는 10명을 잘못 식별할 것이다(오경보율 1,000분의 1). 따라서 1,000명 중 한 명이 잘못 식별되었지만 식별된 사람 중 대부분(10/17 = 59%)은 오경보일 것이다. 그러므로 시스템이 군중 속에서 골라낸 조지가 실제로 감시 대상자 명단에 등재되어 있을 확률은 1/2 미만이라고 합리적으로 평가할 수 있다. 메트로폴리탄 경찰이 내세우는 시스템의 명백한 정확성을 감안할 때, 이는 기이하고 직관에 반하는 것으로 느껴질 수 있다.

이 분석은 표 7.1에 나와 있는 형태로도 표시할 수 있다. 이는 베이즈 정리를 바라보는 또 다른 방법으로, 그림 7.3을 '실시간 안면 인식 결과'(행)와 '감시 대상자 명단 등재 여부'(열)라는 두 가지 관점에서 2차원적으로 재구성한 것이다.

조지가 시스템에 의해 잘못 식별된 경우, 그는 올바르게 신원을 확

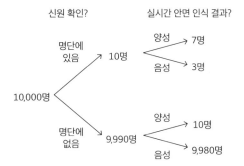

그림 7.3

경찰의 감시 대상자 명단에 오른 사람이 10명일 때, 실시간 안면 인식 시스템으로 군중 1
만 명을 스캔했을 때 일어날 것으로 예상되는 일. 양성 판정 17건 중 10건은, 감시 대상
자 명단에 없는 사람을 감시 대상자로 잘못 식별한 것이다. 메트로폴리탄 경찰이 내세우
는 시스템의 정확성이 무색해진다.

인한 뒤에야 신속히 귀가할 수 있다. 그러나 시스템의 오경보율이 매우 낮은 경우(예컨대 1,000분의 1) 경찰이 위양성에 대해 잘못된 확신을 나타낼 수 있는데, 이를 기저율 무시base-rate neglect라고 한다. 이것은 다소 직관에 반하는 진실을 보여주는 특별한 경우로, 찾고 있는 대상이 드문 경우 설사 선별 검사가 정확해 보이더라도 대부분의 '식별'이 틀릴 수 있다.*

건초 더미에서 바늘을 찾을 때, 아무리 시력이 좋다고 해도 바늘처럼 보이는 것은 대부분 건초일 테니 말이다.

나는 이 장을 "코로나로 사망한 사람들 중 대부분이 백신을 맞았다"라는 이야기로 시작하고, 이것이 이 장의 주제이기도 한 베이즈 정리의 한 예로 간주될 수 있다고 주장했다. 이제 나는 고위험군 노인에 대한 매우 대략적인 수치를 사용하여 이를 좀 더 공식적으로 증명하려고 시도한 것이다. 왜냐하면 이 그룹의 사망자 수가 압도적으로 많기 때문이다.

2021년 6월 영국에서 SARS-CoV2에 감염된 고위험군 고령자 중 95%가 백신을 접종받았다고 가정하자. 백신을 맞지 않은 고위험군 감염자의 사망 위험이 약 2%이고 백신의 코로나19 사망 예방 효과가 90%라고 가정하면, 백신을 접종 받은 그룹의 위험은 미접종 그룹의 10분의 1 수준인 0.2%로 줄어들게 된다. 이와 관련하여 살펴

---

* 알려진 개인을 군중 속에 배치한 2023년 연구에 따르면, 최신 소프트웨어의 정확도가 향상되어 실제 인식률은 89%, 오경보율은 0.017%(6,000명 중 한 명)로 나타났다고 한다. 이는 적발자 약 11명 중 아홉 명이 실제로 감시 대상자 명단에 올라 있다는 의미로, 상당히 개선된 수치다.

	대상자 명단에 있음	대상자 명단에 없음	합계
LFR 결과? 양성	7	10	17
음성	3	9,980	9,983
	10	9,990	10,000

표 7.1
그림 7.3의 예상 빈도 수형도를 표로 나타낸 것이다.

보면, 그림 7.4는 고위험군 1만 명이 감염될 경우의 결과를 보여준다. 총 19+10=29명의 코로나 사망자가 발생하고, 그중 대다수인 19/29=66%가 백신을 접종 받았을 것으로 예상할 수 있다. 사망률이 크게 줄었지만 사망자 수에만 집착하다 보니, 안타깝게도 백신이 코로나로 인한 사망 위험을 높인다는 생각은 계속 확산됐다.

예상 빈도 수형도는 베이즈 정리가 어떻게 작동하는지 확인하는 데 도움이 될 수 있지만, 기본 수학은 복잡하다. 다행히도 베이즈 정리를 재구성하면 분석이 더 쉬워질 뿐만 아니라, 형사 사법 시스템에서 중요해지고 있는 수치인 **가능도비**likelihood ratio를 도입할 수 있다.

당신이 참(A로 표시되었다)이거나 참이 아닐 수 있는(not A로 표시되었다) '이진' 변수에 관심이 있다고 가정하면, 확률 규칙에 따라 $\Pr(A)$ $=1-\Pr(\text{not } A)$가 된다. 2장에서 살펴본 것처럼 A에 대한 승산은 $\Pr(A)/\Pr(\text{not } A)$이라는 비율이므로, 예컨대 0.8이라는 확률은 0.8/0.2=4라는 승산에 해당한다.

다음으로, 베이즈 정리는 '승산형odds form'*이라고 알려진 형식으로 쓸 수 있다.

$$\frac{\Pr(A|B)}{\Pr(\text{not } A|B)} = \frac{\Pr(B|A)}{\Pr(B|\text{not } A)} \times \frac{\Pr(A)}{\Pr(\text{not } A)}$$

---

* 베이즈 정리를 'not A'에 적용하면, $\Pr(\text{not } A|B) = \dfrac{\Pr(B|\text{not } A)}{\Pr(B)} \times \Pr(\text{not } A)$ 가 된다. 따라서 $\dfrac{\Pr(A|B)}{\Pr(\text{not } A|B)}$의 분자와 분모에 베이즈 정리를 대입하면 $\Pr(B)$ 가 소거되어 필요한 승산형을 얻을 수 있다. ─옮긴이

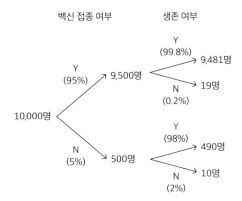

백신 접종 여부   생존 여부

Y
(99.8%)
→ 9,481명

Y
(95%) → 9,500명

N
(0.2%)
19명

10,000명

Y
(98%)
490명

N
(5%) → 500명

N
(2%)
10명

그림 7.4

고위험 고령자 1만 명(정확한 숫자가 아님)을 기준으로, 코로나로 사망한 사람 중 대부분
이 완전한 예방 접종을 받은 상태였던 이유를 설명한다. 코로나로 사망한 29명(=19+10)
중 19명이 예방 접종을 받았다.

A에 대한 **사전 승산**prior odds은 $\mathrm{Pr}(A)/\mathrm{Pr}(\text{not } A)$이고, **사후 승산**posterior odds은 $\mathrm{Pr}(A|B)/\mathrm{Pr}(\text{not } A|B)$이다. 따라서 베이즈 정리는 다음과 같은 간단한 형식으로 쓸 수 있다.

$$\text{사후 승산} = \text{가능도비} \times \text{사전 승산}$$

여기서

$$\text{가능도비} = \frac{\mathrm{Pr}(B|A)}{\mathrm{Pr}(B|\text{not } A)}$$

베이즈 정리의 승산형은 무슨 일이 일어나고 있는지에 대한 더 큰 통찰을 준다. 예컨대 실시간 안면 인식을 다룬 예제에서 베이즈 정리는 다음과 같이 쓸 수 있다.

$$\frac{\mathrm{Pr}(\text{감시 명단에 있음} \mid \text{양성})}{\mathrm{Pr}(\text{감시 명단에 없음} \mid \text{양성})} = \frac{\mathrm{Pr}(\text{양성} \mid \text{감시 명단에 있음})}{\mathrm{Pr}(\text{양성} \mid \text{감시 명단에 없음})}$$
$$\times \frac{\mathrm{Pr}(\text{감시 명단에 있음})}{\mathrm{Pr}(\text{감시 명단에 없음})}$$

숫자를 대입하면 다음과 같이 되는데

$$\frac{7}{10} = \frac{0.7}{0.001} \times \frac{10}{9{,}990}$$

여기서 가능도비는 $0.7/0.001 = 700$이다.

코로나 백신 접종을 다룬 예제에서는 백신이 상대적 사망 위험을 90%(백신의 '효과') 감소시키는 것으로 가정한다는 점에 주목하여 다음과 같은 가능도비를 바로 도출할 수 있다.

$$\frac{\Pr(\text{코로나로 사망} \mid \text{백신 접종})}{\Pr(\text{코로나로 사망} \mid \text{백신 미접종})} = \frac{1}{10}$$

백신 접종에 대한 사전 승산이 $9,500/500 = 19$라고 가정하면, 베이즈 정리의 승산형은 다음과 같다.

$$\frac{\Pr(\text{백신 접종} \mid \text{코로나로 사망})}{\Pr(\text{백신 미접종} \mid \text{코로나로 사망})} = \frac{\Pr(\text{코로나로 사망} \mid \text{백신 접종})}{\Pr(\text{코로나로 사망} \mid \text{백신 미접종})}$$
$$\times \frac{\Pr(\text{백신 접종})}{\Pr(\text{백신 미접종})}$$

또는

$$\frac{19}{10} = \frac{1}{10} \times 19$$

이는 그림 7.4에 나오는 수형도의 결과와 일치한다.

나는 10장에서, 범죄의학^{forensic} 증거에 부여할 수 있는 가중치를 요약할 때 가능도비가 점점 더 중요한 역할을 하고 있다는 것을 살펴볼 것이다. 그리고 우리는 최근에야 이것이 현대사에서 수행한 중요한 역할을 재확인했다.

가능도비는 어떻게 제2차 세계대전 기간을 단축하는 데 도움이 되었을까?

지금은 익숙한 이야기지만, 앨런 튜링은 케임브리지의 뛰어난 젊은 수학자로 블레츨리 파크에서 팀을 이끌고 에니그마enigma의 암호를 해독했고 제2차 세계대전 수행에 필수적인 정보를 제공했다.* 암호 해독은 분석과 판단의 조합이며, 베이지안 추론이 이상적이라는 것을 튜링은 깨달았다. 그는 1941년에 자신의 접근 방법을 설명하면서, 우리가 3장에서 이미 살펴본 확률의 정의를 먼저 제시했다.

특정 증거에 대한 사건의 확률은, 그 증거가 주어졌을 때 그 사건이 일어날 것으로 예상되는 경우의 비율이다.

이 정의에는 지금까지 이 책에서 살펴본 모든 아이디어—모든 확률이 고려되는 증거에 대해 조건부라는 점, 개인적이라는 점, 가능한 결과의 예상 비율로 생각할 수 있다는 점 등—가 아름답게 담겨 있다.

1941년부터 1943년까지 튜링은 특수 종이를 사용하는 조수들(모두 여성이었다)의 도움을 받았다. 이 종이에는 문자에 해당하는 구멍이 뚫려 있었는데, 조수들은 이 종이를 수동으로 밀어가며 메시지 쌍 사이의 반복되는 패턴을 찾아내고, 에니그마 기계의 회전자rotor에 대한 단서를 제안하는 데 성공했다. 이 특별한 종이는 밴버리Banbury에서 인쇄되었고, 이 모든 과정은 반부리스무스banburismus라는 이름으로 알려졌다. 그의 목표는 이 해석본을 전기 기계식 봄베bombe 컴퓨터에 입력하

는 알맞은 방법을 제안하고, 봄베를 실행할 때 소요되는 시간을 줄이기 위해 다른 설정을 배제하는 것이었다.*

튜링은 베이즈 정리를 사용해, 암호화된 메시지를 생성하는 데 사용된 에니그마 컴퓨터의 기본 설정에 대한 경쟁 가설들의 상대적 확률을 조사하려고 했다. 그는 계산을 실현 가능하게 하려고 두 가지 혁신을 도입했다. 첫 번째, 가능도비를 곱해야 하는 승산형 베이즈 정리를 반복해서 사용하는 대신, 로그logarithm를 사용해 곱셈을 덧셈으로 전환함으로써 계산의 부담을 줄였다. 두 번째, 로그(가능도비)에 10(나중에는 20)을 곱한 다음 그 결과를 반올림하여 정수로 만들었다. 그리하여 전체 과정은 연필과 종이로 수행할 수 있는 정수의 덧셈과 뺄셈으로 간소화되었다.**

튜링은 이 작업을 설명하는 논문을 썼지만 안타깝게도 70년 동안 대중에게 공개되지 않았다. 2012년에 마침내 공개되었을 때, 현대 정부의 암호 해독자('리처드'로만 알려졌다)는 이 자료에서 "진액essense을 짜냈기 때문에" 공개할 수 있다고 말했다.[6] 한편, 튜링의 기술은 재발견되어 '독립 베이즈independent Bayes' 또는 '나이브 베이즈naive bayes' 분류기로 알려진 머신러닝의 표준이 되었고, 스팸 탐지기와 초기 의료용 진단 시스템에서 광범위하게 사용되었다. 로그(가능도비)를 축적하는 아이디어

---

*   독일의 정보기관은 에니그마가 이론적으로 풀 수 없다고 생각한 것이 아니라, 계산의 한계 때문에 실질적으로 풀 수 없다고 생각한 것으로 보인다.

** 철학자 C. S. 피어스(C. S. Pierce)는 로그(가능도비)를 "증거의 가중치"라고 불렀는데, 튜링은 이 사실을 몰랐던 것 같지만 나중에 잭 굿이 이 용어를 다시 도입했다. 반올림된 '20×로그(가능도비)'의 단위는 '하프 데시반(half-deciban)'으로 알려졌고, 굿은 이것이 인간의 직관으로 직접 인지할 수 있는 증거의 가중치에서 가장 작은 변화라고 주장한다.

는 제2차 세계대전에서 산업 공정의 순차적 테스트의 기초로 (독립적으로) 개발되었고, 대량 학살자 해럴드 시프먼의 신원을 파악하는 데도 이 기법이 사용되었다(《숫자에 약한 사람들을 위한 통계학 수업》 참조).[7]

블레츨리 암호 해독자들의 노력이 전쟁을 2년에서 4년까지 단축하고[8] 확실히 수많은 생명을 구한 것으로 알려져 있지만, 토머스 베이즈와 마찬가지로 튜링도 생전에는 널리 알려지지 않았다. 1952년 그는 다른 남성과의 '엄중한 외설 행위gross indecency' 혐의로 기소되었고, 1954년 사망했을 때 검시관들은 그가 독이 든 사과를 먹고 자살한 것으로 기록했다. 그는 마침내 2013년 왕의 특권으로 사면되었고, 지금은 베이즈와 마찬가지로 널리 존경받고 있다. 앨런튜링연구소는 영국의 데이터 과학 및 인공 지능을 위한 국립연구소이고, 2021년 현재 50파운드 지폐에 그가 등장하고 있다. 그러나 베이지안 추론에 대한 그의 통찰력은 여전히 크게 주목받지 못하고 있다.

지금까지 소개한 이야기들은 베이지안 사고가 어떻게 여러 증거를 바탕으로 우리의 믿음을 새롭게 바꿀 수 있는지 보여주었다. 나는 지금까지 옳거나 그른 명제에 대한 믿음에만 탐구를 국한했다. 하지만 이 과정을 현재까지 알려지지 않은 다른 중요한 것들, 예컨대 한 국가의 실제 인구나 약물의 평균 효과 등을 배우는 데까지 나아가는 것은 자연스러운 일이다. 물론 이 책의 주제는 아니지만, 베이지안 사고는 불확실성에 대한 논의와 분리할 수 없는 **통계적 추론**statistical inference 이라는 개념으로 우리를 안내한다.

통계적 추론을 둘러싸고 여러 학파가 갑론을박을 거듭하고 있다 (8장 참조). 아주 간단히 설명하면, 베이지안 접근 방법은 세상의 어떤 미지의 상태에 대한 사전 확률분포만으로 관련 데이터를 관찰한 다음, 베이즈 정리를 사용해 사전 확률분포를 사후 확률분포로 새롭게 바꾸는 것이다.* 이게 전부다! 물론 실제로는 데이터를 생성한 과정에 대한 적절한 가정과 관련된 수많은 복잡한 문제가 있고, 실제로 답을 계산하는 것이 어렵기 때문에 현실적으로 1980년대 후반까지는 복잡한 예제가 불가능했다. 그러나 중요한 통찰은, 굳이 다른 원칙이 필요하지 않다는 것이다. 통계적 추론 전체는 확률 이론으로 압축될 수 있고, 이 장에서 확률 이론을 다룬 것은 바로 이 때문이다.

베이지안 추론은 오랫동안 논란에 휩싸여 왔다. 확률이 현재 우리가 알지 못하는 개인적인 불확실성을 수치화한 것일뿐이며, 사전 확률과 사후 확률은 외부 세계의 독립되고 객관적인 속성으로 존재하는 것이 아니라 현재 우리가 가지고 있는 가정을 기반으로 한 구성체라는 인식에 기초하기 때문이었다. 이러한 아이디어는 이 책 전체를 관통하므로 지금쯤 익숙해졌겠지만, 확률을 '사건이 오랫동안 반복되었을 때 나타나는 빈도'로 정의하고, 통계적 추론은 객관적이어야 한다고 믿고 자란 사람들에게는 매우 도전적일 수 있다.

---

*   세상의 알려지지 않은 특성은 모델의 매개변수 또는 모수(parameter)로 표현되며, 일반적으로 θ(세타)와 같은 그리스 문자가 사용된다. 통계학자들은 θ에 대한 개인의 불확실성을 사전 분포 $\Pr(\theta)$로 표현할 수 있다고 가정한다. 그런 다음 어떤 데이터 x를 관찰하고, x를 관찰할 확률이 θ에 따라 어떻게 달라지는지를 표현하는 확률 모델 $\Pr(x|\theta)$을 가정한다. 이는 다양한 x가 다양한 θ 값을 뒷받침하는 정도를 측정하는데, 이것을 기술적으로 가능도라고 한다(그래서 나는 앞에서 가능도비를 언급했다). 그런 다음 베이즈 정리는 이 두 요소를 결합하여 사후 분포 $\Pr(\theta|x)$를 형성하는 방법을 보여준다. 이것은 x를 관찰한 후 θ에 대한 수정된 믿음을 요약하며, 여기서 $\Pr(\theta|x) = \Pr(x|\theta)\Pr(\theta)/\Pr(x)$이다. 이것은 간단하게 들릴 수 있지만, 특히 θ의 차원이 많고 x가 큰 경우 사후 분포를 효율적으로 계산하는 방법에 대해 수십 년 동안 연구가 진행되어 왔다.

우리는 리처드 파인먼처럼 자신이 모른다는 것을 인정할 만큼 겸손하고, 놀라운 증거에 직면했을 때 마음을 바꿀 준비가 되어 있는 사람들을 여러 번 칭찬해 왔다. 하지만 이것이 인간의 훌륭한 성품일 수 있지만, 자동 학습 시스템에도 이러한 특성이 내장될 수 있을까? 다시 말해서

수학에서 겸손을 어떻게 표현할 수 있을까?

그림 7.1에서 예시로 든 가방 두 개를 떠올려 보라. 가방 1에는 점박이 공 한 개와 줄무늬 공 두 개가 들어 있고, 가방 2에는 점박이 공 두 개와 줄무늬 공 한 개가 들어 있다. 가방 하나를 무작위로 선택한 다음 그 가방에서 복원 추출 방식으로 일련의 공을 뽑되(즉, 각각의 공을 뽑은 뒤 가방에 도로 집어넣는다), 공을 뽑았을 때마다 가방 1 또는 가방 2를 선택했을 확률과 다음에 뽑을 공이 점박이일 확률을 평가한다고 가정해 보자. 실제로 점박이 공이 더 많은 가방 2를 골랐다고 가정해 보자. 그림 7.5(a)는 공을 뽑고 다시 넣는 과정을 계속 반복할 때 어떤 일이 일어날 수 있는지에 대한 시뮬레이션을 보여준다. 가방 2를 골랐을 확률은 약간 흔들리다가 꾸준히 1을 향해 다가가고, 다음에 뽑을 공이 점박이일 예상 확률predictive probability은 2/3를 향해 다가간다. 진실에 대한 확신이 점점 더 커져갈 때 우리가 기대할 수 있는 바로 그 모습이다.

하지만 만약 우리가 속았다면 어떨까? 가방을 제공한 사람이 거짓말을 했고 실제로 두 가방 모두에 점박이 공만 세 개씩 들어 있다고 가

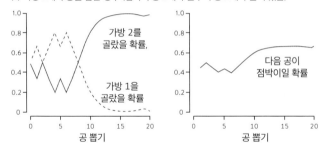

(a) 가방 2에서 공을 뽑는 경우 (점박이 공 2개와 줄무늬 공 1개가 들어 있음)

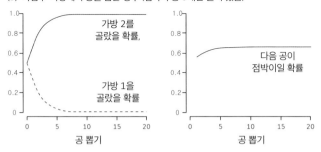

(b) '속임수' 가방에서 공을 뽑는 경우 (점박이 공 3개만 들어 있음)

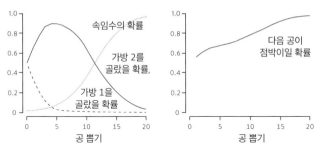

(c) '속임수' 가방에서 공을 뽑는 경우 (약간의 사전 확률이 주어짐)

그림 7.5

가방을 제공한 사람에 의하면, 가방 1에는 점박이 공 한 개와 줄무늬 공 두 개가 들어 있고, 가방 2에는 점박이 공 두 개와 줄무늬 공 한 개가 들어 있다고 한다. 우리는 무작위로 가방을 하나 선택하여 공을 하나 꺼낸 다음 도로 집어넣고, 어떤 가방을 골랐는지에 대한 확률(왼쪽 그래프)과 다음 공이 점박이일 예상 확률(오른쪽 그래프)을 평가한다. (a)가방 2에서 공을 뽑는 시뮬레이션 예, (b)점박이 공 세 개만 들어 있는 '속임수' 가방에서 공을 뽑을 경우. 하지만 상황에 대한 우리의 모델은 그러한 가능성을 허용하지 않는다. (c)'속임수' 가방에서 공을 뽑는 경우. 하지만 이 사건에 대한 사전 확률이 약간 주어진다.

정해 보자. 그러면 우리가 뽑는 공은 모두 점박이일 테지만, 우리는 속임수를 알아차리지 못한 채 베이즈 정리를 사용하여 우리의 믿음을 계속 새롭게 바꿀 것이다. 그림 7.5(b)는 이럴 때 무슨 일이 일어날 것인지 보여준다. 뽑는 족족 점박이 공만 나올 것이므로 가방 2를 선택했을 확률은 이전보다 훨씬 빠르게 1에 가까워질 것이다. 그리고 다음 공이 점박이일 거라는 예상 확률은 변함없이 2/3로 수렴할 것이다. 왜냐하면 그것이 유일한 선택지이기 때문이다. 하지만 이는 잘못된 것이며 진짜 확률은 1이다. 물론 어느 순간 우리는 끊임없는 점박이 공의 흐름에 의심을 품고 가방을 확인하게 해달라고 요구하겠지만, 베이즈 정리가 부정확한 예측을 내놓기 전에는 그러지 않을 것이다.*

하지만 **크롬웰의 규칙**Cromwell's Rule을 따를 준비가 되어 있다면 이러한 행동을 쉽게 피할 수 있다. 이는 저명한 베이지안 통계학자 데니스 린들리Dennis Lindley가 널리 알린 원칙으로, 그 내용은 이렇다. "2+2=4처럼 논리적으로 참이 아니면 어떤 사건에도 1의 확률을 부여하지 말고, 논리적으로 거짓이라는 것을 증명할 수 없다면 어떤 사건에도 0의 확률을 부여하지 말라." 다시 말해서, 예상하지 못했던 사건에 마음을 열어두고 놀라움에 대비하는 겸손함을 갖자는 뜻이다.

이 말은 1650년 8월 3일 올리버 크롬웰이 스코틀랜드 교회 총회에 제출한 호소문에서 유래한 것이다. 당시 크롬웰의 군대는 에든버러 외곽에 진을 친 채 왕정복고(1649년 찰스 1세가 단두대에서 처형된 이후, 그의 아들 찰스 2세가 권좌에 복귀했다)에 대한 지지를 철회하도록 교회를 설득하려고 했다. 크롬웰은 이렇게 썼다.

---

* 데이터가 가정에 맞지 않는 경우를 감지하는 베이지안 기법이 있으며, 이런 상황에 이상적이다.

그러므로 당신이 말하는 모든 것이 하나님의 말씀에 틀림없이 부합합니까? 내가 그리스도의 이름으로 간청하건대, 당신이 착각했을 가능성이 있다고 생각하십시오.[9]

이 호소는 무시되었고, 크롬웰은 1650년 9월 3일 던바 전투에서 스코틀랜드군을 완파했다.*

그러므로 가방과 공 예제로 다시 돌아가, 우리가 겸손함과 회의적인 태도로 우리가 들은 말을 의심하고 우리가 속고 있을 가능성에 낮은 초기 확률, 예컨대 1%를 부여한다고 가정해 보자. 즉 우리가 선택한 가방 속에는 점박이 공이 아예 없거나, 세 개나 들어 있을지도 모른다. 그런 다음 점박이 공을 꾸준히 뽑으면, 우리의 확률은 그림 7.5(c)의 경로를 따를 것이다. 점박이 공이 다섯 번 정도 나올 때까지는 대체로 이전 경로를 따라 가방 2에 대한 믿음이 유지될 것이다. 하지만 점박이 공이 계속 나오면 이야기가 달라질 것이다. 즉, 우리가 속고 있을지도 모른다는 회의적인 시각이 커지기 시작하고, 점박이 공이 12번 나오면 "우리는 속았고, 실제로 가방 속에는 점박이 공이 세 개가 들어 있다"라는 결론에 빠르게 도달할 것이다. 그리하여 다음 공이 점박이일 확률은 적절하게 1에 가까워질 것이다.

크롬웰은 우리가 당연하게 여기는 것들(예컨대 공이 든 가방을 분류하는 사람의 정직성)에 대해 회의적인 태도를 조금이라도 유지하라고 권고한다. 우리는 본질적으로 한 가지 유형의 '인지되지 않은 미지의 것'을

---

* 칼라일(Carlyle)은 불쌍한 스코틀랜드 사람들의 청결에 대해 다음과 같이 짤막하게 논평했다. "그들은 영주의 노예나 다름없는 불쌍한 존재이며, 사적 자본이 거의 없고 비누에 대해 끔찍할 정도로 무지하다!"

다루고 있다. 이는 우리가 별생각 없이 내리는 부적절한 가정으로 구성되어 있기 때문에 결국 '인지된 미지의 것'으로 바뀌게 된다. 2장에서 언급한 고슴도치와 여우의 메타포를 돌이켜보면, 크롬웰의 훈계에 대한 응답은 '여우처럼 행동하고, 놀랄 준비를 하고, 상황이 변했다는 사실을 인정할 만큼 겸손하고 유연해지는 것'임을 알 수 있다. 그리고 놀랍게도, '우리가 착각했을 수 있다'라는 생각에 낮은 확률만 허용하면 이 모든 것을 사전 분포의 관점에서 수학적으로 표현할 수 있다.

물론 모든 사건에 낮은 **사전 확률**prior distribution을 부여하는 것은 불가능하지만, 어떤 놀라움은 우리로 하여금 초기 가정을 버리고 생각을 완전히 고쳐먹게 할 수도 있다. 이러한 겸손은 통계적 추론뿐만 아니라 삶의 모든 측면에서 유용하게 사용될 수 있다. 그리고 이전의 견해와 상충되는 확실한 증거가 나타날 때 마음을 극적으로 바꿀 수 있는 능력을 지닌 사람들이 있다면, 아마도 인간은 정말로 베이지안 방식으로 작동하는 것일지도 모른다.

우리의 뇌와 의식은 세상을 직접 경험하지 않는다. 우리의 모든 지각은 시각, 촉각, 청각 등 감각을 거쳐 걸러지며, 감각 기관은 머릿속의 회색질에 신경학적 신호를 보낸다. 뇌가 간 바로 옆에 자리잡고 있다고 해도 우리의 경험은 크게 다르지 않을 것이다. 매 순간 처리해야 할 새로운 정보가 생겨나고, 우리의 몸과 마음에서 반응이 일어난다. 그러나 우리의 뇌로 유입되는 이 모든 새로운 데이터는 (일반적으로) 이전에 감지했던 것과 근본적으로 다르지 않기 때문에, 우리는 다음 순간에 무엇을 경험하게 될지에 대해 강한 기대감을 느끼게 된다.

이는 자명해 보이지만, 자연스럽게 베이지안 뇌라는 개념으로 이어진다.[10] 우리는 평생 동안 모든 경험에서 구축된, 세상이 어떻게 돌아가는지에 대한 내부 '정신 모델'이 있다. 이 모델이 현재 상황에서 감지하는 것과 결합되면 다음에 일어날 일에 대한 기대치를 생성하는데, 이를 사전 분포라고 할 수 있다. 이어서 외부 세계에서 몇 가지 증거를 관찰한 다음, 우리는 '기대하는 것'과 '관찰하는 것' 사이의 격차를 최소화하려고 적어도 근사적 형태의 베이즈 정리를 사용하여 주변에서 일어나는 일에 대한 우리의 믿음을 수정한다. 자율 주행 차량은 명시적으로 베이지안 업데이트 알고리즘을 사용하여 이러한 방식으로 작동한다.

가방과 공이라는 간단한 예제는 뇌가 베이지안 방식으로 작동할 수 있는 방식을 보여준다. 사전 기대가 엄격하다면, 데이터가 달리 말하더라도 인간은 모든 것을 그 틀에 억지로 끼워 맞추려고 노력할 수 있다. 일반적으로 우리가 신뢰할 수 있는 사람이 어느 날 지각했다면 그만한 이유를 얼마나 쉽게 추측하는지 생각해 보라. 하지만 상대방의 신뢰성에 대해 조금이라도 의심을 품는다면, 우리는 상대방이 단순히 회의를 깜박 잊었다고 믿는 쪽으로 빠르게 전환해 버릴 것이다.

베이지안 뇌의 개념은 학습, 추론, 지각과 같은 과정을 설명하는 것처럼 보이지만, 신경학적 변화가 실제로 베이즈 정리에 따라 제시된 것과 얼마나 밀접하게 일치하는지는 아직 밝혀지지 않았다. 하지만 중요한 교훈은 (a)우리는 세상에 대한 불확실한 믿음을 끊임없이 바꾸고 있고, (b)이를 위한 유일한 방법은 세상이 어떻게 돌아가는지에 대한 내부 모델을 갖는다는 것이다.

이러한 내적 모델은 암묵적이며 우리의 지각, 믿음, 행동으로만 간접적으로 드러난다. 이와 대조적으로, 우리는 이 책의 후반부에서 세상에 대한 명시적인 수학적 모델을 구축하는 과제에 직면하게 될 것이다. 이러한 과제를 철저히 검토하는 길은 활짝 열려 있다. 우리를 거대한 통계적 추론 엔진으로 생각하는 것이 비인간적으로 보일 수 있지만, 우리의 이해가 현실에 대한 직접적인 경험보다는 모델에 기반한다는 사실을 인정한다면 현실의 복잡성을 방정식으로 표현하려는 시도를 더 잘 이해할 수 있을 것이다(어쩌면 더 회의적일 수도 있다).

나는 이 장에서 아주 먼 길을 걸어왔다. 왜 코로나19 사망자가 대부분 백신 접종을 완료한 사람들 중에서 발생하는지에 대한 질문에서 시작하여, 가능도비를 사용해 증거의 무게를 요약하는 강력한 아이디어를 배우는 과정을 거쳤고, 결국 인간 및 지각과 인지 이론에 이르렀다. 그중 일부는 불가피하게 기술적이었지만, 기본 원칙이 잘 전달되었기를 바란다. 요약하자면, 불확실성이 외부 세계와의 개인적 관계의 일부라는 점을 인정한다면, 베이즈 정리는 끊임없이 변화하는 경험에 대응하여 우리의 믿음을 어떻게 바꿔야 하는지에 대한 모델을 제공한다.

요약

- 베이즈 정리는 확률의 기본 규칙에서 비롯된 것으로, 새로운 증거에 따라 우리의 믿음이 어떻게 변화해야 하는지를 보여 준다.

- 이 정리는 반직관적 현상unintuitive phenomena 중 일부를 설명할 수 있다. 예컨대 겉으로 보기에 '정확도'가 높은 선별 시스템이지만 양성으로 판정한 결과가 대부분 잘못된 경우다.

- 대안적인 명제들을 비교할 때, 어떤 정보의 증거적 뒷받침 evidential support 은 가능도비로 요약된다.

- 베이즈 정리를 순진하게 사용하면 예상치 못한 변화에 적응하는 속도가 느려질 수 있다. 하지만 겸손한 자세를 취하고 가정이 옳은지 조금만 의심한다면 수정된 믿음으로 빠르게 전환할 수 있다.

- 우리의 뇌는 베이지안 방식으로 작동하며, 감각 입력sensory input 에 비추어 수정되는 사전 기대치를 가지고 있다.

8장

과학이 불확실성에
대처하는 법

관찰의 영역에서, 우연은 오직 준비된 마음만을 선호한다.

— 루이 파스퇴르Louis Pasteur, 1854

과학에 대한 우리의 관점이 학교에서 배운 방식이나 미디어에서 묘사된 방식에 근거한다면, 우리는 그걸 '세상이 어떻게 작동하는지에 대해 확인된 법칙과 사실의 집합체'라고 생각할 수 있을 것이다. 이렇게 정립된 과학은 매우 중요하고 우리 대부분에게 충분히 좋은 것이다. 하지만 지식의 경계를 넓히기 위해 연구를 수행하는 일에 더 집중하는 활동적인 과학자들의 관심사는 사뭇 다르다. 그리고 물리적 경계를 탐험할 때와 마찬가지로, 그들의 노력엔 불확실성이라는 특징이 있다.

1장에서 소개한 용어를 사용해 말하자면, 우리는 과학자들이 가장 넓은 의미에서 불확실성을 인정하고 있는 다양한 '대상'을 식별할 수 있다. 여기에는 다음과 같은 것들이 포함될 수 있다.

• 물리량의 크기: (예) 빛의 속도, 별까지의 거리.

- 사물의 수: (예) 인도에 서식하는 호랑이의 수, 매년 영국에 입국하는 이주민의 수.
- 직접 관측할 수 없고 추론이 필요한 '가상' 양: (예) 국내총생산GDP, 의약품의 평균 효과, 지난 세기 동안의 평균 지구 온도 변화.
- 과거에 일어난 일: (예) 지구의 진화 과정.
- 존재하는 것: (예) 다른 행성의 생명체, 지구의 리튬 매장지.
- 우리 우주의 근본적인 본질: (예) 암흑물질의 역할, 힉스 입자 Higgs boson 와 같은 아원자 입자의 존재.

이 목록은 이미 일어난 일, 현재 진행 중인 일 또는 세계가 어떻게 작동하는지에 대한 인식론적 불확실성만을 다루고 있다는 점에 주목하라. 미래 예측이라는 더 까다로운 문제는 11장에서 다룰 예정이다. 여기서 경고한다. 이러한 한계에 부딪히면서도 이 장은 여전히 상당히 어렵지만 이 책에서 가장 중요한 내용을 다루고 있다.

물론 우리가 어떤 양이든 사실이든 사물을 직접 정확하게 관찰할 수 있다면, 불확실성에 신경 쓸 필요 없이 그저 어떤 일이 일어났다고 말할 수 있을 것이다. 허나 우리가 그렇게 할 수 있는 경우는 거의 없고, 관심 있는 대상과 직간접적으로 관련된 관찰을 시행한 뒤 해당 데이터가 제공하는 증거를 바탕으로 결론을 도출해야 한다. 그 데이터는 변동성을 보일 것이며, 그중 일부는 설명되지 않는다. 통계적 추론은 이런 변동성을 관심 대상의 불확실성 평가로 전환하는 과정이다.*

---

*   후안무치한 광고: 통계 과학에 대한 자세한 논의는 《숫자에 약한 사람들을 위한 통계학 수업》을 참조하라.

양, 사실 또는 과학적 가설에 대한 불확실성을 특성화하기 위한 통계적 접근 방법을 고려할 때, 이는 필연적으로 통계학 수업의 악몽을 떠올리게 하는 모든 개념―측정오차measurement error, **신뢰구간**confidence interval, p값 등―에 대한 전통적인 아이디어를 도입한다는 뜻이다. 종종 간과되는 것은, 우리의 결론이 데이터 발생 방식에 대한 통계 모델에 내포된 의심스러운 가정에 지나치게 민감할 수 있다는 위험이다. 계산된 불확실성calculated uncertainty에 대한 이러한 문제가 인정되면, 연구자는 수치화된 판단을 추가하고, 모델을 더욱 정교하게 하고, 광범위한 민감도 분석을 수행하거나 여러 모델의 결과를 결합할 수 있다. 사정이 이러하다면, 결국에는 모든 불확실성을 수치로 표현하는 것이 적절하지 않을 수도 있다.

이 장의 서두에서 언급한 과학적 이슈 중 상당수는 논란의 여지가 있고 때로는 치열한 논쟁의 대상이 되기도 한다. 청중은 얼마나 많은 것이 세상에 알려지지 않았는지 깨닫지 못할 수도 있다. 불확실성을 인정하는 것이 과학자들에게는 불편할지도 모른다. 그도 그럴 것이, 일상적인 언어로 불확실하다고 말하면 이는 단서가 별로 없다는 뜻이 될 수 있기 때문이다. 그러나 이러한 불편함은 마땅히 극복해야만 한다. 왜냐하면 과학에는 알려진 것과 알려지지 않은 것 모두, 그리고 모든 결론의 적절한 신뢰도를 전달할 수 있는 자연스러운 불확실성의 언어가 있기 때문이다. 우리는 자랑스럽게 불확실성을 선포해야 한다.

나는 명백한 '경성' 과학'hard' science 분야에서부터 논의를 시작할 것이다. 이 분야에서는 수치화된 판단을 완전히 수용하는데, 아마도 일부 독자들은 이를 역설적이라고 여길 것이다.

측정의 과학은 계량학^{metrology}이라고 불리며, 그 기원은 프랑스 혁명기로 거슬러 올라간다. 당시에는 프랑스 전역의 단위를 표준화해야 한다는 정치적 과제가 대두되었다. 그래서 m, kg, L라는 도량형 단위가 탄생했다. 오늘날 국제도량형국은 여전히 프랑스에 본부를 두고 있는데, 프랑스어 명칭인 BIPM^{Bureau International des Poids et Mesures}으로 알려져 있고, 측정의 바이블인《측정의 불확실성 표현에 대한 지침서^{Guide to the Expression of Uncertainty in Measurement}》(일반적으로 GUM이라고 한다)를 발간하고 있다.[1]

GUM은 불확실성에 대한 평가를 아래처럼 두 유형으로 구분한다.

- A형: '일련의 관찰에 대한 통계적 분석', 즉 컴퓨터 패키지에 구현된 표준 모델 기반 계산^{standard model-based calculation}을 의미한다.
- B형: '일련의 관찰에 대한 통계적 분석 이외의 수단을 이용하여 ... 가능한 변동성에 대한 모든 가용 정보에 기반을 둔 과학적 판단에 의한 평가'를 의미하고, '신뢰도'를 나타내는 '주관적 확률' 분포로 표현된다.

각각의 불확실성 유형은 확률분포로 요약된 다음, 표준 기법을 이용하여 결합되어야 한다.* 미국 국립표준기술원^{US National Institute of Standards and Technology}도 이와 비슷한 접근 방법을 채택하고, B형 불확실성이 '일반적으로 모든 관련 정보를 사용한 과학적 판단에 기반한다'

---

* 예컨대 계산된 A형 불확실성이 분산 v_A로 요약되고 추가적인 B형 불확실성이 분산 v_B를 갖는 것으로 판단되는 경우, 전체 불확실성은 총 분산 $v_A + v_B$로 표현된다.

라는 데 동의한다.[2]

과학적 과정 중 가장 객관적이라고 생각할 수 있는 가중치와 척도를 담당하는 기관에서 불확실성에 대한 주관적 평가를 명시적으로 권장한다는 사실이 의외로 보일 수 있다. 하지만 이는 이 책의 핵심 메시지인 "불확실성은 세상과의 개인적인 관계이며 판단은 불가피하다"라는 점을 강조한다. GUM은 통계적 절차를 사용하여 불확실성을 수치화하되, 데이터 분석에 따라 포착되지 않은 추가적인 불확실성에 대한 판단을 더할 것을 권장한다. 이 중요하고 근본적인 아이디어는 이 장 전체에서 반복된다.

현대 통계 과학은 다소 이상하게도 측정이라는 기본적인 문제를 거의 강조하지 않는다. 하지만 역사를 통틀어 사람들은 길이, 속도, 무게의 정확한 추정치를 얻기 위해 분투해 왔다. 표준 프로세스는 편향을 제거하고 불필요한 변동성을 줄이기 위해 모든 노력을 기울여 여러 번 독립적으로 측정한 다음 일종의 평균average(종종 mean이라고 한다)을 구하는 것이다. 마침내 연구자들은 다음과 같은 질문에 답할 수 있었다.

우리는 빛의 속도에 대해 얼마나 확신할 수 있을까?

1879년, 27세의 앨버트 마이컬슨Albert Michelson은 회전하는 거울에 반사되는 빛을 바탕으로 진공 상태에서 빛의 속도(일반적으로 c로 표시되는 양)를 추정하는 독창적인 장치를 만들었다. 그는 c를 29만 9,944.3km/sec로 추정했고, 그의 측정값에서 ±15.5의 A형 오차범위of error를 계산할 수 있었다. 그러나 마이컬슨은 측정 장치의 체계적

252

편향에 대한 판단을 고려하여 훨씬 더 넓은 간격인 ±51을 보고했다. 따라서 GUM의 권고안이 나오기 몇 년 전에 마이컬슨은 자신의 B형 불확실성을 평가하고 있었던 것이다.

1983년 이후 광속(빛의 속도)는 29만 9,792.458km/sec*로 설정되었는데, 이는 마이컬슨의 추정치보다 152km/sec 낮은 수치다. 따라서 마이컬슨이 주장한 오차 범위는 상당히 좁았다고 볼 수 있다. 그의 결과는 꽤 촘촘하게 분포한다는 점에서 상당히 정밀precise했지만, 실제 값을 체계적으로 과대평가했다는 점에서 정확accurate하지는 않았다. 하지만 그는 최종적으로 인정된 값의 0.05% 이내에 들어가는 데 성공했는데, 이는 당시로서는 놀라운 성과였다.

1986년 막스 헨리온Max Henrion과 바루크 피쇼프Baruch Fischhoff가 보여준 것처럼, 오차 범위에 대한 낙관적인 주장은 물리 상수 추정의 역사에서 흔히 볼 수 있다. 그림 8.1은 1929년부터 1973년까지 광속 c에 대한 공식 권장 값이 어떻게 변화했는지 보여주고, 이를 현재 인정된 값과 비교한다.[3]

1930년대와 1940년대 초에 c의 추정치가 낮아지면서 일부 물리학자들은 빛의 속도가 실제로 느려지고 있다고 주장했다. 1941년 UC 버클리의 물리학과장인 레이먼드 버지Raymond Birge는 이렇게 선언했다. "따라서 길고 때로는 정신없이 바쁜 역사를 거쳐 마침내 c의 값이 상당히 만족스러운 '안정된' 상태에 정착했다. 이제 다른 중요한 상수에 대해서도 같은 말을 할 수 있다." 하지만 불과 9년 후 c의 추정치가 극적으로 바뀌었으니, 그는 너무 성급했던 셈이다. 헨리온과 피쇼프에

---

* 현재 1m는 '빛이 진공에서 1/299,792,458초 동안 이동하는 거리'로 정의되어 있으므로, m와 빛의 속도는 당분간 함께 고정될 것이다.

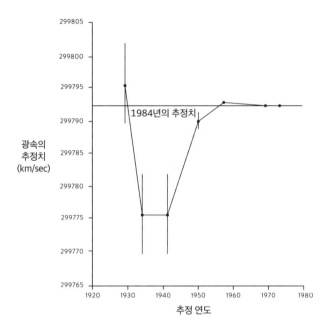

그림 8.1

1929년부터 1973년까지 공식적으로 권장된 빛의 속도. 오차 범위가 얼마나 낙관적이었는지 보여준다.[4]

의하면 플랑크 상수, 전자의 전하, 전자의 질량, 아보가드로 수에 대한 권장 값이 모두 1941년 이후 종전에 주장됐던 오차 범위를 훨씬 벗어난 값으로 변경되었으므로, 다른 상수들에 대해서도 버지는 틀리게 말한 것이다.

그렇다면 주장된 불확실성이 너무 작은 이유는 무엇일까? 중요한 통찰은, 이러한 오차 범위가 일련의 가정이 모두 옳다는 가정 아래 계산된다는 것이다. 그러나 물리 상수를 결정할 때 의문이 제기될 수 있는 다섯 가지 기본 가정이 있다.

1. *체계적 편향 없음*: 수많은 관찰이 이루어진다면 그 평균은 결국 실제 값에 가까워질 것이며, 체계적으로 과소 또는 과대 평가되지 않는다고 가정해야 한다. 이는 실험자의 기술과 통찰력에 달려 있으므로, 마이컬슨은 그의 정확성에 대해 칭찬받아야 한다.
2. *변동성의 정확한 추정*: 관찰 값의 분포는 측정 장치의 정밀도와 신뢰성을 진정으로 반영해야 하고, 이는 모든 데이터 포인트에 대해 동일하다고 가정한다.
3. *독립적인 관찰*: 관측이 서로 관련되어 있는 경우(예컨대 서로 계속 영향을 미칠 때), '유효' 관찰 횟수는 주장된 것보다 적다.
4. *평균은 근사적으로 정규분포를 따름*: 이는 광범위한 기본 샘플링 분포에 대한 **중심극한정리**central limit theorem 에 따라 보장되므로, 아마도 의심의 여지가 가장 적은 가정일 것이다.
5. *데이터가 신뢰성 있게 보고되었음.*

변동성을 과소평가한 악명 높은 사례(가정 2를 위반했다)는 로버트 밀리컨Robert Millikan이 1912년에 전자의 전하를 측정하려고 수행한 유명한 '기름 방울' 실험에서 비롯되었다. 밀리컨은 "이것은 선택된 방울의 집합이 아니라 60일 동안 연속적으로 실험한 모든 방울을 대표한다"라고 주장했지만, 나중에 그의 실험 노트를 검토한 결과 불합리할 정도로 불일치한다고 생각되는 결과를 제외했다는 사실이 밝혀졌다. 에런 프랭클린Aaron Franklin의 보고[5]에 따르면, 밀리컨은 장치가 안정화된 후 관찰한 결과 107개 중 49개를 이를 테면 "너무 크거나 작다"라는 이유로 제외했다. 이는 가정 5도 정당화되지 않는다는 것을 시사한다.

밀리컨은 높은 결과와 낮은 결과를 모두 '가위질'했다. 이는 그가 전반적으로 결과에 편향성을 주지는 않았지만, 실험에서 주장된 변동성을 너무 작게 만들어서 궁극적으로는 이미 '주장된 불확실성을 축소'해 버렸다는 의미다. 밀리컨은 1923년에 노벨상을 수상했지만, 그의 행동을 둘러싼 윤리적 논란은 계속되었다. 그가 사기를 쳤다는 의혹이 제기되었지만, 현재 인정되는 값의 1% 이내(그는 0.2% 이내라고 주장했지만)에서 얻은 결론의 정확성은 의심의 여지가 없다.

나는 앞에서, 현실의 중요하고 관련성 있는 특징을 수학적 형태로 포착하려는 시도인 **통계 모델**statistical model에 대해 언급했다. 이러한 모델은 관찰된 데이터가 기본량 —일반적으로 모수라고 부르며, 전통적으로 그리스 문자로 표기된다 —과 어떻게 관련되는지에 대한 가정을 구체화한 것으로, 약물의 평균 효과처럼 관심 있는 현실의 여러 측면에 맞추려고 고안되었다. 통계적 추론은 모수를 추정하고 그 추정치에 대한 불확실성을 평가하는 과정이다.

다음 예제에는 상당히 중요한 모수가 포함되어 있다.

스테로이드제인 덱사메타손dexamethasone은 코로나19 중증 환자의 생존에 어떤 영향을 미칠까?

영국에서 SARS-CoV-2로 인한 전염병이 시작된 직후, 코로나19로 입원한 사람들을 대상으로 치료법을 테스트하려고 RECOVERY라는 임상시험이 시작되었다. RECOVERY는 '플랫폼' 임상시험으로, 각 환자가 여러 개의 임상시험에 동시에 참여할 수 있는 일련의 중복된 연구로 구성되었다. 2020년 3월 19일(영국에서 봉쇄가 시작되기 전)부터 6월 8일까지 실시된 한 시험에서는 환자 6,425명을 '치료군'과 '대조군'에 무작위로 할당하여 덱사메타손—당질코르티코이드glucocorticoid라고 불리는 저렴한 유형의 스테로이드제—을 투여받거나 일반적인 치료를 받도록 했는데, 배정 비율이 1 대 2여서 약 두 배의 환자가 대조군에 할당되었다.[6]

다양한 결과 측정이 기록되었지만, 무작위 배정 당시 기계 환기mechanical ventilation를 받고 있던 최중증 코로나19 환자들의 28일 생존율28-day survival에 중점을 두었다. 표 8.1은 덱사메타손을 투여하도록 배정된 324명과 일반 치료를 받도록 배정된 683명의 결과를 비교한 것이다.

관찰된 **상대위험**relative risk은 0.71이었고, 이에 대한 '95% 신뢰구간'(아래에 설명한)은 0.58~0.86이었다. 1에서 이 수치를 빼면 0.29인데, 이것을 상대적 위험 감소relative risk reduction (95% 신뢰구간: 14~42%)라고 한다. 치료군의 28일 사망률이 대조군보다 29% 낮았다는 의미다. 이는 무작위로 배정된 환자의 수가 많았지만 불확실성이 상당하다는 것을 보여준다. 표의 마지막 행에 표시된 절대적 위험 차이absolute risk difference는 -12%(약 -1/8)로, 덱사메타손을 투여받도록 배정된 환자(만약 덱사메타손을 투여받지 않았다면 사망했을 환자)가 여덟 명 중 한 명꼴로 28일 동안 생존할 수 있었다는 의미다.

이러한 모든 추정치와 신뢰구간은 표준 공식에 따라 계산되며, (상당히) 친숙한 소프트웨어를 사용하여 순식간에 산출할 수 있다. 이러한 분석은 매일 수천 건씩 수행되고, 종종 크고 복잡한 데이터 세트가 사용되며, 그 결과는 학술 논문과 정부 보고서에 발표된다. 이제는 완전히 일상적인 일이 되어버렸다.

하지만 이 모든 것이 실제로 무엇을 의미할까? 신뢰구간은 추정치의 불확실성을 나타내는 것 같지만, 그 기술적 정의는 다소 까다롭다. 본질적으로, 만약 우리가 연구를 거듭하면서 그러한 구간을 반복적으로 계산하고, 우리가 사용하는 모든 통계 모델의 가정이 정확하다면, 계산된 구간들 중 95%가 참값을 포함하게 된다는 것이다. 이 공식적인 정의에 따르면, 우리는 발표된 특정 구간이 참값을 포함할 확률에 대해서는 어떠한 진술도 할 수 없고, 그저 이 절차를 사용하는 것의 장기적인 속성에 대해서만 말할 수 있을 뿐이다. 이러한 상황에서 이 복잡하고 반직관적인 정의에 어려움을 느낀 사람들이 "이 구간에 참값이 존재한다는 것을 95% 확신할 수 있다"처럼 어처구니없는 말을 자주 하는 것은 당연하다.

게다가 지금껏 발표된 방대한 양의 분석 보고서를 아무리 들여다봐도, 방금 언급한 "모델의 모든 가정이 올바를 때만 구간이 정확히 유효하다"라는 구절은 찾아볼 수 없다. 예컨대 표 8.1에 제시된 분석의

추정 대상의 양	무작위로 배정된 환자 수	치료 후 28일 동안 사망한 환자 수	실제 기본량의 추정치	95% 신뢰구간
덱사메타손을 투여받은 그룹 (치료군)의 위험	324명	95명	95/324 =29.3%	24.4 ~ 34.6%
일반적 치료를 받은 그룹 (대조군)의 위험	683명	283명	283/683 =41.4%	37.7 ~ 45.2%
상대위험			29.3/41.4 =0.71	0.58 ~ 0.86
상대적 위험 감소			1-0.71 = 0.29	0.14 ~ 0.42
절대적 위험 차이			29.3% -41.4% =-12.1%	-5.7 ~-18.5%

표 8.1

임상시험 초기에 이미 기계 환기 장치를 사용 중이던 최중증 코로나19 환자들을 두 그룹 (치료군과 대조군)에 무작위로 배정하여, 치료군에는 덱사메타손을 투여하고 대조군에는 일반적인 치료법을 시행한 후 28일 사망률을 비교한 결과, 덱사메타손을 투여받은 환자들의 생존율이 크게 낮은 것으로 나타났다. '상대위험'은 치료군의 위험을 대조군의 위험으로 나눈 값이다.

기초가 되는 가정은 다음과 같다.

1. 관찰은 독립적이며, 예컨대 치료 시기가 근접한 환자들일수록 더욱 유사한 결과가 나타날 수 있는 요인은 없다.
2. 각 그룹에 속한 모든 환자의 28일 생존 확률은 동일하다.
3. 모든 환자 데이터는 신뢰할 만하게 기록된다.

이러한 가정은 각 그룹 내에서의 28일 사망자 수가 이항분포(3장 참조)를 따른다는 통계 모델을 정의한다.*

하지만 안타깝게도, 앞에 나열된 가정이 모두 사실이라고 장담할 수는 없다. 첫 번째, 관찰이 완전히 독립적인 것은 아니다. 왜냐하면 시공간적으로 가까운 환자들일 때는 치료를 받고 있는 병원이나 진료 체계의 차이처럼 치료에 영향을 미치는 공통 요인이 존재하기 때문이다. 두 번째, 환자들은 여러 가지 이유로 위험에 차이가 있을 것이다. 이와 대조적으로, 이 사례에서는 세 번째 가정이 합리적으로 보인다. 이는 아마도 잘 조직되고 세심한 임상시험 덕분에 데이터의 신뢰성을 확신할 수 있기 때문일 것이다.

그러나 기본 가정이 엄밀히 말해 사실이 아니라고 해서 분석에 근본적인 결함이 있다는 의미는 아니다. 이 사례에서는 신호가 너무 강

---

* 의학 저널에 게재된 논문에서는, 정확한 사망일 데이터를 사용하여 보다 정교한 모델을 채택함으로써 연령대별 **위험비**(대조군 대비, 덱사메타손 투여 그룹의 일자별 '사망의 상대적 위험' 감소)를 추정했다. 이 값은 0.64(95% 신뢰구간 0.51~0.81)로, 세 연령 그룹(70세 미만, 70~79세, 80세 이상) 각각에서 덱사메타손 투여 그룹의 일일 사망 위험 (daily risk of death)이 대조군보다 평균 36% 낮은 것으로 추정되었다는 의미다. 하지만 28일 생존율 데이터만 사용해도 거의 정확히 동일한 결론에 도달할 수 있다.

력해서, 예컨대 환자마다 기저 위험이 다른 것을 허용하는 모델을 사용하더라도 전체적인 결론에는 거의 차이가 없을 것이다. 하지만 결과가 미미한 경우라면 이야기가 달라진다. 이런 경우에는, 대체할 수 있는가정에 대한 광범위한 민감도 분석을 수행함으로써 추정치와 과학적 결론 모두에 변동성이 존재한다는 사실을 인정하는 것이 적절하다.

결정적인 것은, 환자를 치료군과 대조군에 무작위로 배정함으로써 결과에 영향을 미칠 수 있다고 알려진 요인(예컨대 질병의 중증도severity) 뿐만 아니라 알려지지 않은(그러나 중요할 수 있는) 요인에 대해서도 두 그룹이 균형을 이루도록 해야 한다는 것이다. 우연한 변동chance variation 을 허용한 결과에서 관찰되는 모든 차이는 그룹을 무작위로 배정했기 때문이라고 볼 수 있으므로, 우리는 단순한 상관관계가 아닌 인과관계라는 결론을 내릴 수 있다.

발표된 모든 통계 분석이 '명백히 거짓이거나 확인할 수 없는 수많은 가정'을 포함하는 모델에 의존한다는 사실을 인정하는 것은, 비굴한 태도가 아니라 오히려 겸손한 태도라고 봐야 한다. 영국의 통계학자 조지 박스George Box는 이러한 사실을 깨닫고, 다음과 같이 자주 인용되는 격언을 남겼다.

모든 모델은 틀리지만, 개중에는 나름대로 유용한 것도 있다.

이는 평생에 걸친 통계 분석에서 축적한 지혜를 깔끔하게 요약한 말이다. 모델은 현실을 수학적으로 표현한 것으로, 영토territory가 아니라 지도map라는 말도 있다. 에리카 톰슨Erica Thompson은 자신의 저서 《모델의 땅에서 탈출하기Escape from Model Land》[7]에서 모델을 세상에 대한 메타포, 심지어 캐리커처로 간주할 것을 제안하고, 훌륭한 모델은 필수적인 특징을 포함하되 중요하지 않은 세부 사항에는 신경 쓰지 않는다고 말한다. 조지 박스는 한걸음 더 나아가 이렇게 말했다. "모든 모델은 틀릴 수 있기 때문에, 과학자는 중요한 잘못에 대해 경계를 게을리하지 말아야 한다. 예컨대 고양이가 도처에 득실거리는데 생쥐의 폐해를 걱정하는 것은 부적절하다."[8] 따라서 문제는 어떤 모델이 '올바른' 모델인지 판단하는 것이 아니라(올바른 모델은 존재하지 않으므로 이는 유의미한 목표가 아니다), 설명이 됐든 예측이 됐든 염두에 두고 있는 목적에 적합한지를 판단하는 것이다. 안타깝게도, 박스를 비롯한 전문가들이 권장하는 통계 모델링에 대한 유연한 탐색적 접근보다는 '통계적 유의성statistical significance'에 대한 경직된 관심이 과학 연구의 대부분을 지배하게 되었다. 이제 우리가 살펴봐야 할 것은 바로 이 부분이다.

p값, 유의성 검정, 불확실성

널리 퍼진 통계적 관행에 따라, 우리는 덱사메타손 연구에서 관찰된 두 그룹 간의 차이에 대한 **p값**p-value을 계산할 수도 있다. 이는 '무작위로 배정된 두 그룹의 위험에 실제로 근본적인 차이가 없고, 관찰된 효과는 전적으로 우연의 작용에 의한 것'이라는 가설을 설정하고, 이러한 가설을 기각할 만한 단적인 통계치가 관찰될 확률을 계산한 것이다. 이 가설을 **영가설**null hypothesis이라고 하는데, 여기서 영null이란 '차이 없음'을 의미한다. 덱사메타손 사례에서 계산된 p값은 $p=0.0003$으로 매우 작은데, 이는 우연이 작용한 것이라면 그렇게 큰 차이가 관찰될 가능성은 매우 낮다는 의미다. p값이 이렇게 작을 경우의 표준 관행은, 영가설을 기각하고 결과에 대해 '통계적으로 유의미하다statistically significant"라고 선언하는 것이다.

그러나 과학계에서는 이러한 전통적인 절차에 대한 불안감이 증폭되고 있는데,[9] 그 이유는 다음과 같다.

1. p < 0.05와 같은 임의의 문턱값arbitrary threshold을 사용하여 결과를 '유의미하다'라고 선언하는 것은, 유의미한 결과를 '발견'한 것인지 아닌지로 이분화하는 부적절한 경향을 초래한다. 특히 '유의미하지 않은' 결과는 종종 '효과 없음'을 의미하는 것으로 잘못 해석된다. 통계학자 앤드루 겔먼Andrew Gelman이 말했듯이, "나의 눈에, 통계는 종종 무작위성을 확실성으로 변환하는 일종의 연금술로 선전되는 것처럼 보인다. 데이터로 시작하여 가설을 수립하고, 통계적 유의성statistical significance으로 측정되는 성공(가설 수락)으로 이어지는 과정은 '불확실성 세탁uncertainty laundering'이나 마찬가지다."[10]

2. p값은 영가설의 불확실성을 측정하는 척도가 아니며, 영가설이 참일 확률도 아니다. 그보다는 차라리, 관찰된 데이터와 영가설의 양립 가능성compatibility을 측정하는 척도라고 봐야 한다.

3. 유의성 검정significance test을 여러 번 수행하면, 어딘가에서 잘못된 '유의미한' 결과가 나올 확률이 크게 높아진다.

4. 신뢰구간과 마찬가지로, p값 계산은 통계 모델의 모든 가정이 충족되는지에 따라 달라진다.

5. 치료의 효과가 정확히 0이라고 결코 예상할 수 없기 때문에 영가설은 심지어 그럴듯하지도 않고, 충분한 데이터가 있으면 언제든 쫓겨날 수 있는 '위증자straw man'에 불과하다.

그러나 유의성 검정은 이에 아랑곳하지 않고 계속 사용되고 있다. 이것이 특정 과학적 주장과 어느 정도 부합하는지에 대해 대략적인 느낌을 줄 수는 있지만, 가장 큰 문제는 p < 0.05와 같은 특정 문턱값에 대해 강박관념을 갖게 되고, 그에 따라 결과를 잘못 해석할 수 있다는 것이다.

앞에서 살펴본 것처럼 '95% 신뢰구간'의 공식적인 정의는 다소 당황스러울 수 있다. 하지만 조금 더 쉽게 이해할 수 있는 또 다른 해석이 있는데, 바로 'p값이 0.05 미만인 유의성 검정에서 기각될 수 없는 영가설의 범위'라는 것이다. 따라서 저명한 역학자인 샌더 그린랜드 Sander Greenland는 신뢰구간이라는 꼬리표를 양립성 구간compatibility interval 이라는 용어로 대체할 것을 제안하면서, 이 구간에는 가정된 통계 모델에서 관찰된 데이터와 부합하는 기본 모수의 값이 포함되어 있다는 것을 강조했다.[11] 이 모든 주장이 꽤 합리적이라고 생각되지만, 실제로 통용될 수 있는지는 불분명하다.

나를 포함한 일부 연구자들은 베이지안 접근 방법이 이러한 문제 중 일부를 우회할 수 있다고 제안해 왔다. 7장에서 살펴본 것처럼, 이를 위해서는 관심 있는 모수에 대한 사전 확률분포를 지정한 다음, 베이즈 정리를 사용하여 (데이터가 제공하는 모수의 다양한 값에 대한 상대적 지지도를 요약하는) 가능도와 결합해야 한다. 그 결과 산출된 사후 분포는 모수의 참값에 대한 판단을 요약한다. 앞에서 말했듯이, 이 모든 과정은 '단지' 확률 이론일 뿐이다.

덱사메타손 사례에서 알려지지 않은 기본 모수는 치료군과 대조군의 기본 사망 위험이다. 이들 각각에 '균일한' 사전 분포를 부여한다고 가정하자. 이는 본질적으로, 데이터를 관찰하기 전에 0%에서 100%의 모든 값이 동일한 가능성을 지닌다고 생각한다는 의미다. 이것은 있을 법하지 않은 일처럼 보이지만, 저자들에 의하면 코로나19 팬데믹이 시작될 당시에는 사망률이 얼마나 될지 거의 알지 못했기 때문에 임상시험(납득할 만한 기본 위험에 대한 판단을 내리는 것이 목적이다)의 표본 크기를 결정하기 위한 표준 계산을 할 수 없었다고 한다. 그리고 어떤 경우든, 이 사례에서는 데이터가 사전 분포를 압도하므로 정확한 형태는 중요하지 않다.

그런 다음, 이러한 사전 분포를 데이터의 이항 확률과 결합하여 그림 8.2(a)에 표시된 사후 분포를 생성할 수 있다.* 두 그룹이 명확히 구별되므로, 실제로 차이가 있다는 것을 확신할 수 있다.

상대위험 또는 절대적 위험 차이의 사후 분포에 대해 '깔끔한' 수학적 형태를 도출하는 것은 불가능하지만, 몬테카를로 분석을 수행하는 것은 간단하다. (a)의 사후 분포에서 10만 쌍의 값을 시뮬레이션한 다음 각 쌍 간의 비율과 차이를 계산하면, (b)와 (c)에 표시된 분포를 얻을 수 있다. 위험의 비율 및 차이의 불확실성이 명확하게 표시되므로, 다양한 사건에 대한 확률을 평가할 수 있다. 예컨대 치료군의 기본 사망률이 대조군보다 낮을 확률은 약 99.985%이고, 치료군의 사망률이 대조군보다 15% 이상 낮을 확률은 17%다.

전통적인 접근 방법과 베이지안 접근 방법이 모두 비슷한 결론을 도출하지만, 나는 베이지안 분석을 선호한다. 그 이유는 다음과 같다.

---

* 균일한 사전 분포를 (n개의 기회 중 r개의 사건에 기반한) 이항 확률과 결합하면 $r+1$과 $n+1$을 모수로 갖는 **베타 분포**(beta distribution)를 따르는 사후 분포가 생성된다.

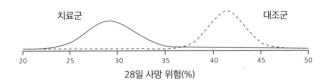

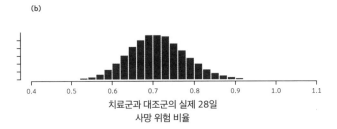

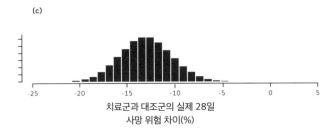

그림 8.2
(a)두 무작위 그룹의 기본적인 28일 사망 위험에 대한 베이지안 사후 분포, (b)상대위험,
(c)절대적 위험 차이. (b)와 (c)는 (a)의 사후 분포에서 10만 번 시뮬레이션 한 값을 기반
으로 한다.

- 사후 분포는 알려지지 않은 양의 다양한 값에 대한 지지도를 직접 시각화하여 보여준다.
- 영가설이라는 개념을 도입할 필요가 없다.
- 치료군에 유리한 위험 차이가 15%보다 큰지 여부처럼, 관심 있는 사건에 대한 확률을 직접 평가함으로써 p값을 피할 수 있다.

하지만 이 두 가지 접근 방법은 여전히 많은 공통점이 있다. 왜냐하면, 관찰된 결과가 '30일 이전에 사망'이라는 공통 위험이 있는 이항분포를 갖는 통계 모델을 가정하고, 개별 결과가 독립적이고 신뢰성 있게 문서화되어 있다는 것을 전제로 하기 때문이다. 이러한 기본적인 문제는 채택된 특정 통계 방법보다 더 중요해 보인다.

그러나 임상시험 데이터에 대한 모델을 벗어나, 외부 세계에 분석을 적용하려고 생각하기 시작하면 새로운 문제가 발생한다. 우리의 초기 질문은 덱사메타손이 중증 코로나19 환자의 생존에 미치는 영향을 다룬 것이었다는 것을 기억하라. 그런데 주의 깊게 읽어보면, 우리가 그 질문에 대한 답을 아직 얻지 못했다는 사실을 알 수 있다. 나는 이 비교를 설명하기 위해, 통상적인 임상 상황에서 실제 치료를 제공할 때의 효과보다는 임상시험에서 *무작위로 배정된 그룹*에서 관찰된 결과에 초점을 맞췄다. 하지만 후자에는 다른 종류의 불확실한 '대상'이 포함되었고 이는 두 가지 문제를 제기한다.

첫 번째, 임상시험에 포함된 모든 환자가 적격 환자eligible patient는 아니었다. 즉, 15%의 환자는 사정상 덱사메타손을 구할 수 없었고, 환자 중 3%는 (덱사메타손이 불필요하거나 투여되지 말아야 한다는 임상시험

팀의 판단에 따라) 덱사메타손을 지급받을 수 없었다. 그러므로 이 임상시험은 완벽한 무작위 임상시험이 아니었다. 두 번째, 더 중요한 것은 분석이 치료 자체보다는 '치료 의도'에 대한 것이었다는 사실이다. 왜냐하면, 환자들은 실제로 받은 치료와 관계없이 배정된 그룹에 그대로 머물렀기 때문이다. 따라서 이 연구에서 불확실성의 대상은 '덱사메타손 투여'의 효과가 아니라 '덱사메타손을 투여하도록 무작위로 배정된' 효과라고 할 수 있다. 덱사메타손을 투여하도록 무작위로 배정된 환자 중 5%는 실제로 당질코르티코이드를 투여받지 않은 반면, '통상적인 치료'를 받은 대조군에서는 8%가 임상 치료의 일부로 당질코르티코이드를 계속 투여받은 것으로 밝혀졌다. 두 그룹 사이에 약간의 '오염'이 있었던 셈이다.

의학 저널에 게재된 논문에는 '그룹별 사망률'만 보고되고 '실제 치료에 따른 사망률'이 누락되었으므로, 할당된 치료를 받지 않은 사람들이 기본적으로 무작위로 선택되었다고 가정하면 치료의 효과는 논문에 보고된 것보다 약간 더 컸으리라고 추정할 수 있다. 만약 질병의 중증도가 치료에 영향을 미쳤다면 이러한 조정이 편향될 수 있으므로, 실제 치료의 효과를 주장하려면 약간의 추가적인 불확실성을 도입해야 한다.

팬데믹 초기에 효율적이고 신속하게 실시된 이 임상시험이 치료에 큰 영향을 미쳤다는 점을 덧붙일 가치가 있다. 나중에 추산된 바에 의하면, RECOVERY 팀이 결과를 보고한 후 9개월 동안 저렴하고 쉽게 구할 수 있는 스테로이드제인 덱사메타손이 2만 2,000명의 영국인을 포함하여 전 세계적으로 약 100만 명의 생명을 살렸으니 말이다.[12]

RECOVERY와 같은 무작위 임상시험은 새로운 치료법을 평가하는 '황금률'로 간주되지만, 이보다 덜 가치 있는 선택지는 치료받은 환자와 치료받지 않은 환자의 결과를 단순히 비교하는 것이다. 이러한 관찰 연구observational study의 결과를 해석할 때는 매우 신중해야 하고, 크게 두 가지 유형의 편향bias, 즉 내적 편향과 외적 편향을 구분하는 것이 도움이 된다.

- 내적 편향은 연구의 엄격성rigour, 즉 측정하려는 대상을 정확하게 추정하는 능력에 영향을 미친다. 무작위 연구에서는 그룹이 균형을 이루고 엄격한 프로토콜에 따라 데이터를 수집하기 때문에 내적 편향이 최소화되기 마련이지만, 관찰 연구에서는 적절한 대조군이 없는 데다 일반적으로 일상적인 데이터원data-source을 사용하기 때문에 내적 편향이 개입할 여지가 많다.

- 외적 편향은 연구의 관련성relevance, 즉 관심 있는 질문의 일반화 가능성generalizability에 영향을 미친다. 비록 그 영향은 사소할 망정, 덱사메타손 연구에서는 '무작위로 배정된' 그룹을 사용한 반면, 무작위 임상시험의 진정한 관심사는 '치료받은 상태의' 그룹을 대조군과 비교하는 것이다. 그러나 관찰 연구에서는 모집단population, 개입intervention, 결과 측정outcome measure이 실제로 관심 있는 효과와 일치하지 않을 수 있다.

관찰 연구의 이러한 한계가 의미하는 것은, 고전적이든 베이지안이든 표준 통계 방법을 사용하여 계산한 불확실성 구간이 일반적으로 너무 좁다는 것이다.

한 가지 해결책은 계량학의 아이디어를 적용하여 B형 주관적 불확실성을 수치화한 다음, (모든 가정이 정확하다는 조건에 얽매인) 분석에 추가하는 것이다. 나는 Rh- 혈액형을 가진 임신부의 예방적 치료법을 평가한 일련의 관찰 연구를 검토하는 팀에 소속돼 있었는데, 검토 과정에서 잠재적 편향의 크기에 대한 판단을 내려야 했다. 예컨대 한 연구에서 우리는 내적 편향 때문에 치료 효과가 20%에서 65%까지 부풀려질 수 있다고 평가했다.[13] 이러한 판단은 불확실성 구간의 폭을 넓히고 겉보기에 상충되는 연구 결과를 일치시키는 데 도움이 되었다.

이 과정에서는 연구의 모든 측면을 신중하게 고려하여 잠재적 편향이 얼마나 클 수 있다고 생각하는지 미리 알려야 한다. 이는 3장에서 설명한 납득할 만한 치료 효과를 도출하는 것만큼이나 가치 있는 일이라고 생각한다.

어쨌든 모델을 선택해야 한다면?

'모델 불확실성'이라는 표현은 어떤 모델을 채택해야 할지 모르는 일반적인 상황에서 자주 사용된다. 그러나 '진정한' 모델이 밝혀지는 기적적인 상황은 거의 상상할 수 없기 때문에, 이는 부적절한 용어처럼 보인다. 따라서 (만약 우리가 원한다면) 모델을 선택하는 것은 15장에서 살펴볼 것처럼 수많은 상황적 요인의 영향을 받는 결정이다. 여기에는 컴퓨팅 시간, 타인에게 설명이 가능한지 여부, 증명할 수 없는 가정들이 얼마나 견고한지robust, 당면한 과제를 수행할 때 필요한 기능을 내장하는지 등의 실질적인 고려 사항이 포함될 수 있다.

중요한 교훈은, 모델 하나만을 선택하여 단일한 결론에 지나치게 집중하지 않도록 다양한 관점을 염두에 두고 그것들의 공통점과 차이

점에서 배워야 한다는 것이다. 자원이 많이 들지만 이상적인 해결책은, 오바마가 빈 라덴이 아보타바드 건물에 있을 가능성을 계산하려고 여러 팀을 두었던 것처럼, 여러 독립적인 팀으로 하여금 각자 자체 모델을 개발해 동일한 문제를 해결하게 하는 것이다. 그리고 이것이 바로 코로나19 팬데믹 기간 동안 영국에서 일어났던 일이다.

코로나19 팬데믹 기간 중인 2020년 10월 14일, 영국에서 R의 중앙값은 얼마였나?

코로나19 팬데믹 기간 동안, 우리는 R의 현재 추정치가 얼마라는 이야기를 귀에 못이 박히도록 들었다. R이란 한 명의 바이러스 감염자가 평균적으로 감염시킬 수 있는 사람 수를 말한다. 이는 전염병의 진행 상황을 모니터링하기 위한 표준 지표인데, 쉽게 말해서 R이 1을 초과하면 전염병이 증가하고 있는 것이고, R이 1 미만이면 전염병이 감소하고 있는 것이다. R 값을 직접 관찰하는 것은 불가능하므로 복잡한 통계 모델을 사용해 추정해야 하고, 영국 전역의 여러 팬데믹 팀이 병원 입원에 대한 수학적 모델부터 (인구를 구성하는) 모든 개인에게 일어나는 일을 시뮬레이션하는 '에이전트 기반' 모델에 이르기까지 광범위한 접근 방법과 데이터원을 사용하여 추정치를 제공했다.[14]

R은 지역별로 상당한 편차를 보였는데, 그중에서 언론의 헤드라인을 가장 많이 장식한 수치는 영국 전역의 중앙값이었다. 그림 8.3은 2020년 10월 14일 SPI-M-O^Scientific Pandemic Influenza Group on Modelling, Operational subgroup의 '합의 성명'에 수록된 12가지 상이한 모델이 도출

한 R의 중앙값 추정치(90% 신뢰구간)를 보여준다.[15]

이 추정치들은 상당한 불일치를 보이고 있고, 그중 상당수는 심지어 겹치지도 않는다. 모두 동일한 양을 추정한다는 점을 감안할 때, 이는 발표된 구간 중 적어도 일부가 지나치게 좁다는 것을 즉각적으로 보여준다. 하지만 각 모델이 '참'이라는(물론 그렇지 않다는 것을 우리는 알고 있지만) 가정 아래 계산된 것이므로, 그 신뢰구간이 편협하다는 것은 놀라운 일이 아니다. 가정이 많고 추정할 모수가 적은 단순한 모델일수록 구간이 좁아지는 경향이 있고, 이는 신뢰구간에 대한 잘못된 인상을 줄 수 있다는 점을 기억하는 것이 중요하다. 따라서 간격이 좁다고 해서 일반적으로 '좋은' 모델은 아니며, 편향이 더 심할 가능성이 있는 단순한 모델일 뿐이다.

그런 다음, SPI-M-O는 이 모든 다양한 결과를 하나의 합의된 의견으로 결합하는 과제에 직면했다. 한 가지 접근 방법은 12개 모델을 R에 대한 각자의 의견을 제시하는 '전문가'로 간주하고 각 구간이 나타내는 분포의 평균을 구하여 (상당히 넓고 분산된) 종합 의견을 구성하는 것이었다. SPI-M-O가 선택한 대안은, 본질적으로 각 결과를 자체 '데이터'를 제공하는 독립적인 연구로 간주한 다음 임의 효과 메타 분석random-effects meta-analysis이라는 표준 기법을 사용하여 결합하는 것이다. 이 기법은 일반적으로 동일한 약물의 효과를 추정하려고 여러 임상시험의 데이터를 결합하는 데 사용되며, 연구 간에 치료 효과가 다를 수 있다는 점을 허용하지만 R 추정치의 큰 변화를 보이지 않는 게 상례다. 최종 결론은 그림 8.3의 최종 구간(맨 오른쪽)에 표시되어 있고, 합의된 추정치와 구간은 정교한 기법에 걸맞게 상당히 일관적이고 견고하다고 알려져 있다.[16]

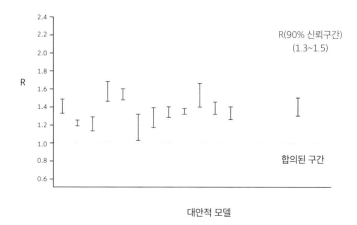

R(90% 신뢰구간)
(1.3~1.5)

합의된 구간

대안적 모델

그림 8.3

SPI-M-O의 합의 성명에 수록된 영국의 R 중앙값에 대한 12가지 상이한 모델의 추정치. 90% 신뢰구간으로 표시되었고, 최종적으로 합의된 구간은 모든 수치를 소수점 첫 번째 자리까지 반올림한 후 결합한 것이다. 구간 간의 상당한 차이에 주목하라. 심지어 겹치지 않는 것들도 많이 눈에 띈다.

이 사례는 여러 관점을 포함하는 것의 진가를 보여준다. 모델 하나를 액면 그대로 받아들이면, 특정 가정 세트에 대해 조건부이므로 신뢰도가 크게 과장될 수 있기 때문이다. 여러 분석을 이용해 결과의 민감도를 확인할 수 있는데, 극단적인 예로 246명의 서로 다른 생물학자가 두 세트의 생태 데이터를 분석한 결과, 부실한 분석을 배제하고도 푸른박새blue-tit의 둥지 짓기 행동과 유칼립투스 묘목에 대해 현저하게 다른 결론에 도달한 적이 있다.[17] 다양한 독립 연구팀의 결과를 종합할 경우, 모델 내 불확실성만큼이나 서로 다른 그룹 간의 의견 불일치 때문에 불확실성이 발생할 수 있다.

이 문제는 10장에서 논란의 여지가 많은 기후 모델링 분야를 다룰 때 다시 논의하기로 한다. 그러나 아무리 큰 과학적 노력을 들였을지라도 "발견했다"라고 주장할 때는 여전히 적절한 주의를 기울여야 한다.

힉스 입자의 존재를 얼마나 확신할 수 있을까?

'표준 모델Standard Model'은 우주의 물질과 힘의 기본 구조에 대한 현존하는 최고의 이론이지만, 수십 년 동안 물리학자들은 '기본 구성 요소인 힉스 입자가 실제로 존재한다'라는 것이 증명되지 않았다는 문제에 직면했다. 결국 과학자들은 유럽입자물리연구소CERN의 대형 강입자충돌기Large Hadron Collider에서 복잡하고 비용이 많이 드는 실험을 수행하여 다양한 질량의 입자에 대해 이벤트event(특정 입자의 충돌)를 계산했다. 그들의 시나리오는 다음과 같았다. 만약 힉스 입자가 존재하지 않는다면 입자들은 매끄러운 배경선 주변의 푸아송분포를 따를 것이

274

고, 힉스 입자가 존재하고 질량이 m_H일 경우 m_H 주변에서 입자들이 서로 충돌하는 과도한 이벤트가 발생할 것이다. 2012년에 두 팀의 개별 연구 그룹이 결과를 보고했는데, 그들이 첨부한 그래프를 살펴보니 이론에서 예상했던 바로 그 지점—질량 $126 GeV/c^2$—의 주변에서 요철 bump이 명확하게 나타났다.

이러한 관찰은 일반 독자에게는 설득력 있게 느껴질 수 있지만, 공식적인 통계 분석에 의존하는 물리학 법칙의 근본적인 발견을 선언하기에는 불충분하다. 그래서 각 잠재적 질량에 대해 '국지적' p값이 계산되었는데, 이는 힉스 입자가 존재하지 않는다는 영가설에 따라 이런 극단적인 수치를 얻을 확률을 나타낸다.[*18] 참고로, 입자물리학자들은 영가설과 자신의 연구 결과의 비양립성incompatibility을 '표준편차(σ)'로 측정하는 경향이 있다. 예컨대 '2σ'라는 결과는 영가설에 따른 기댓값보다 '2 표준편차'만큼 큰 통계량을 관찰하는 것과 같고, 정규분포를 가정할 경우 p값이 0.025에 해당하므로 많은 맥락에서 상당히 강력한 증거로 간주될 수 있다. 그러나 입자물리학자들은 훨씬 더 엄격한 기준을 요구하고, 최소한 5σ, 즉 350만 분의 1에 해당하는 p값을 내놓으라고 한다. 다행히도 두 독립적인 연구팀은 국지적 p값에 대해 5σ 및 6σ라는 결과를 발견했고,[**] 추가 연구를 통해 2013년 CERN은 이 입자에

---

* 이는 푸아송분포를 가정한 가능도비 검정(likelihood-ratio test)에 기반한 것이다. 그와 동시에 힉스 입자가 존재한다는 영가설에 따라 p값이 계산되었는데, 이는 p값이 1에 가깝게 나와서 데이터와 이론의 양립성을 시사하기를 바라는 마음에서였다. 다시 말해서 이는 (p값의 복잡한 논리를 사용하여) 데이터가 단지 힉스 입자의 부재(non-existence)와 양립할 수 없다는 것을 보여주려는게 아니라, 힉스 입자의 존재를 적극적으로 뒷받침하기 위한 것이었다.

** 우려했던 대로, p값은 '영가설이 참일 확률'로 잘못 보도되었다. 예컨대 〈포브스〉엔 이런 기사가 실렸다. "힉스 입자가 없을 확률은 100만 분의 1도 안 된다."

대한 증거가 "힉스 입자의 존재를 강력히 시사한다"라고 발표했다.[19]

그렇다면 물리학계가 이렇게 강력한 증거를 요구하는 이유는 무엇일까? 첫 번째, 그들은 '거짓 발견'을 발표했다가 나중에 공개적으로 철회해야 하는 당혹스러운 상황을 피하고 싶어 한다. 두 번째, 지금까지 누차 강조했듯이, 모든 p값은 영가설과 '모델의 다른 모든 가정'이 모두 참이라는 가정 아래 계산되며, 힉스 입자 실험의 모델에는 현실을 반영하지 않는다고 인정되는 수많은 세부 사항과 근사치가 포함되어 있다. 세 번째, 최종 p값은 다양한 질량 범위에서 계산된 모든 국지적 p값 중에서 가장 작은 값이며, 물리학에서 '다른 곳 보기 효과look elsewhere effect'로 알려진 이 다중 검정multiple testing이 실제로 허용되어야 한다.

그러므로 논문에 인용된 p값은 정확한 확률이 아니라, 데이터와 영가설의 양립성(또는 양립성 부족)을 나타내는 광범위한 척도라고 주장된다. 따라서 5σ의 선택은 불확실성에 대한 공식적인 표현이라기보다는, 발견을 주장하기 위한 다소 임시방편적인 문턱값이라고 봐야한다. 그리고 5σ라는 결과조차도 인정되기 전에 추가로 재현과 확인이 필요할 수 있다. 예컨대 2003년에 소위 '펜타쿼크pentaquark' 입자가 5.2σ에서 발견되었지만[20] 나중에 완전히 신뢰를 잃었고,[21] 2011년에 6σ에서 발견된 '빛보다 빠른 중성미자'[22]는 장비 고장으로 인한 결과라는 사실이 밝혀지면서 이듬해에 철회돼야 했다.

그렇다면 우리는 힉스 입자에 대해 얼마나 확신할 수 있을까? 우리는 가능도비(이 맥락에서는 **베이즈 요인**bayes factor으로 알려졌다)를 평가하여, 이론에 대한 증거와 반대 증거를 비교할 수 있다. 원칙적으로 힉스 입자가 존재할 (주관적인) 확률을 산출하는 것도 가능하지만, 이를 위해서는 실험을 수행하기 전에 사전 확률에 대한 강력한 가정이 필요하다. 하지만 아마도 과학계는 2013년—힉스와 다른 사람들이 입자를 제안한 지 50년 후—피터 힉스Peter Higgs에게 노벨상을 공동으로 수여할 만큼 확신했던 것 같다.

이 장에서 소개한 모든 아이디어는 통계적 추론의 기본 패러다임에 머물러 있다. 여기서 우리가 관찰한 것에 대한 '가정된 확률 모델'은 결론이 얼마나 불확실한지 표현하는 방식으로 이어진다. 방대한 양의 과학 연구는 일반적으로 회귀분석과 같은 표준 방법을 위한 통계 패키지를 기반으로 신뢰구간과 p값의 관점에서 결과를 보고한다. 보다 맞춤화된 모델링은 추정치와 소위 '신용구간credible interval'으로 요약되는 베이지안 사후 분포를 시뮬레이션할 수 있다.

근래에 불확실성 수치화Uncertainty Quantification, UQ라는 연구 분야가 발전했는데, 미지수에 대한 확률분포를 구성하고, 불확실성의 중요한 원천에 대한 민감도를 측정하며, 추가적인 증거를 확보할 경우 불확실성이 어떻게 변할 수 있는지 파악하는 방법에 초점을 맞추고 있다. 이러한 작업은 매우 기술적이며, 매우 큰 규모의 모델 중 일부(예컨대 유전의 매장량)에서는 계산량이 너무 많아 비현실적일 수 있다. 따라서 에뮬레이터emulators를 구축하여, 시간과 자원이 충분하다면 모델이 어떤 결과를 낼지 빠르게 추정할 수 있다. 이는 본질적으로 '실제 세계의 모델'에 대한 모델이다.

베이지안 방법이 과학에 주관성을 도입한다는 우려가 때때로 제기되는가 하면, '객관적인' 베이지안 방법을 개발하려는 노력도 계속되어 왔다. 그러나 통계학자 앤드루 겔먼이 지적했듯이, 분석 방법의 선택은 그 자체로 개인적인 판단이다.[23] 통계 모델링에 대한 접근 방법을 싸잡아 '주관적' '객관적'으로 나누는 대신, 모델의 투명성, 공정성, 외부 현실 반영도와 같은 '객관적 특징'과 판단의 역할, 다양한 관점의 인정과 같은 '주관적 특징'을 모두 강조해야 한다.

따라서 경험이 풍부한 연구자는 어떤 통계 모델도 현실을 완전히 정확하게 설명할 수 없고, 따라서 그 결과로 나온 불확실성 평가가 결코 '정확'할 수 없다는 사실을 인정하는 겸손함을 가져야 한다. 우리는 지금까지, 사람들이 이 문제를 해결하려고 취하는 다섯 가지 주요 접근 방법을 살펴보았다.

1. 모든 주의 사항을 명확하고 눈에 띄게 표현한다.
2. 다양한 모델 선택에 대한 민감도 분석을 수행한다.
3. 단일 관점에 의존하는 것을 피하려고 다양한 모델, 가급적 독립적인 팀들의 모델을 결합한다.
4. 계량학에서 권장하는 대로, 예컨대 데이터의 잠재적 편향성을 고려하기 위해 B형 주관적 확률 평가를 포함하도록 모델을 정교화한다.
5. p값 등의 표준 계산을 수행하되, 정확한 확률보다는 지표로 간주한다.

나는 먼저 세상을 모델링하려고 최선을 다하고, 그 다음으로 모델의 한계에 대한 B형 주관적 판단을 도입하는 것이 바람직하다고 생각한다. 하지만 결국 모델은 현실에 대한 메타포일 뿐이며, 때로는 우리가 무슨 일이 일어나고 있는지 완전히 이해하지 못한다는 것을 인정해야 한다. 다음 장에서는 이러한 이해가 부족할 때 솔직하게 인정하려는 시도를 살펴보기로 하자.

요약

- 실제 상태에 대한 인식론적 불확실성은 데이터의 증거에 기반한다. 우리가 관찰하는 것이 실제로 존재하는 기저 상태와 어떻게 관련되어 있는지에 대한 가정이 필요하고, 이러한 가정은 통계 모델의 기초를 형성한다.

- 통계적 방법은 '변동성에 대한 가정'을 (실제 상태에 해당하는) 모델의 양상에 대한 '불확실성의 진술'로 전환한다. '고전적' 또는 베이지안 관점을 취하는지에 따라 인식론적 불확실성을 구간 또는 분포로 수치화할 수 있다.

- 그러나 불확실성에 대한 이러한 평가는 모델의 진실성을 전제로 한다. 하지만 우리는 모델이 진실하지 않다는 것을 잘 알고 있다.

- 단일 모델에 기반한 불확실성 계산이 낙관적일 수 있다는 것을 인정하면, 다른 모델에 대한 민감도를 확인하고, 여러 팀의 결과를 결합하고, 잠재적인 판단력을 발휘하여 모델을 정교화함으로써 부적절성과 편향을 감안할 수 있다. 또한 우리의 측정값이 단지 지표에 불과하다는 사실을 인정할 수 있다.

- 설사 그렇다 하더라도, 우리는 불확실성에 대한 수치적 평가에 대해 주의를 환기해야 한다고 느낄 수 있다.

9장

확률을 얼마나
신뢰할 수 있는가?

내가 당신에게 건네 준 동전 한 닢을 유심히 살펴본 다음, 공정해 보인다는 판단이 서면 반복해서 던져보라. 절반 정도는 앞면이 나올 것이다. 이번에는 그 동전을 딱딱한 표면에 던진다고 가정해 보자. 내가 앞면이 나올 확률을 물어본다면, 당신은 주저 없이 "50%"라고 대답할 것이다. 하지만 내가 외견상 똑같은 동전 A와 B를 보여주며, A가 B보다 더 무거울(1g 미만의 아주 작은 차이일지라도) 확률을 물어본다고 가정해 보자. 당신은 전혀 감이 잡히지 않겠지만, 내가 답변을 강요하면 마지못해 "50%"라고 말할 것이다. 그도 그럴 것이, 판단을 뒷받침할 만한 근거가 전혀 없기 때문이다. 이 두 가지 평가는 수치적으로는 동일하지만 질적으로 상당히 다른데, 전자는 정보에 입각한 판단informed judgement이고 후자는 순전히 짐작이기 때문이다. 당신은 아마도 첫 번째 평가 결과를 더 많이 신뢰할 것이다.

정보 분석가도 이와 비슷한 문제에 직면하지만, 좀 더 중요한 맥락에서 그렇다. 우리는 이미 2장에서 다양한 기관들이 어떻게 수치 확률 평가를 장려하는지 살펴보았는데, 이러한 방침을 전달할 때는 다양한 단어가 사용될 수 있다. 예컨대 영국 국방 정보국의 확률 기준 Probability Yardstick에서 사용되는 구두 용어인 '가능성이 높다'는 55%에서 75%의 수치 확률에 해당한다(표 2.2 참조). 하지만 자신의 평가가 품질 낮은 단편적 증거에 기초한 것이고, 잠재적으로 얻을 수 있는 중요한 정보를 놓치고 있다는 것을 분석가가 알고 있다면 어떨까? 영국 국방부[1]는 분석가들이 일부 평가에 대해 다른 평가보다 훨씬 더 확신한다는 것을 알고는, 모든 확률 평가의 신뢰성을 나타낼 때 '분석적 **신뢰도**analytic confidence'를 명시적으로 표현해야 한다고 권장한다. 자신의 분석에 대해 분석가 스스로가 느끼는 확신은 이용 가능한 증거의 질과 양, 분석 프로세스의 엄격성, 상황의 복잡성과 변동성에 따라 달라진다.

미국 국가정보위원회도 매우 유사한 권고안을 제시하고 다음과 같이 덧붙인다. "미국 정보 커뮤니티가 내리는 판단에는 종종 두 가지 중요한 요소가 포함된다. 하나는 어떤 일이 일어났거나 일어날 가능성에 대한 판단이고 … 다른 하나는 그러한 판단에 대한 신뢰 수준 confidence level (상high , 중moderate , 하low)으로, 판단을 뒷받침하는 증거 기반, 논리 및 추론, 선례에 따라 달라진다."[2] 정보 보고서는 출처의 신뢰성에 결정적으로 의존하므로, 미국 정보 분석가들이 낮은 신뢰도를 표명할 수 있다는 것은 놀라운 일이 아니다. 여기서 낮은 *신뢰도*란 "정보의 신뢰성 또는 타당성이 불확실하거나, 정보가 너무 단편적이거나 확증되지 않아 확실한 분석적 추론을 할 수 없거나, 출처의 신뢰성이 의심스럽다"라는 의미다.

향후 더 많은 증거가 확보되면 추정치가 크게 바뀔 수 있다고 느낄 경우, 분석가들이 이러한 '정보 공백'에 대해 자신 있게 수치적 판단을 내리려 하지 않는 것은 당연하다.[3] 그들만이 아니다. 의사는 중요한 검사 결과가 나올 때까지는 예후prognosis를 판단하려 하지 않는다. 우리 일상에서도 마찬가지여서, 파업이나 공사가 계획되어 있는 경우 기차 여행에 얼마나 오랜 시간이 걸릴지 예측하는 것을 주저할 수 있다.

그러나 다른 영역에서 살펴보겠지만, 이런 용어들이 일관되게 사용되지 않는다는 점에 유의해야 한다.[4] 신뢰도는 확률이라는 수치적 척도를 *보완*해야 하지만, 종종 도를 넘어 이를 *대체*하기도 한다. 예컨대, 2017년 미국의 정보기관 3곳은 "푸틴과 러시아 정부가 상대 후보인 힐러리 클린턴의 신용을 떨어뜨려서 트럼프의 당선 가능성을 높이려고 했다"라는 주장에 모두 동의했는데, CIA와 FBI는 이러한 판단에 *신뢰도 '상'*을 표명한 반면 국가안보국은 *신뢰도 '중'*을 표명했다.[5] 2장에서 논의한 사례(오사마 빈 라덴이 아보타바드의 한 건물에 머무르고 있었는지 여부)와 달리, 정보 분석가들은 가능성 척도를 사용하지 않고 신뢰도만 표명했는데, 그 이유가 뭘까? 아마도 관련된 정보가 너무 부정확하기 때문이었을 것이다.

분석적 신뢰도에 대한 판단을 중요시하는 것은 정보 커뮤니티만이 아니다. 다양한 연구자 그룹이 자체적으로 척도를 개발하여 전체 통계 분석에 적용하는 모습을 곧 보게 될 것이다. 이는 중요한 질문에 답할 때 제한된 증거만을 사용해야 하는 어려움을 반영한 것이다. 일례로, (불확실성이 가득한) 상당한 난제들을 다루는 팀에서 일하는 동안 나는 다음과 같은 까다로운 질문에 직면했다.

1970년부터 1991년까지, 영국에서 오염된 혈액을 수혈받아 C형 간염에 감염된 사람은 모두 몇 명일까?

1970년대와 1980년대에 많은 사람이 오염된 혈액을 수혈받은 후 HIV/AIDS나 C형 간염 같은 질병에 걸렸다. 특히 혈우병 환자에게는 많은 사람의 혈액을 농축한 혈액 제제가 투여되었는데, 그중 일부는 헌혈 대가로 돈을 받은 미국의 수감자들에게서 나온 것이었다. 취합된 혈액 샘플에서 단 한 명의 공여자가 HIV에 감염되었더라도 전체 집단batch이 오염될 수 있다. 그 결과 발생한 국제적인 스캔들 때문에, 1992년 프랑스 국립수혈센터의 책임자가 징역 4년형을 선고받기도 했다. 2017년, 영국 하원은 이 사건을 "국민건강서비스NHS 역사상 최악의 의료 재앙이자, 영국에서 발생한 최악의 평시 재난peacetime disaster 중 하나"라고 선언했다.[6]

피해자들이 벌인 수년간의 캠페인 끝에 2018년에 와서야 감염된 혈액에 대한 조사가 시작되었다. 나는 '감염자 수'와 '감염 때문에 사망한 사람들의 수'를 추정하는 통계 전문가 그룹의 구성원이었다. 이는 최대 40년 전에 일어난 역사적 사건이기 때문에, 불확실성은 순전히 인식론적인 것이다.

일부 결론은 상당히 높은 신뢰도가 보장되었다. 예컨대 기존 데이터베이스와 보상 청구자 등록부를 근거로, 1979년부터 약 1,250명의 혈우병 등 출혈 장애 환자가 HIV 진단을 받았고, 이 수치가 1985년에 정점을 찍었냐는 데 대체로 동의할 수 있었다. 그리하여 2019년까지 약 4분의 3이 사망했고, 그중 절반 정도가 HIV와 관련된 원인으로 사망했다. 이는 그야말로 엄청난 비극이었다.

하지만 HIV와 달리, 1991년 C형 간염HCV 검사가 가능해지기 전에 HCV에 감염된 혈액을 수혈받은 사람의 수를 추정하는 것은 훨씬 더 어려웠다. 만성 HCV 감염은 간암과 간부전을 비롯한 심각한 질환으로 이어질 수 있지만, 잠복기가 길기 때문에 오염된 혈액을 수혈받은 많은 사람 중 상당수는 자신이 감염된 사실을 알지 못했을 것이다. 또한 HCV 진단은 수혈 후 수년이 지나고서야 이루어질 가능성이 높기 때문에 등록부에 나타나지 않을 수 있다.

따라서 (비록 익명이지만) 특정 개인의 수를 헤아리는 대신, '감염된 헌혈 비율'과 '감염된 수혈 건수'의 추정치부터 '만성 감염자 수'와 '감염의 장기적 결과'에 이르기까지 전 과정에 걸쳐 복잡한 통계 모델을 사용해야 했다. 계량학의 용어를 사용하면 A형(통계적) 불확실성과 B형(판단적) 불확실성을 모두 고려해야 했다. 예컨대 모델링에서 중요한 부분은, HCV에 감염된 사람 중 바이러스가 자연적으로 제거되어 만성 감염으로 진행되지 않은 사람의 비율을 추정하는 것이었다. 이에 대해서는 이미 발표된 좋은 데이터가 있었기 때문에[7] 불확실성을 평균 18%, 표준편차 3%의 정규분포로 요약할 수 있었다. 하지만 모델의 다른 부분에는 관련 데이터가 없었기 때문에 전문가의 판단에 전적으로 의존하는 수밖에 없었다.

감염자 및 사망자 수의 최종 추정치를 도출할 때, 우리는 이러한 수많은 불확실성의 원천을 고려했다. 각각의 알려지지 않은 모수에 확률분포를 할당하여 '확률적' 모델을 생성한 다음, 모델을 1만 번 실행하되 각 실행마다 해당하는 모수의 값을 지정된 분포에서 시뮬레이션

한 다음 모델 전체에 전파했다. 그 결과 표 9.1에 표시된 것처럼 각 결과에 대해 1만 개의 그럴듯한 값이 생성되었고, 이 값들은 중앙값과 95% 불확실성 구간uncertainty interval 으로 요약되었다.* 이것이 바로 6장에서 소개한 표준 몬테카를로 접근 방법이며, 때때로 확률적 민감도 분석probabilistic sensitivity analysis 이라고도 한다. 표준 데이터 분석의 일환으로 계산된 신뢰구간과 구분하려고, **불확실성 구간**uncertainty interval 이라는 용어를 사용한다는 점에 주목하라.

표 9.1을 보면, 이 모델이 영국에서 약 2만 7,000명이 감염된 것으로 추정했지만 상당히 불확실하다는 것을 알 수 있다. 귀속 가능한attributable 사망자 수는 1,800명 남짓으로 제법 많지만, 이 역시 불확실성이 매우 크다. 중요한 점은, 이러한 사망자가 누구인지에 대한 기록이 전혀 없다는 것이다.

확인 불가능한 가정이 많기 때문에 통계 전문가 그룹은 전체 분석, 특히 표 9.1의 추정치와 구간에 대해 상당한 주의를 기울이려고 노력했다. 그래서 우리는 코로나19 팬데믹 기간 동안 과학적 조언에 사용된 척도를 채택하여, '이용 가능한 데이터가 우리가 제기한 질문에 답할 수 있는지'에 대한 신뢰도가 '중'이라고 진술했다. 이러한 척도를 사용할 수 있어서 해방감이 들었다. 예컨대 B형 간염에 감염된 사람의 수를 묻는 질문에는, 데이터가 부족하고 신뢰할 수 있는 모델도 없기 때문에 질문에 답할 수 있는지에 대한 신뢰도가 '하'라고 진술하며 수치를 제공하는 것을 거부했다.

감염된 혈액과 관련된 우리의 최종 증거에 따르면 감염된 혈액 또

---

* 이 모델은 루스 맥케이브(Ruth McCabe)와 세라 헤이스(Sarah Hayes)가 통계 프로그래밍 언어인 R로 구현했다.

관심 있는 양	중앙값 추정치	95% 불확실성 구간
1970년 1월부터 1991년 8월 사이에 수혈 때문에 HCV에 감염된 영국인의 수	26,800	21,300~38,800
만성적으로 HCV에 감염되어, 2019년 말까지 어떤 원인으로든 사망한 사람의 수	19,300	15,100~28,200
2019년 말까지 HCV 감염 때문에 사망한 사람의 수	1,820	650~3,320

표 9.1
혈액 수혈로 인한 HCV 감염에 대한 영국의 통계 모델에서, 주로 관심 있는 양의 중앙값 추정치 및 95% 불확실성 구간.[8]

는 혈액 제제를 투여받아 사망한 사람은 최대 3,000여 명으로 추정되며, 여기에는 많은 젊은이가 포함되어 있다. 우리는 정확한 수치에 대해 상당한 불확실성을 인정했지만, 피해 규모가 엄청나다는 점에 대해서는 "신뢰도가 '상'이다"라고 말할 수 있었다. 하지만 아쉽게도, 피해자 가족들이 입은 막대한 피해(참고로, 우리가 조사팀의 상세한 기술적 질문에 하루 종일 답변하는 동안 그들 중 일부는 맨 앞줄에 참을성 있게 앉아 있었다)는 평가 대상이 아니었다.

직접적, 간접적 불확실성

나는 다양한 이슈 ― 현실성 높은 모델의 복잡성, 몬테카를로 시뮬레이션 사용법, 통계적(A형) 및 판단적(B형) 수치화의 가치, 다양한 유형의 민감도 분석―를 설명하려고 감염된 혈액이라는 사례를 선택했다. 그리고 이 사례에서 내가 속한 팀은 '하나의 모델'을 사용하는 여러 팀 중 하나일 뿐이었다. 완전히 독립적인 그룹이 문제 해결을 의뢰받았다면 어떤 결과가 나왔을지 누가 알겠는가? 하지만 이 사례의 주요 목적은 증거의 질, 모델의 적절성, 결과의 정확성에 대한 의구심을 표현하려고 정성적qualitative 척도인 신뢰도를 사용하는 방법을 설명하는 것이었다.

어떤 사실, 추정치, 추세 등을 다룬 과학적 주장이 제기되고 있다고 가정해 보자. 지금껏 제시된 여러 사례에서, 우리는 주장의 **직접적 불확실성**direct uncertainty (이는 확률, 구간, 분포의 형식을 취할 수 있다)을 평가하려고 많은 통계 모델이 사용되는 것을 보았다. 그러나 감염된 혈액을 다룰 때, 수치화를 위한 모든 노력을 기울인 후에도 여전히 분석에 대한 의구심이 남을 수 있다는 것도 보았다. 이는 사용 가능한 증거의 설득력 및 품질과 관련된 **간접적 불확실성**indirect uncertainty 을 표현하는 방법이 더 필요하다는 것을 시사한다.

앞서 지적했듯이, 많은 분야의 연구자들이 유사한 척도가 필요하다는 것을 독립적으로 발견했지만 그 사용법이 항상 일관되거나 명확한 것은 아니었다. 예컨대 2장에서, 우리는 기후변화에 관한 정부 간 협의체가 가능성이라는 척도를 사용하여 수치 확률 평가를 단어로 변환하는 방법(예컨대 '가능성이 높다'는 용어는 66%에서 100% 사이를 의미한다)과 그 반대일 때를 살펴보았다. 그러나 IPCC는 이러한 직접적 불확실성 척도에 만족하지 않고, 간접적 불확실성 척도를 병행할 것을 권장한다.[9] 그들이 권장하는 간접적 척도는 신뢰도 수준으로, 최상, 상, 중, 하, 최하로 구성되며, 주장의 타당성에 대한 팀의 자체적 판단을 '증거의 설득력'과 '전문가 합의'의 관점에서 요약한 것이다.

예컨대, IPCC 6차 평가 보고서의 2021년 요약본(정책 입안자를 위한 기후변화의 자연과학적 근거)에는 아래와 같은 주장들이 포함되어 있다.[10]

- 직접적 불확실성만 언급된 경우: "1850~1900년부터 2010~2019년까지 인간이 초래한 지구 표면 기온 상승의 총 범위는 0.8~1.3°C이며, 최적 추정치는 1.07°C이다." 확률적 진술에 대한 신뢰도 중에서 '최상'이나 '상'은 굳이 언급할 필요가 없다는 것이 IPCC의 방침이므로, 이 진술에는 아마도 높은 수준의 신뢰도가 내포되어 있을 것이다.
- 직접적 불확실성과 간접적 불확실성이 모두 언급된 경우: "육지의 전 세계 평균 강수량은 1950년 이후 증가했고, 1980년대 이후 가파르게 증가했을 가능성이 높다(신뢰도 '중')."
- 간접적 불확실성만 언급된 경우: "2011~2020년의 연평균 북

극 해빙 면적은 적어도 1850년 이후 최저 수준에 도달했다(신
뢰도 '상')" "남극 해빙의 예상 감소치는 신뢰도가 '하'이다."

두 번째 주장에서 신뢰도는 확률 평가를 보완하려고 사용된 반면,
세 번째 주장에서는 저자가 확률을 평가할 수 없다고 생각할 때 직접
적 용어인 가능성을 대체하려고 사용되었다. 이 때문에 IPCC의 간행
물 전체에서 이러한 용어들이 명확하고 일관되게 사용되고 있는지에
대한 우려가 제기되었다.[11]

의료계에서도 네 가지 증거 품질(상, 중, 하, 최하)로 구성된
'GRADE'* 척도의 필요성을 인식하고 있다. 예컨대 2010년 한 검
토에서는 자궁경부암 수술 후 방사선 치료가 질병 진행 위험을
42%(95% 신뢰구간: 9~63%) 감소시킨다고 추정했는데, 이는 주로 한
건의 무작위 시험(참가자 280여 명을 대상으로 잘 수행되었다)에 근거한 것
으로, 이 증거의 품질에 대한 GRADE 평가는 '중'이었다. 편향, 부정
확성, 불일치, 간접성, 출판되는 연구 결과들의 편향의 위험을 고려하
여 적절한 GRADE 수준을 결정하는 공식적인 절차가 존재한다. 하
지만 적절한 수준을 지정하는 데는 여전히 상당한 판단이 필요하다.
GRADE는 전 세계 100개 이상의 조직에서 사용되고 있다.[12,13]

GRADE는 당초 "추가 연구가 결과를 변경할 가능성이 있는가"라
는 관점에서 정의되었지만, 2011년에 지침이 바뀌어[14] 지금은 증거의
확실성 척도certainty of evidence scale라고 불리게 되었다. 그 수준은 다음

---

* 전문가 그룹이 개발한 근거의 질(또는 확실성)과 권고의 강도를 등급화하기 위
  한 공통의 합리적이고 투명한 방식으로, Grading of Recommendations
  Assessment, Development and Evaluation의 이니셜이다. ─옮긴이

과 같이 정의된다.

- 최하: 실제 효과*true effect*는 추정 효과*estimated effect*와 현저하게 다를 가능성이 높다.
- 하: 실제 효과는 추정 효과와 현저하게 다를 수 있다.
- 중: 연구자들은 실제 효과가 추정 효과에 가까울 것이라고 믿는다.
- 상: 연구자들은 실제 효과가 추정 효과와 비슷할 것이라고 확신한다.

따라서 GRADE는 원래 '증거의 품질'을 평가하는 척도로 탄생했지만 이제 그것을 해석할 때는 '직접적 불확실성'으로 풀이한다. 즉, 추정 효과의 모델 기반 불확실성*model-based uncertainty*을 보완하는 것이 아니라 대체하는 것이다. 이는 B형 주관적 불확실성을 추가하는 효과와 비슷하지만, 그 효과를 수치화하지 않는다는 점이 다르다.

과학계의 또 다른 이슈는 코로나19 팬데믹 때문에 생겨났는데, 이 기간에 봉쇄, 마스크, 백신 등의 잠재적 이점과 해악에 대한 논쟁이 활발하게 벌어졌고 지금도 계속되고 있다. 영국의 비상사태 과학자문 그룹Scientific Advisory Group for Emergencies, SAGE은 팬데믹 기간 내내 자주 모임을 열었다(나도 이 회의에 참석했다). 바이러스 확산을 줄이기 위한 다양한 정책의 효과에 내리는 그들의 판단은 일반적으로 상, 중, 중하, 하(감염된 혈액 분석에서 채택된 것과 동일한 척도이다)로 구성된 신뢰도 요약과 함께 제공되었다. 예컨대 2020년 9월, 그들은 대규모 행사 금지를 포함한 야외 모임 제한이 코로나19 확산에 미치는 영향은 작고(신뢰도 '상'), 모든 학교 폐쇄는 R을 0.2에서 0.5까지 감소시킬 정도로 영향이 크다(신뢰도 '하')고 결론을 내렸다.[15]

안타깝게도 과학자들은 자신들의 지식에 대한 의구심을 인정하더라도 이를 널리 알리거나 이해시키지 못하는 경우가 많고, 정책을 결정하는 정치인들은 마치 자신의 결정에 대한 증거가 반박이 불가한 것처럼 행동하는 경향이 있다. 이에 대응하려고, 일부 조직에서는 불확실성을 강하게 드러내고 있다. 예컨대 영국 교육기금 재단Education Endowment Foundation은 교육 개선 정책에 대한 지침을 제공하는데, 그들의 교육 및 학습 툴킷[16]에서는 결론에 대한 확신을 나타내는 한 개에서 다섯 개의 작은 '자물쇠'(호텔 별점 체계와 비슷하다)를 사용해 판단을 표시한다. 그리고 영국 통계청ONS은 아직 '공식 통계'로 간주할 수 없고 '새로운 추정치의 불확실성이 크거나 기존 통계의 불확실성을 증가시킬 수 있는' 통계에 대해, '개발 중인 공식 통계'라는 명칭을 사용한다.[17]

이 모든 사례에서 얻은 교훈은 그림 9.1에 요약되어 있고, 사실, 추정치, 추세, 인과관계의 주장에 대한 불확실성을 표현하는 직접적 및 간접적 경로를 모두 보여준다.

데이터의 품질이 낮거나 잠재적 편향이 남을 수 있고, 전문가들이 동의하지 않을 수 있으며, 결정적으로 중요한 정보 공백이 존재할 수 있는 등 주장의 근거에 대해 많은 우려가 따르기도 한다. 그리고 관련된 척도의 사용 방법이 명확하지 않은 경우가 종종 있다. 또한 신뢰도의 대상은 일반적으로 전체 분석 과정으로 이해되지만, 우리는 이 용어가 주장 자체에 적용되는 사례를 종종 본다. 즉 평가된 확률에 대한 진술이 아니라, 확률을 대신하는 비수치적인 확실성의 정도non-numerical degree of certainty로 사용되는 경우가 자주 있는 듯하다(그림 9.1 참조).

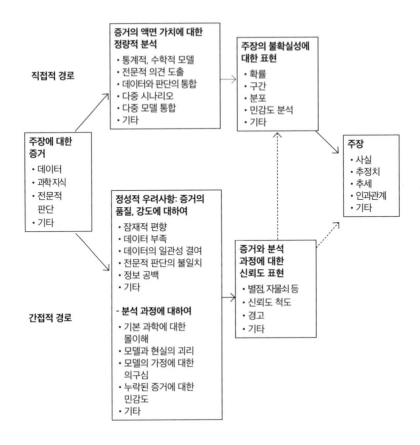

그림 9.1

사실, 추정치, 추세, 인과관계에 대한 주장이 불확실성을 갖게 되는 직접적 및 간접적 경로. 직접적 불확실성은 통계 모델링이나 전문적 판단에서 발생한다. 간접적 불확실성은 증거의 품질과 강도, 전체 분석 과정에 대한 정성적 우려 사항 때문에 발생하고, 그 요약은 불확실성의 정량적(수치적) 표현 또는 주장 자체(점선 화살표)에 적용될 수 있다. 때로는 우리가 모른다는 사실을 인정해야 할 수도 있다.

이 장에서 살펴본 척도들은 널리 사용된다. 왜냐하면 분석가들이 종종 (매우 현명하게도) 모델에 근거해 내린 수치화된 결론에 전적으로 의존하는 것을 꺼리기 때문이다. 우리가 살펴본 사례들은 모두 과학 지식의 부족, 즉 순수한 인식론적 불확실성과 관련이 있다. 이 경우, 우리는 일반적으로 우리가 모르는 것을 명시할 수 있다. 서론에서 언급한 도널드 럼스펠드의 영원한 문구처럼, 우리는 '알려진 미지의 것'을 다루고 있는 것이다.

하지만 우리가 모든 가능성을 개념화할 수는 없다. 13장에서 볼 수 있듯이 이러한 깊은 불확실성은 장기적인 예측을 시도할 때 직면할 수 있지만, 지식이 부족할 때—어떤 종류의 외계 생명체가 존재할 수 있는지에 대한 인식론적 불확실성처럼, 잘 정의된 선택지 목록이 없을 때—에도 발생할 수 있다.

우리는 때로 우리가 무지하다는 사실을 인정해야 할 수도 있다.

요약

- 정량적quantitative 모델링과 판단에 모든 노력을 기울인 후에
  도, 많은 연구자와 조직은 추가적인 '신뢰도' 척도가 필요하
  다고 느낀다.

- 이러한 척도는 주장의 불확실성의 '간접적' 경로에서 비롯되
  며, 이용 가능한 증거의 품질, 전문가들의 동의 정도, 인정된
  정보 공백 등을 반영할 수 있다.

- 정성적 신뢰도 척도는 불확실성에 대한 수치적 평가를 보완
  하는 용도와, 사람들이 불확실성을 정량화하기를 꺼릴 때 이
  를 대체하는 용도로 모두 사용된다.

- 이러한 척도가 널리 사용되고 있지만 그 정확한 의미가 불명
  확할 때가 대부분이다.

- 이러한 척도일지라도 가능성조차 나열할 수 없는 상황을 다
  룰 때는 부적절하다.

10장

기후변화, 범죄의 책임이
누구에게 있는가?

방에 들어가 전등 스위치를 누르면 불이 켜진다. 이것은 가장 단순한 유형의 인과관계로, 스위치를 눌렀을 때만 불이 켜지는 기본적인 물리적 메커니즘에 따라 그렇게 되는 것이다. 물론 스위치가 두 개 이상이거나, 회로에 결함이 있거나, 전구가 나가버리는 등 상황이 빠르게 복잡해질 수 있지만, 우리는 관찰과 논리를 사용하여 무슨 일이 일어나는 중인지 평가할 수 있다.

이 장에서는 훨씬 더 어려운 두 가지 상황을 살펴보기로 하자. 첫 번째는 일반적 인과관계*general causation*로, 어떤 행동이나 노출 A가 반복되는 상황에서 결과 B가 유발되는 경향이 있는지, 즉 B가 발생할 확률이 높아지는지를 묻는 것이다. 전형적인 예로는 특정 식품이 암 발생 위험을 높이는지, 백신이 해를 끼치는 주요 원인인지 여부가 있다. 이는 본질적으로 '원인의 영향*effect of cause*'에 대한 불확실성을 조사하여 "만약 ~라면 어떻게 될까what-if"라는 질문에 답하는 것이다.

두 번째는 특이적 인과관계specific causation로, 개별 사건들을 고려하여 이전에 일어난 행동이나 노출 때문에 해당 사건이 발생했는지 여부, 또는 어느 정도 영향을 미쳤는지 묻는 것이다. 그런 다음 '결과의 원인cause of effect', 즉 귀인attribution을 살펴보게 되는데, 이는 본질적으로 "왜?"라는 질문에 답하는 것이다. 우리 인간은 교통사고, 심장마비, 연인과의 이별, 예상치 못한 국민투표 결과 등으로 인해 어떤 일이 일어난 이유를 설명하는 데 능숙하다. 마이클 블래스트랜드가 한 "숨겨진 절반hidden half"이라는 말처럼, 일반적으로 사건을 간단하게 설명할 수는 없지만 누구나 자신의 이론을 큰소리로 내세울 수 있다. 라틴어로 post hoc ergo propter hoc라고 알려진 유명한 '인과관계의 오류'는, B가 A의 뒤에 일어났다는 것을 관찰한 후 A가 실제로 B를 발생시켰다고 결론을 내리는 것이다. 전형적인 예로, 어떤 축구팀이 연패를 당한 후 감독을 경질했는데 다음 경기에서 승리하면, 사람들은 그 경질 때문에 팀의 운명이 바뀌었다고 주장한다. 그러나 앞에서 살펴본 것처럼 축구에는 엄청난 운이 작용하므로, 이는 불운의 시기가 끝나고 있다는 것을 암시할 수도 있다.*

이 책의 나머지 부분에서와 마찬가지로, 나는 이러한 개인적인 직관을 피하고 귀인에 대한 분석적 접근 방법이 합리적인 질문(예컨대 사람들이 특정 화학물질에 노출되어 피해를 입었는지 여부를 다투는 법적 소송, 인위적인 기후변화가 기상이변의 원인인지에 대한 최근 논쟁, 심지어 개인이 범죄에

---

*   이를 평균으로의 회귀(regression-to-the-mean)라고 하는데, 나는 2023년 12월에 내 지역 연고 팀인 케임브리지 유나이티드에서 이런 현상이 일어나는 것을 지켜보았다.

책임이 있는지 여부에 대한 법원 심리)에 초점을 맞추려고 한다.

일반적 인과관계와 특이적 인과관계에 대한 주장들은 모두 불확실성에 지배된다. 이는 "폭력적인 비디오 게임은 공격성을 높일 수 있다"처럼 구두 표현에 머물 수도 있지만,[1] 여기서는 불확실성을 보다 엄격하게 표현하려는 시도들, 즉 적어도 수치적으로 또는 공식적으로 표현하려는 시도들을 살펴보려고 한다. 논의가 다소 기술적인 내용으로 진행될 수밖에 없겠지만, 이러한 아이디어가 첨예하게 대립하는 몇 가지 쟁점에 대한 상반된 주장을 해결하는 데 도움이 되기를 바란다.

일반적 인과관계

우리는 이미 8장에서 무작위 배정이 인과관계를 평가하는 데 어떻게 도움이 되는지 살펴보았다. 덱사메타손 치료나 일반적인 치료를 받도록 무작위로 배정된 사람들의 결과를 비교하여 모든 차이가 우연이 아니라 배정된 치료 때문이라는 걸 확신할 수 있다. 단순히 '약물을 투여받은 그룹(치료군)이 그러지 않은 그룹(대조군)에 비해 회복될 확률이 높다'라는 것을 관찰하는 데 만족하지 말고, 완전한 무작위 그룹(결과에 영향을 미칠 수 있는 미지의 요인까지 고려한 동등한 치료군과 대조군)을 만들기 위해 적극적으로 개입해야 한다.

그러나 미디어는 "고양이가 암에 걸릴 수 있을까?"[2]와 같은 낚시용 헤드라인을 좋아하고, 이러한 헤드라인은 무작위 임상시험에 근거한 것이 아닌 경우가 대부분이다. 그렇다면 제대로 된 실험이 없는 상황에서 인과관계를 얼마나 확신할 수 있을까? 다음 사례는 이러한 주장을 할 때 각별한 주의가 필요하다는 것을 보여준다.

호르몬 대체 요법Hormone Replacement Therapy, HRT이 여성에게 해로울까?

HRT는 일반적으로 완경기 여성이 겪는 심각한 증상을 완화하려고 처방되지만, 많은 사람을 장기간 추적 조사한 여러 관찰 연구에서 '더 나은 심혈관 결과'와도 관련이 있는 것으로 나타났다. 이는 단지 '상관관계'일 뿐이지만 인과관계라는 표현이 자주 사용되곤 한다. 예컨대 많이 인용된 1992년의 논문에서는 HRT 사용이 관상동맥심질환Coronary Heart Disease, CHD의 "위험을 약 35%까지 감소시킨다"라는 광범위하고 일관된 증거가 있다고 언급했다.[3]

하지만 이것이 정말 인과관계였을까, 아니면 완경기나 완경 직후에 HRT를 처방받은 비교적 젊은 여성은 어쨌든 CHD 위험이 더 낮은 경향이 있는 것이었을까? 2002년 대규모 여성 건강 이니셔티브Women's Health Initiative라는 무작위 임상시험 결과가 발표되었을 때, HRT는 CHD의 연간 위험을 18% 증가(95% 신뢰구간: 5% 감소~45% 증가)시킬 뿐만 아니라 침습성 유방암invasive breast cancer, 뇌졸중, 폐색전증pulmonary embolism의 위험을 증가시키는 것으로 나타났다.[4] 조심스럽게 말해서, 많은 사람이 이 결과 때문에 실망했고, HRT 처방은 상당히 줄어들게 되었다.

그러나 관찰 연구와 무작위 배정 연구가 서로 다른 그룹을 대상으로 했기 때문에, 추가 분석을 통해 명백한 모순들이 대부분 해결되었다. 이제 연구자들은 60세 미만의 완경기 또는 완경 직전인 여성 대부분이 HRT를 시작하면 한정된 기간limited peropd 동안 사망률과 심혈관 질환이 현저히 줄어들고,[5] 이 시기 여성들에게는 이점이 위험을 상회할 수 있다고 확신하고 있다. 모든 것은 타이밍에 달려 있다.

HRT 사례는 특히 무작위 임상시험이 없는 상황에서 인과관계를 평가하는 데 필요한 주의와 복잡성을 보여준다. 과학에 대한 의구심을 불러일으키려는 담배업계의 끈질긴 노력에도 불구하고, 수년에 걸친 수많은 연구 결과를 바탕으로 흡연과 폐암 사이의 연관성이 마침내 인과관계로 밝혀진 것이 그 전형적인 예다.

일단 인과관계를 가정할 수 있게 되면, 사람들이 담배를 피우지 않았다면 폐암 발병률을 얼마나 줄일 수 있었을지(그리고 불확실성이 어느 정도인지) 등의 질문에 답할 수 있다. 예컨대 노르웨이 여성들을 대상으로 한 연구에서,[6] 흡연자의 폐암 상대위험은 비흡연자의 14배(95% 신뢰구간: 10~19배)인 것으로 나타났다. 즉, 폐암에 걸린 흡연자 14명 중 한 명은 어쨌든 폐암에 걸렸을 것이고, 13명(전체의 93%)은 흡연 때문에 폐암에 걸렸다는 뜻이다. 이를 **귀속분율**attributable fraction 또는 **초과분율**excess fraction 이라고 하고, 이 연구에서는 93%(95% 신뢰구간: 90~95%)이다. 표기법상 RR이 상대위험이라면, 귀속 또는 초과분율은 $AF = (RR\text{-}1)/R = 1\text{-}1/R$이며, 이 연구에서는 $1 - 1/14 = 0.93$이다.*

그러나 사람들은 흡연으로 인한 모든 폐암 사례의 비율, 즉 **인구귀속분율**population attributable fraction에 대한 아이디어를 원했다. 이를 위해서는 연구 기간 동안 흡연한 적이 있는 여성의 비율을 알아야 하는데, 그 비율은 약 30%였다. 결국 인구귀속분율은 80%(95% 신뢰구간:

---

* 이 공식에서 RR에 14를 대입하면 0.93이 나오고, 95% 신뢰구간의 하한과 상한인 10과 19를 대입하면 각각 0.9와 0.95가 나온다. ─옮긴이

73~84%)라고 추정할 수 있었다.* 이는 원칙적으로 여성 폐암(및 생명을 위협하는 그 밖의 많은 질환)의 약 80%는 흡연을 하지 않았다면 예방할 수 있었다는 의미다.

이와 같은 척도는 사람들의 행동을 변화시킴으로써 '원인의 영향'을 줄일 수 있는 잠재적 이점이 있다. 그러나 나중에 살펴보겠지만, 귀속분율은 '원인에 따른 결과cause to effect'를 밝히는 근거를 제공할 수도 있으므로 보상 청구를 다루는 법적 판결에 사용될 수 있다.

◆

흡연과 폐암 간의 인과관계는 의심의 여지없이 밝혀졌지만, 다른 암의 원인은 명확하지 않다. 국제암연구소IARC는 오랜 기간 동안 수많은 화학물질 및 기타 노출이 발암성carcinogenic(인간에게 암을 유발할 수 있다는 의미)인지 여부를 조사하는 프로그램을 운영해 왔다. 광범위한 연구 끝에 각각을 네 가지 범주 중 하나로 분류한다.

- 1 그룹: 인체에 대한 발암성 있음. 예컨대 플루토늄, 전리 방사선, 소방관으로 일하기, 흡연, 알코올, 가공육.
- 2A 그룹: 인체에 대한 발암성이 추정됨. 예컨대 미용사 또는 이발사로 일하기(특정 화학물질에 노출됨), 야간 교대 근무, 매우 뜨거운 음료, 적색육.
- 2B 그룹: 인체에 대한 발암성이 의심됨(가능함). 예컨대 알로에 베라, 드라이클리닝 작업.
- 3 그룹: 인체에 대한 발암성 여부를 분류할 수 없음. 예컨대 석

---

* P가 인과적 위험요인의 유병률이라면, 인구귀속분율$(PAF) = P(RR-1)/(P(RR-1)+1) = 0.3 \times 13/(0.3 \times 13+1) = 0.8$이다.

탄 먼지, 커피, 실리콘 유방 보형물.

이러한 분류에 대해 많은 오해가 있었다. 예컨대 가공육과 흡연은 모두 1그룹에 속하지만, 두 가지 위험성이 똑같다는 것을 의미하지는 않는다. "베이컨, 햄, 소시지는 담배와 같은 암 위험성이 있다고 전문가들은 경고한다"처럼 오해의 소지가 있는 헤드라인이 달렸지만 말이다.[7] 왜냐하면 IARC의 분류는 위험성이 아닌 **유해성**hazard에 관한 것이기 때문이다. 1장에서 살펴본 것처럼 유해성은 매우 극단적인 상황에서 해를 끼칠 수 있는 잠재력을 의미하지만, 여기서 위험성은 일반적인 생활 방식을 고려할 때 실제로 해를 끼칠 수 있는 가능성(확률)을 의미한다. 따라서 IARC가 가공육을 흡연, 전리 방사선, 플루토늄과 함께 1그룹으로 분류했을 때, 이 두 가지 위험성이 동일하다는 의미는 아니었다.

IARC는 분류의 의미에 대한 설명을 개선하려고 노력했지만, 그렇다고 해서 자신들의 판단이 오해에 휩싸이는 것을 막지는 못했다. 예컨대

> **다이어트 콜라와 같은 음료의 성분인 아스파탐이 암을 유발할 수 있을까?**

아스파탐은 저칼로리 인공 감미료로 수십 년 동안 다양한 식품, 특히 다이어트 음료에 사용되어 왔다. 2023년에 IARC는 광범위한 증거를 바탕으로 아스파탐을 2B 그룹으로 분류했는데, 이는 발표된 알고리즘에 따라 다음 기준 중 하나 이상이 충족되었다는 의미다.[8]

- 인체에서 발암성에 대한 제한된 증거가 있음.
- 실험 동물에서 발암성에 대한 충분한 증거가 있음.
- 발암 물질의 주요 특성을 보인다는 강력한 증거가 있음.

안타깝게도 IARC의 공식 발표가 있기 2주 전에 언론으로 정보가 유출되어 "아스파탐 감미료, 암 유발 가능성이 있다고 발표"와 같은 헤드라인이 실렸고,[9] 베이컨에 대한 오류와 정확히 일치하는 내용이 보도되었다. 이는 특히 아이러니한 일이었는데, 그 이유는 IARC의 분류 발표가 WHO/FAO 식품첨가물 합동전문가위원회JECFA의 실제 위험성에 대한 성명("실험 동물이나 인체 데이터에서, 아스파탐이 부작용을 일으킨다는 설득력 있는 증거가 없다")과 동시에 이루어졌기 때문이다.

이 두 발표는 서로 모순되는 것처럼 보일 수 있다. 하지만 "아스파탐을 충분한 양 섭취할 경우 발암성이 있을지도 모르지만 사람이 섭취하는 양으로는 측정 가능한 위험성이 없다"라는 것이 상당히 타당한 생각이다. WHO의 조언은 40년 동안 변함이 없고, 지금도 여전히 "하루 평균 14캔(약 반 양동이)의 다이어트 음료를 마셔도 인체에 안전하다"라고 한다. 따라서 앞서 제기한 질문에 답하자면, 사람이 다이어트 음료 때문에 암에 걸리지는 않을 것이다(물론 이에 대한 법정 소송이 일어날 수 있지만 말이다).

IARC는 '추정됨'과 같은 용어를 사용하지만, 혼란스럽게도 이것은 발암성에 대한 직접적 표현이 아니다. 이는 발암성에 대한 증거의 설득력에 대한 정성적 평가이므로, 9장에서 설명한 것처럼 '간접적 불확실성'의 표현에 가깝다. 미국 환경보호청EPA은 다음과 같이 말하며 이러한 접근 방법에 힘을 실어준다.[10] "대부분의 인과관계 추론은 증거의 강도에 기반하므로, 불확실성의 단일 원천 중에서 결론의 불확실성을 특징지을 수 있는 것은 하나도 없다. 따라서 인과관계 분석과 관련된 불확실성의 대부분은 양적이 아니라 질적으로 특징지어져야 한다."

이와 대조적으로, 기후변화 연구자들은 다소 대담하게도 인과관계 주장에 확률을 기꺼이 부여하려 한다.

기후변화는 암의 원인보다 훨씬 더 논란의 여지가 많은 과학 및 인과관계 영역일 수 있다. 최근의 기후변화가 "주로 인간 활동 때문"이라고 주장하는 과학자들과 "대부분 자연적 변화 때문"이라고 주장하는 과학자들 간의 양극화된 갈등이 수년 동안 증폭되어 왔다. 따라서 기후변화에 관한 정부 간 협의체는 인과관계의 확실성 정도를 표현하는 방법을 개발했고, 2021년 보고서[11]에서는 다음과 같은 문구를 사용했다.

- "인간의 영향으로 대기, 해양, 육지가 따뜻해졌다는 것은 명백하다unequivocal".
- "인간의 영향은 1990년대 이후 전 세계적으로 빙하가 후퇴하고 1979~1988년과 2010~2019년에 북극의 해빙 면적이 감소한 주요 원인일 가능성이 매우 높다very likely".
- "20세기 중반 이후 관측된 강수량 변화의 패턴에 인간의 영향이 기여했을 가능성이 높다likely".

2장에서 살펴본 것처럼 불확실성에 대한 이러한 '직접적' 표현은 수치로 번역될 수 있다. 즉 '가능성이 매우 높다'는 90%에서 100%의 확률, '가능성이 높다'는 66% 이상의 확률을 의미한다. '명백하다'는 범위를 벗어나는데, 아마도 '확실하다'로 해석해야 할 것이다.

이는 여러 증거를 바탕으로 한 전문가들의 판단이다. 전문가들의 주요 접근 방법은 기후에 대한 두 가지 수학적 모델을 비교하는 것이다. 하나는 인간의 영향을 포함하여 1850년부터 현재까지 일어났을 것으로 예상되는 일을 예측하는 모델이고, 다른 하나는 산업이 발전하지 않고 자연적 과정만 작동했을 경우 일어났을 것으로 예상되는 일을 예측하는 모델이다. 후자는 역사가 실제로 발전하지 않았을 때의 잠재적 영향을 평가하는 것과 명시적으로 관련이 있기 때문에 반사실적 counterfactual 이라고 한다.

그림 10.1은 1850년부터 2020년까지 지구 표면의 연평균 기온을 비교한 것이다. 모델 예측의 불확실성을 감안하더라도, 인간의 영향을 받은 첫 번째 모델은 관측된 것(검은색 선)과 잘 일치하는 반면, 두 번째 '자연적' 예측은 실제 데이터와 거리가 멀다. 이러한 시뮬레이션 예측을 '지문fingerprint'이라고 한다.

IPCC는 또한 두 모델이 데이터와 얼마나 잘 일치하는지 확인하려고 보다 공식적인 회귀분석을 사용하는데, '인간의 영향을 받은' 지문의 회귀계수가 1에 가깝고 '자연적' 지문의 회귀계수가 0에 가까우면 인위적 온난화man-made warming가 관측된 온난화observed warming와 거의 같다는 결론을 내릴 수 있다. 따라서 기후 연구자들은 고전적인 통계 분석을 수행하여 그 결과를 추정치와 신뢰구간으로 보고하고, 이를 기본 인과관계에 대한 합의된 확률 판단의 주요 근거로 사용한다. 이는 본질적으로 베이지안 아이디어다. 그리고 그들의 결론은 "명백하다"라는 것이었다.

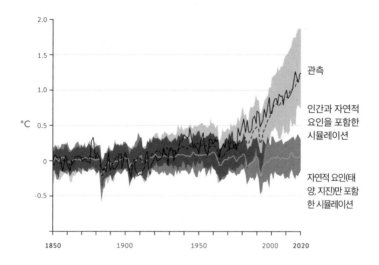

°C

관측

인간과 자연적
요인을 포함한
시뮬레이션

자연적 요인(태
양, 지진)만 포함
한 시뮬레이션

그림 10.1

1850~2020년 지구 표면의 연평균 기온의 관측된 변화(검은색 선)를 인간과 자연적 요
인을 포함한 모델 기반 시뮬레이션(점선은 추정치, 밝은 회색 띠는 불확실성을 보여줌) 및
자연적 요인만 포함한 시뮬레이션(옅은 선과 어두운 회색 띠)과 비교한 결과.[12] 둘 중에서
관측 데이터와 일치하는 것은 인간의 영향을 포함한 시뮬레이션이다.

이 분석은 지구 전체 *기후변화*의 가능한 원인을 고려한 것이어서 다소 막연한 감이 있지만, 폭우, 가뭄, 폭염 등 특정 *기상* 현상이 인위적인 기후변화 때문인지 여부를 묻는 것은 피부에 와닿는다. 이는 기상이변 때문에 일어나는 피해에 대한 책임을 가리는 법적 소송에서도 점점 더 중요해질 것이다.

다음 질문은 다소 지엽적이지만 내가 관심을 두고 있는 문제다.

인위적인 기후변화가 2023년 9월 영국의 기록적인 고온에 미친 영향은 어느 정도일까?

2023년 9월이 나에게는 꽤나 멋진 나날이었다는 것을 인정한다. 따뜻한 저녁을 야외에서 보내고 시골에서 장시간 자전거를 타는 등 행복한 시간을 즐겼으니 말이다. 하지만 내가 이렇게 즐거워하는 동안, 영국의 9월 평균 기온은 15.2℃라는 전례 없는 기록을 세웠다. 그 이유가 무엇이었을까?

현재 영국 기상청Met Office은 2023년 9월의 기록적인 기온과 같은 이례적 사건에 대해 신속한 귀인 연구를 수행하고 있다.[13] 이는 앞에서 설명한 기후 인과관계 평가와 유사하다. 자연적 변동성NAT 모델은 인간의 영향이 없었다면 9월에 예상될 수 있는 확률분포를 제공하고, 인간의 영향HUM을 감안한 모델의 시뮬레이션은 그에 비교되는 확률분포를 제공한다. 그래서 인간의 영향이 '없을 때'와 '있을 때' 이상 기온이 관측될 확률을 평가할 수 있고, 이는 본질적으로 '경합하는' 가설들의 p값(P_{NAT} 및 P_{HUM}으로 표시되었다)으로 귀결된다.

그림 10.2는 자연적 영향과 인위적 영향에 따른 확률분포를 보여주는데, 각각의 확률분포는 모델을 여러 번 실행하여 생성한 후 평활화되었다. HUM 분포의 꼬리 면적tail-area인 P_{HUM}은 2.7%(95% 신뢰구간: 2.4~3.1%)로 추정되었는데, 이는 영국 기상청이 "인위적인 기후변화를 감안하더라도, 이러한 이상 기온이 관측될 확률은 약 40분의 1에 불과하다"라고 평가한다는 의미다. 이처럼 낮은 확률은 현행 기후모델의 일반적 패턴(기상이변 현상을 과소 예측한다)을 반영한다.[14] 그러나 '자연적' 모델에서 이러한 극단적 결과가 관측될 확률은 0.023%(90% 신뢰구간: 0.018~0.03%), 즉 약 4,000분의 1로 추정되었다. 기상청은 이러한 추정치들에 대해 "수많은 가정에 근거한 것이므로 너무 액면 그대로 받아들여서는 안 된다"라고 경고하고, 인간의 영향과 관련된 이러한 극단적 사건의 상대위험을 계산하는 것을 거부했다. 만약 기상청이 조금만 덜 신중했더라면 "상대위험인 P_{HUM}/P_{NAT}가 100 정도이므로, 인간의 영향 때문에 이러한 극단적 사건이 발생할 가능성이 단지 자연적 영향 때문에 발생할 가능성보다 약 100배 높다"라는 결론을 내릴 수 있었을 것이다.

그림 10.2는 우리에게 또 다른 중요한 교훈을 준다. 이 그래프는 평균 기온이 약 12℃에서 14℃로 소폭 상승한 사실을 보여주는데, 2℃ 정도라면 1시간 동안 지속될 경우 우리가 감지하지 못할 만큼의 작은 변화다. 하지만 설사 작은 변화라도 '꼬리 면적'의 불균형적인 변화로 이어져 기상이변의 위험을 크게 증가시킬 수 있다. 이 간단한 그래프를 보면, 지구온난화를 2℃ 이하로 유지하려는 것이 왜 그렇게 중요한 목표인지 알 수 있다.

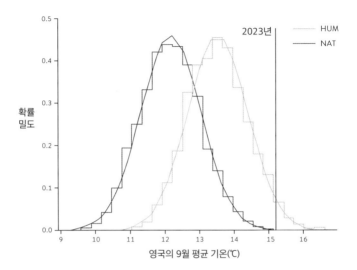

그림 10.2

자연적 변동성(NAT: 짙은 선)만 가정한 모델과 인간의 영향(HUM: 옅은 선)을 가정한 모델에서 생성된 2023년 9월 영국 일평균 기온의 확률분포. 실제로 관측된 2023년 평균 기온은 검은색 실선(수직선)으로 표시되어 있으며, 자연적 변동성만 감안할 경우 믿을 수 없을 정도로 높은 수준이다.

귀인 연구는 점점 더 광범위해지고 있고, 조사 대상인 사건이 발생한 직후 또는 진행되는 도중에 수행되는 경우가 많다. 이 때문에 문제가 발생할 수 있다. 2018년 허리케인 플로렌스가 미국 해안가에 접근하고 있을 때, 연구자들은 기후변화 때문에 캐롤라이나 지역의 강우량이 50% 이상 증가하고 허리케인의 폭이 약 80km 증가할 것이라고 주장했다. 그 후 "지구온난화가 어떻게 허리케인 플로렌스와 같은 괴물 폭풍을 가속화하는가"와 같은 헤드라인이 이어졌다.[15] 그러나 2년 후, 같은 연구자들은 수정된 분석에서 "기후변화 때문에 강우량이 ±5% 변화했고 허리케인의 폭은 겨우 9km(±6km) 늘어난 것으로 추정되었다"라고 인정했다.[16] 이전 주장을 철회했다는 사실은 거의 홍보되지 않았지만, 이러한 귀인 연구는 자연적 기후 변동성과 기후 모델 결과의 불확실성을 모두 고려하여 매우 신중하게 수행되어야 한다는 것을 보여주었다.

영국 기상청의 경고와는 달리, 많은 귀인 연구에서는 인간의 영향을 받은 기후변화와 관련된 상대위험을 추정한다. 예컨대 2017년 5월 한국의 기록적인 기온에 대해 상대위험이 약 3.5정도로 평가되었는데,[17] 이는 인간의 영향을 받은 기후를 가정할 경우 자연적 기후만 가정하는 것보다 이러한 이상 기온이 발생할 가능성이 3.5배 높다는 의미다. 앞에서 암의 원인을 평가할 때, "흡연과 같은 특정 노출이 없었더라면 피할 수 있었을 사례"의 비율인 귀속분율($1-1/RR$)을 계산할 수 있다는 것을 보았다. 기후라는 맥락에서는 이를 귀속 위험 분율 Fraction of Attributable Risk, FAR이라고 하며, 2017년 한국 사건의 FAR은 $1-1/3.5=0.72$로 추정되었다. 현재 기상이변에 대한 귀인 연구에서는 이를 '인과관계의 확률'로 지칭하는 것을 피하고 있지만, 향후 기후

변화 관련 소송에서 이 개념이 등장할지 주목해야 한다

일부 기후 과학자들은 현대 기후의 변화 과정 전체를 하나의 '사건'으로 간주하여, 특정 사건에 대한 귀인 연구 방법을 기후변화 전반에 적용했다.[18] 이 때문에 인간의 영향이 기온 변화를 초래했을 전반적 '인과관계의 확률'은 0.9999로 추정되어, 2021년 IPCC가 내린 명백하다는 판단에 대한 수치화된 근거를 제시했다. 하지만 인과관계를 평가하는 것이 매력적이더라도 귀인 연구에서 나온 모든 추정치는 광범위한 가정에 기반해야 한다. 실제로 분석에 대한 어느 정도의 신뢰도는 환영할 만하지만, 이는 기본적인 물리적 과정에 대해 합리적인 이해가 수반되어 잘 정의된 기상 현상에 한정된 이야기다. 예컨대 "소셜 미디어 회사가 특정 개인의 정신 건강에 해를 끼쳤다"라고 주장하는 법적 소송과 같이 훨씬 더 복잡한 영역으로 나아가면, 인과관계에 대한 불확실성을 수치화하려는 시도는 훨씬 더 어려워질 것이다. 하지만 지금부터 살펴보겠지만, '인과관계의 확률'을 과학적 증거를 사용해 직접 계산한 법적 선례가 있다.

우리 모두는 건강이 악화된 원인을 찾는 데 관심이 있다. 왜 이 두통이 생겼을까? 누가 나를 SARS-CoV-2에 감염시켰을까? 백신이 내 아이에게 병을 유발했을까? 일반적으로는 그저 의구심을 품을 뿐이지만, 어떤 상황에서는 좀 더 공식적인 방법이 필요하다. 예컨대 어떤 약물이 이상 반응adverse event을 일으켰는지 여부를 평가할 때, 알고리즘[19]을 사용하여 확실하거나definite, 개연성 있거나probable, 가능성 있거나possible, 의심스러운doubtful 인과관계로 분류하는 경우가 많다. 하지만 발암성에 대한 IARC의 분류와 마찬가지로, 이는 실제로 확률이 아니라 인과관계에 대한 증거의 비공식적인 강도를 나타낸다.

물론 인과관계에 대한 평가가 논의의 중심에 서는 것은 법적 손해배상 청구가 있을 때, 즉 잠재적으로 삶을 바꿀 수 있는 결정을 내려야 할 때이다.

> **누군가가 업무 환경 때문에 피해를 입었는지 여부를 법원은 어떻게 판단할까?**

존 쿡슨John Cookson은 나중에 노바티스로 알려진 제약회사에서 거의 30년 동안 근무했는데, 그중에는 영국 동부 해안의 그림스비에서 염료 생산에 종사한 기간도 포함된다. 그는 은퇴 후 방광암에 걸렸고, 2001년에는 염료 제조 과정에서 '방향족 아민aromatic amine'에 노출되었다고 주장하며 이전 고용주를 상대로 소송을 제기했다. 여기에 관련된 모든 당사자는 방향족 아민이 암 위험 증가와 관련이 있다는 사실을 인정했다. 이제 남은 것은 법원의 판결이었다. 법원은 쿡슨의 암이 직장에서 염료에 노출되었기 때문에 발생했는지 여부, 또는 그렇게 될 확률을 결정해야 했다.

쿡슨의 암이 어디에서 비롯되었는지를 생물학적으로 규명하는 것은 불가능하다. 또한 타임머신을 타고 과거로 돌아가 "그가 염료에 절대 접근하지 않았다"라는 반사실적 세계counterfactual world를 관찰한 다음, 그가 어차피 암에 걸릴 운명이었다는 것을 확인할 수도 없는 노릇이다. 따라서 염료에 노출된 것이 그(개인)에게 암을 일으켰을 합리적인 확률을 얻으려면 집단에서 나온 역학적 증거를 사용해야 한다. 본질적으로, 특정 사례에서 책임(결과의 원인)을 귀속시키는 데 사용되는 것은 일반적 인과관계(원인의 영향)의 개념이다.

우리는 이미 노출과 관련된 귀속 또는 초과분율을 접한 바 있다. 예컨대, 노르웨이 여성 흡연자의 폐암 발병 사례 중 93%는 흡연 때문이었다. 집단에 대한 이 진술에 기반하여 "특정 흡연자가 폐암에 걸렸다면 그것이 흡연 때문에 발생했을 확률은 93%다"라고 주장하는 것은 간단해 보이지만 중요한 단계다. 이러한 도약을 하려면, 집단에서 나온 귀속분율을 사용하여 개인의 인과관계 확률을 추정해야 한다. 일반적으로 모든 질병의 원인이 노출 때문은 아니므로 이 수치는 1이 될 수 없다. 그렇다면 법적 쟁점은 '인과관계의 특정 확률이 보상을 정당화할 만큼 충분히 큰지' 여부가 된다.

형사 소송에서는 (변호사들이 정량화하기를 꺼리는) '합리적 의심을 넘어서는' 증거가 필요하지만, 민사 소송에서는 '증거의 우세preponderance of evidence'(미국) 또는 '확률의 균형balance of probabilities'(영국)에 따라 판가름이 난다. 이는 흔히 50% 이상의 확률을 의미하는 것으로 해석되며, 따라서 인과관계의 확률이 1/2 이상이면 피해를 입었다고 주장하는 원고가 승소하게 된다.

인과관계 확률이 50%보다 큰지 여부를 판단하는 매우 간단한 방법이 있다. 그것은 상대위험이 2보다 큰지 확인하는 것인데,* 추론 과정은 다음과 같다. 노출이 이상 반응의 위험을 두 배 이상 증가시키면 절반 이상의 사례가 노출 때문으로 볼 수 있으므로, 특정 사례에서 인과관계의 확률은 50%보다 크다.

---

* RR이 상대위험인 경우, 귀속 또는 초과분율은 $AF = 1 - 1/RR$이라는 점을 기억하라. 따라서 $RR > 2$이면 $AF > 1/2$가 된다.

쿡슨은 암 진단을 받기 전 거의 15년 동안 금연을 했지만, 수년 동안은 심하지 않을 정도로 흡연한 적이 있기 때문에 문제가 더욱 복잡해졌다.[20] 다양한 발암물질에 대한 직업적 노출과 담배 연기가 모두 방광암을 유발할 수 있다는 사실이 인정되었지만, 쿡슨의 법률팀은 "화학물질과 관련된 위험"이 "흡연으로 인한 위험"의 두 배 이상이라고 주장했고 2007년 항소심에서 판사는 "직업적 노출로 인한 위험이 흡연으로 인한 위험의 두 배 이상이라면, 논리적으로 전자(직업적 노출)가 질병을 초래했을 가능성이 높다"라는 결론을 내렸다. 그래서 존 쿡슨은 보상을 받았다.

'두 배 위험doubling the risk' 규칙은 미국 법에 명시되어 있다. 2000년 제정된 에너지 산업 직원 직업병 보상 프로그램법Energy Employees Occupational Illness Compensation Program Act[21]에는, "직원이 직장에서 방사선에 노출된 후 암에 걸린 경우, 인과관계 확률이 50% 이상인 것으로 평가되면(즉, 상대위험이 2보다 크면) 보상을 받을 수 있다"라고 명시되어 있다. 흡연의 예에서 보았듯이 역학적 증거가 제한적이라는 것은 상대위험에 불확실성이 있다는 것을 의미하며, 이는 인과관계의 확률에 대한 불확실성으로 귀결된다. 놀랍게도 미국 법률에 따르면 '50%라는 문턱값에 도달했는지' 여부를 결정하는 것은 '인과관계 확률에 대한 98% 신뢰구간의 상한upper'인데, 이는 인과관계 확률이 50% 미만이라는 높은 확신이 없을 경우 보상이 지급된다는 의미다.

어떤 상황에서는 상대위험이 2보다 작더라도 인과관계 확률이 50%보다 높을 수 있다. 예컨대 방사선 노출이 질병을 악화시킬 때, 만약 일부 사례가 방사선 노출 없이 어떻게든 발생했다면 이 부분은 역학적 상대위험에 반영되지 않기 때문이다.[22] 이는 귀속분율이 인과관계 확률의 하한lower일 뿐이라는 걸 의미하고, 이때 '인과관계'에는 노출로 인해 질병이 악화된 데 따른 피해도 포함된다. 따라서 2보다 큰 상대위험을 요구하는 것은 너무 엄격할 수 있다.

이 모든 것의 밑바탕에는 "특정 사례와 관련된 상대위험을 정확하게 평가할 수 있다"라는 가정이 전제된다. 미국 법원을 위한 과학적 증거에 관한 참조 매뉴얼Reference Manual on Scientific Evidence for courts[23]은 '두 배 위험 규칙'을 사용하는 것에 적절한 주의를 기울여야 한다. 그리고 다음과 같이 경고한다. "추정된 상대위험에 대한 양질의 증거가 필요하고, 원고plaintiff가 연구 대상자와 유사해야 하며, 방사선 노출이 질병을 가속화하지 않고 다른 잠재적 원인들과 독립적으로 작용할 수 있다는 점을 명심해야 한다."

어떤 범죄가 저질러졌고, 누군가가 기소되어 형사 법정에 서 있다고 가정하자. 표준 해석은 아니지만, 이는 본질적으로 유죄 또는 무죄라는 두 가지 가설을 증거에 기반하여 비교하는 귀인 연구이며, 그중 상당 부분은 법의학적이다. 기상이변에 대한 '유죄'를 평가할 때 연구자들은 기후에 대한 두 가지 가설(자연적 또는 인간의 영향)에 따라 관찰된 현상의 확률을 평가하고 그 비율을 계산할 수 있다. 이와 마찬가지로, 법의학 증거의 '증거 가치probative value'는 가능도비에 따라 가장 잘 결정된다.

7장으로 돌아가서, 가능도비는 '사건 A가 참일 경우, 사건 A가 거짓일 경우와 비교하여 사건 B가 발생할 가능성이 얼마나 높은지'를 나타낸다는 것을 기억하라. 따라서 본질적으로, 가능도비는 B가 A에 대해 제공하는 정보를 요약한다. 형법에서 가능도비는 다음과 같은 형식을 취한다.

$$\text{가능도비} = \frac{\text{Pr}(\text{증거} \mid \text{검찰의 주장})}{\text{Pr}(\text{증거} \mid \text{변호인의 주장})}$$

예컨대 검찰의 주장은 범죄 현장에 용의자가 있었다는 것이고, 변호인의 주장은 용의자가 현장에 없었다는 것일 수 있다.

증거가 범죄 현장에서 발견된 DNA 프로파일로 구성되어 있고, 용의자의 것과 정확히 일치한다고 가정해 보자. 이 DNA가 용의자의 것이라고 검찰이 주장한다면 Pr(증거 | 검찰의 주장)=1이므로, 가능도비는 다음과 같다.

$$\text{가능도비} = \frac{1}{\text{Pr}(\text{DNA 프로파일} \mid \text{용의자 아닌 누군가})}$$

특정 DNA 프로파일이 미지의 개인에게서 나왔을 확률을 '무작위 일치 확률random match probability'이라고 한다. 이것은 인구 집단에서 'DNA 프로파일 중 특정 요소'의 빈도에 대한 다양한 가정을 사용하여 추정되지만, DNA 샘플의 복잡성 때문에 정확한 값에 대한 이의가 제기될 수 있다. 일반적인 DNA 가능도비는 수백만, 심지어 전체 프로파일을 포함할 경우 수십 억에 달한다.[24]

표 10.1은 영국 법정에서 권장하는 가능도비 보고 방식[25]을 보여주는데, 2장에서 설명한 '단어와 숫자 사이의 번역'과 유사하다. 예컨대 7장의 분석에서 메트로폴리탄 경찰은 본질적으로 실시간 안면 인식 시스템의 양성 판정 가능도비가 약 700이라고 가정했는데, 이는 해당

가능도비 값	구두 표현
1~10	주장을 뒷받침하는 약한 증거
10~100	중간 정도의 증거
100~1,000	중간 정도의 강력한 증거
1,000~10,000	강력한 증거
10,000~1,000,000	매우 강력한 증거
1,000,000 이상	극히 강력한 증거

표 10.1
영국 법정에서 권장하는 가능도비의 구두 표현.

개인이 감시 명단에 등재되어 있다는 것을 뒷받침하는 '중간 정도의 강력한 증거'로 번역된다.

이와 관련하여 영국에는 '상한선'이 있는데, 보고할 수 있는 가장 높은 가능도비는 10억(1,000,000,000)이다.[26]

7장의 실시간 안면 인식 시스템 사례로 돌아가보자. 이 시스템의 오경보율이 1,000분의 1이라고 주장되었지만, 그럴듯한 상황에서 시스템이 포착한 사람의 59%가 위양성 식별로 판명될 수 있다는 점을 기억하라. 그러므로 다음과 같은 두 가지 확률이 혼동될 수 있다는 우려가 분명히 존재한다. 하나는

> 감시 명단에 등재되지 않았지만, 시스템에 의해 식별될 확률
> =1,000명 중 한 명=0.1%

이고 다른 하나는 '역'의 확률인

> 시스템에 의해 식별되었지만, 감시 명단에 등재되지 않았을 확률
> =10/17=59%이다.

이 두 조건부 확률 사이의 혼동에는 심지어 '**검사의 오류**prosecutor's fallacy'라는 이름이 붙었다. 이는 법정에서 흔히 발생하는 오류다. 범죄 현장에서 발견된 DNA가 용의자의 것과 일치하는 경우, 무작위 일치 확률에 대한 합리적인 진술은 다음과 같을 수 있다.

용의자가 현장에 없었고 다른 사람이 DNA를 남긴 경우, 이 정도로 일치할 확률은 100만 분의 1에 불과하다.

하지만 무작위 일치 확률은 다음과 같은 의미로 잘못 해석될 수 있다.

DNA가 이 정도로 일치하는 경우, 용의자가 현장에 없었을 확률은 100만 분의 1에 불과하다.

이는 가능도비(1,000,000)와 '검찰이 옳을 수 있는 사후 확률'을 혼동한 것으로 생각할 수도 있다. 너무 직설적인 말이라, 그런 오류를 범할 수 있다는 것이 놀랍게 느껴질 수도 있다. "교황은 대부분 가톨릭 신자다"를 "가톨릭 신자는 대부분 교황이다"와 혼동하는 것과 같다. 하지만 나중에 살펴보겠지만, 이러한 오해는 종종 발생할 뿐만 아니라 비극적인 결과를 초래할 수 있다.

이런 오류를 범하는 것은 비단 검찰만이 아니다. 누군가가 범죄 현장에 DNA를 남긴 혐의를 받고 있고 무작위 일치 확률이 500만 분의 1이라고 가정해 보자. 이는 500만이라는 가능도비, 즉 검찰의 주장을 뒷받침하는 '극히 강력한 증거'를 제공한다. 그러나 영국에는 6,000만 명의 다른 사람이 있으므로 용의자의 DNA와 일치하는 사람은 약 12명이라고 변호인은 지적한다. 따라서 용의자가 현장에 있었을 확률은 13분의 1에 불과하다는 것이다. 이는 '**변호인의 오류**defence fallacy'라고도 불린다. 왜냐하면 모든 영국 사람이 범죄 현장에 머물 수 있는 능력이 동등하다고 가정하기 때문이다.

이는 베이지안 논증의 한 형태로, 기본적으로 용의자가 현장에 있을 초기 사전 승산을 1 대 6,000만으로 가정하고 여기에 500만이라는 가능도비를 곱하여 1 대 12의 사후 승산을 산출하는 방식이다. 따라서 이는 사전 확률이 '범죄 현장에 있었을 가능성이 있는 사람'의 수에 근거해야 하고 다른 확증 증거는 고려하지 않는다는 의미에서 '오류'에 불과하다.

샐리 클라크Sally Clark의 비극적인 사건에 대해 여러 논의가 펼쳐졌지만 그중 많은 부분이 핵심을 놓치고 있다. 그녀는 각각 생후 7주, 11주된 두 아기를 둔 변호사였는데, 두 아기가 1년 간격으로 갑자기 예기치 않게 사망했다. 그 후 그녀는 살인 혐의로 유죄 판결을 받았고 1999년에 종신형을 선고받았다. 그녀의 재판에서, 은퇴한 소아과 의사이자 영아돌연사증후군Sudden Infant Death Syndrome, SIDS 전문가인 로이 메도Roy Meadow 교수는 한 아기가 SIDS로 사망할 확률은 약 8,543분의 1이고, 따라서 한 가족에서 두 명의 아기가 SIDS로 사망할 확률은 $1/8{,}543 \times 1/8{,}543 = $ 약 7,300만분의 1인데, 이는 잉글랜드와 웨일즈에서 100년에 한 번 정도 발생할 수 있는 일이라고 주장했다. 그는 이것이 그랜드 내셔널에서 승산이 낮은(이를 테면 1 대 80) 경주마에 베팅하여 4년 연속 우승하는 것과 비슷하며, 그런 사건은 "매우, 매우, 매우 가능성이 낮다"라고 설명했다.[27]

이러한 추론에는 두 가지 문제가 있다. 첫 번째, 확률의 곱셈은 사건이 독립적인 경우에만 유효한데, SIDS로 인한 사망은 유전적 연관성 때문에 가족 내에서 집단적으로 발생하는 경향이 있는 것으로 알려졌다. 따라서 7,300만분의 1이라는 확률은 지나치게 낮다.

하지만 이것이 가장 중요한 문제는 아니다. 통계학자 필립 다비드 Philip Dawid가 지적했듯이,[28] "SIDS(또는 다른 자연적 원인)로 인한 잇따른 사망에 대한 배경 증거가 타당하다면, 살인으로 인한 잇따른 사망에 대한 배경 증거도 당연히 타당해야 한다." 즉, 아기 두 명이 SIDS로 사망할 가능성이 극히 낮다는 메도의 말은 본질적으로 맞지만, 어머니가 그들을 살해할 가능성도 "매우, 매우, 매우 낮다." 다시 말하지만, 이는 베이지안 논증에 가깝다. 왜냐하면 누군가가 그런 범죄를 저지를 사전 확률이 매우 낮다는 점을 고려하기 때문이다.

이 사건은 2000년에 처음 항소되었지만, 다비드 교수와 같은 전문 통계학자의 증언은 "이건 로켓 과학이 아니잖아요?"라는 이유로 받아들여지지 않았다.[29] 마침내 2003년 두 번째 항소심에서 이전에 보류되었던 아기 한 명의 세균 감염에 대한 새로운 증거가 제시되었고, 클라크는 무죄를 선고받았다.[30] 법원은 병리학자를 크게 비판했지만, 메도가 배심원단에게 증거를 제시한 방식도 문제 삼았다. "승산이 낮은 경주마가 그랜드 내셔널에서 4년 연속 우승할 확률을 그래픽으로 설명한 것이 배심원들의 사고에 큰 영향을 미쳤을 수 있다"라고 말이다. 새로운 병리학적 증거 때문에 클라크의 항소가 받아들여졌지만, 판사들은 배심원단의 평결에 대해 다음과 같이 결론지었다. "그들은 통계적 증거가 항소를 허용해야 할 뚜렷한 근거를 제공했다고 판단했을 가능성이 높다." 성공적인 항소 때문에 메도가 증언했던 다른 사건에 대한 재심리가 이루어졌고, 이후 세 명의 여성이 자녀를 살해한 혐의에서 벗어났다. 안타깝게도 4년간 감옥에서 복역한 후 무죄 판결을 받은 클라크는 2007년 급성 알코올 중독으로 사망했다.

호주인 캐스린 폴비그Kathryn Folbigg의 사례는 훨씬 더 비극적이다.

그녀의 네 자녀는 모두 1989년, 1991년, 1993년, 1999년에 아기였을 때 사망했다. 비록 엄마가 그들을 해쳤다는 직접적인 증거는 없었지만, 그녀는 2003년 자녀들을 질식시킨 혐의로 유죄 판결을 받고 40년 형을 선고받았는데, 이는 주로 "네 아이가 모두 자연사로 사망했을 가능성은 거의 없다"라는 가정을 근거로 한 것이다. 로이 메도의 말은 아이들의 잇따른 죽음이 우연이 아니라는 주장을 뒷받침하는 증거로 인용되었다. 오랜 투쟁 끝에, 2023년 아이들이 심장 돌연사에 취약한 매우 희귀한 유전자 변이를 가지고 있다는 새로운 증거가 제시되었고, 그녀는 마침내 풀려났다. 그녀는 20년을 감옥에서 보냈다.

4장에서 우연의 일치에 대해 살펴본 것처럼, 법원은 어떤 사건이 "단순히 우연일 수 없다"라고 결론을 내리기 전에 세심한 주의를 기울여야 한다. 첫 번째, 충분한 기회가 주어지면 겉보기에 드물어 보이는 일들도 일어날 수 있기 때문이다. 두 번째, 사건의 배후에 사건들이 동시에 발생할 가능성을 극적으로 높이는 공통 요인이 존재할 수 있기 때문이다. 마지막으로, 범죄를 명쾌하게 설명할 수 있는 대안이 드물다는 점도 고려해야 하기 때문이다.

이 모든 것은 가능도비의 공식 분석과 베이지안 사고를 사용하여 명확히 할 수 있다. 하지만 영국의 법적 절차에서 증거 기반 가능도비 evedoemce-based liklinood ratio가 허용됨에도 불구하고 잉글랜드 및 웨일즈 항소법원은 "법정에서 공식적으로 증거를 결합하고 가중치를 부여하는 데 베이즈 정리를 사용해서는 안 된다"라는 판결을 내렸다.[31] 그 이유가 뭘까? 배심원단의 인간적인 판단을 거쳐 평결하는 것이 가장 바람직하다고 판단한 것이다.

암의 원인, 기후변화와 기상이변의 원인, 손해배상에 대한 민사 소송, 법의학에 의존하는 형사 소송을 다루었으니, 이제 불확실성과 인과관계에 대해 이 모든 것이 우리에게 주는 교훈을 다시금 생각해 볼 차례다.

첫 번째 교훈은 인과관계를 평가하는 일이 어렵다는 것이다. 불확실성이 높으며, 이를 확률로 표현하는 것은 간단하지 않다. 두 번째, 어떤 상황에서는 인과관계의 확률을 제시하는 것이 가능하지만 두 가지 다른 유형의 질문을 구분해야 한다. 인간 활동과 기상이변, 화학물질 노출과 암 발병 등 많은 상황에서 우리는 인과관계를 직접 관찰할수 없다. 인과관계를 절대적으로 증명할 수 없기 때문에, 연관성을 다루고 인과관계를 추론해야 한다. 이와 대조적으로, 형사 사건에서는 사건이 발생한 이유에 대한 인과적 가설을 직접 조사하고, 올바른 증거가 존재한다면 원칙적으로 확실하게 결론을 내릴 수 있다. 즉, 이론적으로는 '유죄 확률'을 계산할 수 있다(영국 법정에서는 허용되지 않지만).

마지막으로, 확률과 '증거의 강도'를 혼동하는 경우가 종종 있다. 1971년에 처음 제기된 유명한 법적 질문[32]이 이 문제를 명확하게 설명해 준다.

청구인이 자신의 부주의로 파란색 버스에 치여 부상을 입었다. 유일한 쟁점은 마을 전체 파란색 버스의 80%를 운행하는 피고인이 사고를 낸 버스를 운행했는지 여부다. 만약 이것이 재판에서 유일한 증거라면, 민사 증거 기준에 따라 청구인의 주장을 입증하기에 충분할까?

최근 한 컨퍼런스[33]에서 변호사들을 대상으로 실시된 비공식 설문 조사에서, 약 3분의 2에 해당하는 33명이 "확률을 감안할 때, 피고인의 버스에 책임이 있다고 결론을 내리기에 충분하다"라고 답했고, 나머지 3분의 1은 피고인에게 책임을 물을 수 없다고 말했다. 후자의 경우, 아마도 확률이 50%보다 높지만 정황 증거만 제시되었다고 생각했을 것이다.* 베이지안 관점에서 보면, 사전 확률이 80%이지만 이 사건과 관련된 구체적인 증거는 없다고 말할 수 있다.

1921년 존 메이너드 케인스John Maynard Keynes는 《확률론Treatise on Probability》에서 다음과 같이 말했다.

> 우리가 사용할 수 있는 관련 증거가 늘어남에 따라 새로운 지식이 불리한 증거 또는 유리한 증거를 강화하게 되므로 우리의 주장이 맞을 확률 또한 감소하거나 증가할 수 있다. 하지만 두 경우 모두 무언가가 증가했다고 볼 수 있다.[34] 왜냐하면 결론을 내릴 수 있는 더욱 확실한 근거를 갖게 되었기 때문이다.

케인스의 말은 우리가 9장에서 논의한 내용을 반영한다. 즉, 직접적 불확실성과 간접적 불확실성은 명확히 구분되는데, 전자는 가급적 확률로 표현되는 정량적 개념이고 후자는 증거의 설득력 및 관련성에 관한 정성적 개념이다. 특히 중요한 정보가 부족한 상황에서, 사람들은 현재의 확률에 기반하여 결정을 내리는 것을 가장 꺼린다. 그도 그럴 것이, 잠재적으로 이용 가능한 증거가 현재의 신념을 크게 바꿀 수

---

* 하지만 피고인이 1,000대의 파란색 버스 중 999대를 운행했다고 해도 여전히 얼마나 많은 사람이 그의 책임에 동의하지 않을지 알아보는 일도 흥미로울 것이다.

있기 때문이다. 영국의 대법원 판사 레갓 경은 파란색 버스 사례에 대해 두 가지 문제점을 지적했다. "첫 번째로 관련 정보가 너무 많이 누락되었고, 두 번째로 이용 가능한 정보가 충분히 구체적이지 않다."[35]

일반적으로 법률가들은 심의 과정에서 통계 및 역학 증거를 사용하는 것을 까다롭게 여긴다.[36] 하지만 확률과 '증거의 강도'를 보다 명확하게 구분하면 이 문제를 비롯한 여러 분야에서 실마리를 푸는 데 도움이 될 것이다.

요약

- 일반적 인과관계(원인의 영향)에 대한 불확실성은 일반적으로 정성적 판단으로 나타난다.

- 이러한 맥락에서, '상당한 근거'와 같은 용어는 증거의 강도를 기반으로 하며 확률적으로 해석할 수 없다.

- 귀인—특정 사건의 원인—에 대한 불확실성은 경우에 따라 '인과관계의 확률'로 수치화할 수 있다.

- 기후를 다루는 귀인 연구는 기후에 대한 인간의 영향과 관련된 기상이변의 상대위험을 추정하지만, 이러한 평가에는 상당한 불확실성이 존재한다.

- 민사 소송에서 '두 배 위험' 규칙은 때때로 인과관계 확률이 50%보다 높다고 주장하는 근거로 사용되기도 하지만, 이는 너무 엄격할 수 있다.

- 형사 사건에서 법의학 증거의 가치는 검찰의 가설과 변호인의 가설을 비교하는 가능도비로 가장 잘 요약된다.

- 이 모든 영역에서 확률과 '증거의 강도 및 관련성'을 보다 명확하게 구분하면 도움이 될 것이다.

11장

그럼에도 미래를 알고 싶은 당신에게 필요한 수학

우리는 미래에 무슨 일이 일어날지 알지 못하며, 신통력을 지니고 있지 않은 한 알아낼 재간이 없다. 따라서 미래에 대한 불확실성은 적어도 원칙적으로는 더 많은 지식을 활용해 현재의 무지를 해소할 수 있는 (앞의 여러 장에서 언급한) 인식론적 불확실성과는 근본적으로 다르다. 무슨 일이 일어날지 궁금하다면, 우리는 그저 기다리며 무엇이 나타날지 지켜봐야 한다.

이러한 기본적인 불확실성 때문에, 사람들이 "나에게 무슨 일이 일어날까?"라는 답 없는 질문에 대한 해답을 찾는 것을 막지 못했다. 점쟁이와 신탁은 역사적으로 번성해 왔고, 많은 사람이 무작위성을 예언의 수단으로 활용했다. 이러한 *점술*의 목적은 예컨대 주역의 산가지, 타로 카드, (《해리 포터와 아즈카반의 죄수》에 나오는 트릴로니 교수의 수업처럼) 찻잎의 형태를 살펴보며 미래의 패턴을 반영하는 것이다.[1] 물론 통계학자 데이비드 핸드David Hand가 관찰했듯이, 점쟁이의 비결은 애매한 언어를 사용하고 가능한 한 다양하고 모호하게 예언하는 것이다.[2]

이와는 완전히 대조적으로, 과학혁명은 더욱 엄격하고 새로운 시대를 열었다. 과학자들은 물리 법칙을 나타내는 수학 방정식에 기반한 투명한 방법을 사용하여 매우 구체적인 예측을 최초로 할 수 있게 되었다. 예컨대, 에드먼드 핼리Edmond Halley는 뉴턴의 행성 운동 모델을 사용하여 과거에 나타났던 24개 혜성의 궤도를 계산하다가 그중 세 개가 놀랍도록 유사하다는 것을 발견했다. 1705년 그는 이 혜성들이 모두 타원 궤도를 도는 동일한 혜성이라고 가정하고 1758년에 그 혜성이 다시 나타날 것이라고 예측했다. 안타깝게도 그는 예정대로 돌아오는 혜성을 목격하지 못하고 1742년에 사망했다. 하지만 곧 보게 되겠지만, 그는 인간의 수명을 예측하는 데 기여한 근본적인 아이디어를 제공했다.

아이작 뉴턴은 과학적 합리성의 전형으로 보이지만, 사실 그는 연금술(트리니티 칼리지 케임브리지 실험실에서 폭발 사고로 목숨을 잃을 뻔했다)과 성경의 숫자 해석에 집착했다. 그는 그리스도의 신성함을 믿지 않는 '아리우스파'였고, 기성 교회가 부패했다고 생각했다. 그는 이러한 이단적 믿음을 비밀로 해야 했지만, 개인적으로 성경 구절을 참고하여 우리가 알고 있는 세상이 언제 종말을 고하고 그리스도가 재림하여 새로운 세계적 평화 왕국을 건설할 것인지 예측했다.[3] 그는 그날이 2060년경*일 것이라고 결론지었는데, 공교롭게도 핼리 혜성이 다시

---

* 뉴턴은《요한계시록》나오는 1260일(42개월)에 대한 세 구절, 예컨대 "내가 나의 두 증인에게 권세를 주리니 그들이 굵은 베옷을 입고 천이백육십 일을 예언하리라"(《요한계시록》11장 3절, 개역개정)를 자신의 예측의 근거로 삼았다. 그는 이것을

나타나는 2061년 직전이었다.

◆

뉴턴의 법칙은 행성의 운동, 날씨, 기후, 소행성에 우주선 착륙시키기, 미사일로 목표물 타격하기 등 여러 인간 활동에서 여전히 예측의 기초가 되는 결정론적 물리학 원리의 예다. 하지만 가장 단순한 동전 던지기조차도 (당신이 페르시 디아코니스가 아니라면) 결정론적 예측을 거부한다. 따라서 우리는 불확실성을 인정해야 하고, 경우에 따라서는 확률로 표현할 수도 있다. 2장에서 살펴본 예측 경연에서는 사람들의 주관적인 판단을 사용할 수 있지만, 일반적으로는 미래에 대한 불확실성을 수치로 평가하려고 데이터 기반 통계 모델을 사용한다.

이 장에 제시된 사례는 예측하려는 미래가 얼마나 먼지에 따라 순서대로 나열되는데, 날씨 예측과 기후 예측, 축구 경기 결과와 최종적인 스포츠 기록, 당신이 내년에 살아남을지 여부와 사람들이 미래에 얼마나 오래 살지, 내년의 인플레이션과 40년 후의 인플레이션 사이에는 큰 차이가 있고, 인류의 미래는 말할 것도 없다. 단기적 예측은 일반적으로 상황이 안정적이라고 간주될 수 있기 때문에 더욱 확신할 수 있지만, 장기적 예측은 세계가 어떻게 발전할지에 대한 불확실성이 점점 더 커지고 있기 때문에 더욱 신중을 기해야 한다. 그러나 항상 그렇듯이 모든 분석은 가정에 크게 의존한다. 매우 단기적인 경우일지라도, 누군가가 앞면만 있는 동전을 던졌다면 뒷면이 나올 확률을 제대로 평가할 수 없다.

1,260년으로 번역하고, 자신이 800년으로 설정한 '교황의 패권'이 형성된 날짜에 더했다. 그리하여 부패한 삼위일체 교회의 종말일은 2060년이 되었다.

다음 주 축구 경기 결과 예측하기*

2009년 5월 22일, 잉글리시 프리미어 리그는 한 경기를 남겨두고 있었고, 웨스트 브로미치 앨비언이 승점 31점으로 리그 최하위, 맨체스터 유나이티드가 승점 87점으로 1위를 달리고 있었다. 나는 BBC 라디오 프로그램인 〈모어 오어 레스〉에서 최종 경기들에 대한 예측을 해달라는 요청을 받아, 기본적인 통계 모델을 사용하여 주말에 치러질 모든 경기에 대한 특정 결과의 가능성을 평가했다. 지금은 스포츠 베팅 회사와 펀터punter** 모두 훨씬 더 정교한 분석을 사용하고 있다.

표 11.1은 20개 팀으로 구성된 리그에서 12위와 14위에 있는 위건과 포츠머스의 경기 결과를 보여준다. 위건은 승점 42점을 기록했고 33골을 넣었다. 그때까지 평균 득점은 46골이었으므로 위건의 '공격력'을 $33/46=0.72$로 추정할 수 있으며, 이는 평균 득점의 72%에 불과하다는 의미다. 마찬가지로 포츠머스는 평균 46골(실점과 득점은 일치해야 한다)에 비해 56골을 실점했으므로, '수비 약점'은 $56/46=1.22$로 추정되며, 이는 평균보다 22% 많은 골을 허용했다는 의미다.

이를 종합하면, 홈구장에서 경기를 치르는 위건이 몇 골을 넣을 것으로 예상되는지 추정할 수 있다. 홈팀의 평균 득점수인 1.4골을 기준 예상치baseline expectation로 삼아 시작한다. 다음으로, 위건의 공격력 0.72와 포츠머스의 수비 약점 1.22로 조정하여 $1.4 \times 0.72 \times 1.22 = 1.22$골을 얻는다.

---

* 축구에 관심이 없는 분들께 다시 축구를 주제로 삼은 것을 사과드린다. 나 역시 축구에 관심이 없다는 것이 위안이 되지는 않겠지만, 축구만큼 단기적인 확률적 예측으로 이어지는 적당히 복잡한 모델의 좋은 예를 제공하는 것은 없으므로 양해해 주기 바란다.

** 경마 도박꾼. ─옮긴이

	승점	득점	공격력 /46	실점	수비 약점 /46	기준 예상치(홈 팀 또는 원 정팀)	예상 득점
위건	42	33	0.72	45	0.98	1.4	1.4×0.72×1.22 = 1.22
포츠머스	41	38	0.83	56	1.22	1.08	1.08×0.83×0.98 = 0.87

특정 골 수(x)의 확률(%)

x	0	1	2	3	4	5
위건	29%	36%	22%	9%	3%	0.7%
포츠머스	42%	37%	16%	5%	1%	0.2%

표 11.1
2009년 5월 24일 위건-포츠머스의 프리미어 리그 경기 결과를 예측하기 위한 모델. 각 골 수에 대한 확률은 평균 1.22와 0.87을 갖는 푸아송분포를 이용하여 산출되었다.

마찬가지로, 포츠머스는 원정팀의 평균 득점 수인 1.08골을 기준 예상치로 하여 공격력 0.83과 위건의 수비 약점 0.98로 조정한 뒤 1.08×0.83×0.98＝0.87골을 얻는다. 하지만 아무도 2.4명의 자녀를 두지 않는 것처럼, 아무 팀도 0.87골을 넣지 않는다. 이것은 단지 예상치일 뿐이며, 경기가 무한히 반복될 경우(제발 그런 일이 없기를!)의 이론적 평균이다. 각 특정 골 수에 대한 확률을 구하려면, 낮은 확률의 득점 기회가 많은 상황에서 자연스럽게 발생하는 푸아송분포를 가정하는 것이 합리적이다. 이는 표 11.1에 표시된 확률분포를 제공하는데, 예컨대 포츠머스가 정확히 한 골을 넣을 확률은 37％로 평가된다.

전체 경기의 실제 결과에 대한 확률을 평가하기 위해 각 팀이 넣은 골이 독립적이라고 가정할 수 있는데, 여기서 독립적이라는 것은 위건이 몇 골을 넣었는지 알더라도 포츠머스의 성과에 대한 추가 정보를 얻지 못한다는 의미다. 이는 강력한 가정으로, 예컨대 가장 가능성이 높은 결과인 1 대 0의 확률을 구하려면 36％에 42％를 곱하여 15％를 얻을 수 있다. 이는 가장 가능성이 높은 결과라도 실제로도 가능성이 그리 높지는 않다는 의미다.

실제로 경기 결과 사이에는 고득점 또는 저득점 경향 등 어느 정도의 상관관계가 존재하는 경향이 있다. 이러한 상관관계를 감안하는 특수 소프트웨어를 사용해 모든 골 조합에 대한 예상 확률을 계산하면, 표 11.2와 같은 홈팀 승리, 무승부, 원정팀 승리 확률에 대한 평가표가 나온다.

심혈을 기울여 작성한 '가장 가능성이 높은' 골 조합은 2009년 5월 22일 〈모어 오어 레스〉 방송에서 제임스 알렉산더 고든James Alexander Gordon(BBC에서 실제 결과를 읽어주던 사람)이 발표했는데,[4] 다소 당황스럽게도 확률이 매우 낮은 예측이라고 언론에 보도되었다.[5] 나는 초조한 마음으로 주말을 보냈다.

5월 24일 실제 결과가 나왔을 때, 표 11.2에 따르면 홈팀 승리, 무승부, 원정팀 승리 예측에서 아홉 개의 '정답'을 기록했고, 위건이 포츠머스를 1 대 0으로 이긴 것을 포함하여 스코어 두 개를 정확히 맞혔다! 이것은 만족스러운 결과였다. 왜냐하면 BBC의 공식 축구 전문가인 마크 로렌슨Mark Lawrenson은 정답 일곱 개와 스코어 단 한 개만 정확히 맞혔기 때문이다.[6]

매우 훌륭하지만, 우리는 이것이 확률적 예측을 평가하는 방식이 아니라는 것을 알고 있다. 2장의 퀴즈에서, 우리는 일기예보 분야에서 개발된 브라이어 점수 규칙을 각색하여 확률이 얼마나 정확한지 평가했다. 2장에서 언급한 벌점의 일종인 브라이어 페널티 점수는 표 11.2에서 원래 형태로 사용되었으며, 높은 점수는 잘못된 예측을 의미한다. 즉, 0점은 완벽한 예측에 해당하고, 2점은 발생하지 않은 결과에 100% 확률을 부여한 쓸모없는 예측에 해당한다.* 브라이어 페널티의 평균은 0.34였다.[7]

이 점수와 비교할 대상, 예컨대 개별 팀에 대한 지식을 전혀 사용하지 않은 예측, 즉 본질적으로 '스킬 없는' 예측이 있으면 도움이 된다. 모든 경기에 대한 기본 예측은 0.45, 0.26, 0.29가 될 수 있는데, 이는 시즌을 통틀어 계산된 홈팀 승리, 무승부, 원정팀 승리의 비율이

---

* 홈팀 승리, 무승부, 원정팀 승리에 각각 부여된 확률을 p_H, p_D, p_A라고 하고 실제 결과가 홈팀 승리라고 가정하면, 브라이어 페널티는 $(1-p_H)^2 + p_D^2 + p_A^2$이다. 따라서 이것은 오차의 제곱의 합이다. 예컨대 위건 대 포츠머스의 브라이어 페널티 점수는 $(1-0.44)^2 + 0.32^2 + 0.25^2 = 0.48$이다.

홈팀	원정팀	홈팀 승리 (%)	무승부 (%)	원정팀 승리(%)	브라이어 페널티 점수
아스널	스토크	**72**	19	10	0.12
애스턴 빌라	뉴캐슬	**62**	21	17	0.22
블랙번	웨스트 브롬	54	**23**	23	0.94
풀럼	에버턴	35	**35**	30	0.64
헐	맨 유나이티드	9	19	**72**	0.12
리버풀	토트넘	**72**	20	9	0.13
맨 시티	볼턴	**59**	22	19	0.25
선덜랜드	첼시	10	25	**65**	0.2
웨스트햄	미들즈브러	**57**	28	15	0.29
위건	포츠머스	**44**	32	25	0.48
				평균	0.34

표 11.2
2009년 5월 24일 일요일에 진행된 모든 프리미어 리그 경기의 홈팀 승리, 무승부, 원정팀 승리 확률 평가. 실제 결과는 굵은 글씨로 표시되었고, 브라이어 페널티(brier penalty) 점수도 함께 표시되었다.

다. 이 경우 브라이어 페널티 점수는 0.59가 나오는데, 내 모델의 평균 점수인 0.34보다 훨씬 더 많다. 따라서 나의 모델은 스킬 없는 예측에 비해 페널티를 0.59－0.34＝0.25만큼 줄일 수 있었다. 감소 비율은 0.25/0.59＝43%이며, 이를 브라이어 스킬 점수Brier Skill Score, BSS라고 한다. 스킬 점수가 0%이면 예측이 우연과 다를 바 없는 것이고, 스킬 점수가 100%이면 완벽한 예측을 나타낸다.

또한 나의 브라이어 페널티 점수(0.34)는 표 11.2의 확률이 각 결과의 '진짜' 확률이라고 가정할 때 합리적으로 예상할 수 있는 점수(0.28)보다 약간 많은 것으로 밝혀졌는데, 이는 내가 다소 운이 좋았다는 인상을 확인시켜 주었다. 그리고 내가 극구 말렸지만 나의 선택에 베팅을 한 사람들도 운이 좋았다.

안타깝게도 나의 행운은 지속되지 않았다. 이듬해에 다시 예측을 시도했지만 형편없는 성적을 거두었으니 말이다. 잘나가고 있을 때 그만뒀어야 했다.

다음 주 날씨 예측하기

1987년 10월 15일, 존경받는 BBC 기상예보관 마이클 피시Michael Fish는 생방송 중 이렇게 말했다. "한 여성이 BBC에 전화를 걸어 허리케인이 오고 있다는 소식을 들었다고 말하더군요. 시청자 여러분, 이 방송을 보고 있다면 걱정하지 마세요. 장담컨대 허리케인은 없습니다." 하지만 그의 명성에 걸맞지 않게 실제로 허리케인이 오고 있었다. 그날 밤 22명이 사망하고 1,500만 그루의 나무가 쓰러졌고 20억 파운드가 넘는 피해가 발생했다.

날씨는 복잡한 비선형 프로세스 때문에 초기 조건에 극도로 민감하게 반응하는 카오스 시스템의 전형적인 예다. 일기예보는 전통적으로 기상관측소 네트워크에서 관찰한 결과를 바탕으로 한 인간의 판단에 기반했지만, 1950년대에 이르러 컴퓨터를 사용해서 대기의 움직임을 '그리드grid 위에서 작동하는 수학 방정식'으로 표현하는 모델을 통해 수치 예측이 가능해졌다. 결국 1987년 마이클 피시는 불확실성을 전혀 고려하지 않은 유형의 단일한 결정론적 예보single deterministic forecast 를 내놓을 수 있었다.

1987년 대폭풍의 참사에 자극을 받아, 유럽 중기 기상 예보 센터 European Centre for Medium Range Weather Forecasts, ECMWF 의 팀 파머Tim Palmer 와 그의 팀은 이러한 대규모 기상 모델에 몬테카를로 접근 방법을 적용하기 시작했다. 50개의 상이한 초기 조건 세트에서 모델을 실행하면 기본적으로 50개의 서로 다른 '가능한 미래들'을 검토할 수 있는데, 이러한 예측 모음을 **앙상블**ensemble 이라고 한다. 1987년 10월의 데이터를 소급하여 10월 13일 정오의 초기 조건에 대한 50개의 서로 다른 섭동perturbation 에서 모델을 실행했을 때, 66시간 후(16일 새벽) 앙상블의 50개 멤버member 중 상당수가 영국 남부에서 강한 저기압이 형성된 모습을 보였다. 그리고 그중 30% 이상이 어느 시점에서 허리케인 수준의 강풍이 불기 시작한 사실을 나타냈다.[8] 마이클 피시가 이 정보를 이용할 수 있었다면 그렇게 호언장담하지 못했을 것이다.

앙상블은 불확실성을 평가하는 자연스러운 수단처럼 보인다. 앙상블의 50개 멤버 중 20개가 특정 시간과 장소에서 비를 나타낸다면 비가 올 확률이 40%라고 발표하는 식이다. 그러나 이 책에서 다루는 주제로 돌아가서, 확률 평가는 잘 보정되어야 한다. 따라서 일기예보에서 비가 올 확률이 40%라고 발표했다면 약 40%의 경우에 비가 내려야 한다. 파머의 설명에 따르면, 앙상블에서 보정된 확률을 생성하는 것은 극도로 어렵다. 초기 조건을 무작위로 섭동하는 것만으로는, 앙상블이 너무 밀집되고 주장이 너무 확고하여 가능성을 완전히 탐색할 수 없기 때문이다. 그 대신, 섭동은 대기가 가장 안정적이지 않은 방향에 의도적으로 집중되어야 한다.

앙상블은 1992년 ECMWF에서 사용하기 시작하여 현재 확률적 예보를 생성하는 표준 방법으로 자리잡았다. 그 품질을 평가할 때, 확률이 주관적인 판단일 당시 개발된 글렌 브라이어Glenn Brier의 점수 규칙에 대한 연구로 돌아가는 것은 당연한 일이다. 앞의 축구 예측과 마찬가지로, 예측 시스템의 '스킬'은 '스킬이 떨어지는' 예측자에 비해 페널티 점수가 얼마나 향상되었는지 여부에 따라 측정된다. 축구에서는 각 유형의 결과에 대해 장기간에 걸친 평균 비율을 기준으로 삼았지만, 일기예보에서는 장기간에 걸친 기후 패턴에서 예측된 비율, 예컨대 연중 특정 시기에 비가 내릴 것으로 예상되는 날의 비율을 사용한다.

ECMWF에 따르면, 현재 유럽의 강우 예측에 대한 브라이어 스킬 점수(기후 데이터만 사용하여 예측하는 것보다 향상된 비율)는 2일 전 예측에서 약 40%, 7일 전 예측에서 20%다.[9] 이 점수는 대단해 보이지는 않지만, 고성능 컴퓨터가 더욱 세밀한 정보를 제공하면서 꾸준히 개선되고 있다. 하지만 100%에 가까운 스킬 점수를 얻기 위해 완벽에 가까운 예측을 기대하는 것은 무리일 수 있다.

하지만 딥러닝을 기반으로 하는 근본적으로 다른 모델링 접근 방법—종종 인공지능(AI)으로 불린다—과의 경쟁은 불가피하다. AI는 기본적 물리 과정을 방정식으로 표현하려는 노력을 기울이지 않고, 그 대신 다양한 기상 변수를 연결하는 복잡한 다층 네트워크를 구축한다. 예컨대 구글이 개발한 GraphCast의 2023년 버전[10]은 39년간의 과거 데이터를 사용하여 매개변수 3,700만 개(표준에 비하면 약소한 수준이다)로 네트워크를 학습시킨다. 본질적으로 인과관계 모델이 아닌 통계적 연관성의 블랙박스에 기반한 예측은 "결정론적 예측을 할 때 표준 시스템보다 훨씬 더 뛰어난 스킬을 발휘한다"라고 알려져 있다. GraphCast의 2023년 버전은 불확실성을 처리하지 못하지만, 연구자들은 이것이 중요한 다음 단계라고 말한다.

마이클 피시의 안타까운 보도 이후 참으로 많은 발전이 있었다.

몇 주, 몇 달 후의 코로나19 예측하기

팬데믹 기간 동안 우리 모두는 미래의 코로나19 확진자·입원자·사망자 수에 대한 추정('예측'이 아님에 주목하라)을 보여주는 이미지에 익숙해졌다. R을 추정할 때(8장 참조)와 마찬가지로, 여러 팀이 곡선 구하기curve-fitting부터 전체 인구에 대한 복잡한 결정론적 모델에 이르기까지 다양한 접근 방법을 사용하여 모델을 구축했다. 추정은 종종 (일반적으로 매우 넓은) 불확실성 구간으로 표시되었지만, 미디어 논평가들은 일반적으로 이것을 무시했다.

일기예보와 달리 팬데믹 모델은 초기 조건에 특별히 민감하지는 않지만, R을 추정할 때 이미 살펴본 것처럼 어떤 모델 구조를 선택하는지에 따라 크게 달라지며, (최신 변이 바이러스의 특성, 백신의 효과, 사회적 거리두기와 같은 비약물적 조치에 대해 설정해야 하는) 모든 가정에 매우 민감하다. 더 근본적인 차이점은 날씨와 달리 팬데믹의 진행은 사람들의 행동에 크게 영향을 받고, 이러한 행동 자체가 공개된 추정의 영향을 받아 되먹임 고리feedback loop *를 형성할 수 있다는 점이다. 따라서 추정은 가장 덜 알려진 바로 그 요소, 즉 미래에 벌어질 인간 행동에 매우 민감하다. 이러한 민감성 때문에 추정은 추측이나 예보가 아닌 '가능한 시나리오'로 보고되어야 했는데, 실제로 종종 그렇게 해석되기도 했다.

그런데 영국의 모델링 전문가들이 정부의 요청을 받은 후 대개 합리적인 최악의 계획 시나리오Reasonable Worst-case Planning Scenario, RWCS라고 알려진 특정 가정에 따라 추정치를 내놓았기 때문에 오해할 가능성이 더 커졌다. 이러한 가정은 필연적으로 비관적이기 때문에, 실제 상황이 추정보다 다소 나은 경우가 많았다는 것은 놀라운 일이 아니다. 이 때문에 예측에 대한 회의론이 더욱 커졌다.

문제는 모델링 전문가들이 매개변수의 모든 불확실성(특히 인간 행동의 변화)을 진정으로 반영하고 다양한 모델을 선택하게 된다면 며칠 또는 몇 주를 넘어서는 기간에 걸친 불확실성 구간이 실제로 매우 넓어져 본질적으로 모든 가능성을 포괄할 수 있다는 것이다. 그러면 정책입안자들은 "그게 무슨 소용이냐"라고 반문할 수 있고, 모델링 전문가들은 "우리는 애당초 불가능한 임무를 부여받았다. 장기적인 미래에 어떤 일이 일어날지에 대해 확신하면서 말하는 것은 불가능하다"라고 응수할 수 있다.

때로는 분석가가 답할 수 없는 질문에 대한 답변을 거부하고, 그냥 상황에 따라 다르다it depends고 말하는 것이 더 나을 수도 있다.

---

* 시스템 출력값의 일부 또는 전체가 입력값에 사용되어 미래의 행동에 영향을 미치는 과정. ─옮긴이

몇 년 후를 내다보는 경제 예측

2018년 5월, 영국 영란은행Bank of England은 그림 11.1(a)처럼 향후 3년간의 연간 GDP 변화를 추정한 분기별 인플레이션 보고서를 발표했다.[11]

상황은 추정과 다소 다르게 전개되었다. 그림 11.1(b)는 코로나19 팬데믹 이후 2020년 1분기에 GDP가 일시적으로 급감하여 연간 25%의 감소를 기록했다는 것을 보여준다. 이는 2018년 5월의 차트 규모에서 크게 벗어난 수치다. 겉으로 보기에는 그림 11.1(a)에 표시된 추정이 크게 실패한 것으로 보이므로, 영란은행이 '틀린' 것으로 간주해야 할까? 이 모든 것은 불확실성에 대한 그들의 표현에 달려 있다.

영란은행의 통화정책위원회MPC는 1990년대부터 팬 차트fan chart*를 사용해 왔는데, 이는 미래는 물론 현재와 과거에 대한 불확실성까지도 강조하도록 설계되었다(일부는 재설계되었다). 그림 11.1(a)와 (b)는 영국 통계청의 과거 성장률에 대한 현재 추정치를 보여주는데, 여기에는 상당한 불확실성이 존재한다. 그것은 더 많은 데이터가 입수될 경우 수정될 가능성이 있다는 의미다. MPC는 미래에 대해 "현재와 동일한 경제 상황이 100번 발생한다고 가정할 때, MPC가 할 수 있는 최선의 종합적 판단은 GDP 성장률의 최종적인 추정치가 가장 어두운 중앙 구역에 속하는 경우는 30번 정도에 불과하다는 것이다"라고 말한다. 따라서 확률에 대한 MPC의 해석은 본질적으로 '가능한 미래의 예상 빈도'로, 마치 세상을 100번 반복 재생하는 것과 같다. 3장에서 살펴본 것처럼 이는 앨런 튜링, 리처드 파인먼 등이 이해했던 것과 잘 맞아떨어진다.

---

* 차트에 '팬(부채)'이라는 이름이 붙은 이유는, 시간이 경과하면서 불확실성 또한 증가하여 차트가 부채 모양으로 벌어지기 때문이다. ─옮긴이

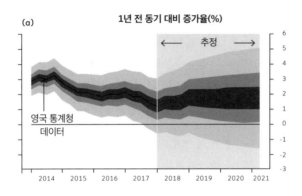

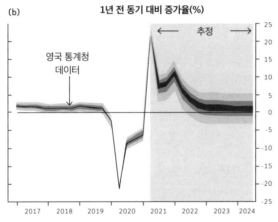

그림 11.1

(a)2018년 5월 영국 중앙은행이 발표한 '팬 차트'. 미래 성장에 대한 추정과 과거 성장에 대한 평가를 보여주는데, 3개의 영역은 각각 확률분포의 중앙 30%, 60%, 90% 구간이다. (b)2021년 8월에 발표된 팬 차트로, 2018년 이후에 무슨 일이 일어났는지 보여준다. 수직 척도의 변화에 주목하라.

'팬'은 주로 (영란은행의 자산 매입 안정성에 대한 명시적 가정이 깔린) 특정 통계 모델을 기반으로 하고, (과거 예측 오류의 크기와 미래 위험에 대한 판단에 기반하는) MPC의 주관적 견해에 따라 미래 불확실성에 맞게 조정된다. 그런 다음 확률분포의 중앙 90%에 해당하는 매끄러운 곡선이 그려진다.[12] 그 결과, 이 차트는 두 가지 주목할 만한 특징을 갖게 된다.

1. MPC는 미래에 대한 하나의 중앙 추정치를 제공하지 않는데, 이는 아마도 해설자들의 과도한 관심을 피하려는 것처럼 보인다.
2. 확률분포의 꼬리는 모델링되지 않았으며, 이에 대해 MPC는 "100번 중 나머지 10번에서 GDP 성장률은 팬 차트의 녹색 영역(회색 영역) 밖 어디에든 떨어질 수 있다"라고 말한다.

본질적으로 MPC는 '뭔가 다른 것'이 발생할 확률을 10%로 잡았기 때문에, 2008년의 금융위기나 2020년의 코로나19 팬데믹과 같은 극단적인 결과를 예측하지 못했다고 해서 "틀렸다"라고 비난할 수는 없다.

이러한 추정은 '가정 기반 모델링'과 '주관적 평가'(계량학 용어로 A형 또는 B형 불확실성)를 결합한 것이지만, 모델링되지 않은 미지의 요소에 대한 여지를 남겨두고 있다. 팬 차트는 강력한 커뮤니케이션 도구이지만, 대규모 위기의 가능성을 열어둔다는 사실을 모든 사람이 깨닫지는 못할 수도 있다. 팬 차트는 유럽 중앙은행에서도 사용하지만 언론의 인기를 끌지 못했고, 다른 중앙은행들에서는 선호도가 떨어졌다.

사람의 수명 예측하기 *

핼리는 자신의 이름을 딴 혜성을 가졌지만, 그가 통계학자들에게 영웅이 된 이유는 따로 있다. 1693년 그는 왕립학회 회보에 논문을 발표했는데, 그 논문에서 그는 1687년부터 1691년까지 브레슬라우Breslau(오늘날 폴란드의 브로츠와프Wrocław)의 사람들이 사망한 나이에 대한 데이터를 분석했다. 사람들이 특히 사망할 위험이 높은 '갱년기climacteric' 연령에 대한 개념은 수세기 동안 존재해 왔고, 60세부터 63세까지 '대갱년기grand climacteric'로 간주되어 특히 위험하다고 여겨졌다. 하지만 브레슬라우의 노이만Neumann 목사가 자신의 기록을 유럽 전역에 배포하기 전에는 아무도 관련 데이터를 실제로 살펴본 적이 없었다. 핼리는 이 기록에서 연령대별 사망자 수를 살펴보면서 갱년기라는 개념에 종지부를 찍었을 뿐만 아니라, 결정적인 것은 그때까지 생존한 사람들이 각 연령대에 속하는 비율을 추정하여 사망력force of mortality(지금은 위험hazard **이라고 부른다)이라는 용어를 만들어냈다는 것이다. 따라서 그는 사람이 각 연령까지 생존할 확률을 보여주는 최초

---

* 이 책이 완성될 무렵, 영란은행은 미국 연방준비제도이사회 전 의장인 벤 버냉키(Ben Bernanke)가 작성한 〈영란은행의 추정에 대한 논평〉을 공개했다. 버냉키는 이 논평에서 팬 차트를 비판하고, "팬 차트를 '개선된 모델에서 도출된 중앙 추정치'로 대체하며, '대안 시나리오' '불확실성에 대한 구두 진술' '과거 예측 오류에 대한 요약'으로 보완해야 한다"라고 권고했다. 이러한 추가 사항은 가치 있는 것이지만, 모델링된 불확실성을 나타내는 강력한 시각적 표현을 잃는다고 생각하니 아쉬운 생각이 든다.

** 10장에서 'risk(위험성)'를 수치 확률로, 'hazard(유해성)'를 피해를 야기할 수 있는 가능성으로 정의한 것을 기억할 것이다. 혼란스럽게도 생존 분석의 세계에서는 정반대로, hazard가 단기간에 '사망'할 확률을 의미한다. 유감스럽게도, 통계학자들의 전형적인 방식은 일상적 단어를 이용하여 기술적인 정의(예컨대 '기대' '승산' '유의성' '가능도')를 내리는 경향이 있다는 것이다.

의 적절한 생명표life table 를 만들었는데, 이 생명표에 기재된 최고 연령은 84세(2%의 확률로 추정된다)였다.

이와 관련된 최근의 혁신은 1600년대 후반에 이루어진 것으로, 정부가 자금을 조달하기 위해 연금을 판매하는 것이었다. 고객이 단 한번 목돈을 납부하면, 정부는 그 대가로 평생 동안 매년 일정 금액을 지급하겠다고 보장했다. 연금의 표준 가격은 연간 지급액의 일곱 배였으므로, 예컨대 평생 매년 100파운드를 받기를 원하는 사람은 정부에 700파운드를 납부해야 했다. 하지만 이는 고객의 나이에 관계없이 적용되는 비율이었다! 따라서 젊고 건강한 사람들이 연금에 가입하면 정부는 엄청난 손해를 볼 수 있었다. 핼리가 자신의 생명표를 이용하여 정부에 이익을 가져다줄 수 있는 연금의 최소 가격을 설정한 것은, 작지만 기발한 발상이었다. 핼리가 발표한 1693년 논문에는 20세 고객에게는 연금의 12.8배, 50세 고객에게는 10.9배, 65세 이상에게는 표준인 '일곱 배'의 요율을 적용해야 한다고 명시되어 있었다. 그 후 부업으로 연금업(및 생명보험업)을 시작한 핼리는 본업인 과학 업무에도 눈을 돌려 자신의 이름을 딴 혜성을 정리했다. 그의 마지막 업적은 86세의 나이에 세상을 떠나면서 자신의 생명표에 나오는 최고 연령을 2년이나 경신한 것이었다.

그림 11.2에는 영국의 현재 생명표에서 얻은 정보 중 일부, 특히 추정 위험률(각 연령에서 사망하는 생존자의 비율)과 그에 따른 사망 연령 분포(현재의 위험이 전 생애에 걸쳐 적용된다고 가정할 때 각 연령에서 사망할 것으로 예상되는 출생자의 비율)가 표시되어 있다.

그림 11.2(a)는 연령이 증가함에 따라 급격히 증가하는 위험을 보여주지만, 이 척도에서는 출생 직후의 '급등spike'이 보이지 않는다. 사

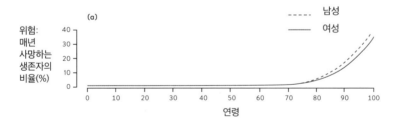

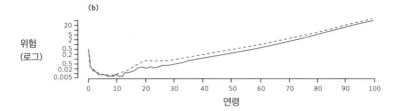

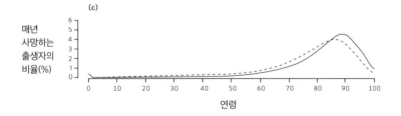

그림 11.2

남성과 여성을 위한 2018~2020년의 영국 생명표. (a)와 (b)는 위험률(지금까지의 생존을 고려할 때, 연간 사망 확률)을 나타낸 그래프인데, (a)는 선형 척도이고 (b)는 대수(로그) 척도다. (c)는 현재 위험률이 평생 동안 유지된다고 가정할 때 사망 연령 분포를 나타낸 그래프다.

실, 남성은 40세부터 80세까지 여성보다 연간 사망 위험이 지속적으로 높은데, 이는 각 연령에서 여성 사망자 두 명당 남성 세 명이 사망한다는 의미다.(하지만 이 역시 이 척도에서는 보이지 않는다.)

그림 11.2(b)에서처럼 로그 척도로 표시하면 더 나은 통찰을 얻을 수 있다. 이 그래프는 일반적으로 선천성 질환이나 출생 전후의 문제 때문에 생후 첫해에 상대적으로 높은 사망률을 나타내지만 연간 위험은 몇 년 이내에 최소로 떨어지며, 9세 어린이 1만 5,000명 중 매년 약 한 명만이 사망하므로 이 집단은 인류 역사상 가장 안전한 집단이라고 할 수 있다. 그러다가 위험이 걷잡을 수 없이 증가하는데, 특히 10대 후반과 20대 초반의 남성에서 급격한 증가세를 보이고, 그 후에는 거의 일정한 비율로 증가한다.

이는 1825년 벤자민 곰퍼츠Benjamin Gompertz가 처음 관찰한 곰퍼츠의 법칙*으로, 연평균 사망 위험이 매년 약 9%의 동일한 비율로 증가하여 연령이 8세 증가할 때마다 약 두 배씩 증가한다는 의미다. 그림 11.2(c)는 현재 평균 위험에 노출되어 있는 사람이 사망할 것으로 예상되는 연령의 확률분포를 보여준다. 이 분포의 평균은 출생 시 기대수명으로, 현재 여성은 80세, 남성은 79세다. 분포의 최빈값mode은 사람들이 가장 일반적으로 사망할 것으로 예상되는 연령으로, 여성은 89세이고 남성은 86세인데, 분포의 왜곡 때문에 평균과 가장 일반적인 사망 연령 사이에 상당한 차이가 발생한다.

그렇다면 우리 모두는 이 곡선에서 각각 어디에 위치하게 될까?

---

* 이것은 스티글러의 명명법칙에 대한 반례인 듯하다. 놀랍게도, 이 법칙은 곰퍼츠 자신이 발견한 것 같다.

당신(또는 나)은 얼마나 오래 살까?

이 질문에 관심 있는 사람은 당신만이 아닐 것이다. 이는 보험 계리 사들이 연금과 생명보험의 가격을 책정할 때 묻는 질문이며, 300여 년 전 핼리가 수행한 연구를 기반으로 한다. 그들은 생명표 데이터를 사용하여, 당신과 동일한 연령대에 속하는 사람들의 사망 연령 분포를 얻을 수 있다. 하지만 이 경우, 이러한 위험이 당신에게 적용된다는 가정과 앞으로도 계속 적용될 거라는 가정이 모두 필요하다. 그리고 단도직입적으로 말해서, 이 두 가정 모두 일반적으로 부적절하다.

첫 번째, 공개된 위험률은 각 생일에 도달하는 모든 사람 중에서 이듬해에 사망하는 사람에 대해 관찰된 비율을 보여준다. 이는 인구 전체에 대한 설명이며, 각 연령의 평균 위험률이라고 생각할 수 있다. 그러나 인구의 사망 위험 대부분은 이미 질병에 걸린 사람들이 차지하므로 각 연령대의 위험 분포는 매우 왜곡될 것이며, 위험률이 매우 높은 소수의 사람들이 평균을 끌어올려 평균이 높아진다. 즉, '평균적인 사람'의 위험률인 중앙값은 발표된 위험률보다 상당히 낮다. 역설적으로 보일 수 있지만, 사람들 대부분은 평균보다 위험률이 낮다.

그렇다면 나만의 맞춤형 생명표는 무엇일까? 발표된 수치는 기준선이라고 생각할 수 있고, 개인의 위험 요인에 따라 위험률을 상향 또는 하향 조정할 수 있다. 이를 **비례 위험 모델**proportional hazard model 이라고 하는데, 예컨대 하루에 담배 20개비를 피우는 사람은 비흡연자에 비해 연간 사망 위험이 약 두 배 높고, 이 때문에 기대수명이 약 8년에서 10년 단축되는 것으로 알려져 있다. 실제로 대략적인 경험에 비추어보면 정주행동sedentary behavior (예컨대 하루에 두 시간씩 텔레비전을 시청하는 행동)[13]과 같이 연간 10%의 위험 증가를 초래하는 요인은 기대수명을 약 1년 단축시킨다. 이는 14장에서 만성 위험의 전달 방식을 고려할 때 사용할 것이다.

유전학에 기반한 개인 맞춤형 위험 평가(소위 **다중 유전자 위험 점수**polygenetic risk score로 요약된다)에 대한 언급이 증가하고 있지만, 일반적으로 나이, 성별, 생활방식, 가족력에 대한 기본 정보에서 얻을 수 있는 것 이상의 추가 정보가 거의 없기 때문에 그 중요성이 과장될 수 있다.[14] 예컨대 2019년, 당시 영국 보건부 장관 매트 핸콕Matt Hancock은 유전자 검사에 따르면 자신이 75세까지 전립선암에 걸릴 위험이 15%로 추정된다는 사실에 "놀라움과 우려"를 표시하고, "사실 이 검사가 내 생명을 구할 수도 있다"라고 말했다. 그러나 이 말은 나중에 널리 조롱거리가 되었다.[15] 왜냐하면 영국 암 연구소Cancer Research UK가 영국 남성 여섯 명 중 한 명(16.7%)은 평생 동안 어떻게든 전립선암 진단을 받게 될 것이라고 보고했기 때문이다. 이미 질병을 앓고 있는 사람들에게는 개인화된 예측이 더 큰 가치가 있을 것이다. 2016년에 전립선암 진단을 받은 후 나와 같은 처지에 있는 사람들의 생존율에 대한 양질의 정보를 찾는 데 어려움을 겪었지만, 최근 개발된 알고리즘[16]에 따르면 2026년까지의 10년 생존율이 약 77%*로 평가된다(나도 여기에

---

* 이 수치는 기본적으로 내 프로필과 일치하는 과거 환자들의 경험을 바탕으로 한 것이다. 문제는, 관련 정보가 더욱 개인화될수록 '유사한 과거 환자'의 풀이 줄어들기 때문에 위험 평가의 편향성은 줄어들지만 불확실성은 커진다는 것이다. 이는 '편향과 분산'의 상충관계의 한 예다.

해당하기를 간절히 바란다).

당신이 생명보험에 가입할 때 나이, 흡연, 질병 가족력 등을 묻는 상자를 클릭하면 보험회사의 알고리즘이 개인 맞춤형 생명표에 이러한 조정 사항을 적용한다. 하지만 아무리 정교한 분석을 하더라도 당신(당신과 똑같은 사람은 존재하지 않는다)의 위험을 수치화할 수는 없고, 당신과 동일한 상자에 체크한 사람들에게 발생할 것으로 예상되는 위험을 수치화할 수 있을 뿐이다.

생명표를 예측에 사용할 때의 두 번째 문제점은, 현재의 위험률이 미래에도 동일하게 유지될 것이라는 가정에 기초한 기간 기대수명 period life expectancy 을 제공한다는 것이다. 그러나 신생아가 얼마나 오래 살 것으로 예상되는지 평가하려면, 위험이 어떻게 전개될지에 대한 예측을 기반으로 하는 코호트 기대수명 cohort life expectancy 이 필요하다.

표 11.3을 보면, 2020년에 잉글랜드와 웨일즈에서 태어난 여자 아이들은 평균적으로 90.3세, 19%는 100세까지 살 것으로 예상된다. 그에 반해 2045년에 태어날 차세대 여자 아이들은 코호트 기대수명이 거의 93세로 추정되며, 네 명 중 한 명 이상이 2145년에 100세 생일을 맞이할 것으로 추정된다. 그때 가서 이들 각각을 돌봐줄 누군가가 있기를 바란다.

이 모든 추정치는 상당한 변동성과 불확실성을 내포하고 있다. 글래스고처럼 영국에서 가장 빈곤한 지역의 기대수명은 사우스캠브리지셔처럼 부유한 지역보다 약 10년 정도 낮다. 심지어 코로나19 이전에도 여성 집단의 거의 20%, 남성 집단의 11%에서 기대수명이 감소하고 있었다.[17] 물론 예측할 수 없는 미래의 상당한 불확실성도 존재하

	출생 년도의 위험이 평생 동안 지속된다고 가정할 때 기간 기대수명	위험 변화를 감안한 코호트 기대수명	100세에 도달하는 사람의 비율
2020년생 여성	82.6	90.3	19%
2045년생 여성	85.5	92.7	27%
2020년생 남성	78.6	87.5	14%
2045년생 남성	82.4	90.2	21%

표 11.3

잉글랜드와 웨일즈에서 2020년과 2045년에 출생한 사람의 기간 기대수명과 코호트 기대수명 추정치, 100세가 될 것으로 추정되는 사람의 비율. ※ 출처: 영국 통계청.[18]

고, 기후변화, 팬데믹, 분쟁 등이 사망률에 영향을 미칠 수 있다.* 보험 및 연금업계에서 사용하는 영국 연속 사망률 조사UK Continuous Mortality Investigations 모델은 사용자가 자체적으로 가정을 입력할 수 있도록 허용한다. 하지만 예시로 든 사례에서는 사망률이 매년 1.5%씩 지속적으로 감소한다고 가정하는데,[19] 이는 기대수명이 매년 약 2개월씩 증가하는 것에 해당한다.

그렇다면 우리는 얼마나 오래 살 수 있을까? 내 자신을 예로 들어보겠다. 이 글을 쓰는 시점에 나는 70세인데, 영국의 최신 생명표에 따르면 이 연령대 남성의 기간 기대수명은 15년 후인 85세이고, 90세까지 살 확률은 26%이며, 100번째 생일을 맞이할 확률은 1%다. 하지만 이는 단지 기준선일 뿐이다. 나는 나이에 비해 적당히 건강하고 담배도 피우지 않고 (너무) 과체중도 아니지만, 다른 한편으로는 여전히 전립선암을 앓고 있다. 매우 낙관적으로, 이러한 요인들이 상쇄되어 발표된 수치가 나에게 적용된다고 가정해 보자. 사망률이 보험 통계적 기준선상에서 매년 1.5%씩 계속 감소한다고 가정하면, 나의 코호트 기대수명은 17년 후인 87세이고, 90세에 도달할 확률은 34%가 되며, 100세에 도달할 확률은 5%가 된다.

현재로서는 90세까지만 살면 충분하다고 생각하지만, 물론 100세가 되면 생각이 달라질 수도 있다.

---

* 일반적으로 ONS는 더 광범위한 가정을 반영하려고 상한 및 하한 시나리오를 추가로 포함하지만, 가장 최근의 중간 분석에서는 "코로나바이러스(코로나19) 팬데믹에 따른 장기 인구통계학적 가정 설정의 불확실성"에 대한 경고와 함께 주요 추정치만 포함했다.

수년 후의 기후 예측

지구온난화가 금세기에 재앙적 수준까지 도달할까?

이제 우리는 우리 중 일부가 더 이상 경험하지 못할 미래의 어느 시기를 맞이하게 된다. 기후의 미래는 중요한 사회적 이슈가 되었고, 다양한 정책에 따라 일어날 수 있는 일에 대한 예측은 정치적으로 중요해졌을 뿐만 아니라 여기에 관련된 많은 이의 삶에 깊은 영향을 미치고 있다. 그러나 그 미래는 본질적으로 불확실하다.

기후 모델은 물리 법칙에 따라 세계의 여러 측면이 어떻게 전개될지에 대한 수학적 표현을 기반으로 한다. 그러므로 단기적인 기상 예측 모델을 일반화한 것이라고 할 수 있다. 기후 모델은 대기의 움직임뿐만 아니라 해양의 역학, 육지의 기온, 육지와 바다의 얼음까지도 고려한다. 이처럼 엄청나게 복잡한 모델은 100여 년에 걸친 변화를 (현실적인 시간 범위에서) 압축적으로 다루어야 하므로, 시공간적 측면에서 기상 모델보다 훨씬 더 거친 표현을 사용할 수밖에 없다. 또한 초기 조건에 민감하지 않지만, '기후 강제력(탄소 배출과 같은 외부 영향)'과 '기후가 어떻게 반응할지에 대한 가정'에 민감하다는 점에서도 기상 모델과 다르다. 기상 모델과 마찬가지로 앙상블을 만들어 가능한 미래를 나타낼 수 있지만, 이 경우 앙상블의 상이한 멤버들은 초기 조건이 아니라 모델의 중요한 매개변수의 섭동에서 비롯된다.

기후변화에 관한 정부 간 협의체의 2019년 제6차 평가 보고서AR6에서는 미래 기후에 대한 불확실성의 주요 원인으로 다음 세 가지를

꼽았다.[20]

1. 자연적이고 피할 수 없는 기후변화. 이는 앙상블을 실행하여 근사치를 구할 수 있지만 본질적으로 줄일 수는 없다.
2. 사회가 취하는 정책과 행동. 이는 금세기 중반까지 탄소 순배출량을 0으로 만드는 공격적인 정책부터 배출량이 계속 증가하는 '현상유지business-as-usual' 시나리오에 이르기까지 다양한 시나리오의 결과를 모델링하면서 평가된다.
3. 사회의 행동에 기후가 어떻게 반응하는가. 이는 배출량 변화에 대한 기후의 민감도, 특히 시스템의 피드백에 대한 여러 가정을 포함하기 때문에 가장 까다로운 부분이다. 이를 종종 "모델 불확실성"이라고 부르지만, 어떤 모델도 정확할 수 없기 때문에 이는 부적절한 용어라고 이미 언급했다. "모델 미결정model indecision"이라고 부르는 게 더 적절할 것이다.

가장 중요한 세 번째 원인은 전 세계 여러 팀에서 구축한 30개가 넘는 다양한 모델의 결과를 살펴보면서 탐구할 수 있다. 이러한 모델 중 상당수는 출처가 동일하므로 공통된 편향이 존재할 수 있지만, 일반적으로 모델에 가중치를 부여하는 강력하고 신뢰할 만한 방법은 없다. 그러므로 기본적인 방법은 각 모델에서 나온 단일 추정치를 사용하여 모델 간의 차이를 조사하는 것이다. 이를 '기회의 앙상블'이라고 한다.

항상 그렇듯이, 이러한 모델은 현실을 불완전하게, 어쩌면 매우 불완전하게 표현한 것이다. 따라서 IPCC는 많은 추정치에 대해 실용적인 접근 방법을 취하여, 계산된 불확실성 구간의 해석을 변경한다. 예컨대 다중 모델 앙상블의 확장에서 도출된 '매우 가능성이 높은' 90% 구간(5~95%)을 '가능성이 높은' 66% 구간(17~83%)으로 취급하기도 하는데, 이는 모델링되지 않은 요인을 감안하려고 주관적인 B형 불확실성을 추가하는 방식의 또 다른 예로 볼 수 있다.

예외 중 하나는 중요한 지표면 기온Global Surface Air Temperature, GSAT인데, 이 경우 다소 자의적인 조정 대신 과거 관측 자료와의 일치도를 포함한 광범위한 자료를 사용하여 추가적인 불확실성을 수치적으로 평가한다. 그림 11.3을 보면, 이러한 확장된 구간 중 일부가 다양한 시나리오에 대해 표시되어 있다.

2015년 파리 기후 협정에서 재앙적인 영향을 피하려고 한계로 설정한 지구온난화 수준은 1850년에서 1900년 대비 2℃ 이상이다. 그림 11.3을 보면 2050년경 순배출량 제로에 도달하는 것을 가정한 중간 배출 시나리오(SSP1-2.6)에서도, 상당한 불확실성이 있지만 금세기 말까지 이 문턱값을 넘을 것으로 예상된다. 그러나 고배출 시나리오(SSP3-7.0)에서, 이 문턱값은 2040년대까지 초과될 가능성이 매우 높다.

기후 모델에 대한 엄청난 양의 연구가 수행되었고, 그 결과는 사회적 관심사와 정책 결정에 심대한 영향을 미칠 수 있다. 그러나 모든 주장에는 불확실성에 대한 수치적 평가와 모델에 대한 적절한 겸손이 수반되어야 한다. 설사 회의론자들이 이러한 불확실성을 이용해 기후 과학을 비판하려고 해도 마찬가지다. 기후 모델링 전문가인 데이비드 스테인포스David Stainforth는 "모델이 기후의 역사를 재현할 수 있다고 해도, 우리가 직면한 이상하고 새로운 미래에 대해 신뢰할만한 정보를 제공할 거라고 기대해서는 안 된다"라고 말한다.[21] 더 크고 복잡한 모

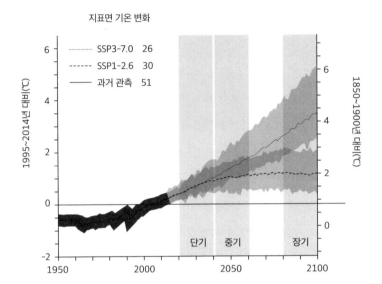

그림 11.3

상이한 배출 시나리오에서 도출된 1995~2014년과 1850~1900년 대비 2081~2100
년까지의 평균 지표면 기온 상승 추정치. 음영 처리된 영역은 시나리오 SSP1-2.6(아래쪽
- 금세기 후반에 순배출량 제로를 달성하는 중간 배출 시나리오)과 SSP3-7.0(위쪽 - 고
배출 시나리오)에서 계산된 '매우 가능성이 높은' 5~95% 구간을 보여준다. 시나리오 옆
의 숫자는 예측에 사용된 모델 수를 나타낸다. ※출처: IPCC의 2019년 평가 자료.

델을 구축한다고 해서 반드시 더 큰 통찰력을 얻을 수 있는 것은 아니며 앞으로 일어날 일을 예측할 수 있다고 착각하게 만든다고 스테인포스는 지적한다. "미래의 기후에 딱 맞는 대응책을 만들려고 하는 대신 탄력적이고도 유연한 해결책, 광범위한 기후 결과에도 흔들리지 않고 견고함을 유지할 수 있는 대책을 모색해야 한다"라고 주장한다. 13장에서 깊은 불확실성을 다룰 때 이 관점으로 다시 돌아갈 것이다.

지금까지 예측이 일상적으로 사용되는 영역에 대해 광범위하게 살펴봤는데, 이제 다시금 곰곰이 짚어볼 차례다.

통제된 상황에서 단기적 예측을 수행하는 데는 단순한 방법으로도 충분할 수 있지만, 예측 산업은 점점 더 복잡해지고 있는 미래 예측 모델을 만들어내며 성장해 왔다. 그런 모델 중 상당수는 돈을 벌기 위해 사용된다. 스포츠 베팅 회사는 과거 실적과 게임 내 관찰을 모두 사용하여 결과를 예측하고, 헤지펀드는 금융 시장의 변동성에 대한 정교한 모델을 구축하여 가치가 상승할 때나 하락할 때 모두에서 이익을 얻으려고 한다. '예측 분석predictive analytics'은 비즈니스 의사결정을 최적화하려고 사용된다. 금융 시계열 모델처럼 완전히 확률적인 모델도 있고, 날씨나 일부 팬데믹 모델처럼 근본적으로 결정론적이며 불확실성이 '추가'되어 있는 모델도 있다.

이 장에 소개된 사례들은 예측 모델의 불확실성이 네 가지 기본 원천에서 비롯된다는 것을 보여준다.

> 1. 피할 수 없는 우연한 변동성 또는 기회. 이는 줄일 수 없으며, '무작위 오류'라고도 한다.

2. 모델의 매개변수에 대한 인식론적 불확실성. 이는 매개변수의 현재 및 향후 변동 가능성을 다루는 것이다.

3. 모델 구조의 선택 때문에 발생하는 불확실성. 앞서 언급했듯이, 사실을 말하자면 이는 모델 *자체에 대한* 불확실성이 아니다. 왜냐하면 선택될 수 있는 '진정한' 모델이 없기 때문이다.

4. 불가피한 무작위 오류를 넘어 모든 모델이 사실과 체계적으로 불일치하기 때문에 발생하는 차이. 이는 더 나은 모델을 구축하여 줄일 수 있지만 결코 없앨 수는 없다.

앞에서 살펴본 것처럼, 미래가 인간의 행동에 크게 의존하는 경우 '모델의 구조'와 '매개변수에 대한 적절한 가정'에 대한 우리의 확신을 대폭 줄여야 한다. 또한 매개변수와 모델 구조에 대한 현재의 합리적인 가정이 미래에는 더 이상 유효하지 않을 수도 있다. 코로나19에 대한 장기적인 추정은 유효한 백신의 타이밍에 크게 의존했고, 금융 모델은 사건들 간의 상관관계가 약했던 안정기에는 잘 작동했을지 모르지만 다가오는 금융 위기 때문에 대규모 집단 행동이 발생했을 때는 비참하게 실패했다.

특정 모델의 취약성을 인정하면, 미래에 벌어질 사건에 대한 확률을 자신 있게 도출하는 것을 꺼릴 수도 있다. 이렇게 되면 9장에서 설명한 접근 방법, 즉 주의 사항 명시, 민감도 분석 수행, 여러 팀의 참여, 신뢰도 등급 사용, 필요한 경우 깊은 불확실성을 인정하는 방법이 남게 된다. 또한 예측 시장prediction market, 전문가의 주관적 판단, 심지어 슈퍼 예측가 등 다양한 접근 방법을 고려하는 것도 좋다.[22]

무엇보다도 모든 주장에 대해 겸손한 태도를 취하고, 자신의 분석이 앞으로 일어날 일을 알려줄 것이라고 장담하는 사람에 대해서는 회의적인 태도로 경계해야 한다.

요약

- 잘 통제된 상황에서는, 단순한 통계 모델이 미래 사건에 대한 신뢰할 수 있는 확률을 제공할 수 있다.
- 미래를 더 멀리 내다볼수록 모델의 구조와 안정성에 대한 가정이 더욱 중요해진다.
- 다양한 초기 상태 또는 섭동된 매개변수를 사용해서 앙상블을 실행함으로써 복잡한 결정론적 모델에 불확실성을 추가할 수 있다.
- 아무리 노력해도 모델은 현실을 제대로 묘사하지 못할 것이다.
- 특히 인간의 행동이나 기타 알 수 없는 요인이 미래에 큰 영향을 미치는 경우에는 겸손함이 필요하다.
- 다양한 예측 방법을 조사함으로써 통찰을 얻을 수 있다.

12장

앞으로 벌어질 재난들에
휩쓸리지 않는 법

문자 그대로 '퍼펙트 스톰perfect storm'에서 일어날 수 있는 소름 끼치는 사례부터 시작하겠다.

MV 더비셔호MV Derbyshire는 왜 침몰했을까?

MV 더비셔MV Derbyshire호는 타이태닉의 두 배에 달하는 9만 톤이 넘는 대형 벌크선으로, 1980년 9월 9일 일본 연안에서 태풍 오키드에 휘말려 갑자기 사라졌다. 아무런 신호도 수신되지 않았고, 구명보트도 발견되지 않았다. 바다에서 실종된 영국 선박 중 가장 큰 규모였던 이 선박에서 44명이 사망했다. 이 배는 당시 표준에 맞춰 건조된 현대식 선박이었고, 실종 이유는 20년간 미스터리로 남아 있었다.

1994년 수색을 거쳐 마침내 수심 4km 지점에서 무려 1km에 걸쳐 흩어진 난파선 잔해가 발견되었다. 사진 증거 덕분에 배 앞쪽의 화물창을 덮고 있던 해치가 치명적으로 붕괴된 것으로 밝혀졌고, 그 후 어떻게 전방 해치에 재난을 초래할 정도로 강한 압력이 가해졌는지 의문이 대두되었다.

이 수수께끼를 풀기 위해서는 100여 년 전에 시작된 이론이 필요했다. 그 당시 영국의 면화 산업 연구자들은 '면사가 끊어질 위험은 가장 약한 섬유의 강도에 달려 있다'라는 사실을 깨달았다. 즉, 통계학자들은 *평균* 강도를 살펴보는 대신, 면사를 구성하는 섬유의 *최소* 강도의 변동성을 이해해야 했다. 이때 특별히 주의해야 한다. 표준 통계 모델링의 관심사는 일상적인 현상을 설명하거나 예측하는 것이기 때문에 일반적인 관찰에 초점을 맞추는 경향이 있다. 그러나 기후 귀인 연구에서 보았듯이, 극단값에 관심이 있을 때는 확률분포의 꼬리 모양이 중요해진다. 그리하여 극단값 이론extreme value theory 이 탄생했다.

통계학자 재닛 헤퍼넌Janet Heffernan과 조너선 톤Jonathan Tawn은 MV 더비셔호 재난 조사단에 참여하여, 극단값 이론에 따라 선박의 축소 모형 실험 데이터와 태풍속 파도 크기의 추정치를 사용하여 파도로 인한 잠재적 압력을 모델링했다. 구체적으로 파도가 **일반화 파레토 분포**generalized pareto distribution를 따른다고 가정했는데, 앞으로 살펴보겠지만 이 분포는 이전에는 볼 수 없었던 극단적 사건을 허용한다. 면밀한 조사 결과, "태풍 초기에 배가 어느 정도 손상됐다면, 어느 시점에서 전방 해치가 붕괴되기에 충분한 충격이 발생했을 가능성이 매우 높다"라는 결론이 나왔다.[1] 20m가 넘는 '불량' 파도가 배를 강타하여 전방 해치가 함몰된 후, 다른 해치가 잇따라 빠르게 붕괴되어 배가 몇 초

만에 침몰했을 수 있다는 것이다. 배가 침몰하면서 선체 사이의 압축 공기 때문에 폭발하여 파편이 넓은 지역에 흩어졌을 테니, 구조 요청 신호를 보낼 시간조차 없었을 것이다.

20년이 지난 후에야 희생자 가족들은 비로소 무슨 일이 일어났는지 알게 되었다.

◆

MV 더비셔호의 슬픈 이야기는 과거 사건의 원인을 밝히는 것이기 때문에 10장에서 다룰 수도 있었을 것이다. 하지만 지진, 홍수, 화산, 테러 공격, 주요 금융 위기는 모두 사회에 미치는 영향이 크면서도 확률이 낮고, 이전에 결코 발생하지 않았던 유형의 사건이기 때문에 이 이야기 역시 극한 상황에 대한 논의를 소개하는 데 적절할 수 있다.

사회나 개인에게 잠재적 위협이 될 수 있는 요소는 매우 많다. 기후 변화나 기상이변으로 인한 환경 위험에서부터, 생활비나 연금과 관련된 재정적 위험, 암이나 코로나19와 같은 건강 위험, AI와 같은 현대 기술로 인한 위험, 인류 전체에 대한 실존적 위협(예컨대 악의적인 폭력이나 범죄로 인한 안전 위험)에 이르기까지 다양한 위협이 존재한다.

이 모든 것이 다소 압도적으로 보일 수 있고, 당연히 이러한 모든 위험을 둘러싼 불확실성에 대처하는 방법에 대해 방대한 양의 글이 작성되어 있다. 이는 위험이라는 주제에 대한 다양한 관점을 보여주는데 이 주제에 접근하는 방법은 다음과 같다. (편의상 여러 가지 큰 제목으로 분류했다.)

- 기술적 접근 방법: **정량적 위험 분석**Quantitative Risk Analysis, QRA은 의사결정에 필요한 수치화된 정보를 제공하기 위해 사건의 확

률과 결과를 모두 수학적으로 모델링하려고 시도한다.

- *경제적 접근 방법*: 합리성^{rationality}이라는 기본 경제 원칙에 따르면 불확실성을 고려한 의사결정 이론을 사용해 위험을 다룰 수 있다. 이는 15장에서 살펴보게 될 내용이다. 이 접근 방법은 완전히 정의된 문제를 전제로 하지만, 이 경우에도 의문이 제기될 수 있다.

- *심리적 접근 방법*: 우리는 이미 1장에서 위험에 대한 인식이 해를 끼칠 '실제' 가능성보다는 친숙함, 두려움 등의 요인에 따라 달라질 수 있다는 것을 살펴보았고, 위협에 대한 감정이 복잡하고 매우 다양하다는 것을 경험을 통해 잘 알고 있다.

- *문화적 접근 방법*: 사회에서 위험을 어떻게 다뤄야 하는지에 대한 사람들의 견해는 매우 다를 수 있다. 코로나19 팬데믹 상황에서 우리는 개인의 행동을 국가가 강제해서는 안 된다는 '자유주의적' 관점에서부터 공익을 위해 강력한 개입을 장려하는 '위계적' 관점에 이르기까지 극단적인 의견을 보았다. 위험은 정치적인 문제로까지 비화된다.

- *사회적 접근 방법*: 체르노빌 원전 사고 이후 1990년대에 "위험 평가와 위험 관리에 대한 순전히 기술관료적인 접근 방법은 통찰력이 제한되어 있고 자신들의 세계관을 강요하는 전문가들이 주도하기 때문에 부적절하다"라는 생각이 커졌다. 그후로 참여 확대, 정의와 공정성 고려, 글로벌 위협 간의 상호 연결성을 인정하는 방식 등으로 위험의 사회적 맥락에 대한 인식이 확산되고 있다.

나는 통계학자로서의 전문적 배경 때문에 위험을 수치화하고 전달할 때 보다 기술적인 접근 방법에 초점을 맞추지만, 이러한 접근 방법은 심리학 및 사회학적 통찰을 활용해 보완되어야 한다는 것을 잘 알고 있다. 이러한 통찰은 일부 위협이 특히 주목을 받는 이유와, 공포와 혐오를 불러일으킬 수 있는 사안에 대해 사람들이 수학적이고 '합리적인' 접근 방식을 꺼리는 이유를 이해하는 데 도움이 될 수 있다. 그러나 극단적인 사건에 대한 논의가 다소 기술적으로 전개되는 것은 어쩔 수 없는 일이다.

2장에서 살펴보았듯이, 슈퍼 예보관은 그럴듯한 미래에 대한 가능성을 평가하는 데 상당히 능숙할 수 있지만, 작은 확률을 가진 극한 상황에 대해서는 순전히 주관적인 판단 때문에 일을 그르칠 수 있다. 따라서 낮은 확률과 높은 영향력을 모두 수치화하려고 통계 모델을 사용하는 경우가 많지만, 이러한 모델은 앞서 설명한 모든 한계를 드러낼 수 있다. 2007년 금융 위기가 시작될 무렵, 〈파이낸셜 타임스〉는 골드만 삭스의 데이비드 비니어David Viniar의 말을 인용하여 "우리는 25σ의 사건을 며칠 동안 연속으로 보고 있다"라고 보도했는데, 이는 정규분포를 가정하면 약 10^{135}분의 1의 확률을 가진 사건이다. 좀 더 이해하기 쉽게 설명하자면, 현재 영국 6/59 복권에서 잭팟이 터질 확률은 약 4,500만분의 1이므로, 10^{135}분의 1의 확률을 가진 사건은 17번 연속으로 잭팟이 터지는 것과 같다. 이는 금융 모델이 극단적 상황을 모델링하는 데 부적절했다는 것을 강력히 시사한다.

극단적 사건을 평가한 확률은 분포의 꼬리 모양에 크게 좌우되는데, 금융 모델은 기본적으로 매우 '가느다란' 꼬리를 가진 정규 확률분포를 가정한 것으로 나타났다. 그러나 통계학자들은 정규 곡선보다 '더 두꺼운' 꼬리를 가진 광범위한 분포(예컨대 MV 더비셔호를 강타한 파도에 사용된 일반화 파레토 모델)를 활용한다. 이 꼬리는 형상모수shape parameter a를 가진 **멱법칙**power law 의 형태로, 확률분포가 $1/x^{a+1}$에 비례하여 축소되고 a가 클수록 꼬리가 더욱 두꺼워지는 것을 의미한다.*

멱법칙에서 변동 폭이 매우 큰 경우 — 예컨대 도시의 규모, 기업의 직원 수, 주식시장 수익률의 분포(a가 약 3 이상), 전년도 성관계 파트너 수의 분포(a가 약 2.5)—에는 긴 꼬리가 나타난다.[2] 1896년 빌프레도 파레토Vilfredo Pareto는 이탈리아의 토지 중 80%를 20%의 국민이 보유하고 있는 것을 관찰한 후 부의 분배가 멱법칙을 따른다(a가 약 1.2)고 주장했고, 경제학자 사비에르 가베이Xavier Gabaix는 부의 경우에는 a가 약 1.5이고 소득의 경우에는 1.5에서 3 사이라고 보고했다. 1968년부터 2007년까지 1만 3,000건이 넘는 테러 사건을 분석한 결과, 사상자 수는 $a \approx$ 2.4(95% 신뢰구간: 2.3~2.5)의 멱법칙을 따르며,[3] 뉴욕 9·11 테러와 같은 대규모 사망자가 간혹 발생하는 사실을 반영하는 매우 긴 꼬리가 있는 것으로 나타났다. 이는 2,700명 이상의 사망자를 낸 9·11 테러와 같은 공격이 이 기간에 발생할 확률이 11%에서 35%로 평가되며, 특별한 이상치outlier 가 아니라는 것을 의미한다. 그러나 테러 곡선의 형태에 대한 추정치는 9·11 사건의 영향을 받은 것으로 추정되므로, 이 계산에는 어느 정도 순환성(꼬리 물기 현상)이 있다.

11장의 그림 11.1(a)에서, 2018년 5월 영국 중앙은행은 2020년 1분기

---

* x는 실제 측정값의 선형 변환일 수 있다는 점에 주목하라. 자유도가 a인 스튜던트 t (Student's t)분포는 대략 이러한 형태의 꼬리를 갖는다.

성장률이 연간 1%에서 2% 정도일 것으로 예상했지만, 팬의 하단을 보면 1% 이상 하락할 확률이 0.05라는 걸 알 수 있다. 그러나 실제 하락폭은 연간 25%로 밝혀졌다.*

나는 영란은행이 분포의 극단을 모델링하는 것을 명시적으로 피했다는 점을 강조했지만, 구체적인 꼬리 모양을 가정했을 경우 어떤 결과가 발생했을지 살펴보면 유익한 정보를 얻을 수 있다. 그림 12.1은 형상모수 $a=1, 2, 3$인 일반화 파레토 분포를 정규분포와 비교하여 네 가지 가능한 선택지를 보여준다.

그림 12.1(a)는 1% 이상 하락한 GDP 변화의 분포를 보여준다. 각 곡선의 곡선하 면적Area Under the Curves, AUC은 0.05이며, 육안으로는 특별히 달라 보이지 않는다. 그러나 그림 12.1(b)의 '초과 확률exceedance probability'을 보면 다소 다른 그림이 나타난다. 초과 확률이란 GDP 하락률이 x축의 값보다 클 확률이다.** 모든 곡선이 분포의 최극단인 5%를 모델링하고 있기 때문에 각 곡선은 0.05에서 시작한다. 그러나 뒤이어 정규분포 곡선이 급격히 하강하는데 이는 사실상 극단적인 하락은 발생하지 않는다는 뜻이다. 반면, 두꺼운 꼬리를 가진 파레토 분포는 정말로 극단적인 사건이 발생할 확률을 합리적으로 유지하며, 형상모수가 1인 곡선의 경우에는 관찰된 25%보다 훨씬 큰 하락률에 0.006의 확률을 부여한다. 파레토 분포의 또 다른 흥미로운 특징은, 값이 특정 '실패' 문턱값을 초과했다는 사실을 알고 있더라도 조건부

---

* 공교롭게도, 팬 차트의 중앙 90% 구간에 정규분포를 적용하면 2018년 영국의 중앙 은행 추정치에서 25σ 떨어진 거리에 있는 걸 알 수 있다.

** 확률분포가 $1/x^{a+1}$에 비례하는 멱법칙의 꼬리를 가진다면, 초과 곡선도 멱법칙의 형태를 갖지만 $1/x^a$에 비례한다.

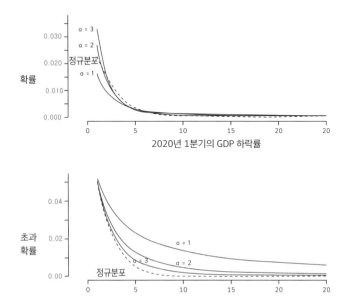

그림 12.1

(a)GDP 하락률이 1% 이상일 때, 꼬리의 분포가 형상모수 $a=1$, 2, 3인 일반화 파레토 분포를 형성한다는 가정 아래 2020년 1분기 GDP 하락률의 조건부 분포. 이를 정규분포와 비교해 보라. 모든 곡선의 곡선하 면적은 0.05다. (b)초과 확률은 x축의 값보다 큰 GDP 하락률이 관찰될 확률을 의미한다.

분포가 여전히 동일한 모양의 파레토 분포라는 것이다. 즉, 1% 이상의 하락이라는 조건 아래서, 형상모수가 1인 곡선은 '관찰된 25%보다 더 큰 하락'이라는 사건에 0.12(=0.006/0.05)의 확률을 부여할 것이다. 다시 말해서, 우리가 극단적인 사건에 직면한다면 코로나19는 특별히 놀라운 경험이 아니었다는 사실을 알게 될 것이다.

'극단적으로 큰 영향을 미치는 사건에 대한 낮은 확률'을 평가하는 방법을 알게 되면, 자연스럽게 우리가 직면할 수 있는 모든 위험을 비교하게 된다. 1970년대 초 원자력발전소의 안전에 대한 우려가 커지자, 미국 원자력위원회는 사고 위험을 조사하려고 MIT의 노먼 라스무센Norman Rasmussen 교수를 고용했다. 라스무센 교수팀은 가능한 실패 유형과 그 결과만 고려하는 것이 아니라 실패로 이어질 수 있는 일련의 사건에 대한 각 단계별 확률을 평가하여, **확률론적 위험 평가**probabilistic risk assessment 방법을 마련하고 이를 위협 비교에 사용하는 데 선구적인 역할을 했다.[4]

라스무센의 보고서는 1975년에 발표되었고, 그림 12.2에 표시된 유형의 다이어그램이 단연 돋보였다. 이는 1960년대에 영국 원자력청의 프랭크 파머Frank Farmer가 원자력발전소 입지와 관련하여 도입한 것으로, 라스무센은 파머와 함께 "영국 규제 당국자의 자택에서 격렬한 탁구 게임을 하면서" 위험 평가에 대해 논의한 적이 있다고 한다.[5]

파머 다이어그램은 사고로 인한 사망자 수를 10에서부터 100, 1,000까지 수평축을 따라 10배씩 증가하는 로그 척도로 표시한다. 이러한 중대 사고의 연간 빈도(연간 사건 수) 평가 역시 수직축에 '1000만 년에 한 번'에서 '1년에 10번'까지 10배씩 증가하는 로그 척도로 표시한다. 사망자 수Number와 누적 사고 빈도Frequency를 그래프로 표시하기

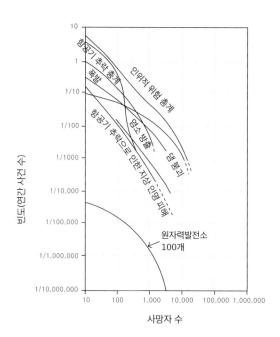

빈도(연간 사건 수)

10
1
1/10
1/100
1/1000
1/10,000
1/100,000
1/1,000,000
1/10,000,000

항공기 추락 총계
폭발
항공기 추락으로 인한 지상 인명 피해
인위적 위험 총계
염소 방출
댐 붕괴
원자력발전소
100개

10 100 1,000 10,000 100,000 1,000,000

사망자 수

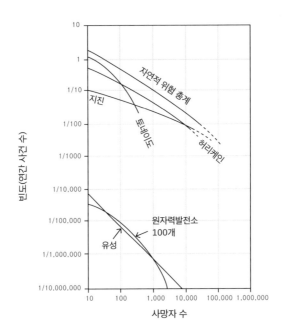

그림 12.2
1975년 라스무센이 제출한 미국 원자력발전소의 안전성 조사 보고서에 실린 F-N 곡선
(파머 다이어그램). 사건의 누적 빈도와(사망자 수의 관점에서 본) 심각성의 관계를 로그
척도로 측정하여 나타냈다. 원자력발전소 100개에 대한 곡선은 다른 인위적 및 자연적
위험에 대한 곡선보다 상당히 낮은 것으로 평가되었다.

때문에 **F-N 곡선**F-N curve이라고도 한다.[6] 이는 본질적으로 로그 축에 그려진 초과 확률 곡선이며, 곡선 아래 면적이 예상 사망자 수다. F-N 다이어그램에서 이러한 축을 사용하면 얻을 수 있는 한 가지 이점은 그림 12.1 아래 그림에 표시된 것과 같은 초과 확률의 멱곡선이 직선으로 바뀌어 편리하다는 것이다.*

그림 12.2는 원자력발전소 사고로 1,000명 이상의 사망자가 발생할 확률이 연간 약 1/1,000,000인 반면, 다른 많은 원인의 확률은 약 1/100이라는 것을 보여준다. 결국 라스무센의 보고서는 "비원자력 사고가 많은 사망자를 발생시킬 가능성은 원전의 약 1만 배다"라며 원자로의 안전성에 대해 과감한 주장을 펼칠 수 있었다.[7] 그는 또한 위험을 평가할 때 기초가 되는 많은 확률 판단에서 발생하는 불확실성을 몬테카를로 방법을 사용해 평가했다. 그 결과 불확실성의 범위는 확률에 관련해 1/5에서 5이고 결과에 관련해 1/4에서 4라고 보고하면서, "연간 최소 1,000명의 사상자가 발생할 확률은 1/1,000,000"이라는 주장을 "250명에서 4,000명의 사상자가 발생할 확률은 1/200,000에서 1/5,000,000"로 해석해야 한다고 주장했다.

라스무센의 결론은 우려하는 과학자 연합Union of Concerned Scientists과 다른 과학자들에게 지속적인 비난을 받았다. 그들은 이 보고서가 지나치게 낙관적인 그림을 그리고 있으며 위험 추정치의 불확실성을 제대로 고려하지 않았다고 지적했다. 심지어 1979년 1월 원자력규제위원

---

* 최소 n명의 사망자가 발생할 확률이 F_n이라면, 멱법칙은 어떤 k에 대해 $F_n \propto 1/x^a = k/x^a$를 의미한다. 양변에 대수를 취하면 $\log F_n = \log k - a \log x$가 되므로, $\log F_n$과 $\log x$의 관계를 그래프로 나타낸 F-N 다이어그램에서 멱법칙은 기울기가 $-a$인 직선이 될 수 있다.

회도 보고서의 주요 내용에 대한 지지를 철회했다. 그리고 불과 2개월 후인 1979년 3월 28일, 스리마일섬의 원자로가 일부 용융되어 14만 명이 대피하는 사고가 발생했다. 놀랍게도 이 사고는 외견상 낙관적인 라스무센의 보고서의 수용도를 높였다. 왜냐하면 그는 일부 냉각수의 손실과 뒤이은 대응 과정에서 인적 오류의 인간이 실수할 위험을 명시적으로 경고하면서도, 그러한 사고가 건강에 미치는 영향은 무시할 수 있을 정도라고 말했기 때문이다. 스리마일섬에서 발생한 일이 바로 그런 일이었다.

돌이켜보면 라스무센은 전 세계 원자력발전소의 후속 위기의 원인이 된 부실한 설계, 부적절한 규제, 직원 과로 및 교육 부족과 같은 인적 요인 등을 충분히 고려하지 않음으로써 위험을 과소평가하는 우를 범했을 수 있다. 그러나 그는 확률론적 위험 분석을 공론화했고, 이후 홍수에서 식중독에 이르기까지 모든 위험을 평가하는 모델이 급증하게 되었다.

보험회사는 사고의 빈도와 비용을 올바로 판단해야만 수익을 낼 수 있기 때문에, 휴가 중에 사고를 당하거나 사망하거나 계단에서 넘어진 사람들에 대한 방대한 데이터베이스를 활용하여 자동차, 생명, 여행 보험과 같이 잘 알려진 분야에 대한 모델을 개발한다. 이 경우 잠재적인 재정적 비용은 (상대적으로) 크지 않다.

하지만 재해가 발생했을 때는 사정이 달라진다. 1992년 플로리다를 강타한 허리케인 앤드루는 300억 달러에 가까운 피해를 입혔다. 이 때문에 보험회사는 막대한 손실을 입었다. 보험료 산정과 '재보험 (보험회사가 대규모 손실에 대비하여 추가 보험에 가입함으로써 위험을 이전하는 방법)' 협상을 위해 보다 정교한 모델링 접근 방법이 필요하다는 것을 깨닫게 되었다. 이 때문에 재난 모델링 *catastrophe modelling* (종종 cat-modelling이라고 줄여서 부른다)이 개발되었는데, 그 내용인즉 확률 모델을 사용하여 잠재적 재난의 대규모 데이터베이스(각 데이터에는 관련된 영향과 비용이 수반된다)를 시뮬레이션하는 것이다.

시뮬레이션의 주요 결과물은 초과 확률 곡선으로 나타나는데, 이 곡선은 손실이 일련의 가능성 중 특정 값을 초과할 확률을 보여준다. 그러나 불확실성의 일반적 원천을 간과해서는 안 되며, 여기에는 근본적인 물리적 메커니즘에 대한 의구심, 가정에 대한 전문가들의 의견 불일치, 데이터 부실, 모든 모델의 불가피한 한계가 포함된다. 다른 분야와 마찬가지로 결과물을 발표한 때 구두 경고, 민감도 분석(예컨대 여러 개의 초과 확률 곡선 표시), 분석에 추가된 주관적 판단, 복수의 독립 모델을 포함시킬 수 있지만, 재난 모델링은 '신뢰도' 척도가 채택되지 않은 분야 중 하나인 것으로 보인다.

홍수의 경우, 극단값 이론을 사용하여 특정 수준의 연간 위험을 추정할 수 있다. 예컨대 0.1%의 연간 위험은 종종 '1,000년에 한 번'으로 번역되는데, 이를 재현 기간 *return period* 이라고도 하고 해당 기간에 상응하는 방어 체계를 구축할 수 있다. 이는 네덜란드의 많은 홍수 방어 시설에 적용되는 보호 기준이지만, 도시 부근에서는 더욱 엄격한 기준인 '1만 년에 한 번'(연간 0.01%)이 요구된다.[8] 모델에 대한 민감도는 물론 환경이 변화하고 있다는 사실 때문에, 이러한 평가에는 많은 불확실성이 내재되어 있다.[9] 최근 보고서에 따르면, 30년 후 모든 연구 대상 지역의 1/4 이상에서 홍수 발생 확률이 10배로 증가할 것으로 추정된다. 이러한 불확실성은 장벽 높이의 안전 한계 *margin of safety* 를 추가하는 등 사전 예방 조치로 이어질 수 있다.

재현 기간은 낮은 연간 위험을 설명하는 기술적 방법으로 사용될 수 있다. 그러나 '100년에 한 번' 일어난다는 사건이 발생할 경우 사람들은 "다음 사건은 100년 안에 일어나지 않을 것"이라고 가정하고 불과 몇 년 후에 다시 발생하면 불평할 수 있을 테니, 대중을 오도하는 정보를 전달할 우려도 있다. 내 집은 캠강에서 몇 m 떨어진 곳에 있는데, 이 지역은 홍수 위험 지도[10]에 '저위험' 지역으로 표시되어 있다. 저위험은 예전에는 '1,000년에 한 번'과 '100년에 한 번' 사이의 위험으로 설명됐지만, 영국 환경청에서는 이제 재현 기간이라는 개념을 사용하지 않는다. 그래서 내가 거주하는 지역의 홍수 위험은 '연간 0.1%에서 1% 사이'로 번역되어 있다. 이 소식을 들으니 상당히 안심이 된다. 이건 어디까지나 내 생각이다.

직장에서 또는 각종 행사를 계획할 때도 위험 평가를 해야 할 수 있는데, 이럴 경우 많은 조직의 관리자들은 잠재적 위협 목록을 고려하고 그 가능성과 영향을 평가해야 한다. 영국도 예외는 아니다. 영국 국가위험등록부*에서는 영국 또는 해외의 이해관계자가 직면한 가장 심각한 단기 급성 위험을 평가하고, 기후변화 및 인공지능과 같은 만성적인 장기 위협은 별도로 다루고 있다. 2023년에 업그레이드된 등록부[11]는 이전 버전보다 훨씬 더 상세하고 투명하게 작성되었고, '전략적 인질 납치'와 같은 악의적 위험에 처음으로 수치화된 가능성(2년간 0.2~1%의 확률)을 부여했다.

---

* 　이는 (극도로 비공개적인) 국가 보안 위험 평가의 공개 버전이다.

위험은 합리적인 최악의 시나리오로 평가되며, "특정 위험에서 매우 가능성이 낮은 변수를 제외한 후, 가장 그럴듯하게 표현한 최악의 상황"으로 정의된다. 영국 정부의 기준에 따르면 '가능성이 매우 낮음'은 10%에서 20%를 의미하므로, RWCS는 대략 80%에서 90%의 심각도severity에 해당하고, 더 나쁜 일이 발생할 확률은 10%에서 20% 정도에 불과하다는 의미일 수 있다. 그러나 실제로 이 용어는 비공식적으로 사용되는 것으로 보인다. 그렇다면 비상 계획contingency planning은 아무리 비관적이더라도 그럴듯한 추정을 기반으로 해야 한다는 생각에서 비롯된 것으로, "최선을 희망하되, 최악을 염두에 두고 대비하라"는 옛 속담을 구체화한 것이라고 봐야 한다.

그림 12.3은 주요 '위험 행렬risk matrix'의 일부를 재현한 것이다. 다양한 위협의 RWCS에 영향과 가능성 범주가 할당되어 있고, 영향은 5점 척도로 정의할 수 있다.(예컨대 41~200명의 사망자, 또는 81~400명의 사상자, 또는 수억 파운드의 비용이 발생하는 경우 해당 RWCS에 3점의 영향이 부여된다). 가능성 척도는 1단계 상승할 때마다 다섯 배씩 증가하는데, 이는 그래픽에서 각 상자의 너비 증가에 반영되어 비선형 척도에 대한 이해도를 높이는 방식으로 표현된다.[12]

위험의 범위는 상당히 넓지만, 이마저도 그다지 정확하지 않은 두 가지 이유가 있다. 첫 번째, 합리적인 최악의 시나리오의 영향과 가능성을 평가하는 것은 어려운 일인 데다, 증거의 한계, 가정의 신뢰성, 사건 발생에 영향을 미칠 수 있는 외부 요인을 고려할 때 행렬에서의 위치가 유동적이기 때문이다. 예컨대 심각한 우주 기상 현상은 5년 동안 5%에서 25%라는 '상당한' 확률로 발생하고 '중대한' 영향을 미칠 것으로 예상되지만, 영향과 가능성이 인접한 다른 범주로도 분류될 수

영향		1: < 0.2%	2: 0.2~ 1%	3: 1~5%	4: 5~25%	5: > 25%
	5. 재앙적	민간 원자력 사고		국가 전력 시스템 고장	팬데믹	
	4. 중대한	항공기 충돌	저장소와 댐 붕괴		신규 감염병 대규모 발병, 심각한 우주 기상	
	3. 보통	대형 여객선 충돌			화산 분출	
	2. 제한적		전략적 인질 납치	군중 소요		주요 인물 암살
	1. 경미한	지진				

가능성

그림 12.3

2023년 영국 국가위험등록부에 기재된 항목 샘플. 가능성은 평가 기간(악의적 위험의 경우 향후 2년, 비악의적 위험의 경우 향후 5년) 동안 합리적인 최악의 시나리오가 최소 한 번 이상 발생할 확률을 평가한 것이다. '심각한 우주 기상'은 태양에서 나온 하전 입자가 태양풍 때문에 지구 자기장으로 운반될 때 발생하고, 위성 손상, 전파 장애, 정전으로 이어질 수 있다. 예컨대 1859년의 태양 폭풍은 전산 시스템을 마비시켰고 일부 운영자에게 감전 사고를 일으켰다.

있다.

두 번째, 그러므로 단지 극단적인 RWCS에 초점을 맞추기보다는 가능성의 범위가 얼마나 늘어날 수 있는지에 대한 아이디어를 얻는 것이 더 바람직할 수 있다. 코로나19 팬데믹 기간 동안 발생한 문제를 생각해 보라. 이러한 시나리오를 명시적으로 모델링하는 임무를 맡은 모델링 전문가들이 지나치게 비관적이라는 비난을 받지 않았는가! 더욱 가관인 것은, 2009년 신종플루가 유행했을 때 최고 의료 책임자 CMO가 6만 5,000명의 사망자가 발생할 것이라고 발표하자, 모든 언론이 "신종플루로 6만 5,000명이 사망할 수 있다"라고 대대적으로 보도한 것이다. 나중에 밝혀진 바에 따르면 이는 매우 비관적인 낡은 분석에 근거한 것으로, 모델링 전문가와 최고 의료 책임자 모두 이 수치를 '합리적'이라고 생각하지 않았다. 최종 사망자 수는 460명에 불과했다.

이후 의회 조사에서 정부는 "2009년의 팬데믹 경험을 바탕으로 다양한 가능성과 영향의 범위를 강조해야 한다"라는 결론을 내렸지만,[13] 이러한 교훈을 얻는 데는 실패한 것으로 보인다. 아마도 위험은 위험 행렬상에 '범위'로 표시되어 향후 발생할 수 있는 사건의 변동성을 나타내야 할 것이다.

그림 12.3에 본보기로 제시된, 위협을 바라보는 시각은 다소 냉정해 보일 수 있다. 팬데믹은 여전히 가장 가능성이 높은 재앙적 사건으로 간주되며, 주요 인물이 암살될 확률은 향후 2년간 25% 이상이지만 그 영향은 미미하다. 다행히도 지진은 영국에서 심각한 위험으로 간주되지 않고, 영국제도 근처에는 활화산이 없기 때문에 화산이 영국에 제기하는 위협은 무시할 만하다고 생각할 수 있다. 하지만 화산은 여전히 위협이 될 수 있다.

2010년 봄 아이슬란드의 에이야피아들라예퀴들^{Eyjafjallajökull} 화산이 폭발하여, 엄청난 양의 화산재가 유럽 상공으로 남하하는 바람에 항공 여행이 중단되고 승객 1,000만 명의 발이 묶이는 등 큰 혼란이 일어났다. 화산은 2008년의 국가위험등록부에 포함되지 않았고, 영국의 대비책도 마련되어 있지 않았다. 하지만 엔진 제조업체, 항공사, 규제 당국 간의 신속한 협상 덕분에 영국행 비행이 재개될 수 있었다.

에이야피아들라예퀴들 화산의 폭발적^{explosive} 분출 때문에 상당한 경제적 피해가 발생했지만, 폭발이 아니라 (거대한 용암류를 생성하는 완만하지만 지속적인) 유출성 분출로 인한 피해에 비하면 사소한 것이었다. 1783년부터 1784년까지 아이슬란드의 라키 균열^{Laki fissure}이 8개월에 걸쳐 이산화황, 염소, 불소를 쏟아냈을 때 그런 일이 발생했다. 유독성 구름 때문에 아이슬란드 가축의 절반이 죽고 인구의 4분의 1이 사망했다. 그런 다음 하늘이 어두워지고 황산과 기타 산성 물질이 북유럽 전역에 쏟아져 농작물 흉작, 광범위한 기아, 수천 명의 사망자가 발생했다. 이는 1789년 프랑스혁명을 촉발하는 데 일조한 것으로 알려져 있다. 따라서 그 영향은 항공 승객에게 끼친 불편보다 훨씬 더 심각했다.

2010년 화산 분출 이후, 나는 아이슬란드의 유출성 분출에 대한 합리적인 최악의 시나리오를 평가하도록 도와달라는 요청을 받은 팀에서 일하게 되었다. 지질학적 증거에 따르면, 1000년 전인 934년과 1612년에 그보다 덜 심각한 분출이 일어났는데, 이는 수백 년의 재현 기간을 시사하기 때문에 매우 장기적인 관점을 가져야 했다. 이후 2012년의 국가위험등록부에는 영향이 4점이고, 향후 5년간 확률이 200분의 1에서 20분의 1(이것은 2012년의 표기법이고, 연간 확률로 환산하면 0.1~1%)인 화산들이 등장했다. 그림 12.3에 요약된 2023년 국가위험등록부에서 화산 폭발은 영향이 3점이고 향후 5년간 확률이 5%에서 25%인 단일 시나리오로 간주되므로, 라키형 재앙은 별도로 고려되지 않는다. 그런 일이 일어나지 않기를 바랄 뿐이다.

2020년부터 시작된 코로나19 팬데믹을 겪은 지금, 이 시기를 다룬 2017년의 국가위험등록부에 무엇이 적혀 있었는지 되돌아보면 유익한 정보를 얻을 수 있다. 당시에는 인플루엔자 팬데믹에 부여된 영향이 가장 큰 반면, SARS나 MERS와 같은 '신규 감염병'에 부여된 영향은 3점(수천 명이 증상을 경험하고 최대 100명의 사망자가 발생할 수 있다)에 불과했다. 2023년 말까지 영국에서 23만 명이 넘는 사람들의 사망 진단서에 '코로나19'라고 적혀 있었으니, 이는 21세기에 있었던 가장 중대한 과소평가였다. 2017년에 불확실성과 변동성을 좀 더 많이 인정했더라면 유용했을 것이다.

국가나 세계의 장기적인 미래를 고려할 때 불확실성은 더욱 커질 뿐이지만, 영국의 국가위험등록부는 최대 5년 앞을 내다보고 있다. 세계경제포럼은 매년 응답자들이 생각하는 '글로벌 리스크'에 대한 설문조사를 실시하는데,[14] 10년을 기준으로 한 2023년 순위표를 보면 자연 재해, 기후변화, 비자발적 이주, 사회적 결속력 약화, 사이버 범죄, '지경학적 대립geoeconomic confrontation'이 눈에 띈다. 이러한 위험을 가능성과 영향으로 나누려는 시도가 없다 보니 이러한 등급은 단순히 우려를 나타내지만, 이러한 문제들은 사실 복잡하고 서로 연결되어 있다—즉, 쉽게 정의되지 않고 간단한 해결책이 없는 소위 '사악한' 문제다[15]—는 점은 주목할 만하다.

이러한 판단은 문제에 대한 인식을 높이는 데 도움이 될 수 있지만, 그 규모에 대해 큰 확신을 심어주기는 어렵다. 이는 우리를 이 장 내내 고민했던 질문으로 인도한다. 이러한 모든 위험 분석을 정말 믿을 수 있을까?

원자력발전소의 위협에 대한 라스무센의 혁신적인 연구 이후 정량적 위험 분석에 대한 비판이 거세게 일어났다. 주로 다음과 같은 일관된 주제를 중심으로 비판이 이어졌다.

정밀도는 허위이고 정확도는 불확실하다. 런던시티공항으로 가는 비행로 아래에 템즈강을 가로지르는 케이블카를 건설하자는 제안에 대한 민원이 제기되었을 때, 영국 항공교통국은 사고 위험이 '대략' 1,539만 7,000년에 한 번이라고 추정했다. 그러나 가정이나 계산에 오류가 있을 가능성은 이를 훨씬 뛰어넘을 것이므로, 이 정도의 정밀도로 정확하다는 인상을 주는 것은 어림도 없다.* 내일의 축구 경기 결과나 다음 주 날씨에 대한 확률은 일상적으로 확인할 수 있지만, 확률이 낮고 영향이 큰 사건에 대한 미세한 수치는 확인할 수 없다.

범위가 제한되어 있다. 정량적 위험 분석은 이름에 걸맞게, 사건의

---

* 이러한 우려가 있지만 케이블카 여행을 즐기는 데는 지장이 없었다.

발생 확률과 결과의 심각도 모두에 수치를 부여한다. 그러나 이는 하나만 알고 둘은 모르는 것으로, 결과에는 수치화할 수 없는 측면이 많이 있다. 철학자 조너선 울프Jonathan Wolff는 영국 철도 안전 및 표준 위원회와 협력하여, 2005년부터 2020년까지 230억 건의 여행 중 열차 사고로 사망한 승객이 아홉 명에 불과할 정도로 철도 여행은 매우 안전한데 왜 "위험을 더욱 줄여야 한다"라는 여론이 비등한지를 이해하는 데 기여했다. 울프는 단순히 사망자 수를 세는 것은 사망의 원인에 대한 중요한 사회적 태도를 무시하는 처사라는 결론을 내렸다. 즉, 안전 절차가 잘못되어서 '무고한' 사람들이 사망하는 경우, 그러한 사건이 발생했다는 사실에 대한 수치심과 분노, 책임이 있는 것으로 보이는 사람들을 비난하려는 충동을 키운다는 것이다.[16]

불확실성을 인정해야 한다. 모든 모델링 프로세스와 마찬가지로 정량적 위험 분석에는 피할 수 없는 우연적 불확실성, 매개변수, 기본적인 과학적 이해에 대한 인식론적 불확실성, 현실을 나타내는 모델의 전반적인 능력에 대해 한계를 인정하는 태도가 포함되어야 한다.

나는 분석가들이 앞의 세 가지 문제만 인식한다면 정량적 위험 분석이 중요한 역할을 할 수 있을 거라고 믿는다. 그러나 그들은 잘 특성화된 문제에 초점을 맞추는 동시에 검증할 수 없는 수많은 가정에 의존한다. 따라서 개념화 자체가 부적절할 수 있다는 점을 인정하고, 가능한 미래를 나열해야 한다. 나아가 거기에 확률을 부여하는 것조차 만족스럽지 않다고 느낄 때, 이러한 난국을 어떻게 타개할지를 고려하는 것이 중요하다. 다음 장에서 살펴보겠지만, 이는 자연스럽게 우리를 깊은 불확실성deep uncertainty이 가진 신비한 영역으로 인도한다.

요약

- 위험은 다양한 전문적 관점이 존재하는 복잡한 영역이다.
- 정량적 위험 분석은 극단적인 사건에 확률을 부여하고 그 영향을 평가하려고 시도한다.
- '퍼펙트 스톰'과 같은 잠재적인 극단적 사건을 모델링할 때는 두꺼운 꼬리 분포가 중요하다.
- 초과 확률 곡선은 보험사가 잠재적 재난을 모델링할 때 사용되며, F-N 곡선은 극단적인 위험을 비교할 수 있는 방법을 제공한다.
- 위험 행렬은 광범위한 잠재적 위협의 대략적인 가능성과 영향을 표시할 수 있지만, '합리적인 최악의 시나리오'에만 초점을 맞추면 잠재적 미래의 변동성을 무시하게 된다.
- 수치적 위험 분석은 허위 정밀도, 제한된 범위, 불확실성에 대한 불충분한 인식 때문에 비판을 받아왔으며, 우리는 이러한 우려를 심각하게 받아들여야 한다.

13장

깊은 불확실성을 인정해야 한다

호레이쇼, 하늘과 땅에는 우리의 철학에서 꿈꾸는 것보
다 더 많은 것이 있다네.

– 윌리엄 셰익스피어, 《햄릿》 (초판)

역사는 확신에 찬 주장이나 결정이 현실과 모순되는 사례로 가득 차
있다. 토머스 맬서스Thomas Malthus는 1798년 인구 증가가 필연적으로
기근으로 이어질 것이라고 예측했지만, 농업과 산업혁명으로 인한 엄
청난 생산성 향상을 고려하지 않은 것으로 악명이 높다. 2세기 후 그
의 오류는 1968년에 출간된 파울 에를리히Paul Ehrlich의 유명한 저서
《인구 폭탄The Population Bamb》에서 반복되었는데, 이 책은 1970년대에
수억 명이 굶어 죽을 것이라는 말로 시작되었다. 두말할 필요도 없이
이런 일은 일어나지 않았다.

　MV 더비셔호는 예상치 못한 파도의 압력으로 침몰했고, 후쿠시
마 원자력발전소의 방파제는 2011년 3월 14일에 몰아닥친 15m의 쓰
나미가 아닌 5.5m의 파고를 견딜 수 있도록 설계되었다. 잘 알려지지
않은 것은 2012년 북아일랜드에서 시행된 '재생 가능 열 인센티브' 때

문에 벌어진 행정적 재난이다. 재생 에너지를 사용하는 난방 시설을 설치하는 사람들에게 2,500만 파운드의 예상 비용을 지급한다는 정책이 발표되자, 이전에 난방을 하지 않았던 정원 창고와 같은 건물에 난방을 하려는 사람들이 구름처럼 몰려들었다. 그 결과 "재와 돈 맞바꾸기cash for ash"로 알려진 이 제도가 중단되기 전까지 5억 파운드의 국고가 바닥났다. 이 스캔들 때문에 북아일랜드 자치정부가 붕괴되었고, 2024년까지 재건되지 못했다.

이 모든 계획과 아이디어의 창시자들은 아마도 실제로 실현된 결과에 소스라치게 놀랐을 것이다. 우리는 크게 두 가지 종류의 놀라움을 볼 수 있다. 첫 번째, 퍼펙트 스톰은 확률분포의 까마득히 먼 꼬리에서 발생할 수 있는 익숙한 사건의 극단적인 버전을 말하는데, *MV* 더비서호를 강타한 파도 사례가 여기에 속한다. 두 번째, 나심 탈레브Nassim Taleb가 대중화시킨 용어인 블랙 스완[1]은 전혀 생각지도 못했던 완전히 다른 유형의 사건을 말한다. 12장에서 살펴본 국가위험등록부를 기준으로 생각하면, 퍼펙트 스톰의 대표적 사례는 2017년에 영향력이 3점에 불과했던 '신규 감염병'이라고 할 수 있다. 즉, 퍼펙트 스톰이란 국가위험등록부에 기재는 되었으나 영향에 대해 충분히 생각하지 못했던 극단적 사례를 의미한다. 블랙 스완의 대표적 사례는 2010년에 일어난 아이슬란드 화산 분출로, 국가위험등록부에 아예 기재되지도 않았다.

예상치 못한 상황에 대비하려면, 앞의 여러 장에서 살펴본 것처럼 '우리가 상당히 잘 이해하고 있는 영역'을 넘어 가능성을 나열하고 불확실성을 수치화할 수 있는 발상의 진환이 필요하다. 우리가 잘 이해하지 못하는 상황에 직면했을 때, 우리는 확률을 부여하기를 꺼리고 모든 모델을 신뢰하지 못할 수 있다. 앞으로 25년 뒤 인공지능이 인류에게 미칠 영향들을 구체적으로 나열하려고 애쓰는 장면을 생각해 보라. 이전에 듣지도 보지도 못했던 사건을 고려할 때 어떤 충격이 기다리고 있을지 상상조차 할 수 없는데, 이러한 상태를 가리켜 **깊은 불확실성**이라고 한다.

물론 여기에는 사람들이 자신의 무지함을 인정할 줄 아는 통찰력과 겸손함을 지니고 있다는 가정이 전제되지만, 앞의 사례에서 보았듯이 사람들은 착각에 빠져 자신이 명시적 또는 암묵적으로 모든 것을 생각하고 무슨 일이 일어나는 중인지 이해하고 있다고 가정한다. 이러한 오만함을 메타 무지*meta-ignorance* 라고 하는데, 이는 자신이 모른다는 사실을 모른다는 것—도널드 럼즈펠드의 표현을 빌리면 '인지되지 않은 미지의 것'—을 의미하고, 그래서 우리는 예상치 못한 놀라운 일이 발생했을 때 심각한 충격을 받을 수 있다.

불확실성을 인정하는 것은 비난받을 일이 아니지만, 자만한 나머지 불확실성이 잘 수치화되고 모델링되었다고 가정하는 것은 비난받아 마땅하다. 예상치 못한 일이 발생했을 때, 모델을 수정하고는 "이제 모든 것이 정리되었다"라고 방심하는 것도 문제다. 예상치 못한 일이 또 다시 발생할 수 있기 때문이다. 이 책에서 반복해서 강조했듯이, 우리는 모델의 불완전성을 인정할 뿐만 아니라 불충분한 부분을 구체적으로 명시하고 경험을 통해 배우는 것이 바람직하다.

'올바른' 수준의 겸손은 존재하지 않는다. 단지 각 상황에 맞춰 그때그때 적합한 수준을 선택해야 한다. 확신이 지나치면 사건에 휘말릴 위험이 있으므로, 정량화에 집착하여야 보다 더 많은 데이터를 수집하고 분석하는 것보다 더 깊은 불확실성을 검토하는 것이 더 유용할 수 있다.[2] 그러나 무지를 과장할 경우 정량화된 모델의 귀중한 통찰력을 잃을 수 있다. 잘 모른다고 해서 아무것도 모른다는 의미는 아니다. 특히 우리의 지식과 이해를 과소평가하는 것은 지나친 경계로 이어질 수 있는데, 이 주제는 15장에서 다시 다룰 것이다.

만약 진지하게 우리의 무지를 인정하고 싶다면 **존재론적 불확실성**ontological uncertainty이라고 불리는 것을 인정할 수 있다. 이는 우리의 개념화 전체가 부적절할 수 있다는 사실을 인정하는 것으로, 개념화의 잠재적 결과, 중요한 특징, 기본 아이디어, 가정, 사용되는 언어 자체가 모두 의심스럽다는 의미다. 이것은 중요한 단계처럼 보일 수 있지만, 우리가 현실을 직접 경험하지 않고 감각으로만 경험한다는 사실을 인정하면 따라오는 당연한 결과다(감각으로 경험된 현실은 개념·사고·언어로 구조화되어, 궁극적으로 다른 사람들에게 전달된다). 이쯤되면 독자들은 모든 개념이 본질적으로 모델— 즉, 영토가 아닌 지도—이며 현실과 '다를' 수밖에 없다는 것을 알아차렸을 것이다.

따라서 우리는 존재론적 불확실성을 인정하고, 예컨대 영국 중앙은행 팬 차트의 주요 부분에 포함되지 않은 10%를 강조하는 겸손함을 가져야 한다. 물론 (이 장의 시작 부분에 인용된 햄릿의 대사처럼) 말하기는 쉽지만 실천하기는 힘들다. 자신의 틀을 벗어나 생각하기는 어렵기 때문에, 우리가 미리 설정한 아이디어를 면밀히 검토할 수 있도록 다양한 관점을 갖는 것이 매우 중요하다.

잠재적인 결과를 나열하고 그 확률을 평가하는 것이 어려울 때는 어떻게 해야 할까?

우리는 깊은 불확실성 속으로 갑자기 뛰어드는 우를 범하지 말아야 한다. 그 대신 난이도가 점점 더 높아지는 연속적 스펙트럼에서 나아가며, 신중한 판단과 적절한 모델을 통해 가능성이 있는 결과를 명시하고 확률을 평가해야 한다. 그림 13.1은 이 프로세스를 단순화한 것으로, 네 개의 사분면 각각에서 우리가 취할 수 있는 접근 방법을 나타낸다. 우리는 이를 반시계 방향으로 고려해야 한다.

(A)사분면은 발생할 수 있는 상황을 모델링하고 잠재적 사건에 확률을 부여하는 표준 '환원주의적' 접근 방법을 나타낸다. 물론 국가위험등록부에 등재된 위협과 마찬가지로 적절한 정밀도가 수반되어야 하고, 분석의 한계와 그로 인한 불확실성을 인정해야 한다.

(B)사분면에는 사람들이 불확실성을 수치로 나타내기를 꺼리는 상황이 포함되는데, 때로는 잘 정의된 가능성일지라도 남아 있을지 모르는 불확실성도 여기에 해당된다. 경제학자들은 이러한 입장을 뒷받침하려고 지난 세기 전반의 두 권위자를 자주 인용하지만, 나는 그들 모두에게 전혀 동의하지 않는다. 첫 번째, 존 메이너드 케인스는 1937년에 다음과 같이 썼다.

> '불확실한' 지식이란 무엇일까? 단순히 '확실히 알려진 것'과 구별되는 '단지 그럴 가능성이 있는 것'을 의미한다고 생각하면 오산이다. 이런 의미에서 룰렛 게임은 불확실성의 대상이 아니며, 전쟁 채권이 수지맞을 전망도 마찬가지다. 또는 인생에 대한 기대도 약간 불확실할 뿐이다. 날씨조차도 적당히 불확실할 뿐이다. 내가 이 용어를 사용하는 의도는 유럽 전쟁의 전망, 20년 후의 구리 가격과 이자율, 새로운 발명품의 진부화, 1970년 사회

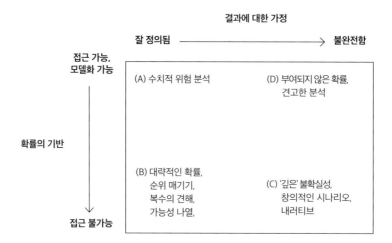

그림 13.1

가정과 평가에 대한 확신이 점점 더 약화되는 상황에서 위험과 불확실성에 대처하는 접근 방법. ※출처: 앤디 스털링(Andy Stirling)의 제안에 근거한다.[3]

시스템에서 개인 자산 소유자의 위치가 불확실하다는 것을 강조하기 위해서이다. 이러한 문제들에 대해 계산 가능한 확률을 얻을 수 있는 과학적 근거는 전혀 없다. 우리는 그저 모를 뿐이다.[4]

내가 주장하고 싶은 것은, 확률이 주관적일 수 있다는 생각이 존중받고 널리 퍼지면서 이러한 시대착오적인 주장이 발붙일 곳이 없게 되었다는 사실이다. 자본주의가 지속된다고 가정하면 20년 후인 1957년에도 구리 가격과 이자율이 형성된다는 것을 케인스가 몰랐을 리 없다. 그렇다면 이것들은 잘 정의된 양이고 결국 관찰 가능할 테고, 케인스도 이를 인정했을 것이다. 그는 확률을 *계산할* 근거가 없다고 말하지만, 그렇다고 해서 확률을 *평가할* 방법이 없는 것은 아니다. 이거야말로 긴 시계열 자료를 활용할 수 있는 슈퍼 예측자가 실력을 발휘할 수 있는 과제다.

두 번째, 경제학자 프랭크 나이트Frank Knight는 1921년 저서《위험과 이윤Risk and Profit》에서 '위험'을 추론(예컨대 주사위나 카드의 대칭성 사용하기)하여 얻거나 과거 데이터를 분석하여 추정할 수 있는 객관적 양으로 간주하고, "측정 가능한 불확실성measurable uncertainty(또는 우리가 사용하는 용어인 위험)은 측정 불가능한 불확실성unmeasurable uncertainty과는 달라도 너무 다르기 때문에 사실상 불확실성이라고 할 수 없다"라고 주장했다. 그의 주장은 계속 이어진다. "올바른 의미의 불확실성이란 불완전한 지식을 다루는 것이며, 객관적으로 측정 가능한 확률이나 기회의 개념을 단순히 적용할 수는 없다."[5] 다시 말하지만, 나이트는 '측정 가능한' 확률이 없는 상황에만 초점을 맞추고 주관적 판단의 사용을 무시한다. 그리하여 '나이트의 불확실성Knightian uncertainty'이라는 안타까운 표현은 '확률분포를 모르는' 상황을 지칭하게 되었지만, 은연중에 확률에 대한 잘못된 개념(우리가 알지 못하는 세상의 객관적 속성)을 심어준다.[6]

따라서 잠재적 결과가 잘 정의되어 있는 (B)사분면에서는 숙련된 확률 평가자의 판단을 이끌어낼 수 있는 기회가 거의 항상 존재한다고 봐야 한다. 물론, 아무리 숙련된 확률 평가자라도 자신의 판단에 대한 확신이 너무 낮은 상황에서는 다른 방법을 채택할 수 있다. 여기에는 다음과 같은 방법이 포함될 수 있다.

- 확률에 대한 범위 허용: 예컨대 2장에서 자세히 살펴본 것처럼, '가능성이 높다'와 같은 용어는 55~75%의 확률에 해당할 수 있다.
- '불확실성 평가표': 과학적 주장에 대한 불확실성을 평가할 때, 유럽식품안전청의 과학 패널은 가능한 한 수치적으로 평가하고 적절한 경우 주관적인 판단을 사용하도록 요청받는다.[7] 그러나 최종 결론에 대한 특정 요인의 영향을 수치화할 수 없다고 판단하는 경우, 전문가는 미미한·중간·강한 정도의 영향을 나타내기 위해 ↑, ↑↑, ↑↑↑이라는 기호를 사용할 수 있다.
- 가능성에 확률을 명시적으로 부여하지 않고, 인지된 가능성 perceived likelihood의 관점에서 단순히 순위를 매긴다.
- 가능성을 나열하는 것으로 갈음한다.

또한 '미지의 확률'에 대한 완전히 새로운 형식주의(즉, 부정확한 확률을 구간, '신뢰 함수belief function', '가능성 미적분possibility calculus' 등으로 명시하는 방법)를 개발하려는 시도가 많이 있었지만,[8] 복잡성과 그로 인한 광범위한 결론 때문에 거의 채택되지 않았다.

(C)사분면에는 가장 까다로운 상황이 포함되며, 위험 평가자가 "잠재적 결과를 구체화하거나 불확실성을 수치로 표현하는 것은 만족스럽지 않다"라고 인정하는 경우에 해당한다. 이 장의 주제인 깊은 불확실성을 이보다 더 합리적으로 설명할 수는 없을 것이다. 경제학자 존 케이John Kay와 머빈 킹Mervyn King이[9] 갈파한 것처럼 깊은 불확실성이란 표준화된 수치적 방법으로 처리할 수 있는 퍼즐이 아니라 모호함과 불확실성, 잠재적 놀라움으로 가득 찬 미스터리이기 때문이다.*

우리는 이런 사건에 놀라지 않기 위해 많이 노력한다. 이를 때때로 '탈암흑화de-blackening'라고도 한다.[10] 간단하게 들리겠지만, 일어날 수 있는 모든 끔찍한 상황을 상상하고 그에 대비하면 깜짝 놀라지 않을 수 있다. 많은 조직에서는 미래에 일어날 수 있는 시나리오를 계획하기 위해서 다양한 기법을 개발해 왔다. 예컨대 '직관적 논리'는 인과관계를 따라 앞으로 나아가는 반면, '역방향 논리'는 원치 않는 종착점에서 시작하여 일어날 수 있는 모든 방법을 고려하여 정반대 방향으로 거슬러 올라간다.[11]

---

* 케이와 킹은 근본적 불확실성(*radical uncertainty*)이라는 용어를 선호한다. 이들은 이것을 안정적(또는 '고정적') 확률분포를 사용하여 처리할 수 있는 해결 가능한 불확실성(*resolvable uncertainty*)과 구별하고, 시간이 지날수록 변화하므로 적절한 이해와 모델링이 불가능한 분포에서 발생한다고 주장한다.

그러나 이 모든 것은 상상력과 열린 마음을 요구하고, 두 가지 중요한 문제를 제기한다. 첫 번째, 북아일랜드의 난방 정책에서 벌어진 혼란이 대중의 이기심에 따라 주도되고 사회적 행동이 코로나19 팬데믹의 진로를 바꾼 것처럼, 시나리오를 작성할 때는 새로운 상황에 대한 사람들의 '반사적' 대응을 신중하게 고려해야 한다는 것이다. 그리고 시나리오에는 가능한 미래의 모든 측면, 특히 누가 영향을 받고 어떻게 대응할 수 있는지가 고려되어야 한다.

두 번째, 다양한 출처에 기반하여 가능한 미래를 폭넓게 상상해야 한다. 그리하여 다양한 관점이 기존의 가정들에 도전하고 사각지대를 파악하며 (조직 내의 잠재적·부정적 측면인) 집단 사고를 방지할 수 있도록 해야 한다. 기본적인 전략은 '레드팀'*을 투입하여 공격적이고 비관적인 관점을 취하게 하는 것이다. 오사마 빈 라덴이 아보타바드 단지에 기거할 가능성을 평가할 때처럼 말이다. 잠재적인 블랙 스완을 상상할 수 없는 사람들에게 가능성 또는 위험을 인식시키려면 훨씬 더 많이 노력해야 할 수도 있다.

이와 관련하여 IPCC는 2100년까지 사회 발전에 따른 다양한 기후변화 시나리오를 탐구했다.[12] 예컨대 'B1 시나리오'는 경제적·사회적·환경적 지속 가능성에 대한 기술적 솔루션이 있는 세계를 상상하는데, 이는 불평등을 개선하지만 기후변화에 대응하기 위한 추가적인 계획은 결여되어 있다. 그리고 이 시나리오에는 확률이 부여되지 않는

---

* 조직 내에서 전략적 취약점을 발견하고 이를 공격하는 역할을 맡은 팀 또는 그러한 팀을 구성하는 의사결정 기법을 의미한다. 조직의 의사결정 과정에서 발생할 수 있는 편향을 방지하고, 전략적 결함을 미리 파악하여 보완하는 데 목적을 둔다. – 옮긴이

다. 이러한 시나리오는 다소 무미건조하게 느껴질 수 있는데, 이를 보다 생생한 내러티브로 바꿀 수 있다면 사람들이 이야기에 감정적으로 몰입하여 더 많은 통찰을 얻을 수 있을 것이다. 흥미로운 혁신 중 하나는 영국 국방부MoD가 SF 작가들을 후원하여 미래에 일어날 수 있는 사건을 다룬 '내일의 이야기' 시리즈를 제작한 것이다.[13] 이 시리즈에서 (꽤 괜찮은) 단편소설 중 하나인 《침묵의 하늘Silent Skies》에는 모의 뉴스 보도가 묘사되어 있는데, 그 내용은 이렇다. 2040년 런던에서 대규모 드론 공격이 발생하는데, 엄청난 양의 상업용 드론 트래픽에 가려지는 바람에 드론 방어 메커니즘에 탐지되지 않는다. 그리하여 총리의 연설을 듣던 군중 중 300명 이상이 사망하는 참사가 일어난다. 그 여파로, 상업적으로 운영되던 '수도권 공역 관리Metropolitan Airspace Management'가 국방부에 인수된다.*

우리 모두는 자신만의 이야기를 가지고 있다. 케이와 킹은 우리에게 미래에 어떤 일이 일어나길 원하고 예상하는지를 요약하는 참조 내러티브reference narrative를 가져야 한다고 제안한다. 여기서 '위험'은 이 개인적인 이야기를 방해할 수 있는 모든 것을 의미한다. 그들의 주장은 그럴듯하게 들린다. (만약 독자들이 나와 같다면) 일반적으로 잘 생각하지 않는 우리 자신의 참조 내러티브를 탐색하는 것은 흥미로운 연습이 될 것이다. 물론 이러한 (큰 틀에서) 포괄적 내러티브overaching narrative

---

* 놀랍게도, 이런 참사가 일어난 이유는 런던의 드론 방어 메커니즘이 '테러용 드론'과 '단순한 소포 배달용 드론'을 구별하지 못했기 때문이다. 작가가 국방부에 보낸 메시지는 간단하다. 다가올 드론 방어 시스템이 이 둘을 제대로 구별을 할 수 있도록 하라! 이 소설에는 "표현된 사건, 진술, 견해는 현실과 유사한 허구이며, 국방부의 확정적이거나 지시적인 견해 또는 보증으로 간주되어서는 안 됩니다"라는 합리적인 면책 조항이 포함되어 있다.

가 너무나 압도적이면 유연한 사고를 방해할 수 있다. 2장에서 언급한 여우와 고슴도치를 기억하라.

상세한 확률을 평가하려고 노력하는 것보다는 우리의 참조 내러티브를 방해할 수 있는 중요한 위험을 알아차리는 것이 더 유용하다고 케이와 킹은 주장한다. 이러한 위험이 우리의 참조 내러티브를 방해할 수 있기 때문이다. 그러나 깊은 불확실성이 모델의 가치를 무효화하는 것은 아니다. (C)사분면에서도 모델은 그 나름의 유용성을 지니고 있다. 모델을 현실을 나타내는 것으로 너무 심각하게 받아들이지만 않는다면, 모델은 가능한 미래의 중요한 개별 측면들과 개입의 가능한 효과들을 탐색하는 데 사용될 수 있다. 단, 어떤 시나리오 하나를 잘 모델링하는 것보다는 모든 시나리오를 탐색하는 것이 더 중요하다. 코로나19 팬데믹 당시 예측할 수 없는 인간의 행동 때문에 상세한 예측이 상당히 무의미해졌지만, 여러 모델 덕분에 바이러스에 대한 조치들이 미치는 광범위한 잠재적 영향을 판단할 수 있는 기반이 마련되었던 것처럼 말이다.

마지막 (D)사분면은 잠재적으로 가능한 결과를 구체화하는 데 문제가 있지만 기꺼이 확률을 부여할 수 있는 상황을 나타내므로 흥미롭다. 이는 언뜻 보면 모순되는 것처럼 보일 수 있지만, 목록에 없는 모든 것을 한데 묶어 '기타(그 밖의 모든 것)'라고 부르고 확률을 부여하는 간단한 트릭에서 비롯된 것이다!

우리는 이미 영국 중앙은행이 발표한 미래 성장에 대한 불확실성을 보여주는 팬 차트(11장 참조)에서 이 방법이 사용된 것을 보았다. 이 차트에서, 아래쪽 꼬리에는 5%의 할당되지 않은 확률이 포함되어 있고

'기타(모델에서 고려되지 않은 내용)'에는 코로나19 팬데믹 기간에 나타난 것과 같은 일종의 급격한 하락precipitous drop이 포함된다. 그리고 7장에서 다룬 베이지안 틀 내에서, 크롬웰의 법칙은 '기타'에 낮은 확률을 부여할 경우 예상치 못한 사건을 관찰한 후 자연스럽게 우리의 믿음이 그럴 수도 있다는 쪽으로 조정되는 자동화된 학습 과정으로 이어진다는 것을 보여주었다.

어쩌면 우리는 항상 모든 가능성 목록에 '위의 어느 것도 아님'을 포함시키고, 거기에 확률을 부여할 준비를 해야 할지도 모른다.

◆

조직이 심각한 불확실성에 직면해 있다는 사실을 인식하면, 예상치 못한 상황에 대비하고 어떤 일이 닥쳐도 탄력적으로 대응할 수 있도록 노력해야 한다. 그와 동시에 새롭고 예상치 못한 경험을 활용할 수 있어야 하고, 너무 조심스러워 행동에 나서지 못할 정도로 불안해 하지 말아야 한다.

이러한 생각은 개인에게도 적용되는 것 같다. 이 책은 자기계발서는 아니지만, 우리 자신의 깊은 불확실성을 인정하고 열린 마음을 유지하는 것이 살아가는 데 도움이 될 수 있다.

요약

- 예상치 못한 상황에 당황하지 않기 위해, 우리는 더 깊은 불확실성을 인정해야 한다.
- 우리는 가능한 결과를 명시하고 사건에 확률을 부여하는 데 어려움을 겪을 수 있다.
- "확률을 모른다"라고 말하는 것은 말이 되지 않는다. 왜냐하면 모든 확률은 구성물construction이며 주관적인 판단을 내릴 수 있기 때문이다.
- 시나리오를 작성하는 것은 유용하지만, 이를 위해서는 상상력 넘치는 다양한 관점이 필요하다.
- 완벽하게 구성된 내러티브는 사람들의 관심을 끌 수 있지만, 특정 참조 내러티브에 집착하면 '고슴도치처럼' 적응을 꺼리는 행동으로 이어질 수 있다.
- '그 밖의 모든 것'에 확률을 부여하면 모든 결과를 미리 명시할 수 없는 상황을 공식적으로 처리할 수 있다.

14장

정치, 사회, 경제에서
일어날 혼란을 막는 기술

2001년 9월 11일의 비극적인 사건 이후, 이라크 정권의 위험성에 대한 수사적 표현이 늘어났다. 2002년 8월 딕 체니Dick Cheney 미국 부통령은 해외참전전우회 전국대회에서 "간단히 말해서 사담 후세인Saddam Hussein이 대량살상무기를 보유하고 있다는 것은 이제 의심의 여지가 없다"라고 말했고,[1] 미국과 영국 정부의 보고서들은 이라크가 핵 야망을 포함한 대량살상무기 개발 프로그램을 보유하고 있다는 확신에 찬 주장과 함께 '군사적 긴장 고조'의 근거를 제시했다.[2]

2003년 3월 미국이 주도한 연합군이 이라크를 침공했을 때 이러한 주장은 거짓이라는 것이 밝혀졌고, 실제 대량살상무기는 물론 핵 프로그램 재개를 위한 노력도 발견되지 않았다. 2004년 영국의 한 검토 위원회는, 원래 비공개 정보평가서intelligence assessment에 수록돼 있던 불확실성에 관한 문구가 공개 버전에서는 삭제되었거나 불명확하게 표현되었다는 결론을 내렸다.[3] 미국 상원 특별위원회 조사단은 이라크의 역량을 조사한 정보를 표현한 문구를 비판하는 데 머물지 않고, "정보 커뮤니티는 2002년 10월 국가정보판단서National Intelligence Estimate *의 이면에 깔린 불확실성을 정책 결정자들에게 정확하거나 적절하게 설명하지 않았다"라고 결론지었다.[4] 미국과 영국의 문서 모두에서 불확실성이라는 표현이 누락된 것은 이라크의 명백한 위협을 부각시켜서 전쟁에 대한 여론과 정부 조치에 큰 영향을 미쳤을 수 있다.

이와 반대로 불확실성이 과장된 사례도 많이 있다. 1950년대부터 흡연의 해로움에 대한 증거가 축적되면서 담배 회사들은 불확실성을 조장하고 과학에 대한 신뢰를 약화시키기 위해 치밀하게 준비된 캠페인을 전개했다. 논란의 여지가 있는 주제에 대한 과학적 논의를 모호하게 하려는 사람들에게는 "의심을 퍼뜨리는 장사꾼Merchants of Doubt"이라는 꼬리표가 붙었지만,[5] 의도적으로 무지를 조장하는 것을 일컫는 용어는 다소 눈에 덜 띄는 듯한 느낌의 '아노톨로지agnotology'다.[6] 우리가 목격한 것처럼 이러한 모든 전술은 코로나19와 관련된 과학에 숱한 의문을 던지는 데 사용되고 있고, 소셜 미디어에 편승한 백신 반대론자들은 백신과 관련된 초과 사망excess death **이 많다는 사실에 대해 (쉽게 설명할 수 있음에도 불구하고) "단지 의문을 제기하는 것일 뿐"이라며 의도적으로 불확실성을 조장한다.

---

* 중대하고 시급한 국가 안보 문제가 제기되었을 때, 그와 관련된 정보를 수집, 분석하고 최종적인 정보 판단을 내린 최고 권위의 전략 정보 문서. 국가정보판단서 이외에 국가정보평가서도 있는데, 후자의 중요도는 전자보다 1등급 낮다고 보면 된다. -옮긴이

** 팬데믹이나 대형사고 등이 일어나 통상 예상되는 수준을 넘는 사망자가 나왔을 때 그 늘어난 만큼의 사망자를 가리키는 개념. -옮긴이

불확실성이 의도적으로 축소되거나 과장되는 것은 고의적인 허위 정보disinformation로 간주될 수 있다. 반대로 커뮤니케이션 과정에서 적절한 불확실성이 무의식적으로 간과되는 것은 그릇된 오정보misinformation로 간주될 수 있다. 13장에서 살펴본 것처럼 사람들은 단순히 망상 또는 메타 무지meta-ignorance의 상태에 놓일 수 있다. 즉 자신이 모른다는 사실을 정말 모를 수도 있다. 게다가 자신의 무지함을 모를 수 있는 것은 비단 사람만이 아니다. 16장에서 다시 다루겠지만, AI 챗봇은 극도로 확신하면서 자신의 의견을 표명하지만 명백히 사실이 아닌 주장을 '환각'처럼 만들어낼 수도 있다.

앞에서 설명한 조작(의도적인 축소 및 과장)과 달리, 당신이 커뮤니케이터라고 가정해 보자. 당신은 청중으로 하여금 무슨 일이 일어나고 있는지 이해하고 자신들의 목표와 가치에 맞는 결정을 내릴 수 있도록 돕기 위해 정직하고 성실하게 행동하려고 할 것이다. (하지만 커뮤니케이터인 경우를 제외하면, 우리는 대부분 누군가의 주장을 듣는 입장에 있으며 우리가 듣는 내용을 신뢰할지 여부를 스스로 결정해야 한다.)

신뢰는 매우 중요한 문제이며, 모든 당국은 신뢰받기를 원한다. 나는 조직이 어떻게 하면 신뢰성을 높이고 유지할 수 있는지에 대한 질문을 여러 번 받았다. 하지만 칸트 철학자 오노라 오닐Onora O'Neill이 강조했듯이, 이는 적절한 목표가 아니다. 오히려 조직은 *신뢰성을 입증*하려고 부단히 노력해야 한다.[7] 그러면 청중은 조직을 신뢰하기로 결정할 수 있고 조직은 그만한 자격을 갖추게 될 것이다. 요컨대, 기업의 기풍ethos은 커뮤니케이션 방식에 매우 중요하고, 이때 신뢰성이 가장 중요한 주제가 되어야 한다.

하지만 그러려면 어떻게 해야 할까? 심리학자 바루크 피쇼프Baruch Fischhoff는 위험과 불확실성을 전달하는 '올바른' 방법은 없고, 달성하려는 목표에 따라 달라진다고 말한다. 일단 목표를 정했다면, "불확실성을 전달하기 위해서 청중의 의사결정과 관련된 사실fact을 파악하고, 관련된 불확실성을 특징짓고, 그 크기를 평가하고, 전달할 수 있는 여러 메시지의 형식을 작성한 뒤, 이 모든 일의 성공 여부를 평가해야 한다"라고 말한다.[8] 인간의 다른 기술(예컨대 경청, 육아)이 반성과 지도편달로 나아질 수 있는 것처럼, 커뮤니케이션도 직관에 맡길 것이 아니라 체계적인 분석이 필요하다는 점을 강조하는 것이다. 따라서 이 장에서는 커뮤니케이션의 맥락, 참여자, 목표, 내용에서부터 청중에게 미치는 영향에 이르기까지 커뮤니케이션의 전체 과정을 단계별로 살펴보고 모든 커뮤니케이터가 답할 수 있어야 하는 질문 목록을 제시할 것이다.

만병통치약 같은 커뮤니케이션 방법은 없지만, 개방성과 정직성을 위한 몇 가지 일반적인 원칙은 존재한다. 오노라 오닐은 "지능적 투명성intelligent transparency"이라고 부르는 유용한 목록을 제시했는데, 이에 따르면 커뮤니케이터가 전달하는 정보는 다음과 같아야 한다.

- 청중이 접근할accessible 수 있어야 한다. 디지털 시대에서 정보는 상당히 간단해야 한다.
- 가능한 한 많은 사람이 이해할intelligible 수 있어야 한다. 그들이 이해하는 게 가능한지 확인하려면 테스트가 필요하다.
- 청중이 가진 문제에 도움이 되는useful 답변이어야 한다. 이를 위해 청중의 우려는 주의 깊게 들어야 한다.

- 사람들이 원하면 커뮤니케이터의 작업을 평가할^{assessable} 수 있어야 한다. 그런 평가를 하려면 그들에게 충분한 기술이 필요하다.

마지막 요점은 간과하기 쉽지만 매우 중요하다. 사람들 대부분은 커뮤니케이터의 추론을 신뢰할 수 있지만, 일부 전문가가 그 추론을 자세히 들여다보고 싶어 한다면 커뮤니케이터의 작업은 재구성될 수 있어야 한다. 이는 '계층화된^{layered}' 커뮤니케이션을 의미하는데, 원하는 사람들에게 더 자세한 정보를 제공하는 방식이다.

신뢰할 수 있는 커뮤니케이션은 매우 중요하고, 신뢰성의 필수 요소는 주장에 내포된 적절한 불확실성을 전달하는 것이다. 이를 위해서는 겸손함과 (커뮤니케이터의 목표와 동기에 대한) 통찰력, 이른바 비판적 자기성찰^{critical self-reflexivity}이 필요하다. 이러한 특성의 진가는 우리가 풀어야 할 질문을 해결해 나가면서 차츰 드러날 것이다.

커뮤니케이션의 맥락은 무엇인가?

커뮤니케이션은 다양한 맥락—경제 데이터를 발표하거나 과학 연구에서 결론을 도출하는 것과 같이 일상적인 상황, 암 진단을 처음 받은 환자에게 정보를 제공하거나 발암물질의 위험을 설명하는 것과 같이 *감정이 고조된* 상황, 재난이 임박(예컨대 허리케인 예보)하거나 진행 중(예컨대 팬데믹)인 경우와 같은 *위기* 상황—에서 이루어질 수 있다.

위기 상황에서 당국은 대중과 어떻게 소통해야 할까?

위기는 당연히 많은 주목을 받고, 그로 인해 우리가 해결해야 할 여러 중요한 문제를 설명하는 데 도움을 준다. 우리는 이미 철도 및 기타 여러 사고에 대한 대중의 반응이 (책임을 묻고 싶은) 충동과 (그러한 사건이 우리 사회에서 일어날 수 있다는) 수치심으로 설명될 수 있다는 것을 알았다. 위기 상황에서 커뮤니케이터가 청중의 감정에 진정으로 공감하는 것은 필수다. 동물학자 존 크렙스John Krebs는 2000년대 영국 식품표준청장으로 재직하던 시절 우유의 다이옥신과 소해면상뇌증(일명 '광우병') 문제 등 수많은 위기에 직면했다. 그는 대중과 소통할 때 다음과 같은 5단계 전략을 채택했다.[9]

1. 우리가 현재 아는 것(지식)은 무엇인지 설명한다.
2. 우리가 모르는 것(불확실성)은 무엇인지 설명한다.
3. 모르는 것을 알아내기 위해 정부 당국이 하고 있는 것(계획)은 무엇인지 설명한다.
4. 모든 것이 밝혀질 때까지 사람들이 안전을 위해 할 수 있는 것(자기 효능감self-efficacy)은 무엇인지 설명한다.
5. 마지막으로, 이러한 조언은 시간이 지나며 바뀔 수 있다(유연성과 임시성)고 덧붙인다.

예컨대 그는 기자회견에서 BSE가 양에게 퍼졌는지 여부는 알 수 없다고 인정했지만, 진단 테스트를 개발 중이라고 말했다. 그리고 그 동안 양고기 섭취를 중단하라고 조언하지는 않겠지만, 만약 걱정이 된다면 식단을 바꾸라고 말했다. 마지막으로, 추후 변동사항이 생기면 다시 발표하겠다고 덧붙였다. 그 결과 공황 상태는 없었고, 초기의 양고기 소비 감소는 가격이 인하되면서 수요·공급 법칙에 따라 상쇄되었다.

최근 들어 위기의 책임이 누구에게 있는지에 대해 강력하게 확신하는 포퓰리즘 논객들에 익숙해져 있다 보니, 누군가가 대중에게 말하는 것을 들을 때면 존 크렙스의 훌륭한 목록과 대조해 보게 된다. 내 경험에 따르면 정치인들은 불확실성을 인정하는 것(두 번)을 극도로 어려워하고, 조언의 임시성을 인정하는 것(다섯 번)을 더욱 어려워한다. 요컨대 그들은 절대적이고 변함없는 확신을 가지고 말해야 한다고 생각하는 것 같다. 하지만 불확실성을 인정하지 않을 경우 정책을 변경하면 "유턴한다"라는 비난을 받을 수 있고, 따라서 명백히 부적절한 결정에서 헤어나지 못하게 된다. 안타깝게도 우리는 코로나19 팬데믹 기간 동안 이로 인한 부작용을 목격했는데, 당시 사람들은 주요 전염 경로가 무생물 매개물formite이 아닌 비말droplet이라는 것이 분명해진 후에도 여전히 강박적으로 표면을 닦곤 했다.

크렙스의 세 번째 요점, 즉 과학자들이 더 많은 것을 알아내기 위해 무엇을 하고 있는지는 자명해 보이지만, 정치인들은 일반적으로 연구나 실험의 필요성을 인정하기를 꺼리는 것처럼 보인다. 다시 말하지만, 코로나19 팬데믹 상황에서 학교 내 감염에 대처하기 위한 수많은 정책 결정이 최소한의 근거도 없이 내려졌다. 영국에서는 '한 학생이 코로나19 양성 판정을 받은 후의 대안 전략'에 대한 적절한 과학적 연구가 2021년에 실시되었는데, 그 내용인즉 201개 학교를 무작위로 두 그룹에 배정하여 '모든 학교 내 접촉자를 귀가시켜 10일간 격리'하거나 '향후 일주일 동안 매일 검사를 실시하여 음성 판정을 받은 접촉자에게는 등교를 허용'하는 방식의 효과를 비교하는 것이었다.[10] 두 정책 모두 학생과 교직원 모두에서 비슷한 감염률을 보여, 한 학생이 감염된 후 수많은 학생이 불필요하게 격리되었다는 사실이 밝혀졌다.

다음에 위기 상황이 발생하면 크렙스의 전략을 따르고 있는지 확인하라.

청중은 누구인가?

커뮤니케이션의 첫 번째 규칙은 입을 다물고 경청하는 것이다. 청중이 동료, 대중, 정치인, 의사결정권자이든 상관없이 그들의 문화, 요구 사항, 지식, 감정과 불안, 오해, 목표를 이해하는 것이 중요하다. 언어와 이미지는 적절해야 한다. 영국 중앙은행의 팬 차트는 메시지의 접근성을 높이기 위해 어느 정도 노력을 기울인 모범 사례다.

또한 청중의 불확실성의 대상이 커뮤니케이터와 다를 수 있다는 점을 인식하는 것도 중요하다. 관계 당국은 GDP와 같은 특정 수치의 추정치, 구간, 신뢰도에 초점을 맞추지만, 청중은 특정 지역의 경제 상황이나 브렉시트 등의 사건이 미칠 영향에 더 많은 관심을 기울일 수 있다. 다시 말하지만, 이를 이해하려면 청중의 우려 사항을 경청해야만 가능하다.

특정 청중, 즉 정치인이 불확실성을 싫어한다는 것은 삼척동자도 다 아는 사실이다. 추정치의 범위가 제시되면, 린든 존슨Lyndon B. Johnson 대통령은 "방목장range은 소를 위한 거예요. 숫자를 내놓으라고요"라고 말했고, 또 다른 대통령인 해리 트루먼Harry Truman은 "한편으로는 이것On the one hand, this ""다른 한편으로는 저것On the other hand, that "이라고 말하는 참모들에게 질려서 외팔이 경제학자를 데려오라고 요구했다고 한다. 이처럼 불합리하게 확실성을 요구하는 의사결정권자들의 태도는 터무니없고 잠재적으로 위험할 뿐만 아니라, 코로나19 팬데믹 기간 동안 사용된 "우리는 과학을 따르고 있습니다"라는 문구처럼 정치인의 책임을 자문위원에게 전가하는 꼼수로 간주될 수 있다. 나는 의사결정권자에게 그래프를 보여주기 전에 오차 막대를 수정액으로 지웠다는 끔찍한 이야기를 들은 적이 있다.

그러니 모든 정치인의 책상 위 벽에는 통계학자 존 투키John Tukey의 명언이 붙어 있어야 할 것이다. "잘못된 질문은 항상 정확하고, 올바른 질문은 종종 모호하다. 잘못된 질문에 대한 정확한 답변보다는 올바른 질문에 대한 대략적인 답변이 훨씬 더 낫다."[11]

무엇을 전달할 것인가?

당연하게 들릴지 모르지만, 우리는 불확실한 것이 무엇인지, 즉 불확실성의 *대상*을 명확히 해야 한다. 예컨대 어떤 일이 일어날 위험에 대해 이야기할 때, 해당 기간(평생에 걸쳐 일어날지, 내년에 일어날지, 아니면 내일 일어날지)을 명시하지 않으면 아무 의미가 없다. 피임약은 1년을 기준으로 효과를 표시하므로, 피임약의 라벨에 '효능 91%'라고만 표시하고 기간을 누락한다면, 1년 동안 피임약을 복용한 여성 100명 중 약 아홉 명이 임신할 수 있다는 점을 소비자들이 이해하지 못할 수 있다.[12] 미국 기상청에서 발표하는 강수 확률은 '지정된 기간 전체'에 걸친 '예보 지역 전체'의 평균값(전체를 하나로 간주한다)이므로, "강수 확률 20%"라고만 발표한다면, 지역 주민들은 '전체 기간 중 20%'에

서 또는 '전체 지역 중 20%'에서 비가 온다고 오해할 수 있다.[13]

훌륭한 커뮤니케이터는 불확실성의 원천(예컨대 피할 수 없는 예측 불가능성, 제한된 증거, 모델의 의심스러운 가정, 전문가의 의견 불일치 등)에 대해서도 설명한다. 이는 과학적 방법이 점진적으로 발전한다는 것을 말할 수 있는 기회이기도 하다. 코로나19 팬데믹이 시작될 당시에 바이러스는 거의 알려지지 않은 새로운 종류였지만, 신중하게 조사하여 불확실성의 일부가 점차 해소될 수 있었다.

불확실성의 크기는 단어, 숫자 또는 그래픽을 사용하여 표현할 수 있다. 대화의 대부분에서 불확실성을 전달하는 단어가 등장하는데, 예컨대 어떤 사건이 '일어날지도 모른다, 일어날 수 있다, 일어날 것이다, 일어날 가능성이 높다'와 같은 표현이 사용되는가 하면, 아마도나 어쩌면과 같은 부사가 사용되기도 한다. 그러나 2장에서 소개한 피그스만 예에서 알 수 있듯이 이러한 단어들은 모호하고 오해를 불러일으킬 수 있다. 보다 유용한 언어적 대안으로는 미리 범주화하기(예컨대 IPCC의 보고서에서 가능성이 높다는 것은 66% 이상의 확률을 의미한다), 숫자 한정하기(추정치라는 걸 밝히거나, 이를테면 약 30이라고 말하거나, 실제 값은 더 높거나 낮을 수 있다고 덧붙인다), 가능성 목록(예컨대 범죄 용의자 명단) 보고하기, 주장을 하되 틀릴 가능성 인정하기(예컨대 크롬웰의 법칙)가 있다.

단어를 사용하여 불확실성을 표현하는 게 아무것도 안 하는 것보다는 낫지만, 내가 이 책에서 누누이 강조하는 것은 숫자를 사용하여 불확실성과 위험을 표현하는 일이다. 단일 사건에 대한 확률에서 나는 확률을 합의하고 계산할 수 있는 상황(예컨대 게임)이 아니라면 기회라는 단어를 피한다. 하지만 확률이라는 단어는 어색하게 들릴 수 있으므로 '10명 중 두 명 정도' 또는 '약 20%'와 같은 대략적인 빈도 형식을 선호한다. 'X 중 하나' 형식('약 다섯 명 중 한 명')도 인기가 있지만, 비교하는 데 정신적 노력이 필요하므로 여러 가지를 함께 사용하지 않는 것이 좋다. "100명 중 한 명, 1,000명 중 한 명, 10명 중 한 명 중 어느 것이 가장 큰 발병 위험을 나타낼까요?"라는 질문에 미국 응답자의 28%, 독일 응답자의 25%가 오답을 제출했기 때문이다.[14] 이와 마찬가지로 "100년에 한 번 발생할 것으로 예상된다"와 같은 재현 기간은 피하는 것이 가장 좋다. 12장에서 살펴본 것처럼 사람들은 이러한 사건 사이에 100년의 간격을 기대하는 경향이 있기 때문이다.

이와 관련된 현상으로, 100분의 9의 당첨 확률을 제공하는 대회가 10분의 1의 당첨 확률을 제공하는 대회보다 (비논리적으로) 선호되는 비율 편향*ratio bias*이 있다.[15] 따라서 분모는 고정되어 있어야 하고, 예컨대 9/100와 10/100처럼 어느 쪽이 더 나은 선택인지 분명하게 비교할 수 있어야 한다. 극단적인 버전의 비율 편향은 분모가 완전히 무시되는 경우, 즉 분모 무시*denominator neglect*가 일어날 때 발생한다. 예컨대 비극적인 사건 한 건이 발생한 일 때문에 그 사건이 극단적으로 희귀하다는 것이 무시되고 비용이 많이 드는 예방 조치를 요구하는 목소리가 높아지는 경우다.

절대위험과 상대위험

2016년에 "텔레비전 몰아보기는 실제로 당신의 생명을 앗아갈 수 있다"[16]라는 낚시성 헤드라인을 접한 후, 나는 이 놀라운 주장의 근거를 확인해야 할 의무를 느꼈다. 일본의 연구자들이 7만 5,000명 이상을 평균 약 10년 동안 추적 관찰한 결과, 하루 5시간 이상 텔레비전을 시청하는 사람들은 하루 2시간 30분 미만 텔레비전을 시청하는 사람들에 비해 폐색전증(폐에 혈전이 생기는 질환)으로 사망할 위험이 2.5배(95% 신뢰구간: 1.2~5.3배)나 높은 것으로 나타났다.* 다시 말해서 상대위험은 2.5이며, 이것이 바로 놀라운 헤드라인을 탄생시킨 주범이었다. 하지만 **절대위험**absolute risk은 어떨까? 논문에 첨부된 표를 살펴보면,[17] 10만 인년person-year당 5.4건(=8.2-2.8)의 치명적인 폐색전증이 추가로 발생하는 것을 알 수 있는데, 이는 결과가 사실이고 인과관계가 있다 하더라도 누군가가 텔레비전 시청 때문에 치명적인 폐색전증에 걸리려면 약 1만 9,000년(=100,000/5.4) 동안 매일 밤 5시간 이상 텔레비전을 시청해야 한다는 의미다. 따라서 아직 넷플릭스 구독을 취소할 필요는 없는 것 같다.

이 사례는, 절대위험을 살펴보면 '겉보기에 걱정스러운 이야기'들이라도 대안적 관점에서 볼 수 있다는 것을 알려준다. 하지만 상대위험이 커뮤니케이션에서 중요한 역할을 할 때도 있다. 첫 번째는 발생

---

* 논문에 첨부된 표에서, 이 책의 내용과 관련된 부분만 추려내면 다음과 같다.
  (텔레비전 시청에 따른 폐색전증으로 인한 사망의 위험비)

	하루 2.5 시간 미만 텔레비전 시청	하루 5시간 이상 텔레비전 시청
사망 건수/인년	19/678	13/157
10만 인년당 사망	2.8	8.2
다변량 위험비	1.0	2.5 (1.2~5.3)

연령, 성별, 체질량지수, 낭뇨병 병력, 흡연 상태, 인지된 정신적 스트레스, 교육 수준, 걷기 및 스포츠 활동을 감안하여 보정한 수치. 자세한 내용은 https://www.ahajournals.org/doi/10.1161/circulationaha.116.023671를 참고하라. - 옮긴이

가능성은 낮지만 잠재적으로 재앙을 불러올 수 있는 사건과 관련이 있다. 예컨대, 2009년 이탈리아 산악 마을 라퀼라의 주민들은 전문가들에게 "땅이 흔들리지만 지진이 일어날 절대위험은 낮다"라는 말을 들었다. 이는 사실이었고, 그들은 전문가들의 조언에 따라 전통적인 보호 조치(일시적으로 대피하기)를 취하지 않았다. 하지만 며칠 후 역대급 대지진이 일어나 300명이 사망했다.[18] 이탈리아의 지진 과학자 일곱 명은 업무상 과실치사죄로 유죄 판결을 받았는데, 그 이유인즉 "절대위험은 낮지만 상대위험은 정상의 100배 이상이라는 점을 강조하지 않아서 주민들을 지나치게 안심시켰다"라는 것이었다. 나중에 그들의 유죄 판결은 취소되었지만, 판사로부터 위험 정보를 올바로 전달하는 것이 얼마나 중요한지에 대해 냉엄한 경고를 받은 후였다. 재앙의 위험이 작을지라도, 우리 모두는 적은 비용으로 위험을 줄이는 일상적 예방 조치(예컨대 안전벨트 착용하기, 길 건널 때 조심하기)를 취한다.

상대위험이 중요한 두 번째 상황은 절대위험이 크게 달라지는 경우다. 의학적 치료의 효과는 일반적으로 상대적인 측면에서 보고된다. 예컨대, 화이자는 자사의 코로나19 백신이 유증상 질병symptomatic disease의 위험을 95%(95% 신뢰구간: 90~98%) 감소시킨다고 보고했다.[19] 이러한 상대적 혜택은 의약품의 효과를 요약하는 표준 방식이며, 일반적으로 배경 사건의 발생률background event rate *이 어떻든 상당히 일정하게 유지될 것이다. 그러므로 화이자의 주장은 저위험군과 고위험군 모두에서 유효할 것으로 예상할 수 있다. 반면, 의약품의 절대적 혜택은 맥락과 고려되는 기간에 따라 크게 달라진다. 예컨대 다음

---

*   특정 집단에서 자연스럽게 발생하는 사건의 빈도로, 기본 사건율(baseline event rate)이라고도 한다. -옮긴이

에서 살펴볼 것처럼, 백신의 절대적 혜택은 고위험군(예컨대 고령자)에서 바이러스가 맹위를 떨치는 기간에 클 수 있고, 저위험군(예컨대 젊은 사람)이거나 바이러스가 시들해진 기간에는 미미할 수 있다.

결론적으로 말해서, 상대적 혜택은 백신의 효과 여부를 결정하므로 규제 기관의 '백신 승인 여부'에 대해 적절한 척도라고 할 수 있다. 반대로 절대적 혜택은 일반인의 '백신 접종 여부'와 관련이 있다. 왜냐하면 잠재적인 부작용과 상쇄되어야 하기 때문이다. 일례로 천연두 백신은 매우 효과적이지만, (현재로서는) 배경 위험background risk 이 없기 때문에 나라면 굳이 접종하지 않을 것이다.

갑작스러운 사고나 재난으로 인한 작은 급성 위험을 전달하고 비교할 때는 특별한 문제가 있다. 이러한 위험은 그림 12.2의 F-N 차트처럼 1/1,000,000, 1/100,000, 1/10,000 등의 척도상에 배치되는 경우가 많다. 그러나 상대위험 척도상에 동일한 간격으로 배치할 경우 절대위험 차이가 동일하다는 잘못된 인상을 줄 수 있다. 그림 12.3에 표시된 영국 국가위험등록부 그래프에서 척도가 변경된 것은 바로 이 때문이다.

모든 빈도 형식과 마찬가지로 분모가 고정되어 있는 것이 좋다. 표준화 방식 중 하나는 100만 분의 1을 단위로 하는 사망 위험 척도(즉, 특정 행위 또는 원인으로 인한 인구 100만 명당 사망자 수)인데, 마이크로모트micromort* 로 알려져 있다. 이는 그저 일상을 살아갈 때의 위험과 다양한 활동을 할 때 동반되는 위험을 비교할 수 있게 해준다. 물론 이는 대략적인 수치일 뿐이며, 특정 개인의 위험을 평

---

* 'mort'는 죽음을 뜻하는 라틴어에서 온 단어로, 'immortality' 'mortal' 등의 죽음과 관련된 단어를 만드는 데 쓰인다. – 옮긴이

가할 때는 다른 많은 요인을 고려해야 한다. 하지만 표 14.1은 내가 오토바이 애호가가 아닌 이유를 설명하는 데 도움이 된다. 나쁜 습관, 유해한 환경에 노출되는 것, 장기적인 질병은 돌연사의 급성 위험을 초래하지는 않지만, 누적된 만성 위험은 우리의 수명을 단축시킬 수 있다. 우리 각자에게는 연간 사망 위험이 있으므로(그림 11.2), 현재 맥락에서 상대위험은 위험비hazard ratio라고 볼 수 있다. 예컨대, 적색육을 매일 1인분씩 섭취하면 위험비가 1.1(즉, 연간 사망 위험이 10% 증가)이 되며, 이는 기대수명을 약 1년 단축시킬 수 있다.*

원칙적으로 우리가 직면하는 모든 위험에 대한 순위표를 만들 수 있지만, 표 14.1과 같은 비교의 문제점 중 하나는 1장에서 살펴본 것처럼 사람들이 잠재적 위협에 대해 매우 다른 감정적 반응을 보일 수 있다는 것이다. 즉, 즐거운 활동에서 자발적으로 느끼는 위험과 업무 때문에 강요당할 수밖에 없는 위험은 매우 다르다는 것이다. 따라서 맥락(위험과 관련된 감정)을 유지하는 것이 이상적이며, 번개에 맞을 확률이나 주사위를 던졌을 때 6이 연속으로 많이 나올 확률과 같은 획일적인 기준은 일반적으로 도움이 되지 않는다. 그 대신, 지진으로 인한 위험을 전달할 때는 지진에 취약한 지구상의 다른 장소에서 발생하는

---

* 마이크로모트와 비유하자면, 나는 '기대수명 30분 손실'로 정의되는 마이크로라이프(*microlife*)라는 만성 위험 척도를 담당하고 있다. 체중이 5kg 초과하거나 적색육 1인분을 매일 섭취하는 것은 약 1년의 기대수명 손실과 관련이 있는데, 이는 성인 수명의 약 1/50에 해당한다. 따라서 이러한 위험요인 중 하나를 보유하고 있다면, 당신은 24시간의 1/50, 즉 약 30분을 잃어버리는 셈이다. 나는 이를 마이크로라이프라고 부르는데, 그 이유는 30분×1,000,000=57년이기 때문이다. 따라서 이러한 요인에 노출되는 것은 평균적으로 성인 수명의 100만분의 1을 잃는 것과 같다. 하지만 안타깝게도 이 방법은 대중화되지 않았다.

사망 원인	평균 마이크로모트
스카이다이빙 1번	8
스쿠버 다이빙 1번(동호회 회원)	5
하루 동안의 상업적 어획(영국)	3
하루 동안의 채굴 작업(영국)	1
12,000km 기차 여행	1
12,000km 승용차 운전	25
12,000km 오토바이 타기	1,000
매일 직면하는 비자연적 원인(잉글랜드와 웨일즈)	0.8

표 14.1
다양한 활동에 대한 마이크로모트(100만 분의 1을 단위로 하는 사망 위험 척도) 평균치.[20]

위험과 비교해야 한다.

불확실성과 위험을 요약한 숫자를 전달하려고 할 때 기억해야 할 몇 가지 간단한 사항이 있다. 첫째, '98% 생존율'이 '2% 사망률'보다 더 나은 것처럼 들리는데, 이는 숫자의 프레임이 사람들의 감정에 영향을 미칠 수 있다는 사실을 보여준다. 따라서 긍정적 결과와 부정적 결과의 백분율 또는 빈도를 모두 제공하는 것이 가장 좋다. 두 번째, 수량에 대한 불확실성은 전체 확률분포(예컨대 7장에서 살펴본 베이지안 사후 분포), 추정치 및 95% 신뢰구간, 반올림된 숫자나 범위(예컨대 국가 위험등록부)로 표현할 수 있다. 그런데 다시 말하지만, 구간의 프레임을 어떻게 구성하는지가 중요할 수 있다. 2009년 영국의 기후 예측 기관은 기온 상승 가능성에 대한 불확실성 구간을 평가했는데, 최고 추정치는 12℃였다. 그런데 목표 중 하나는 "12℃까지 상승할 수 있다"라는 언론의 자극적 보도를 피하는 것이었으므로, 고심 끝에 "실제 값이 12℃보다 높을 가능성은 매우 낮을 것으로 추정된다"라고 발표했다. 이는 부정적 프레임에서 긍정적 프레임으로 영리하게 전환하여 보도의 톤을 바꾼 대표적 사례다.

그림 14.1은 수량에 대한 불확실성을 시각화할 수 있는 다양한 방법 중 일부를 보여준다. 오차 막대는 예컨대 R의 추정치에 대한 불확실성 구간을 표시하는 데 광범위하게 사용된다(8장 참조). 하지만 문제는 구간 안팎의 값을 뚜렷하게 구분하여, 구간 안의 값은 똑같이 가능성이 높고 구간 밖의 값은 본질적으로 불가능하다는 잘못된 인상을 줄 수 있다는 점이다. 그래서 나는 딱딱한 경계를 피할 수 있는 바이올린 또는 그라데이션 플롯을 선호한다(그라데이션 플롯의 경우 확률에 비례하여 밀도를 잉크로 표현한다). 아이콘 배열은 예컨대 비슷한 100명에게 어

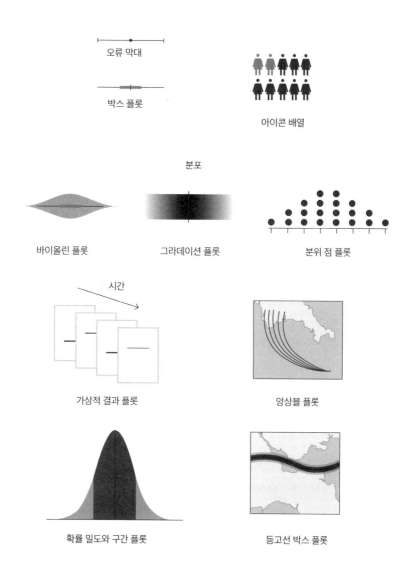

구간과 비율

오류 막대

박스 플롯

아이콘 배열

분포

바이올린 플롯

그라데이션 플롯

분위 점 플롯

시간

가상적 결과 플롯

앙상블 플롯

확률 밀도와 구간 플롯

등고선 박스 플롯

그림 14.1

불확실성을 가시화하는 기법들. ※출처: 파딜라(Padilla), 케이(Kay), 헐먼(Hullman)의 책에서 인용함.[21]

떤 일이 일어날 것으로 예상되는지를 보여주는 인기 있는 방법이지만, 사람 모양의 아이콘은 너무 감정적일 수 있으므로 얼룩으로 대체하는 것이 더 나을 수 있고, 나쁜 결과와 죽음을 나타내는 색상은 너무 눈에 띄지 않아야 하는 것으로 밝혀졌다.*

그림 14.1에는 파딜라와 동료들이 "등고선 박스 플롯"이라고 부르는 것이 포함되어 있는데, 예컨대 이것은 특정 지역을 가로지르는 허리케인의 가능한 경로를 나타낸다. 이것은 음영 처리되어 제한적인 불확실성 구간을 나타내므로 영란은행의 팬 차트와 유사하다. 불확실성이 사람들에게 주는 이미지를 관리할 수 있으면서도, 간단하고 해석 가능한 상태를 유지하기 때문에 내가 가장 선호하는 시각화 방법이지만, 중앙 추정치가 없었으면 더 좋을 뻔했다.

허리케인 경로에 대한 불확실성은 대피 또는 기타 예방 조치를 취할지 여부를 결정할 때 중요한 문제가 될 수 있으므로 이를 시각화하는 방법이 많은 관심을 끌었다. 표준 방법은 허리케인의 경로에 대한 66% 확률 예측 구간인 '불확실성 원뿔'이지만, 오차 막대와 마찬가지로 원뿔 바깥 지역이 '안전하다'라고 사람들에게 암시할 수 있다. 다른 대안으로는 시뮬레이션 경로의 '스파게티 플롯' 또는 보다 구조화된 '앙상블 플롯'(그림 14.1)이 있다. 애니메이션인 '가상적 결과 플롯'은 몬테카를로 시뮬레이션의 실현 가능성을 보여주고 결과의 불확실성과 잠재적 변동성을 생생하게 나타낼 수 있다.

아이러니하게도 시각화는 너무 뛰어나서 탈일 수도 있다. 너무 매력적이고 사실적일 경우, 사람들은 그것이 모델과 판단에 기반한 구성

---

* 원칙적으로 아이콘 개수에 대한 불확실성은 약간의 음영으로 표현할 수 있고, 이 경우 아이콘 100개를 수평 막대처럼 한 줄로 배열하는 것이 더 나을 수 있다.

이 아니라 실제로 진실을 나타낸다고 믿을 수 있기 때문이다. 앞서 살펴본 것처럼 영란은행의 팬 차트는 꼬리 부분에 있는 모델링되지 않은 10%의 더 깊은 불확실성을 제대로 전달하지 못할 수 있다. 따라서 매력적이고 유익한 정보를 제공하면서도 고유한 우연성과 한계를 전달하는 시각화 방법을 개발하는 것이 과제다.

불확실성을 전달할 때 나타나는 효과에는 어떤 것이 있을까?

이것은 방대하고 매우 복잡한 문제다. 청중의 생각과 느낌, 행동에 따라 효과가 달라질 수 있으며 어떤 경우든 사람들은 엄청나게 다양한 방식으로 반응하기 때문이다. 많은 사람이 수치로 표현된 불확실성을 이해하기 어렵다고 느끼는 것은 의심할 여지가 없는데, 그 이유는 일반적인 문제(예컨대 수리력 부족)와 세부적인 문제(예컨대 100만 분의 1과 같은 작은 수치 다루기를 어려워하는 것)로 나누어 생각할 수 있다. 물론 가능성과 같은 용어를 표준화하지 않으면 혼란을 야기할 수 있고, 앞에서 살펴본 것처럼 긍정적이거나 부정적인 프레임이 규모에 대한 이해에 영향을 미칠 수 있다. 또한 불확실성에 대해 감정적으로 반응하는 방식도 사람마다 제각기 다르다. 예컨대 암 발병 위험의 범위를 보여줄 때, 낙관적인 사람들은 범위의 최하단bottom end에 집중하므로 덜 걱정하는 경향이 있다.[22]

증거의 품질에 기반하여 '간접적 불확실성'을 전달할 때 나타나는 효과에 대한 연구는 제한적이다(9장 참조). 실험에 따르면 사람들은 어떤 주장이 저품질 증거에 기반하고 있다는 말을 들었을 때 자신의 신뢰도를 적절히 낮추는 반면, 증거의 품질에 대해 알려주지 않으면 좋은 쪽으로 생각하는 경향이 있다고 한다. 이는 감정적인 형태로 나타나는 신뢰이기도 하지만,[23] 안타깝게도 저품질 증거에 근거하여 허위 주장을 펼치는 사람들에게 악용될 수 있다.

증거에 따르면, 범위를 사용하여 불확실성을 명확하게 표현한다고 해서 일반적으로 메시지 출처에 대한 신뢰도가 떨어지지는 않는다.[24] 듣던 중 반가운 소식이다. 정직하게 불확실성을 인정하는 커뮤니케이터가 외면당하고 호언장담을 일삼는 사기꾼들이 득세한다면, 그보다 불행한 일은 없을 테니 말이다.

신뢰할 만한 커뮤니케이션에서 기대할 수 있는 것은 무엇일까?

나는 이 장의 서두에서 신뢰성을 입증해야 한다고 강조했는데, 어떻게 하면 신뢰성을 입증할 수 있을까? 나는 불확실성을 제대로 전달하려면 지켜야 할 다섯 가지 간단한 원칙을 제안한 그룹의 일원이었다.[25] 신뢰받는 사람이 되고 싶다면 다음과 같은 원칙을 준수해야 한다.

1. *설득하기보다는 정보를 제공하라.* 일반적으로 신뢰할 수 있는 커뮤니케이션의 기본 정신은 커뮤니케이터가 원하는 대로 행동하거나 생각하도록 청중을 조종하는 것이 아니라, 그들이 자신의 가치에 부합하는 결정을 내릴 수 있도록 힘을 실어주는 것이다. 물론 위기 상황에서는 설득이 적절할 수도 있지만 말이다.
2. *균형을 유지하라.* 장점과 단점, 득과 실, 승자와 패자를 모두 다루라. 그러나 구색 맞추기용 균형은 용납되지 않는다. 기후변

화에 대한 논쟁의 모범 답안은 기계적인 50 대 50이 아니다.

3. 불확실성에 대해 솔직하게 설명하라. 이 장에서 설명한 모든 방법(예컨대 구두, 숫자, 그래픽 등)을 활용하라.

4. *증거의 한계를 인정하라.* 9장에서 언급한 간접적 불확실성에 대한 아이디어를 활용하면 증거의 품질과 강도를 명확히 알릴 수 있다.

5. 오해를 사전에 차단하라. 이를 위해서는, 커뮤니케이터가 제시한 증거를 청중과 다른 사람이 잘못 해석하거나 오용하는 메커니즘을 파악하여 선제적으로 대응해야 한다. 예컨대, 영국 통계청 사무총장 에드 험퍼슨Ed Humpherson은 공식 통계 생산자에게 "데이터에서 도출될 수 있는 결론과 도출될 수 없는 결론을 강조하라"고 권고했다.[26]

이러한 원칙은 이제 영국 정부의 RESIST-2(허위 정보 대응 툴킷)의 일부가 되었지만,[27] 이 접근 방법의 효과가 무엇인지 곰곰이 따져봐야 한다. 이 모든 원칙이 회의론과 의심에 부딪힌다면 불행한 일이 될 것이기 때문이다. 그래서 내 동료들은 코로나19 백신이나 원자력에 대한 두 가지 형식('설득하는 식의persuasive' 또는 '균형 잡힌')의 메시지를 1,000명 이상에게 무작위로 보여주는 대규모 연구를 수행했다.[28]

코로나19 백신이나 원자력의 필요성을 이미 인정하고 있는 사람들은 메시지가 달라도 신뢰할 만하다고 생각하는 정도에 차이가 없었다. 그러나 회의적인 사람들은 '설득하는 식의' 형식보다 '균형 잡힌' 메시지가 훨씬 더 신뢰할 만하다고 평가했다. 이는 중요하고 고무적인 결과이며, 정부의 많은 부서에서 사용하는 표준적인 커뮤니케이션 방식

(청중이 무언가를 믿도록 설득하려 노력하는 것)을 재고해야 한다는 의미다. 비설득적인 방식과 비교할 때, 표적 집단의 신뢰를 얻기는커녕 되레 갉아먹고 있으니 말이다. 이는 커뮤니케이션에 종사하는 모든 사람에게 중요한 교훈이 될 수 있다.

◆

2021년 4월, 나는 동료 알렉스 프리먼Alex Freeman, 존 애스턴John Aston과 함께 이러한 아이디어를 실천할 수 있는 기회를 얻었다. 심각한 혈전이 보고되고 백신에 대한 우려가 커지고 있는 가운데, 아스트라제네카 코로나19 백신의 혜택과 위험을 제대로 전달할 수 있도록 도와달라는 요청을 받은 것이다. 우리는 혈전 발생에 대한 데이터를 전송받아, 연령대별로 위험을 일목요연하게 보여주는 부드러운 곡선을 얻었다. 왜냐하면 연령이 백신 접종의 혜택과 위험을 모두 결정하는 중요한 요소이기 때문이다. 그런 다음, 이러한 잠재적 위험을 비슷한 중요성을 지닌 혜택(이 경우에는, 중환자실 입원을 피하게 해주는 것)과 비교했다. 앞에서 강조한 것처럼 백신의 절대적 혜택은 바이러스가 유행하는 정도(맹위를 떨침 vs 시들해짐)에 따라 크게 달라지므로 다양한 시나리오를 준비했다. 그림 14.2는 2021년의 특정 시기에 존재한 '낮은 노출 위험'을 보여준다. 앞에서 설명한 것처럼 분석에서는 상대적 혜택이 아닌 절대적 혜택을 사용했는데, 이는 일반인이 백신 접종 여부를 결정할 때 사용되는 척도가 바로 이것이기 때문이다.

앞에서 설명한 다섯 가지 원칙과 관련해서는 '설득보다는 정보 제공'과 '균형 유지'라는 처음 두 가지 원칙에 주로 초점을 맞췄다. 따라서 백신이 "안전하고 효과적"이라고 말하기보다는 "어떤 상황에서는 일부 사람들에게 접종할 수 있을 만큼 충분히 안전하고 효과적일 수

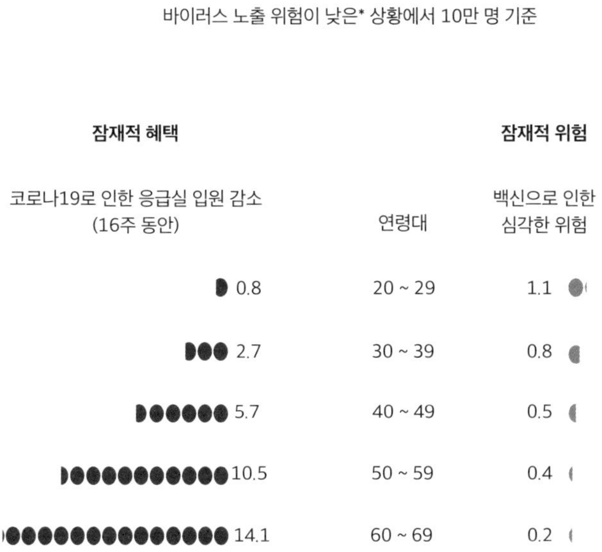

바이러스 노출 위험이 낮은* 상황에서 10만 명 기준

잠재적 혜택		잠재적 위험
코로나19로 인한 응급실 입원 감소 (16주 동안)	연령대	백신으로 인한 심각한 위험
◗ 0.8	20 ~ 29	1.1 ◕◖
◗●● 2.7	30 ~ 39	0.8 ◗
◗●●●●● 5.7	40 ~ 49	0.5 ◖
◗●●●●●●●●● 10.5	50 ~ 59	0.4 ◖
◗●●●●●●●●●●●●● 14.1	60 ~ 69	0.2 ◖

그림 14.2
2021년 4월 7일 BBC 방송에서 사용된 아스트라제네카 코로나19 백신의 주요 혜택과 위험에 대한 추정치. 고령자의 경우 혜택이 잠재적 위험보다 분명히 크지만, 젊은 그룹의 경우 위험과 혜택이 미세하게 균형을 이룬다.
*1만 명당 두 명이라는 코로나19 발병률에 의거함: 2021년 3월의 영국 기준.

있음"을 보여주는 데 중점을 두었다. 불확실성을 플롯에 도입하지 않았는데, 이는 점^{dot}을 흐리게 하는 등 지나치게 복잡하게 할 수 있고 메시지 전달에 도움이 되지 않는다고 판단했기 때문이다. (사람들은 어쨌든 그렇게 받아들이는 경향이 있지만) 증거의 품질은 상당히 양호했고, 나중에 그래픽에 "수치화하지 않은 다른 잠재적 혜택과 위험이 있다"라는 경고 문구를 추가했다. 마지막으로 그래픽 자체에서 오해를 불러일으킬 수 있는 부분을 강조하지 않았는데, (지금에 와서 하는 이야기지만) 그래픽이 오용되지 않은 것을 확인하게 되어 기쁘게 생각한다.

존경받고 신뢰받는 최고의학책임자인 조너선 반탐Jonathan Van-Tam은 이 복잡한 인포그래픽을 대중에게 설명하는 데 상당한 시간을 할애한 후, 30세 미만(나중에 40세로 상향 조정되었다)에게는 더 이상 백신을 권장하지 않는다고 결론을 내렸다. 이는 대중에게 받아들여졌고, 180도 방향 전환을 했다는 비난도 없었으며, 백신에 대한 강한 우려도 제기되지 않았다. 반탐의 견해에 대한 공감대가 광범위하게 확산되었다.

이러한 그래픽은 향후 개인에게 돌아갈 수 있는 대략적인 혜택 또는 위험의 가능성을 전달하는 것으로 간주될 수 있지만, 주로 인구 집단에 적용될 정책의 근거를 설명하는 데 사용되어 왔다. 이는 자연스럽게 중요한 질문으로 이어진다. '백신 접종 여부'를 결정하는 개인이든, '백신 접종 대상자'를 결정하는 정부 기관이든, 불확실한 상황에서 어떻게 결정을 내릴 것인가?

이는 매우 까다로운 문제이며, 의사결정이 이 책의 마지막 주제로 남겨진 이유이기도 하다.

요약

- 불확실성을 명확하게 전달하는 것이 중요하지만 이는 그리 간단하지 않다.

- 신뢰를 얻으려 하기보다는 신뢰성을 보여주려고 노력해야 한다.

- 위기 상황에서는 지침을 제공하되 조언의 불확실성과 임시성을 인정해야 한다.

- 청중의 요구, 신념, 능력을 파악하고 커뮤니케이션을 평가해야 한다.

- 사람들을 오도하지 않도록 지표와 시각화 방법을 신중하게 선택해야 한다.

- 청중마다 천차만별의 수리 능력을 감안하여, 다양한 수준과 형식의 커뮤니케이션을 시도해야 한다.

- 정보를 제공하고, 균형을 유지하고, 불확실성과 증거의 한계를 인정하는 것은 물론 오해를 사전에 방지해야 한다.

- 신뢰할 수 있는 사람이 되면 회의적인 사람들에게 지지를 받을 수 있다는 증거가 존재한다.

- 무미건조하면 신뢰를 얻을 수 없다. 따라서 생생하고 매력적이되, 너무 교묘하지 않게 표현하는 것이 좋다.

- 커뮤니케이터의 역할은 분석이 불확실하다는 것을 요약하는 걸로는 충분하지 않다. 커뮤니케이터는 청중이 어떤 주장의 신뢰성에 대해 적절한 인상을 받을 수 있도록 노력해야 한다.

15장

위험을 관리하고
불확실성과 싸워 이기는 법

인생은 불확실성 속에서 내리는 결정으로 점철된 기나긴 여정이다. 우리는 이러한 결정의 대부분, 예컨대 약속 시간에 맞춰 몇 시에 출발할지, 변덕스러운 날씨에 외출할 때 어떤 옷을 입을지 등을 별다른 생각 없이 내린다. 휴가를 어디로 갈지, 어떤 승용차를 구입할지 등 좀 더 중요한 결정은 잠시 멈추어 조금 더 천천히 생각해야 할 수도 있다. 자녀를 낳을지, 가출하여 서커스단에 들어갈지, 암에 걸렸는데 어떤 치료법을 선택할지 등 정말 중요한 결정을 해야 할 수도 있다.

이론적으로는, 프랭크 램지가 처음 개발한 아이디어(3장 참조)를 사용하여 네 가지 기본 단계를 거쳐 최선의 결정을 내릴 수 있다. 공식적인 메커니즘은 다음과 같다.

1. 가능한 행동과 그 행동의 가능한 결과 목록을 작성한다.

2. 행동이 하나씩 추가될 때마다 가능한 각 결과에 대한 확률을 부여한다.

3. 각각의 가능한 미래에 가치를 매긴다.

4. 기대 이익을 극대화하는 행동을 취한다.

이러한 단계는 '이성적인' 인간 행동이라는 경제 개념의 기초를 형성하고, 호모 에코노미쿠스*Homo economicus* 라는 모습으로 구현된다.

이는 합리적인 구조처럼 들릴 수 있는데, 의사결정 이론가인 레너드 새비지Leonard Savage 가 작은 세계*small world* 라고[1] 부르는 상황—즉, 룰렛 도박과 같은 통제된 상황—에서는 이러한 규칙이 통용될 수 있다. 그러나 현실인 큰 세계large world 는 훨씬 더 복잡한 곳이므로, 깊은 불확실성에 대한 장에서 논의했듯이 가능한 모든 행동, 결과, 확률, 가치를 지정한다는 것은 무리다. 그리고 1단계부터 3단계까지 수행할 수 있다고 하더라도, 의사결정은 기대 이익을 극대화하는 것보다 다소 복잡할 수 있다.

가장 기본적인 예를 생각해 보자. 그림 15.1은 전형적인 도박*standard gamble* 으로 알려진 것의 개요를 보여준다. 본질적으로 '보장된 결과'와 '무작위로 선택한 좋은 결과 또는 나쁜 결과' 사이에는 상충관계trade-off 가 존재한다.

도박을 할 때 기대되는 보상은 p Value(승)+$(1-p)$ Value(패)이므로, Value(확실한 것)>p Value(승)+$(1-p)$ Value(패)라면, 위에 나열된 규칙에 따라 도박을 거부하고 확실한 것을 챙겨야 한다.

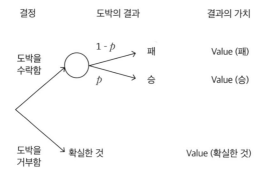

| 결정 | 도박의 결과 | 결과의 가치 |

도박을
수락함

$1 - p$ → 패   Value (패)

p → 승   Value (승)

도박을
거부함 → 확실한 것   Value (확실한 것)

그림 15.1

전형적인 도박이란 도박을 거부하고 Value(확실한 것)를 챙기거나, 도박을 수락하는 것이다. 도박에서 이겨서 Value(승)의 보상을 받을 확률은 p이고, 져서 Value(패)에 상당하는 무언가를 얻을 확률은 $1-p$이다.

동전이 공정한 것을 확인한 후 이것을 던져 앞면이 나오면 1파운드를 받고, 뒷면이 나오면 한 푼도 받지 못한다고 가정해 보자. 이 경우 기대 수익은 $1/2 \times £1 + 1/2 \times £0 = 50p$이므로, 만약 확실한 것의 가치가 50펜스라면 '도박을 할 것인지' 아니면 '확실한 50펜스를 챙길 것인지'에 대해 무차별적이어야 한다. 하지만 당신은 무차별적일까, 아니면 확실한 50펜스를 선호할까?

그런데 판돈이 커진다면 어떨까? 당신이 게임 쇼에 출연하여 이미 5,000파운드의 상금을 받았다고 가정해 보자. 이것을 게임 1이라고 부르기로 한다. 이제 두 가지 선택지가 추가로 주어진다. 당신은 (a) 확실한 1만 파운드를 추가로 받거나 (b)동전을 던져서 앞면이 나오면 2만 파운드를 받고, 뒷면이 나오면 꽝이다. 당신은 확실한 것과 도박 중 어느 쪽을 선택하겠는가? 내 생각에, 많은 사람이 확실한 것을 선택할 것이다. 단, 약간 흥분한 경우는 예외다.

만약 당신이 확실한 1만 파운드를 선택했다면, 두 선택지 모두의 기대 수익이 1만 파운드이지만 도박을 피했다는 점에서 '위험 회피risk aversion' 행동을 보여주는 것이다. 하지만 도박의 상금이 4만 파운드로 증가한 반면 확실한 금액은 1만 파운드에 고정되어 있다면 어떨까? 당신은 생각이 달라질까? 위험 회피에는 한계가 있으며, 어느 시점에서는 아마도 위험을 추구할 것이다.

이와 관련한 한 가지 사고방식은 1738년 다니엘 베르누이Daniel Bernoulli(야코브 베르누이의 또 다른 조카)가 처음 개발했는데 돈의 가치—또는 효용—를 비선형적으로 설정하는 것이다. 즉, 각 화폐 단위의 가치는 금액이 오를수록 감소하고, 처음에 1,000파운드를 얻는 게 1만 9,000파운드에서 2만 파운드로 바뀌는 것보다 더 가치가 있다는 것이다. 이는 확실한 1만 파운드에 부여되는 효용이 2만 파운드에 부여되는 효용의 절반보다 크다는 것을 의미하고, 사람들이 상황에 따라 '비교적 높은 확률의 이익'을 마다하고 위험을 회피하는 이유를 설명해 준다.

이제 게임 쇼의 이야기를 바꿔서 게임 2라고 부르기로 하자. 당신이 이미 2만 5,000파운드의 상금을 받아 주머니 속에 넣었고, 결과가 만족스러워 집에 갈 준비를 하고 있다고 상상해 보자. 그런데 사회자가 마지막 반전을 위해 당신을 불러세운다. 그러고는 "따고 배짱은 용납되지 않으니, (a)확실히 1만 파운드를 반납하거나 (b)동전을 던져서 뒷면이 나오면 2만 파운드를 반납하고, 앞면이 나오면 2만 5,000파운드의 상금을 모두 가져가라"고 말한다. 당신은 어떻게 하겠는가? 많은 사람은 일정 부분 손실을 감수하기보다는 기꺼이 도박을 선택하겠다고 말한다. 이러한 경향을 '위험 추구risk-seeking'라고 하며, 사람들은 상황에 따라 '비교적 높은 확률의 손실'이 생겨도 위험을 추구할 수 있다.

하지만 조금만 분석해 보면 게임 1과 게임 2의 최종 결과는 (a)확실한 1만 5,000파운드와 (b)기댓값 1만 5,000파운드(50 대 50의 확률로 5,000파운드 또는 2만 5,000파운드)라는 점에서 동일하다는 것을 알 수 있다. 그런데 왜, 사람들은 게임 1에서는 위험을 회피하고 게임 2에서는 위험을 추구할까? 이는 불확실할 때의 선택이 외견상 '합리적'인 구조를 따르지 않을 수 있다는 것을 보여준다. 즉, 최종 결과만이 아니라 출발점도 중요하다는 것이다.

낮은 확률을 고려하면 상황은 훨씬 더 복잡해진다. 사람들은 복권의 기대값이 복권 가격보다 훨씬 낮음에도 불구하고 복권을 구입하므로, '낮은 확률의 큰 이익'을 위해 위험을 추구하는 셈이다. 다른 한편으로 우리는 손실의 기대값보다 더 많은 보험료를 내고 보험에 가입하므로(그러지 않으면 보험회사는 파산할 것이다), '낮은 확률의 큰 손실' 때문에 위험을 회피하는 셈이다.

표 15.1에는 심리학자인 대니얼 카너먼과 아모스 트버스키Amos Tversky가 발견한 전형적인 네 가지 패턴[2]이 나오는데, 불확실한 상황에서 '결과와 확률이 알려진 의사결정'에 직면했을 때 나타나는 일반적인 행동 양식을 보여준다.

이러한 관찰 결과에 따라, 카너먼과 트버스키는 불확실한 상황에서의 의사결정을 위한 보다 복잡한 수학적 틀인 전망 이론prospect theory을 고안해 냈다. 그들은 이 이론을 적용해 '손실에 대한 혐오' '낮은 확률에 대한 과도한 가중치' '최종 상태보다는 변화에 맞춰지는 초점'을 설명했다. 전망 이론의 기본 아이디어는 경험적으로 확인되었지만,[3] 카너먼은 여전히 인간의 행동을 완전히 설명할 수 있는 것은 아니며,[4] 공식으로 포착할 수 있는 것보다 훨씬 더 미묘하다고 말했다.

지금까지 우리는 "우리가 모든 확률과 결과를 안다"라고 비현실적으로 가정했다. 하지만 내가 학생들에게 제공하는 다음과 같은 선택지를 고려해 보라. 나는 가방 두 개를 가지고 있다.

- 가방 A에는 빨간색 공 다섯 개와 까만색 공 다섯 개가 들어 있다.
- 가방 B에는 10개의 공이 들어 있는데, 빨간색 공과 까만색 공이 각각 몇 개씩인지는 알 수 없다(빨간색 공은 0개부터 10개 중에서 무작위로 선택되었다).

	낮은 확률	높은 확률
이익	낮은 확률의 이익에도 불구하고 **위험 추구**(예: '요행수'를 바라며 복권을 구입함)	높은 확률의 이익에도 불구하고 **위험 회피**(예: 50 대 50의 확률을 가진 £20,000 상금보다는 확실한 £100,000 상금을 선호함.-숲속에 있는 새 2마리보다는 손 안에 있는 새 1마리 가치가 더 높음)
손실	낮은 확률의 손실에도 불구하고 **위험 회피**(예: 재난 피해를 대비하려고 보험에 가입함)	높은 확률의 손실에도 불구하고 **위험 추구**(예: 확실한 £10,000 반납보다는 50 대 50의 확률을 가진 £20,000 반납을 선호함)

표 15.1
불확실성에 따른 의사결정에서 흔히 나타나는 행동들은 합리적 의사결정의 표준 모델에 부합하지 않는다.

당신은 빨간색 공 또는 까만색 공 중 하나를 선택한 다음, 가방 A 또는 B를 골라 공 한 개를 꺼내야 한다. 꺼낸 공의 색깔이 당신이 선택한 색깔이면 상금을 받는다. 성공 확률이 알려진 가방 A를 선택하겠는가, 아니면 성공 확률이 미지수인 가방 B를 선택하겠는가?

두 가지 색깔이 완전히 대칭을 이루기 때문에, 기대 수익 측면에서 두 선택지는 동일하다. 따라서 어떤 색깔과 가방의 조합을 선택하더라도 다른 조합을 선택하는 것보다 이득이 될 수는 없다. 하지만 사람들은 50 대 50이라는 비율이 알려진 가방 A를 선호하는 경향이 있다. 경제학자이자 활동가인 대니얼 엘스버그Daniel Ellsberg*가 1951년 수행한 선구적인 연구에 근거하여, 확률의 불확실성에 대한 이러한 위험 회피 현상을 모호성 회피ambiguity aversion 라고 한다.[5]

'신뢰'에 대한 논의(9장 참조)를 떠올려보면, 분석가들은 자신의 의견에 큰 영향을 미칠 수 있는 중요한 정보가 누락됐다는 사실을 알고 있을 때 자신의 판단 결과를 확신하지 않는다는 것을 알 수 있다. 빨간색 공과 까만색 공의 비율을 알 수 없는 가방 B를 선택하면 바로 이러한 정보 공백 상황에 놓이게 되므로, 사람들은 이를 회피하고 '확률을 알고 있는 상황', 즉 신뢰도 높은 상황high-confidence situation을 선택하는 것을 선호한다. 우리는 이것을 어떤 변수에도 흔들리지 않는 견고한 전략robust strategy으로 간주할 수 있는데, 그 이유는 나중에 스스로를 탓할 여지를 남기지 않기 때문이다. 또는 비관적 전략으로 간주할 수도

---

* 1971년 대니얼 엘스버그는 베트남전쟁에 대한 미국 정부의 부정직함을 폭로한 펜타곤 문서를 언론에 공개했다. 그 후 닉슨 행정부는 (나중에 워터게이트 침입을 저지른) '백악관 배관공'에게 엘스버그의 정신과 의사를 시켜 그의 수치스러운 정보를 캐내도록 지시하고 엘스버그의 전화를 불법 도청했다. 이 모든 사실은 1973년 엘스버그의 재판에서 드러났고, 그는 간첩, 절도, 공모 혐의에 대해 무죄를 선고받았다.

있는데, 어떤 선택을 하든 최악의 상황이 발생할 것이라고 가정하고 가장 덜 나쁜 결과the least-bad result가 보장된 행동을 취하기 때문이다.

물론 실제 의사결정 대부분에서 우리는 확률이 얼마나 모호한지는 물론 결과가 무엇인지, 그 결과를 어떻게 느낄지 알지 못한다. 심지어 사용 가능한 모든 선택지에 대해 알지 못할 수도 있고, 13장에서 살펴본 것처럼 깊은 불확실성 또한 남아 있다. 어떤 공식적인 이론도 위험과 결과가 모두 제대로 이해되지 않은 '저확률 고영향력 사건low-probability highimpact events'을 다룰 수는 없다. 그리고 결정적으로, 우리는 단 한 번의 돌이킬 수 없는 결정에 바로 직면하는 경우가 거의 없다. 일련의 사소한 판단들이 누적되어, 무엇이 최선의 방법이라는 확신을 갖지 못한 채 경로 하나에만 전념하게 되는 경우가 일반적이기 때문이다. 당신의 삶에서도 이런 일이 얼마든지 일어날 수 있다.

공식적인 이론이 현실에 적용되지 않는다면, 이 모든 불확실성에 직면하여 어떻게 결정을 내려야 할까? 다행히도 네 가지 광범위한 전략이 있는데, 개인이 스스로 내리는 결정은 물론 조직이나 정부를 대신하여 내리는 결정에도 적용할 수 있다. 이것들은 모든 수준의 기술성technicality을 포괄하는 하나의 연속적 스펙트럼상에 존재한다.

> 1. *완전한 분석.* 앞에서 설명한 것처럼 이것은 상당히 통제된 작은 세계, 즉 일련의 도박과 같이 선택지, 확률, 가치가 (적어도 대략적으로) 완전히 정량화될 수 있다고 가정할 수 있는 상황에만 적용 가능할 것이다. 앞의 예에서 알 수 있었듯이, 이처럼 이상적인 결론이 인간의 직관과 항상 일치할 것이라고 기대해

서는 안 된다. 또 다른 (전적으로 비현실적인) 예로, 중증도가 상이한 질병에 걸린 세 그룹 중 한 그룹만 치료하는 데 사용할 수 있는 고정된 금액이 있다고 가정해 보자.

(a) 질병 A에 걸린 그룹: 100명 중 100명이 모두 사망하지만, 치료하면 세 명의 생명을 구할 수 있다.

(b) 질병 B에 걸린 그룹: 100명 중 50명이 사망하지만, 치료하면 세 명의 생명을 구할 수 있다.

(c) 질병 C에 걸린 그룹: 100명 중 세 명이 사망하지만, 치료하면 세 명 모두의 생명을 구할 수 있다.

각 선택지는 구할 수 있는 생명이라는 측면에서 동일한 총 이익을 낸다. 하지만 선택지 (a)는 삶을 포기한 사람들에게 희망을 주고, 선택지 (c)는 때때로 치명적인 질병을 치료했다는 느낌을 줄 수 있다. 위험을 조금만 줄이는 선택지 (b)는 그다지 매력적으로 보이지 않을 수 있다.

2. *반정량적 분석*Semi-quantified. 선택지를 나열하고 확률과 가치를 판단하려고 최선을 다하지만, 그 한계를 충분히 인정하고 우리가 모르는 모든 것에 대해 흔들리지 않는 견고한 전략을 찾는다. 윈턴 위험 및 증거 커뮤니케이션 센터Winton Centre for Risk and Evidence Communication의 위험 및 증거 커뮤니케이션팀은 영국 국민건강서비스에서 의뢰받은 '환자의 의사결정을 위한 보조 자료'를 제작했다. 이때 환자의 회복률과 대안으로 고를 수 있는 선택지의 부작용에 대한 대략적인 추정치를 제시한다.[6] 어떤 결정을 내리도록 안내하는 공식은 없지만, 모든 선택지를 충분히 고려하고 감정을 살피며 환자가 원하는 만큼 신중하거

나 대담한 선택을 하도록 격려하는게 목표다. 보조 자료가 성공적이라는 건, 나중에 어떤 일이 발생해도 환자가 적어도 "결정을 내리는 데 충분한 정보를 얻었다"라고 느낀다는 의미다.

3. 휴리스틱 분석. 비공식적이고 무의식적인 경험 법칙rule of thumb을 사용하여 의사결정에 도달한다. 심리학자 게르트 기거렌처Gerd Gigerenzer는 불확실성에 직면했을 때 많은 의사결정이 신속하게 이루어지면서 여러 가용 정보가 무시된다는 아이디어를 대중화했다. 이를 빠르고 간소한 전략[7]이라고 한다. 예컨대 두 도시 중 어느 도시가 더 크냐는 질문을 받으면 가장 유명한 도시를 선택하면 된다는 식이다. 이런 전략은 일상 생활에서 잘 통할 수 있지만, 실패하는 사례도 비일비재하다.

4. 스토리 기반 분석 또는 가능한 미래 상상하기. 이것은 우리가 일상적으로 하는 분석과 비슷할 수 있다. 대니얼 카너먼은 "아무도 숫자에 기반해 결정을 내린 적이 없다. 그들에게는 단지 이야기가 필요하다"라고 말했다.[8] 우리 스스로 우울한 이야기를 깊이 생각하다보면 자연스럽게 예방적 행동으로 이어져 최악의 상황에도 회복력을 가질 수 있는데 이러한 아이디어는 신념 내러티브 이론Conviction Narrative Theory으로[9] 확장되었다. 이 이론에 따르면, 사람들은 깊은 불확실성 속에서 결정을 내릴 때 주어진 증거에 "적절하다"라고 느껴지는 내러티브에 집중하고, 그 내러티브를 사용하여 가능한 미래를 상상하며, 상상한 미래의 가치를 비수치적으로 판단하여 선택을 내린다. 이것은 우리가 일상에서 하는 일을 상당히 잘 설명할 수 있지만, 나는 감정적으로 추동되는 신념emotionally driven conviction이 심각

한 결정을 내리는 데 적절한 근거라고 확신하지 못한다. 소셜 미디어에서 이러한 사례를 얼마든지 접할 수 있다. 나는 사람들이 천천히 생각하고 가능한 범위에서 평가하도록 장려하는 것이 더 낫다고 생각한다. 물론, 그렇다고 해서 그들의 평가가 옳다고 믿는 것은 아니다.

첫 번째 전략을 세 번째 및 네 번째 전략과 비교하는 책이 많이 나와 있는데, 종종 위험 평가자, 경제학자, 재무 분석가들을 향해 "자신들의 모델을 실제로 믿는 것처럼 보인다"라고 비판한다. 그러나 이는 정량화가 가능한 '위험'과 정량화가 불가능한 '불확실성'을 구분한 프랭크 나이트의 구시대적 구분(13장 참조)에 뿌리를 둔 두 극단 사이의 잘못된 분열로 보인다.

이와는 대조적으로, 나는 이 장의 나머지 부분에서 주로 두 번째 전략, 즉 분석의 불가피한 부적절성을 인식하면서 합리적인 한 최대한 정량화하는 방법을 설명할 것이다. 그리고 수치로 표현하기가 가장 까다로운 것들, 즉 인간에게 위험을 초래하고 비용이 많이 들며 논란의 여지가 있는 정부 정책에서부터 시작할 것이다. 사회 전체에 영향을 미치는 정책의 예상 비용을 합산하는 것은 당연하지만, 정부 개입의 편익을 수치화하는 것은 매우 어렵다. 특히 생명을 구하거나 잃을 수 있는 경우에는 더욱 그렇다.

정책 결정

영국 재무부의 그린북Green Book은 정책 대안을 평가하는 방법에 대한 지침을 준다.[10] 이를 위해 편익에 금전적 가치를 부여하는 비용-편익 분석 cost-benefit analysis 또는 1단위의 편익을 달성하기 위한 비용을 비교하는 비용-효과 분석 cost-effectiveness analysis 을 사용하는데, 두 경우 모두 미래의 비용과 편익은 매년 일정 금액씩 할인된다. 예컨대 도로 개선 가능성을 고려할 때, 예상되는 시간 절약뿐만 아니라 도로 사고의 사상자 감소에도 금전적 가치를 부여할 수 있다. 이를 위해서는 영국 교통부가 매년 개정하는 치명적 사고 예방 가치Value of Preventing a Fatality, VPF가 필요하고, 현재 이 가치는 200만 파운드가 넘는다.

이를 통해 '추가적 안전 조치'가 과연 실행할 만한 가치가 있는지 냉정하게 평가할 수도 있다. 예컨대 1990년대에는 열차 속도를 지속적으로 모니터링하고, 필요한 경우 제어하는 자동 열차 보호 시스템 Automatic Train Protection system이 고려되었지만, 치명적 사고 한 건을 예방할 때마다 900만 파운드에서 1,000만 파운드의 비용이 드는 반면 VPF는 70만 파운드에 불과할 것으로 추정되어 취소되었다.[11] 사회적 우려가 높을 때(예컨대 핵폐기물 처리에 막대한 비용이 소요될 때), 이러한 고려 사항은 인체 건강에 대한 실제 위험과 무관하게 기각될 수 있다.

환경 정책은 교통 정책보다 훨씬 더 복잡하다. 숲, 삼림, 나무가 사회에 제공하는 편익에 가치를 부여하려면 어떻게 해야 할까? 영국 통계청은 '자연 자본 계정Natural Capital Accounts'을 사용해 이러한 작업을 수행하고 있고, 2020년 영국 삼림의 연간 총 가치를 89억 파운드로 추정했다. 이 중 약 절반은 탄소 포집으로 인한 것이지만, 8억 명의 관광 및 휴양객 방문과 관련된 가치가 10억 파운드이고, 건강상 편익과 관련된 가치가 10억 파운드 이상이다.[12] 그러나 오래된 나무가 제공하는 문화적 · 영적 편익의 가치는 현재 금전적으로 평가되지 않고 있다.*

물론 비용과 편익에 대한 이러한 모든 평가는 불확실성으로 가득 차 있고, 그린북은 비용-편익 또는 비용-효과 지표의 결과물에 대해 90%의 신뢰 구간을 요구하고, 가정에 대한 민감도 분석, 결론을 이끌어내는 중요한 요인 식별, 포함되지 않은 비수익성 혜택 등 이 책 전체에서 강조한 종류의 추가적 세부 사항을 권장하고 있다. '기존 방식대로 진행하는 것(현상유지)'은 항상 선택지에 있어야 하고, '낙관적 편향'을 조심스레 허용해야 한다. 일례로 비표준 토목 프로젝트non-standard civil engineering project에 대한 권장 조정은 최대 66%의 비용 초과를 허용하는데, 이는 비용이 '계산된 불확실성 구간'을 훨씬 초과했던 쓰라린 경험을 반영한 것이다. 하지만 대규모 프로젝트에서 정치적 이유로 비용을 의도적으로 축소하는 '전략적 허위 진술'이 순진한 낙관론을 압도하는 경향이 있다는 주장도 제기되고 있다.[13]

인간 존재의 가치는 단순히 수명의 문제만이 아니라 삶의 질과도 관련이 있다. 영국 국립보건임상연구원NICE은 수십 년 동안 국가보건서비스를 위해 비용-효과 분석을 수행하여 '어떤 치료법에 비용을 지불할지'를 결정하는 데 도움을 주었다. 이는 질 보정 수명(삶의 질을 고려한 수명) quality-adjusted life year QALY 을 늘리기 위한 비용 추정을 기반으로 한다. 이를 위해서는 의학적 상태에 값을 할당해야 한다. 예컨대 많은 평가에 사용되는 EuroQol 5D 척도는 '심한 불안 또는 우울증'이 연간 삶의 질annual quality of life을 0.29 감소시키는 것으로 판단하는데, 이는 불안하거나 우울한 1년의 '가치QALY'가 건강한 1년의 가치의 71%

---

* 2023년 9월, 하드리아누스 성벽의 유명한 플라타너스 나무가 고의로 베어졌다. 이로 인해 많은 사람이 고통과 상실감을 느꼈고, 나무의 문화적 중요성이 강조되었다.

에 해당한다는 의미다.[14]

이러한 값은 일반적으로 일반 대중을 대상으로 한 설문조사에 시간 절충법 *time trade-off* 을 사용하여 얻은 결과다. 응답자들은 평균적으로 "완전히 건강한 5년의 가치는 심한 불안이나 우울증을 앓는 7년의 가치와 같다"라고 판단하므로, 이 질병의 효용 가치 utility value 는 5/7 =0.71로 추정된다. 이러한 값은 집단에 대한 영향을 평가할 때는 합리적일 수 있지만, 표준 의사결정 이론의 틀에서 개별 '효용'으로 작용할지는 명확하지 않다. 즉 건강한 삶의 효용을 1로, 사망의 효용을 0으로 가정한다면, 효용이 0.71이라는 것은 이론적으로 "성공하면 건강을 되찾을 수 있지만, 사망률이 29%인 수술"을 기꺼이 받아들일 의향이 있다는 뜻이 된다. 하지만 이것을 당사자가 얼마나 받아들일 수 있을지는 미지수다.

14장에서 인포그래픽(그림 14.2)을 사용하여 어떤 연령대에 아스트라제네카 코로나19 백신 접종을 권장해서는 안 되는지에 대한 정책 결정을 설명하는 방법을 살펴보았다. 그 범위가 제한적이긴 했지만 향후 득과 실의 균형을 명확하게 보여줬다고 생각한다.

하지만 이 분석을 되돌아보면 또 다른 특징이 분명해진다. 피해를 입은 사람들(오른쪽의 옅은 점)과 혜택을 받은 사람들(왼쪽의 짙은 점) 사이에는 질적인 차이가 있는데, 피해를 입은 사람들은 이름과 얼굴을 알 수 있는 식별 가능한 사람들이지만 혜택을 받은 사람들은 '통계적인' 사람들이기 때문에 누가 백신의 혜택을 받았는지 아무도 모른다는 점이다.

소셜 미디어를 사용하는 사람이라면 누구나 알다시피, 아무리 드문

446

부작용이라도 건강한 사람에게 백신을 접종하는 문제는 거센 사회적 반발에 직면할 수 있다. 실제로 아스트라제네카 백신과 다른 코로나19 백신 때문에 피해를 입은 사람들은 (이 글을 쓰는 시점에서) 제조업체를 상대로 법적 소송을 시작했다. 이 문제는 갓길을 추가 차선으로 사용하는 '스마트' 고속도로에서도 발생한다. 교통 흐름이 개선되면 더 많은 사람이 위험한 1급 국도 대신 고속도로를 이용하게 되므로 통계적으로는 많은 생명을 구할 수 있지만, 이는 식별 가능한 일부 사고사라는 대가를 치르게 될 수도 있다.

이는 정책을 결정할 때 *사회적 관심사*를 이해하고 고려하는 일이 중요하다는 것을 보여준다. 통계적 생명과 식별 가능한 생명에 대한 인식에는 큰 차이가 있다. 예컨대 우물에 빠진 어린이처럼 언론의 주목을 받은 특정 개인의 생명을 구하려고 200만 파운드의 VPF보다 훨씬 많은 비용이 지출될 가능성이 높다. 물론 대중의 피해 위험을 줄이기 위한 규제 방안을 개발할 때 사회적 관심은 특히 중요하다.

규제와 위험

우리는 위험에서 보호받기를 원하지만 우리의 자유가 축소되기를 원하지 않는다. 우리는 경제에 피해를 주지 않으면서도 '안전한' 제품과 깨끗하고 지속 가능한 환경을 원한다. 이러한 상반된 요구 사이에서 어떻게 균형을 맞출 수 있을까?

이러한 균형은 상당한 위험 산업이 '조직이나 우리 사회에서 허용되는 것'에 대한 규정과 지침을 개발하면서 성장해 왔다. 이는 위험 분석, 커뮤니케이션 및 관리 프로세스를 포함하는 위험 거버넌스*risk governance* 라는 넓은 범주에 속하고, 각 단계에 대중과 이해관계자가 참여하는 것이 이상적이다. 일부 기관에서는 이러한 역할들을 분리하려고 노력하는데, 이는 이 책에서 살펴본 모든 언어적, 수치적, 그래픽 도구를 사용하여 불확실성을 적절히 전달하는 것이 더욱 중요하다는 의미다.

리스크 분석 전략은 일반적으로 반정량적 분석이 주를 이룬다. 불확실성이 깊어질수록 공식적인 분석의 역할은 줄어들게 된다. 그러나 직장에서 심각한 위험이 발생할 경우, 적어도 하나의 주요 조직은 그들의 판단을 수치로 나타내려고 한다.

직장에서의 사망 위험은 어느 정도까지 허용될 수 있을까?

2001년 영국 안전보건청HSE은 '위험 감소, 사람 보호Reducing risks, Protecting people'—줄여서 $R2P2$라고 부른다—라는 매우 영향력 있는 문서를 발표했다.[15] $R2P2$는 직장 내 건강과 안전에 대한 혁신적인 접근 방법을 채택했는데, 가장 중요한 것은 '안전'을 전혀 언급하지 않고 그 대신 모든 위협을 '허용될 수 있는acceptable 위험'과 '용인될 수 없는intolerable 위험'으로 구분했다는 것이다. 이를 위험 허용성 체계Tolerability of Risk Framework 라고 한다.

그림 15.2는 작업장 사고로 인한 개인 위험을 다루는 HSE의 접근 방법을 보여준다. 매년 직장에서 직원이 사망할 확률이 100만 분의 1이라면 널리 허용될 수 있는 수준으로 간주되는데, 이는 '안전하다'라는 의미가 아니라 '충분히 안전하다'라는 의미다. 그러나 1,000분의 1의 확률은 노동자에게 용인될 수 없는 것으로 간주되고, 일반인

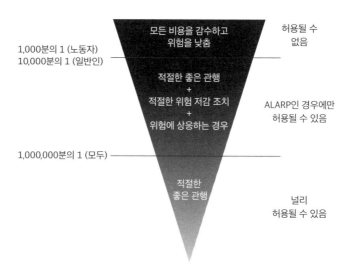

모든 비용을 감수하고
위험을 낮춤

허용될 수
없음

1,000분의 1 (노동자)
10,000분의 1 (일반인)

적절한 좋은 관행
+
적절한 위험 저감 조치
+
위험에 상응하는 경우

ALARP인 경우에만
허용될 수 있음

1,000,000분의 1 (모두)

적절한
좋은 관행

널리
허용될 수 있음

그림 15.2
영국 안전보건청이 선도한 개인 및 직장 내 사고에 대한 위험 허용성 체계.

에게는 1만분의 1의 확률까지도 그렇다. 탄광 광부와 상업용 선원
(표 14.1의 마이크로모트 참조)은 종종 위험한 영역에 투입되는 대표적
인 직업군이다. 작업장의 위험 수준이 '용인될 수 없는 영역'과 '널
리 허용될 수 있는 영역' 사이인 것으로 추정되는 경우, 위험 저감 조
치를 내려 위험이 합리적으로 실행 가능한 낮은 수준As Low As Reasonably
Practicable, ALARP까지 유지되어야만 작업을 허락할 수 있다.

　나는 1974년 플릭스버러의 화학 공장이 폭발했을 때의 충격을 아
직도 생생히 기억한다.[16] 그날 28명의 사망자는 1984년 인도 보팔
의 유니온 카바이드 공장에서 유독가스 연기가 유출되어 2,000명 이
상이 사망하고 수만 명이 부상을 당한 사건에 비하면 왜소한 수준이
다.[17] 하지만 이러한 사건의 영향은 단순히 사상자 수를 집계하는 것
을 넘어서며, 고조된 사회적 우려는 대중의 분노와 정치 및 언론의 격
한 반응으로 귀결된다. 쉽게 측정할 수 있는 것은 아니지만, HSE는
5,000분의 1의 연간 확률로 50명이 사망할 가능성이 있는 산업 시설
은 용인할 수 없지만, 그 100분의 1인 50만분의 1의 확률은 대담하게
도 허용할 수 있다고 말했다. 이러한 제한은 비례적으로 적용될 수 있
으므로, 500분의 1의 연간 확률로 다섯 명이 사망하는 것도 용인될 수
없다.*

　HSE는 가장 많이 노출된 사람들의 개인적 위험과 사회적 위험을
모두 평가해야 한다고 언급하고, "이 두 가지 유형의 위험이 모두 용
납될 수 있고 ALARP인 경우에만 사업자의 의무가 충족된 것으로

---

*　기술적으로, 이는 '널리 허용되는 사회적 위험'과 '용인될 수 없는 사회적 위험'
　의 영역이 F-N 다이어그램상에서 기울기가 -1인 선으로 구분된다는 것을 의미한
　다.(그림 12.2 참조).

간주할 수 있다"라고 강조한다. 앞에서 살펴본 것처럼 저확률 고영향력 사건에 대한 모델은 특히 과도한 정밀도, 제한된 범위, 불확실성 및 오류가 수반되기 때문에, 모델을 구축하는 사람들은 실패 가능성에 대해 무거운 책임의식을 느껴야 한다. 어떤 분석도 "정확하다"라고 주장할 수 없다. 그러므로 언제든지 대체할 수 있는 가정에 따라 도출된 결론이 얼마나 믿을 수 있는지 따져보는 게 필수적이다. 특히 폭발할 수 있는 공장을 운영하는 경우에는 더욱 그렇다.

독성학 및 환경 노출

우리 중 고위험 산업 시설 근처에 사는 사람은 거의 없지만, 우리 모두는 음식을 섭취하고 공기를 마시는 과정에서 피해를 입는 것을 원하지 않는다. 규제 당국은 살충제, 식품 첨가물, 산업 공정에 사용되는 화학물질과 같은 일상적인 위험에 대한 최대 권장 노출량을 설정하는 업무를 담당하고 있다. 이 과정은 정량화되었지만, 본질적으로 예방이 목적이기 때문에 불확실성이 개입될 수밖에 없다.

기본 아이디어는, 일반적으로 종양 발생에 취약하도록 특별히 사육된 생쥐를 대상으로 동물 실험을 수행하여, 부작용이 관찰되지 않거나 과도한 추가 위험을 초래하지 않는 최고 노출량을 결정하는 것이다. 그런 다음 생쥐에게 허용되는 수준을 불확실성 계수Uncertainty Factor, UF로 나누어 평균적인 인간에 대한 노출 한도를 설정한다. '안전 한계margin of safety'라고도 하는 불확실성 계수의 개념은 1950년대로 거슬러 올라가는데, 당시에는 100으로 설정되었다. 즉, 동물에 대한 허용량tolerable dose을 100으로 나누어 인간에게 적용하는 방식이었다. 현재 생쥐에서 일상적인 인간 생활로의 외삽을 처리하는 기본 방법은 '동물에서 인간'으로, '평균적인 인간에서 민감한 인간'으로, '단기 노출에서 장기 노출'로 넘어갈 때마다 별도의 불확실성 계수를 적용하는 것이다. 그 다음 이 계수들을 모두 곱하여 전체적인 안전 한계를 부여하는 것이다. 이는 교량을 건설할 때 적용되는 공학적 안전 계수와 비슷하지만 더 포괄적인 개념이다.

물론 우리가 먹는 음식 때문에 해를 입기를 원하는 사람은 아무도 없지만, 때로는 예방 조치가 지나칠 수도 있다.

불에 탄 토스트는 어느 정도까지 섭취하면 안전할까?

2017년 1월, 영국 식품표준청FSA은 음식을 태우지 않도록 권장하는 Go for Gold 캠페인을 시작했다. 그 이유는 IRCA가 탄 음식에서 생성되는 화학물질인 아크릴아마이드acrylamide를 '예상 발암물질probable carcinogen'로 분류하였기 때문이다(10장 참조). FSA는 아크릴아마이드에 의한 피해나 사람들이 이 조언을 따름으로써 얻을 수 있는 혜택에 대한 추정치를 제공하지 않았지만, 이 캠페인은 "갈색 토스트와 바삭하게 구운 감자는 '잠재적 발암물질'이다"와 같은 헤드라인을 이끌어냈다.[18]

우리 팀*은 FSA에서 이 캠페인에 대한 엠바고 통보를 받았고, 나는 바삭하게 구운 감자를 정말 좋아하기 때문에 잠재적 해악에 대한 증거를 비판해야 한다고 생각했다. 먼저, 우리는 최선의 노력을 다했

---

* 케임브리지에 있는 윈턴 위험 및 증거 커뮤니케이션 센터 소속이다.

지만 아크릴아마이드와 인간의 암 사이의 정량적 연관성이 입증되지 않았고, 10장에서 살펴본 것처럼 IARC는 위험성이 아닌 유해성을 설명하고 있다는 점을 지적했다.[19] 두 번째, 생쥐 실험에서 아크릴아마이드의 기준 용량*은 하루 $170\mu g/kg$(체중)으로 추정됐는데, 이는 이 수준 이하로 노출되면 생쥐에게 측정 가능한 종양의 위험이 증가 measurable increased risk of tumour 하지 않는다고 확신할 수 있다는 의미다.

생쥐의 기준치인 170에 비해, 아크릴아미드를 많이 섭취하는 사람들, 예컨대 탄 토스트를 하루에 1조각 먹는 사람의 섭취량도 $1.1\mu g/kg/day$에 불과하다. 이는 생쥐 기준치의 160분의 1에 불과한 수치로, 다소 안심할 수 있는 수준이며, 아크릴아마이드가 인간의 식단에 미치는 영향을 관찰하기 어려웠던 이유를 설명할 수 있다. 그러나 이러한 위험성은 암과 관련이 있기 때문에, 독성학 위원회는 2단계의 불확실성 계수 100으로 구성된 다소 임의적인 안전 한계를 요구한다. 따라서 사람에게 허용되는 섭취량은 생쥐의 1만분의 1로 설정된다. 즉, 허용 가능한 노출량은 불에 탄 토스트를 다량 섭취하는 성인 섭취량의 약 60분의 1(=0.017/1.1)로, 인체 위험성에 대한 실제 증거가 부족함에도 불구하고 사람들은 매일 엄지손톱만 한 크기의 탄 토스트 조각만 먹어야 한다는 의미다. 이것이 FSA의 캠페인의 근거가 되었으므로 우리는 전혀 동의하지 못했다. 그림 15.3은 이 논쟁에 대한 나의 기여도를 보여준다.

언론이 조롱(이 중 일부는 우리 팀의 개입때문이었다)하는 바람에 Go for Gold 캠페인이 재빨리 취소되었지만, 그 후에도 탄 음식에 대해

---

* 공식적으로, 이 용량은 민감한 쥐의 10%에게 종양을 유발할 수 있는 용량에 대한 신뢰구간의 하한값이다.

그림 15.3
불에 타버린 토스트 160조각. 사람이 매일 먹어도 생쥐에게마저 암을 유발할 위험성이
낮은 양의 아크릴아마이드를 섭취하게 된다. 촬영 장소는 내 주방이고, 토스트는 BBC에
서 제공했다.

454

강박적으로 불안해 하는 사람들의 문의가 빗발쳤다. 더 걱정스러운 것은. 사람들이 이를 또 다른 과학계가 퍼트린 괴담으로 간주하여 '비만의 잠재적 피해'와 같은 정말 중요한 경고를 무시할 수 있다는 점이다.

아크릴아마이드는 커피를 로스팅할 때도 생성되며, 이와 관련하여 2018년 캘리포니아 법원은 커피숍 입구에 '커피와 암과의 연관성'을 경고하는 메시지를 게시해야 한다는 판결을 내리기도 했다. 그 당시 나는 미국 환경보호청 데이터를 사용하여 매일 커피 한 잔을 마시면 평생 암에 걸릴 절대 위험이 0.0003% 증가할 수 있다고 추정했는데, 우리 중 절반 정도가 언젠가는 암 진단을 받게 되므로 50%에 0.0003%를 보태는 것은 그리 중요해 보이지 않는다.[20] 캘리포니아 환경보건위해평가청OEHHA도 나와 비슷한 결론을 내렸고, 2019년에는 커피의 아크릴아마이드 함유량이 발암 위험이 되기에는 너무 낮으므로 경고가 필요하지 않다고 결정했다.[21] 하지만 이 모든 논쟁에서, 커피가 건강에 이롭고 실제로 암 위험을 감소시키는 좋은 증거가 존재한다는 사실은 간과되는 경향이 있었다.[22] 따라서 이 논쟁의 교훈 중 하나는, 특정 위험에 집착하기보다는 모든 활동의 잠재적 위험과 편익을 모두 폭넓게 바라봐야 한다는 것이다.

노출에 대한 허용 한도를 설정하려고 기본적으로 불확실성 계수를 사용하는 것은 다소 조잡해 보인다. 이 절차가 첫눈에 보이는 것만큼 보수적이지는 않다는 주장도 제기되고 있지만,[23] 이를 덜 임의적으로 만들고 인체에 가해지는 실제 위험에 대한 적절한 모델을 구축하려는 노력은 계속되고 있다.[24] 내 생각에 진짜 문제는 '허용될 수 있는' 노출에 대한 문턱값이 하나뿐이라는 것이다. 이는 그보다 높은 것은 '안전하지 않다'라는 인식을 조장하는 것으로, 한마디로 어불성설이다. 따라서 HSE가 도입한 위험 허용성 체계가 문턱값을 두 개(높은 문턱값과 낮은 문턱값)나 갖는다는 것은 큰 의의가 있다. 여기서 높은 문턱값은 반드시 피해야 하는 '용인될 수 없는 위험'을 나타내며, 낮은 문턱값은 널리 허용되는 '피해 가능성'을 나타낸다. 이는 '건강과 안전'이라는 민감한 영역에서 대담하면서도 합리적인 혁신이었다.

사전 예방

공식 기관이 잠재적 위협을 제때 인지하지 못한 사례는 수없이 많다. 예컨대 1900년대 초부터 엑스레이 및 기타 형태의 전리 방사선의 잠재적 위험에 대한 경고가 있었지만 적절한 보호 조치가 취해지기까지 수십 년이 걸렸다. 내가 어렸을 때만 해도, 신발 가게에서 어린이들이 신발을 잘 신었나 확인하려고 엑스레이가 일상적으로 사용되었다. 이와 마찬가지로 석면 작업자의 사망은 1910년 이전에 알려졌고, 수십 년에 걸쳐 석면으로 인한 피해의 증거가 늘어났다. 일부 미흡한 규제가 있었지만 석면 사용이 금지되기까지 거의 100년이 걸렸고, 1999년에는 서유럽에서 약 25만 명이 이후 35년 동안 중피종 mesothelioma으로 사망할 것으로 추정되었다.[25]

과거에 벌어진 이런 실패들 때문에 사회적 위험에 관한 일반적인 사전 예방 원칙precautionary principle을 권고하는 것으로 이어질 수 있었다. 이 원칙에는 여러 가지 버전이 있는데, 특히 강한 버전은 '안전성'이 입증되지 않는 한 어떤 활동도 허용해서는 안 된다는 것이다. 이는 예방적이라기보다는 편집증적인 것처럼 보이지만, 2018년 커피 소매 업체가 연루된 소송에서 캘리포니아 법원이 취한 접근 방법이다. 해당 업체는 자사의 제품이 안전하다는 것을 증명해야 했고, 안전성이 입증될 때까지는 유죄로 간주되었다.

유럽연합이 널리 장려하는 더 약한 사전 예방 원칙은, 결정적인 과학적 증거가 나오지 않았다고 해서 가능한 위험을 수수방관해서는 안 된다는 것이다. 환경에 대한 위협이 커지고 있는 상황에서, 이는 언뜻 보면 매우 합리적인 것처럼 보일 수 있다. 크고 나쁜 늑대가 나타나서 입김을 불 것인지 확실하지 않더라도, 막내 돼지처럼 벽돌로 집을 지어야 한다고 하니 말이다.

하지만 왜 벽돌에서 멈추는 것일까? 그 아기 돼지가 핵 겨울nuclear winter을 견딜 수 있는 은신처를 짓지 않는 이유가 뭘까? '최악의 시나리오에 근거한 과도한 예방'에 반발하는 움직임 때문이었다. 일례로 필립 테틀록은 이렇게 말했다. "누군가의 레이더 화면에 나타나는 모든 위협 후보들candidate threat을 미리 제거하는 데 전력을 기울일 수는 없다. 우리는 우선순위를 정해야 한다."[26]

사전 예방은 의도하지 않은 결과를 초래할 수 있다. 독일은 (체르노빌 사고 이후 강화된) 핵 에너지에 대한 오랜 혐오감을 가지고 있었는데, 후쿠시마 사고 이후 마침내 원자력발전을 단계적으로 폐지했다. 이는 기후변화에 더욱 기여하는 석탄 발전소에 대한 의존도가 높아졌다는 의미다. 후쿠시마 사고가 초래한 '과도한 예방으로 인한 간접적 피해'는 이것뿐만이 아니다. 우리는 이미 일본의 이 원자력발전소가 '쓰나미가 자주 발생한다고 알려진 지역'에 건설되었지만 극심한 파도가 칠 때 적절히 보호받지 못했다는 걸 알고 있다(13장 참조). 그러던 중 2011년 쓰나미가 들이닥쳤고, 냉각 시스템이 고장나는 바람에 방사능 오염 물질이 유출되었다. 그러자 유럽연합의 에너지 위원인 귄터 외팅거Günther Oettinger는 "대재앙apocalypse에 대한 이야기가 나오고 있는데,

이 단어는 특히 잘 선택된 것 같다"라고 언급하면서 국제적으로 큰 관심을 불러일으켰다. 지역 주민 15만 명 이상이 대피했고, 이 사고는 국제 핵 및 방사능 사건 규모International Nuclear and Radiological Event Scale, INES에서 7단계로 분류되었다. 이는 이전에는 체르노빌[27]에서만 기록됐던 최고 등급이다.* 하지만 이것이 과연 위험에 대한 적절한 대응이었을까?

쓰나미 때문에 최소 1만 8,000명이 사망했지만, 후쿠시마 노동자는 한 명도 사망하지 않았다(나중에 방사능으로 인한 치명적인 폐암이 한 건 발생했지만). 그러나 피난 도중 입원 환자와 노인이 50명 이상 사망하고, 이후 1,800여 명이 '재난 관련'으로 분류되는 등 피난 때문에 막대한 사회적·경제적·정신적 피해가 발생했다.[28] 요컨대 방사능 공포 때문에 예방 조치가 과도하게 부추겨졌고, '혜택보다 피해가 훨씬 더 큰' 결과를 낳았다.

그렇다면 불확실성에 직면하여 결정을 내릴 때 우리는 무엇을 할 수 있을까? 나의 개인적인 결론은 앞에서 설명하기도 했던 전략 목록을 작성하여 불확실성을 정량화하려고 노력하되, 이것이 불충분할 때는 겸허히 불확실성을 인정하는 게 최선이라는 것이다. 그리고 어떤 일이 일어날 수 있는지조차 제대로 나열할 수 없는 '더 깊은 존재론적 불확실성'을 점점 더 인정하는 것이다. 그렇게 되면 형식적인 분석 시도에서 벗어나, 상상했던 상황과 그렇지 않은 상황 모두에서 합리적으로 잘 수행될 수 있는 전략으로 나아갈 수 있다.

---

* 이번 사건이 INES에서 가능한 최고 수준을 지정하는 걸 정당화했다는 사실은 핵 피해에 대한 새로운 등급이 필요하다는 것을 시사한다. 어쩌면 11단계까지 올라갈지도 모른다.

더 깊은 불확실성 속에서 의사결정을 내릴 때 고려해야 할 몇 가지 사항은 다음과 같다.

- 복잡성: 상호 연결된 체계적 위험을 직시하라. 먼 곳에서 일어난 사건 때문에 취약한 공급망이 교란될 수 있다.
- 중복성: 최적화에 집착하지 말라. 항상 낭비가 수반될 수 있다.
- 겸손: 모든 것을 생각했다고 생각하지 말라. '전형적인' 극단적 사건은 존재하지 않는다.
- 견고함: 예상한 상황에 적절히 잘 대처하는 것을 목표로 하라.
- 회복탄력성: 어떤 일이 발생하더라도 빠르게 회복할 수 있도록 노력하라.
- 가역성: 잠재적으로 치명적인 손실이 예상되는 경우, 돌이킬 수 없는 길로 가지 않게 하라.
- 적응력: 새로운 문제에 대한 조기 경보 시스템을 갖추고, 상황 변화에 따라 방향을 바꿀 수 있는 민첩성을 갖추어라.
- 개방성: 소통과 협업에 집중하여 다양한 관점을 수용하고, 능동적으로 심사숙고하고, 한 가지 관점에만 집착하는 것을 피하라.
- 균형: 단점에만 초점을 맞추지 말고, 예방 조치로 인한 부작용을 포함하여 모든 개입의 잠재적 위험과 편익을 고려하라.

나의 견해는, 더 깊은 불확실성에 대처하기 위한 이러한 전략은 자연스럽게 (아마도 일시적인) 사전 예방적 접근 방법으로 이어질 수 있지만, 굳이 별도의 원칙을 마련할 필요는 없다는 것이다.

이 목록은 조직과 정부에 적용하기 위한 것이지만, 많은 부분이 우리가 매일 결정해야 하는 일과 관련이 있을 것이다. 모든 의사결정을 세분화하여 결과, 확률, 가치를 평가하는 공식적인 절차를 거칠 수는 없다. 그 대신, 우리는 발생할 수 있는 최악의 상황에서 자신을 보호하는 동시에 도처에서 마주치는 기회를 활용해야 한다. 모험적인 휴가를 떠나되 사전 계획, 신뢰할 수 있는 버팀목, 보험을 챙겨야 한다. 위험을 감수하되 무모함은 금물이다.

요약

- 불확실성에 직면하여 합리적으로 의사결정을 하기 위한 이론적 기반은 선택지, 결과, 가치, 확률에 대해 완전한 명세서를 작성하는 것이다.

- 기대 이익 극대화 원칙은 인간의 행동을 적절하게 설명하지 못한다.

- 확률에 대한 확신이 부족하면 일반적으로 위험 회피로 귀결된다.

- 불확실성이 커질수록 의사결정을 위한 전략은 덜 정량화된다.

- 개인적 의사결정을 내릴 때 상상의 내러티브를 사용할 수는 있지만, 이것이 사회적 의사결정을 위한 적절한 근거라고 하기에는 무리가 있어 보인다.

- 위험 허용성 체계는 용인될 수 없는 위험과 널리 허용되는 위험에 대해 명시적인 경계를 설정한다.

- 불확실성 계수는 적절한 위험을 정량화할 수 없는 경우 허용될 수 있는 노출 수준을 결정하는 데 사용되지만, 지나치게 신중할 수 있다.

- 약한 사전 예방 원칙은 "피해의 증거를 기다리지 말고 예방 조치를 취하라"고 제안하는데, 이는 깊은 불확실성에 대처하기 위한 탄력적인 전략의 당연한 결과라고 할 수 있다.

16장

불확실성 앞에
겸손하라, 포용하라, 즐겨라

지금까지 우리는 서랍에서 짝이 맞는 양말을 꺼낼 확률이나 노른자가 두 개 든 달걀 한 상자를 얻을 확률과 같은 지극히 사소한 문제와, 암에 걸릴 위험이나 직장에서 사망할 위험과 같은 심각한 질문을 다루었다. 하지만 책의 마지막에 다다랐으니만큼 실존적인 큰 문제로 넘어갈 때가 되었다.

> 당신이 태어날 확률은 얼마였을까? 또는 인류가 존재할 확률은 얼마였을까? 그리고 심지어 이런 질문을 하는 게 의미가 있을까?

이 책의 서론에서, 우리는 일련의 명백한 우연적 사건들이 없었다면 우리 모두가 여기에 있지도 않았을 것이라는 데 공감했다. 그리고 이제는 이것이 개개인에게만 국한되는 게 아니라 인류 전체에 해당하는 문제라는 생각이 든다. 지구에 지적 생명체가 출현하게 된 일련의 사건들을 생각해 보면, 우리는 한마디로 억세게 운 좋은 케이스라고 볼 수밖에 없다. 지구와 태양 사이의 적당한 거리가 물의 존재를 가능케 했고,* 지구의 화학 성분이 생명을 지탱했고, 소행성 충돌 때문인 공룡의 대멸종이 포유류에게 부흥의 기회를 제공했고 등등.

더 근본적으로는, 우주 팽창의 정확한 결정적 요인에서부터 별이 형성될 수 있는 중력의 창, 빅뱅 이후 우주가 생성될 수 있도록 한 물질과 반물질의 비율에 이르기까지 우주 전체의 근간이 되는 물리 상수physical constant는 인류의 존재를 뒷받침하도록 정교하게 조정된 것처럼 보인다. 이러한 '우주적 우연'이 없었다면 현존하는 그 어떤 것도 지금처럼 발전하지 못했을 것이다. 그러니 우리가 여기에 있다는 것은 그야말로 놀라운 일이다.

그런데 이러한 질문들은 이미 일어난 일을 다룬 것이며, 만약 그런 일들이 일어나지 않았다면 우리가 이 자리에서 이러한 질문을 할 수도 없을 것이다. 인류 원리anthropic principle에 따르면, 그러니 우리의 존재 가능성에 대해 논의하는 것조차 무의미하다고 한다. 하지만 이것은 '생존 편향survivorship bias'의 극단적인 예일 뿐이다. 공항 휴게실에 잔뜩 꽂혀 있는 책들을 생각해 보라. 거기에는 성공한 비즈니스의 비결이 가득하지만 성공 사례만 봐서는 기회를 늘리는 요인을 파악할 수

---

* 태양이 지구에서 조금 더 멀리 있다면, 태양에서 오는 빛(에너지)이 약해져 지구는 추워질 것이고, 그러면 물이 전부 얼어버려 생명이 살지 못하는 천체가 될 것이다. 반대로 태양이 지구와 더 가까이 있다면, 빛과 열이 너무 강하여 지구의 물은 모두 증발해 버리고 바다가 없는 사막 지구가 될 것이다. 그러므로 태양과 지구 사이의 거리는 감사하게도 현재 상태가 최적이다. ─옮긴이

없다. 그러기 위해서는 실패 사례와 비교해야 한다. 마찬가지로, 이러한 종류의 실존적 질문에 답하려면 우리가 존재하지 않는 상황을 고려해야 한다. (우리가 행운을 누리도록 해준 골디락스 존이 여러 가능성 중 하나일 뿐인) 다중 우주multiverse를 상상하지 않는 한, 우리는 그런 상황에 접근할 수 없다.

모든 확률이 '개인적인 불확실성'을 표현하는 판단이라는 점을 인정하면, 앞의 질문에 답하려고 할 때 문제는 더욱 명확해진다. 이러한 숫자를 평가하는 사람(또는 무언가)은 누구일까? 어떤 상황에서는 이미 발생한 사건(예컨대 누군가가 복권에 당첨되었거나 생일이 같은 세 자녀를 둔 경우)에 대한 확률을 평가하는 것이 합리적일 수 있다. 이는 사건이 발생하기 전에도 이런 일이 일어날 수 있다는 것을 상상할 수 있기 때문이다. 하지만 내가 존재하기 전에는 아무도 내가 존재할 것이라고 생각하지 않았을 테니, 인류나 우주에 대한 확률을 평가하려면 외계 종이나 우리 우주 밖의 무언가를 상정해야 한다.

지금까지 현실적으로 무의미한 넋두리를 늘어놓은 것 같아서, 나는 이런 질문에는 답하지 않으려고 한다. 하지만 슬프게도 다음과 같은 질문을 하는 건 꽤 합리적일 것 같다.

가까운 미래에 인류가 종말을 맞이할 합리적인 확률은 어느 정도일까?

우리는 태양이 팽창하면 세상이 멸망한다는 것을 알고 있다. 그러나 그것은 수십억 년 후의 일이고, 예측 가능한 시간 범위 내에서, 핵

전쟁, 악성 AI, 병원균 유출, 소행성 충돌 등 전 인류를 위협할 수 있는 글로벌한 재앙적 위험에 대한 관심이 높아지고 있다. 이러한 실존적 위협이 발생할 수 있는 미래를 상상할 수는 있지만, 실제로 발생할 확률을 평가하기는 어렵다.

하지만 그렇다고 해서 사람들의 시도가 멈춘 것은 아니었다. 이러한 멸종 확률을 평가하는 기술은 천문학자 로열 마틴 리스Royal Martin Rees가 남긴 "현재의 지구 문명이 금세기 말까지 살아남을 확률은 50대 50보다 나을 것이 없다고 생각한다"와 같이 순전히 주관적인 판단에서부터, 2200년까지 AI 재앙 때문에 인류 대다수가 사망할 확률을 30.5%로 다소 정밀하게 추정한 AI 전문가 설문조사,[1] 그리고 100년 이내에 인류를 파괴하는 소행성이 충돌할 확률을 2조분의 1로 평가한 모델 기반 평가[2]에 이르기까지 다양하다. 이 문제에 어느 정도 관심이 있는 2008 글로벌 재앙적 위험 컨퍼런스Global Catastrophic Risk Conference 참석자들은 2100년까지 인류가 멸종할 위험을 19%(중앙값)로 추정했다.[3] 이 선별된 그룹이 우리에게 과장된 위협감을 느끼게 한다고 생각할 수도 있겠지만, 그들은 2100년까지 자연적 팬데믹으로 100만 명 이상이 사망할 확률을 60%로 추정했을 뿐이다. 그런데 이후 15년 이내에 그런 일이 실제로 일어났으니, 어쩌면 그들은 다소 보수적인지도 모른다.

인류에 대한 잠재적 위협에 대해 진지하게 생각하는 것은 합리적이지만, 나는 이러한 확률이 '우려의 표현' 이상이라고 확신하지는 않는다. 그러나 어쩌겠는가! 나는 훈련된 슈퍼 예측자들의 판단을 인용하는 것을 선호하지만, 그들의 평가에 점수를 매길 만큼 수명이 길지는 않으니 말이다.

인공지능

인공지능의 발전과 영향에 대해서는 많은 불확실성이 존재하지만, 우리 모두의 삶에서 점점 더 큰 역할을 하게 될 거라는 점은 분명해 보인다. 나는 이 책을 쓰면서 대규모 언어 모델LLM을 사용했는데, 코딩과 연구에 많은 도움이 되었다(물론 모든 주장을 확인하고 다시 썼지만 말이다). 하지만 또 다른 중요한 문제가 있다. AI는 자신의 불확실성을 어떻게 처리할까?

AI가 불확실성을 처리하는 능력의 중요성은 오래전부터 인식되어 왔고, 실제로 나는 1980년대에 'AI의 불확실성Uncertainty in AI'이라는 컨퍼런스에 처음 참여했다.[4] 그 당시의 주요 논점은 확률적 추론이 종종 전문가 시스템expert system 이라고 불리는 복잡한 네트워크 구조에 적용될 수 있는지에 관한 것이었고, 나는 베이즈 정리를 사용한 연쇄적 추론chains of reasoning을 거쳐 불확실성을 엄격하게 전파할 수 있다는 것을 보여준 그룹의 일원이었다.

하지만 안타깝게도 LLM의 기반이 되는 대규모 딥러닝 네트워크에 관해서는 이러한 연구가 모두 사라진 것 같다. 대규모 딥러닝 네트워크가 명백히 거짓된 결론을 내릴 수 있는 것이 확실한데도 말이다. 내가 이 책에서 누누이 강조한 것처럼 불확실성을 의도적으로 축소하거나 과장하는 사람들이 허위 정보를 퍼뜨리는 데 열을 올리고 있지만, 적어도 그들은 진실이 무엇인지에 대해 어느 정도 관심을 두고 있다. 비록 그들이 그것을 숨기고 싶어 하더라도 말이다. 반면, LLM은 현재 자신이 말하는 것이 사실인지 아닌지에 대한 인식 없이 모든 것을 동등하게 확신하면서 전달한다. 이 분야의 전문 용어를 사용하자면

그들은 헛소리꾼*bullshitter*일 수 있다.*[5]

하지만 불확실성을 딥러닝에 도입하는 것은 활발한 연구 분야이며, 불확실성을 정량화하는 것은 일반적으로 머신러닝에서 필수적인 부분이다. 그러니 조만간 상황이 개선되어 미래의 AI는 (자신의) 불확실성에 대한 신뢰할 만한 평가를 제공할 수 있게 될 것으로 기대된다. 이러한 평가가 잘 보정된 결과라는 걸 입증할 수 있다면 AI의 신뢰성을 확립하는 데 엄청난 도움이 될 것이다. 나는 나의 봇bot이 '자신이 뭘 알고 뭘 모르는지'를 알기 바란다.

불확실성에 대한 선언문

지금까지 수많은 내용을 다루었는데, 끝까지 읽으신 것을 축하드린다(단, 중간에서 이 지점으로 건너뛰지 않으셨다면). 이야기가 일관성 있게 느껴졌기를 바란다. 이제 모든 사례와 이야기에서 개인과 사회가 미래의 불확실성에 대처하는 방법을 개선하기 위한 몇 가지 일반적인 교훈을 이끌어낼 때다.

우리가 만난 첫 번째 교훈은 불확실성이란 (관심의 대상, 원천, 표현, 기타 특성을 가진) 세상과의 *개인적 관계*라는 것이다. 즉, 어떤 상황에서는 무슨 일이 일어나고 있는지 만장일치로 동의할 수 있지만, 일반적으로 우리는 스스로 판단해야 한다. 우리는 우리가 가진 불확실성을 인정할 뿐만 아니라, 그것을 (학습과 변화의 기회로) 긍정적으로 받아들여야 한

---

*   철학자 해리 프랑크푸르트(Harry Frankfurt)는 '헛소리'를 진실과 무관하게 설득하기 위한 말이라고 정의하고, 거짓말쟁이는 적어도 진실을 인정하고 숨기려고 노력하지만 헛소리꾼은 자신이 하는 말이 진실인지 거짓인지 신경 쓰지 않는다고 말한다.

다. 이를 위해서는 '자기 성찰'과 '타인과의 소통' 모두에서 정직과 겸손이 필요하다.

　두 번째, 가능하면 불확실성을 숫자로 표현하려고 노력해야 한다. 확률 이론은 여러 특별한 속성을 가진 놀라운 틀이다. 이것은 우연이 자주 발생하는 이유와 우리 삶에서 운의 역할을 이해하는 데 도움을 준다. 원칙적으로 우리는 원하는 확률을 주장할 수 있지만, 그것이 유용하려면 현실 세계에 맞춰 보정되고 변별력이 있어야 하며 적합해야 한다. 그러나 아원자 수준을 제외하고, 확률은 외부 세계의 속성이 아니며 실제로 존재하지 않는다는 점을 명심해야 한다. 때로는 어떤 일이 일어날지를 결정하는 객관적인 기회가 있는 것처럼 행동하는 것이 유용할 수 있지만 말이다.

　확률이 본질적으로 판단이라는 사실을 받아들이면, 경험에서 배우는 베이지안 접근 방법을 취하는 것은 당연한 귀결이다. 이 경우 확률은 증거를 축적하여 새롭게 바뀌게 되며, 베이즈 정리는 사건이 '우연의 일치 이상'임에 틀림없다는 주장을 반박하기 위해 확률을 어떻게 사용할 수 있는지를 보여준다. 우리의 뇌는 (관찰에 비추어 강력한 사전 기대치가 새롭게 바뀌게 되는) 베이지안 방식으로 작동하는 것처럼 보이지만, 올리버 크롬웰은 우리가 놀라운 사건을 받아들이고 적응하려면 '세상에 대한 우리의 이해'에 약간의 의심을 품어야 한다는 교훈을 남겼다.

　과학은 불확실성을 인정하는 방법을 확립해 왔고, 공식적인 통계 모델은 유용하지만, 그것이 현실을 나타낸다고 착각해서는 안 된다. p 값이나 신뢰구간과 같은 측정값은 모델의 모든 가정이 참이라는 조건에 따라 계산된 것인데, 우리는 그것이 비현실적이라는 것을 잘 알고 있다. 그러므로 통계 패키지의 결과물은 항상 조심스럽게, 그리고 대략적인 지침으로 취급되어야 한다. 모델에 근거한 주장에는 민감도 분석, 한계 인식, 기초 증거의 품질에 대한 요약이 담겨 있어야 하며, 전체 분석에 대한 신뢰도 평가도 포함되는 것이 바람직하다. 모델은 발생한 나쁜 일이 누구(또는 무엇)의 책임인지에 대한 아이디어를 제공하는 데 유용할 수 있다.

단기적이든 장기적이든 예측은 세계가 어떻게 작동하는지에 대한 모델을 기반으로 할 수 있고, 채점 규칙을 사용하여 나온 확률의 품질을 평가할 수 있다. 물론 이 모든 것은 가능한 미래를 나열할 수 있다는 전제 아래 이루어지지만, 더 복잡한 상황에서는 우리의 이해가 불완전하다는 것을 인정할 수밖에 없는 깊은 불확실성에 직면할 수 있다. 하지만 우리는 여전히 불확실성을 숫자로 표현하려고 노력할 수 있는데, 이는 특정 확률을 '엉뚱한 것'에 부여해 버릴 수도 있다는 걸 의미한다.

극단적이고 잠재적으로 파괴적인 사건은 우리에게 특별한 도전 과제를 안겨준다. 하지만 이때 '두꺼운 꼬리'를 활용한 유연한 모델링은 우리에게 어떤 일이 발생하더라도 크게 놀라지 말아야 한다고 암시한다. 더욱이 우리에게 닥칠 수 있는 일을 생각할 때 다양하고 상상력 넘치는 관점을 갖는 것이 유용하다는 것을 시사하는데, 여기에는 의도적으로 어려운 상황을 설정하는 '레드팀'이 포함될 수 있다. 영국 국방부에서 발간한 레드팀 핸드북에 따르면, 실제로 그런 팀을 구성할 필요는 없지만, 조직이 미래를 계획할 때 발생할 수 있는 모든 인지적·행동적 편견을 인식하는 *레드팀적 사고방식*을 갖추는 것이 중요하다고 한다.[6]

우리는 한편으로 지나치게 자신감 넘치는 주장을 하는 사람들과, 다른 한편으로 불확실성을 지나치게 과장하여 의도적으로 오해를 심으려는 사람들을 모두 경계해야 한다. 우리는 신뢰할 수 있는 커뮤니케이션을 기대해야 하며, 그 과정에서 겸손과 불확실성을 바탕으로 결론을 도출하고 자신감과 공감을 담아야 한다. 하지만 불확실성을 안고 살아간다고 해서 지나치게 조심해서는 안 되며, 무모하지 않을 만큼 위험을 감수하면서 적응력과 회복탄력성을 발휘할 수 있어야 한다.

이는 내가 50년 가까이 확률, 우연, 위험, 무지, 운을 연구하면서 얻은 개인적인 교훈이다. 이것이 독자들에게 깊은 울림을 주기 바란다.

불확실성은 피할 수 없다. 정 그렇다면 우리는 불확실성을 포용하고, 겸손하게 받아들이고, 심지어 즐기려고 노력해야 한다.

감사의 말

나는 에이드리언 스미스에게 첫 번째 빚을 지고 있다. 그는 50년 전에 확률이 중요하고 매혹적인 개념이라는 것을, 또한 그것이 존재하지 않는다는 것을 나에게 확신시켜주었다. 그 이후로 필립 다비드, 앤드루 겔먼, 제리 토너, 티먼드라 하크니스, 댄 힐먼Dan Hillman, 마일스 호지키스Miles Hodgkiss, 에스더 에이디노Esther Eidinow, 팀 파머, 데이비드 스테인포스 등 수많은 동료가 이 책에 담긴 모든 주제를 이해하는 데 도움을 주었다. 데이비드 플러스펠더, 데이비드 핸드, 제임스 그라임, 데이비드 통David Tong, 에드 험퍼슨, 앤디 스털링, 감염된 혈액 조사Infected Blood Inquiry의 모든 통계팀, BBC의 케빈 무슬리Kevin Mousley와 알렉스 프리먼, 윈턴 위험 및 증거 커뮤니케이션 센터의 모든 분께 감사드린다. 그리고 자신의 놀라운 바지 이야기를 들려준 론 비더먼에게도 감사드린다.

이 책을 의뢰해 주었을 뿐만 아니라 마지막 순간까지 제목을 정하지 못해 난항을 겪는 동안 침착하게 기다려준 출판사 펭귄 북스Penguin Books의 로라 스티크니Laura Stickney에게도 감사드린다. 그리고 좋은 조건의 계약을 성사시켜 준 조너선 페그Jonathan Pegg, 세심한 편집을 해준 세라 데이Sarah Day, 그리고 파하드 알-아무디Fahad Al-Amoudi, 루스 피에트로니Ruth Pietroni, 줄리 운Julie Woon, 애나벨 헉슬리Annabel Huxley 등 훌륭한 지원을 해준 출판사의 모든 직원에게도 감사를 표한다.

마리아 스쿨라리두Maria Skoularidou, 클라우디아 슈나이더Claudia Schneider, 토머스 킹Thomas King, 케빈 맥콘웨이Kevin McConway, 알렉스 프리먼, 켄 맥컬럼Ken McCullum, 마이클 블래스트랜드Michael Blastland, 조지 데이비 스미스, 스티븐 에번스, 존 커John Kerr, 번 페어웰Vern Farewell 등 자료를 읽고 의견을 주신 수많은 분께도 빚을 지고 있다. 결과가 꽤 괜찮았으면 좋겠다.

마지막으로, 나를 기다려주고 특히 여행하고 글을 쓸 때 완벽한 파트너이자 동반자가 되어준 케이트 불Kate Bull에게 감사의 말을 전하고 싶다.

코딩과 연구에 도움을 준 앤트로픽Anthropic의 대화형 AI인 클로드Claude의 기여도를 기꺼이 인정하지만, 안타깝게도 이 책에 불가피하게 남아 있는 오류와 한계에 대한 책임은 전적으로 나에게 있다.

474

용어집

- **F-N 곡선**F-N curve : 사건의 '평가된 누적 빈도'와 '손실된 인명 수(사망자 수)'라는 관점에서 본 영향력'을 로그(곱셈) 척도로 나타낸 그래프. 여기서 점(f, n)은 사망자 수가 n보다 많은 사건이 연간 f의 빈도로 발생한다는 의미다.

- **p값**P-value : 데이터와 영가설 사이의 불일치를 측정하는 척도. 영가설 H_0의 경우, 값이 클수록 H_0과 일치하지 않다는 것을 나타내는 검정 통계량을 T라고 하고, 값 t를 관찰한다고 가정하자. 그러면 (단측) p값은 H_0가 참일 때 이러한 극단값이 관찰될 확률, 즉 $\Pr(T \geq t \mid H_0)$이다. T의 작은 값과 큰 값이 모두 H_0과 일치하지 않는 경우, 양측 p값은 어느 방향에서든 그러한 극단값이 관찰될 확률이며 '극단'에 대해 다른 정의를 내릴 수 있다. 흔히 양측 p값은 단순히 단측 p값의 두 배로 간주된다. R 소프트웨어는 관찰된 것보다 발생할 확률이 낮은 사건의 총 확률을 사용한다.

- **가능도**Likelihood : 기술적으로 말하면, 특정 매개변수 값에 대해 데이터가 제공하는 증거적 지지도의 척도. 확률변수의 확률 분포가 모수(이를테면 θ)에 따라 달라지는 경우, 데이터 x를 관찰한 후 θ에 대한 가능도는 $\Pr(x \mid \theta)$에 비례한다.

- **가능도비**Likelihood ratio : 일부 데이터가 경합하는 두 가설에 대해 제공하는 상대적 지지도의 척도. 가설 H_0과 H_1의 경우, 데이터 x가 제

공하는 가능도비는 $\Pr(x|H_0)/\Pr(x|H_1)$로 주어진다.

- **간접적 불확실성**Indirect uncertainty : 사실에 대한 주장의 근거가 되는 증거의 강점과 약점에 대한 정성적 진술. 잠재적으로 영향력 있는 정보의 공백을 포함한다.

- **검사의 오류**Prosecutor's fallacy : $\Pr(A|B)$를 $\Pr(B|A)$로 잘못 해석하는 경우. '전치 조건부transposed conditional'라고도 한다.

- **교환 가능한** 확률변수Exchangeable random variable : 일련의 확률변수 X_1, ... , X_m은 결합확률 $\Pr(X_1, ... , X_m)$이 변수의 순서에 의존하지 않는 경우 교환 가능하다. 드 피네티의 정리에 따르면 교환 가능한 베르누이 시행 X_1, ... , X_m은 결합분포 $\Pr(X_1, ... , X_m) = \Pi_{i=1}^{m}$ $\Pr(X_i|\theta)\Pr(\theta)d\theta$를 갖는다. 즉, 선행 분포 $\Pr(\theta)$를 갖는 모수θ가 주어지면 변수들은 조건부 독립적인 것으로 간주할 수 있다.

- **귀속분율**Attributable fraction : RR이 *상대위험*이라면, 노출된 그룹에서 '노출되지 않은 그룹의 각 사례'당 RR건의 노출된 사례가 예상된다. 그러므로 RR건의 노출된 사례 중에서 한 건은 노출되지 않았을 때 발생했을 것으로 예상할 수 있다. 따라서 귀속 또는 초과 분율은 $AF = (RR\text{-}1)/RR = 1\text{-}1/RR$이 된다.

- **균등분포**Uniform distribution : 연속 확률변수 X는 그 밀도가 $f(x|a, b) = \dfrac{1}{(b-a)}$; $a \le x \le b$인 경우 $[a, b]$ 구간에서 균등분포를 갖는다. 이산 확률변수discrete variable X의 경우, $\Pr(X=x|n)=1/n$, $x=1$, ..., n인 경우 정수 1, ..., n에 대해 균등분포를 갖는다.

- **기댓값, 평균**Expectation, mean : 확률변수의 평균값. 이산확률변수 X의 경우 $\sum x \Pr(X=x)$, 연속확률변수continuous variable인 경우 $\int xf(x)$ dx로 정의된다.

476

- **기하분포**Geometric distribution : 각각 확률 p를 갖는 독립적인 베르누이 시행 집합을 생각해 보자. 그러면 첫 번째 사건이 발생하는 시도는 기하분포를 갖는 확률변수 X이고, $\Pr(X=x)=(1-p)^{x-1}p$, $x=1, 2,$ 3, ... 이며, 기댓값(평균)은 $1/p$이다. p가 작은 경우, 분포는 평균 $1/p$의 지수분포로 근사화되므로 $\Pr(X>x|p)=e^{-xp}$가 된다.

- **기회**Chance : (a)피할 수 없는 예측 불가능성에 대한 일반적인 용어, (b)물리적 특성을 사용하여 평가할 수 있는 일반적으로 합의된 확률로, 세계의 '객관적' 속성으로 느슨하게 취급될 수 있다.

- **다중 유전자 위험 점수**Polygenic risk score : 개인의 유전자 데이터를 사용하여 향후 발생할 수 있는 다양한 건강상 부작용의 가능성을 평가한 것. 여기서 중요한 문제는 다른 일상적인 데이터보다 예측 가치가 높은지 여부와 개인에게 위험 점수를 알려줄 때 어떤 영향을 미칠 수 있는지 등에 대한 것이다.

- **독립사건**Independent event : A의 발생이 B의 확률에 영향을 미치지 않는다면, A와 B는 독립적이므로 $\Pr(B|A)=\Pr(B)$, 또는 이와 동등하게 $\Pr(B, A)=\Pr(B) \cdot \Pr(A)$가 된다.

- **마르코프 연쇄 몬테카를로**Markov Chain Monte Carlo, MCMC : 복잡한 통계 모델의 베이지안 분석을 위한 순차적 시뮬레이션 절차. 알 수 없는 모수 및 기타 변수는 바로 앞의 값에만 조건부인 분포에서 샘플링되어 마르코프 연쇄를 형성한다. 샘플링 방법을 적절히 선택하면 샘플링된 값이 올바른 사후 분포로 수렴한다.

- **멱법칙**Power law : *파레토 분포*를 참조하라.

- **모델**Model : *통계 모델*을 참조하라.

- **몬테카를로 방법**Monte Carlo method : 몬테카를로 분석은 통계 모델에 대

한 수학적 분석을 시도하는 대신, 미지의 확률변수에 대한 일련의 사례들을 시뮬레이션함으로써 관심 있는 수량을 계산한다. 이렇게 하면 모든 결과의 경험적 분포가 생성되며, 이를 요약하여 보고할 수 있다. 확률적 시뮬레이션stochastic simulation 이라고도 한다.

- **베르누이 시행**Bernoulli trial : X가 p의 확률로 1, $1-p$의 확률로 0이라는 값을 취하는 확률변수인 경우 이를 베르누이 시행이라고 한다. X는 평균이 p이고 분산이 $p(1-p)$인 베르누이 분포를 갖는다.

- **베이즈 요인**Bayes factor : 두 가지 대안 가설에 대해 데이터 세트가 제공하는 상대적 지지도. 가설 H_0 및 H_1과 데이터 x의 경우, $\Pr(x|H_0)/\Pr(x|H_1)$이라는 비율로 표시된다.

- **베이즈 정리**Bayes' theorem : 명제 A에 대한 증거 B가 어떻게 명제 A의 사전 신념을 업데이트함으로써 사후 신념 $\Pr(A|B)$를 생성하는지 보여주는 확률 규칙으로, $\Pr(A|B) = \dfrac{\Pr(B|A) \times \Pr(A)}{\Pr(B)}$라는 공식을 통해 설명할 수 있다. 이는 다음과 같이 쉽게 증명할 수 있다. 확률의 곱셈 규칙은 $\Pr(B \text{ and } A) = \Pr(A \text{ and } B)$이므로 $\Pr(A|B) \cdot \Pr(B) = \Pr(B|A) \cdot \Pr(A)$가 되며, 양변을 $\Pr(B)$로 나누면 이 정리가 나온다.

- **베이지안**Bayesian : 통계적 추론의 접근 방법 중 하나로, 우연적 불확실성뿐만 아니라 미지의 사실이나 수량에 대한 인식론적 불확실성에도 확률을 사용한다. 그런 다음, 베이즈 정리는 새로운 증거에 비추어 이러한 믿음을 수정하는 데 사용된다.

- **베타 분포**Beta distribution : 베르누이 시행에서 p가 미지의 '성공' 확률인 경우, 베이지안 분석에서는 $\mathrm{Beta}[a, b]$로 표시되는 베타 사전 분포가 주어질 수 있으며, 이는 확률밀도가 $f(p) = \dfrac{\Gamma(a+b)}{\Gamma(a)\,\Gamma(b)} p^{a-1}$

$(1-p)^{b-1}$; $0 \leq p \leq 1$임을 의미한다. 따라서 Beta$[a, b]$ 분포는 $[0, 1]$ 에서 균일하다. 샘플링 분포가 Binomial$[p, n]$이고 관찰된 '성공' 의 수가 r이라고 가정하자. 그러면 베이즈 정리에 따라 사후 분포 $\propto$ 가능도$\times$사전 분포, 즉 사후$\propto p^r (1-p)^{n-r} p^{a-1}(1-p)^{b-1} = p^{r+a-1}$ $(1-p)^{n-r+b-1}$이므로, 사후 밀도 $f(p|r, n)$는 Beta$[r+a, n-r+b]$ 가 된다.

- **분산**Variance : 확률변수 X의 분산은 $V(X) = E((X-E(X))^2)$이다.
- **불확실성 구간**Uncertainty interval : '특정 미지량unknown quantity의 추정치를 둘러싼 간격'의 일반적인 이름으로, 흔히 '95%'와 같이 표시된다.
  1. 신뢰구간: 모델링의 가정이 모두 맞는 경우, 해당 구간의 95%가 참값을 포함한다.
  2. 신용구간credible interval : 베이지안 분석에서 계산된 것으로, 모델 링의 가정이 맞는 경우 해당 구간이 참값을 포함할 확률이 95% 이다.
  3. 비공식적 판단informal judgement에 의해 할당된 주관적 확률에 기반 한다.
- **브라이어 점수**Brier score : 예측오차predictive error 제곱의 평균에 기반하 여 확률적 예측의 정확도를 측정하는 척도. $p_1, \ldots, p_n$이 0과 1이라 는 값을 갖는 n개의 이진 확률변수binary random variabel $X_1, \ldots, X_n$에 주어진 확률이라면, 일반적인 브라이어 점수는 $\frac{1}{n}\sum_{i=1}^{n} = (x_i - p_i)^2$ 이다. 단일 결과의 경우 이는 $B = (1-p)^2$으로 단순화되며, 여기서 p는 발생하는 사건에 할당된 확률이다. 선형 변환 25-$100B$는 표 2.3에 표시된 점수 체계를 제공한다. $K > 2$ 범주인 결과 X_i의 경

우, 그중 하나가 1이고 나머지는 0인 것으로 관찰되면, 주어진 확률 $p_{i1}, \dots, p_{iK}$이고, 관찰된 각 사건 $x_{i1}, \dots, x_{iK}$에 대한 브라이어 점수의 일반적인 형태는 $\sum_{k=1}^{K} = (x_{ik} - p_{ik})^2$이다.

- **비례 위험 모델**Proportional hazard model : 생존 분석을 위한 통계 모델. 공변량covariates x_0가 있는 사례에 대해, t 시점의 위험을 지정하는 기준 함수 $h_0(t; x_0)$을 가진다. 공변량이 x_1인 경우, 위험 함수는 $h_1(t; x_1) = h_0(t; x_0) \times \lambda_{x1-x0}$이 된다.

- **사실상 무작위성**Effectively random : 실제로 결정론적이라 할지라도 순수한 무작위성에 대한 통계적 검정을 통과한 시스템.

- **사전 확률 · 분포 · 승산**Prior probability·distribution·odds : 베이지안 분석에서 관심 있는 수량에 주어진 초기 확률로, 데이터에 의해 사후 분포로 업데이트되기 전의 수치다.

- **사후 확률 · 분포 · 승산**Posterior probability·distribution·odds : 베이지안 분석에서 나오는 용어들. 관찰된 데이터 B를 (베이즈 정리를 통해) 고려한 후, 미지의 수량 A의 확률분포는 $\Pr(A|B)$를 생성한다. 명제 A에 대한 사후 승산은 $\dfrac{\Pr(A|B)}{\Pr(\text{not } A|B)}$가 된다.

- **상대위험**Relative risk : 관심 대상에 노출되지 않은 사람들의 절대위험이 p이고 노출된 사람들의 절대위험이 q이면, 상대위험은 q/p이다.

- **승산**Odds : 어떤 사건이 확률 p를 갖는다면, 그것에 대한 승산은 $p/(1-p)$이다.

- **신뢰구간**Confidence interval : 관찰된 데이터 x의 집합을 기준으로 μ에 대한 95% 신뢰구간은 '데이터를 관찰하기 전에 무작위 구간$(L(X), U(x))$가 μ를 포함할 확률이 95%'라는 속성을 가진 구간$(L(X), U(x))$이다. 중심극한정리는 정규분포의 95%가 평균 ±2 표준편차

사이에 있다는 지식과 결합하여, 95% 신뢰구간에 대한 일반적인 근사치는 추정치 ±2 표준오차라는 것을 의미한다.

- **신뢰도**Confidence : 믿음의 강도에 대한 비공식적인 용어로, 때로는 수치 확률 대신 사용되기도 하고 평가된 확률 뒤에 있는 증거의 질을 나타내는 데 사용되기도 한다.

- **앙상블**Ensemble : 다양한 초기 조건이나 구조를 가진 컴퓨터 실행의 모음으로, 똑같이 그럴듯한 것으로 취급되는 가능한 결과의 분포를 생성한다.

- **영가설**Null hypothesis : 기본 과학 이론 중 하나로, 일반적으로 효과 또는 관심 있는 결과가 없다는 것을 나타내며, P값을 사용하여 검증한다. 일반적으로 H_0로 표시된다.

- **우연적 불확실성**Aleatory uncertainty : 미래에 대한 피할 수 없는 예측 불가능성으로, 우연, 무작위성, 운 등으로도 알려져 있다.

- **위험**Risk : '잠재적 위협'에서부터 '나쁜 일이 발생할 확률'에 이르기까지 다양한 용도로 사용되는 용어.

- **위험비**Hazard ratio : 생존 기간을 분석할 때, 노출과 관련된 위험비는 일정 기간 동안 어떤 사건이 발생할 상대위험을 나타낸다. 콕스 회귀분석 Cox regression 은 반응 변수 response variable 가 생존 기간이고 계수가 로그(위험비)에 해당하는 다중회귀분석의 한 형태다.

- **유해성(위험)**Hazard : (a)위해 가능성이 있지만 매우 극단적인 상황, (b)정해진 기간 동안의 '즉각적 위험 instantaneous risk'(예컨대 지금까지의 생존을 고려할 때 향후 1년 동안 사망할 확률).

- **의사 난수 생성기**Pseudo-random number generator : 의사 난수(무작위 숫자열과 통계적으로 구분할 수 없지만, 완전히 결정론적인 프로세스를 사용하여 생

성되는 숫자)를 생성하는 알고리즘.

- **이항분포**Binomial distribution : 독립적인 베르누이 시행 X_1, X_2, ... , X_n이 각각 p라는 '성공' 확률을 갖는 경우, 이들의 합 $R = X_1 + X_2 + ... + X_n$은 평균이 np이고 분산이 $np(1-p)$인 Binomial$[p, n]$ 분포를 가지며, 여기서 $\Pr(R=r) = \binom{n}{r} p^r (1-p)^{n-r}$이다.

- **인구귀속분율**Population attributable fraction : 상대위험 RR을 갖는 인과적 위험 요인의 유병률이 P라면, 인구귀속분율은 $PAF = P(RR-1)/(P(RR-1)+1)$이다

- **인식론적 불확실성**Epistemic uncertainty : 사실, 수치, 과학적 가정에 대한 지식이 부족한 상태.

- **일반화 파레토 분포**Generalized Pareto distribution, GPD : 위치 μ, 규모 σ, 모양 a의 GPD를 가진 변수 X는 확률밀도 $f(x|\mu, \sigma, a) = \frac{1}{\sigma}\left[1 + \frac{(x-\mu)}{a\sigma}\right]^{-(a+1)}$; $x \geq \mu$를 갖는다. 분포 함수는 $P(X \leq x|\mu, \sigma, a) = \left[1 + \frac{(x-\mu)}{a\sigma}\right]^{-a)}$; $x \geq \mu$이다. $\mu = a\sigma$인 경우, GPD는 모양이 a이고 최소값 $x_m = a\sigma$인 파레토 분포다.

- **절대위험**Absolute risk : 특정 기간 내에 관심 있는 사건을 경험한, 정의된 그룹 내 사람들의 비율.

- **정규 또는 가우스 분포**Normal or Gaussian distribution : X가 $-\infty \leq x \leq \infty$에 대해 확률 밀도 함수 $f(x|\mu, \sigma^2) = \frac{1}{\sqrt{2\pi\sigma^2}} e^{-\frac{(x-\mu)^2}{2\sigma^2}}$를 갖는다면, X는 평균 μ와 분산 σ^2의 정규(가우스) 분포를 갖는다. 그러면 $E(X)=\mu$, $V(X)=\sigma^2$, $SD(X)=\sigma$가 된다.

- **정량적 위험 분석**Quantitative risk analysis : 잠재적 결과를 나열하고, 통계

모델을 사용하여 그 확률을 평가하는 프로세스. 결과에 대한 값을 할당할 수도 있다.

- **조건부 독립성**Conditional independence : 세 번째 변수 C가 주어질 때 $\Pr(A, B|C)=\Pr(A|C)\cdot\Pr(B|C)$인 경우, 확률변수 A와 B는 조건부 독립적이다.

- **조건부 확률**Conditional probability : A가 주어졌을 때 B의 조건부 확률을 $\Pr(B|A)$라고 하며, $\Pr(B|A)=\Pr(A \text{ and } B)/\Pr(A)$로 정의한다.

- **존재론적 불확실성**Ontological uncertainty : 문제의 총체적 개념화, 즉 어떤 가능성이 있는지, 중요한 영향 요인이 무엇인지, 용어가 무엇을 의미하는지가 불확실한 상황을 일컫는 말이다. 본질적으로, 우리가 실제로 무엇을 다루고 있는지에 관한 이야기다.

- **중심극한정리**Central limit theorem : 확률변수의 기본 샘플링 분포의 모양에 관계없이 표본 평균이 정규분포를 갖는 경향. n개의 독립 관측치가 각각 평균 μ와 분산 σ^2을 갖는다면, 광범위한 가정 아래 표본 평균은 μ의 추정치이며, 평균 μ, 분산 σ^2/n, 표준편차 $\sigma/\sqrt{n}$(추정치의 표준오차standard error라고도 한다)인 대략적인 정규분포를 갖는다.

- **중앙값(표본)**Median (of a sample) : 표본 중앙값sample median은 정렬된 데이터 포인트 집합의 중간에 있는 값으로, n이 홀수이면 그 중간값이 표본 중앙값이고, n이 짝수이면 두 '중간' 포인트의 평균이 중앙값으로 간주된다..

- **지수 성장**Exponential growth : 초기 수량에 단위 시간마다 고정된 양 k를 곱하는 것을 말한다. $r=\log_e k$(밑수 e에 대한 자연로그)라고 정의하면, 이는 $k=e^r$을 의미하며, n 단위의 시간이 지나면 초기 수량이 e^{rn} 배로 증가한다는 의미다.

- **지수분포**Exponential distribution : 확률밀도 $f(x|m)=\dfrac{1}{m}e^{-x/m}$; $x>0$이고 $\Pr(X>x)=e^{-x/m}$; $x>0$인 경우 확률변수 X는 평균 m의 지수분포를 갖는다.

- **직접적 불확실성**Direct uncertainty : 대상에 대한 수치적 또는 언어적 불확실성을 표현하는 말. 간접적 불확실성indirect uncertainty 과 대조되는 개념이다.

- **초과분율**Excess fraction : 귀속분율을 참조하라.

- **최빈값(모집단 분포)**Mode (of a population) : 발생 확률이 가장 높은 응답.

- **최빈값(표본)**Mode (of a sample distribution) : 데이터 집합에서 가장 흔한 값.

- **카오스계**Chaotic system : 사건들 간에 비선형적인 관계가 있는 완전한 결정론적 시스템으로, 초기 조건의 아주 작은 변화가 차후에 큰 영향을 미칠 수 있다. 즉, 카오스계는 매우 복잡하므로 진정한 무작위성을 보유한 확률계와 구별할 수 없다.

- **크롬웰의 규칙**Cromwell's Rule : 올리버 크롬웰이 스코틀랜드 교회에 "내가 그리스도의 이름으로 간청하는데, 당신이 착각했을 가능성이 있다고 생각하라"고 호소한 데서 유래한 규칙으로, 논리적으로 불가능하지 않은 모든 가능성에 항상 작은 확률을 부여하라는 것이다. 이것은 겸손에 대한 수학적 표현이라고 할 수 있다.

- **통계 모델**Stochastic model : 일련의 확률변수의 확률분포에 대한 미지의 모수를 다루는 수학적 재현mathematical representation 으로, 종종 복잡한 관계를 포함한다.

- **파레토 분포**Pareto distribution : 밀도 $\Pr(x|x_m, a)=(a/x_m)/(x/x_m)^{a+1}$; $x>x_m$이고 $\Pr(X>x|x_m, a)=1/(x/x_m)^a$; $x>x_m$인 확률변수 X의 확률분포.

- **평균(모집단)**Mean (of a population) : 기댓값을 참조하라.

- **평균(표본)**Mean (of a sample) : x_1, x_2, ... , x_n이라고 이름 붙인 n개의 데이터 포인트로 구성된 집합이 있다고 가정해 보자. 그러면 이들의 표본 평균sample mean은 $m=(x_1+x_2+...x_n)/n$이 된다. 예컨대 한 표본에서 다섯 명이 보고한 자녀 수가 3, 2, 1, 0, 1인 경우 표본 평균은 $(3+2+1+0+1)/5=7/5=1.4$가 된다.

- **푸아송분포**Poisson distribution : 모수 μ이고 $x=0$, 1, 2, ...에 대한 $Pr(X=x|\mu)=e^{-\mu}\dfrac{\mu^x}{x!}$인 확률변수 X의 분포. 그러면 $E(X)=\mu$이고 $V(X)=\mu$이다.

- **표본 분산**Variance of a sample : 이는 일반적으로 $s^2=\dfrac{1}{(n-1)}\sum_{i=1}^{n}=(x_i-\bar{x})^2$으로 정의되지만, 분모를 n으로 설정하는 것은 잘못된 것이 아니므로 정당화될 수 있다.

- **표준편차**Standard deviation : 분산variance 의 제곱근, 즉 $SD(X)=\sqrt{V(X)}$이다. 긴 꼬리가 없는 잘 작동하고 합리적으로 대칭적인 데이터 분포의 경우, 대부분의 관찰값이 평균에서 두 표준편차 이내에 있을 것으로 예상할 수 있다.

- **확률**Probability : $Pr(A)$를 사건 A가 일어날 확률이라고 하자.

  1. 범위Bound : $0 \leq Pr(A) \leq 1$, A가 불가능하면 $Pr(A)=0$이고 A가 확실하면 $Pr(A)=1$이다.

  2. 여확률Complement : $Pr(A)=1-Pr(\text{not } A)$.

  3. 덧셈 법칙Addition rule : A와 B가 상호 배타적인 경우(즉, 두 사건이 동시에 일어날 수 없는 경우), $Pr(A \text{ or } B)=Pr(A)+Pr(B)$이다.

  4. 곱셈 법칙Multiplication rule : 모든 사건 A와 B에 대해 $Pr(A \text{ and } B)=Pr(A|B) \cdot Pr(B)$이며, 여기서 $Pr(A|B)$는 B가 주어졌을

때 A가 발생할 확률을 나타낸다. A와 B는 $\Pr(A|B)=\Pr(A)$
인 경우, 즉 B의 발생이 A의 확률에 영향을 미치지 않는 경우
에만 독립적이다. 이 경우 독립사건의 곱셈 법칙인 $\Pr(A$ and
$B)=\Pr(A)\Pr(B)$가 성립한다.

- **확률분포**Probability distribution : 확률변수가 특정 값을 취할 확률을 수학
  적으로 표현하는 일반적인 용어. 확률변수 X는 $-\infty<x<\infty$에서
  $F(x)=\Pr(X\leq x)$, 즉 'X가 최대 x일 확률'로 정의되는 확률분포 함
  수를 갖는다. 이산 확률변수는 제한된 값만 취할 수 있으며, 이 값
  들은 확률 $\Pr(X=x)$를 갖는다. 연속 확률변수 X는 확률 밀도 함수
  $f(x)$를 가지며, $P(X\leq x)=\int_{-\infty}^{x}f(t)dt$이고, 기댓값은 $E(X)=\int_{-\infty}^{\infty}$
  $xf(x)dx$로 정의된다. X가 구간 (A, B)에 놓일 확률은 $\int_{A}^{B}f(x)dx$를
  사용하여 계산할 수 있다.

- **확률변수**Random variable : 확률분포(보다 공식적으로는, '가능한 모든 결과의
  공간'에서 숫자로의 매핑)를 가진 양. 관찰되기 전에는 일반적으로 대
  문자로 표시된다.

- **확률적**Stochastic : 비결정론적 시스템non-deterministic system에서 피할 수
  없는 무작위성이 있는 경우. 즉, 원칙적으로 완전히 동일한 두 상황
  이 상이한 결과로 끝날 수 있는 경우를 말한다.

다음의 모든 웹페이지는 2025년 4월 기준 접근 가능했다.

서론. 불확실성은 위기이자 기회다

1. J. Toner, *Risk in the Roman World* (Cambridge University Press, 2023).
2. Ipsos MORI, *What Worries the World* (2022), https://www.ipsos.com/en-uk/what-worries-world-december2022. Based on a 'Representative sample of 19,504 adults aged 16-74 in 29 participating countries, 25 Nov.-9 Dec. 2022'
3. Gallup Inc, *Millennials: The Job-Hopping Generation* (2016), https://www.gallup.com/workplace/231587/millennials-job-hopping-generation.aspx
4. 대니얼 카너먼, 《생각에 대한 생각》 (김영사, 2021).
5. S. Žižek, 'Rumsfeld and the Bees', *Guardian*, 28 June 2008.

1장. 불확실성은 개인적이다

1. 에스더 에이디노와의 인터뷰는 BBC 라디오 4의 〈리스크 메이커스 Risk Makers〉, https://www.bbc.co.uk/programmes/m0002rq8에서 확인할 수 있다.

2. 이것은 다음 책에 나오는 내용을 각색한 것이다. M. Smithson, *Ignorance and Unc
    ertainty: Emerging Paradigms* (Springer, 1989). 이 책에서 저자는 '의식적이고 메타인
    지적인 무지의 인식the conscious, metacognitive awareness of ignorance'을 사용하지만, '메타
    인지'라는 용어는 중복인 것처럼 보인다.

3. 영국 대법원 판결은 다음 책을 참고하라. *Ivey v Genting Casinos (UK) Ltd (t/a Crockfor
    ds) UKSC 67* (2017), http://www.bailii.org/uk/cases/ UKSC/2017/67.html

4. A.-R. Blais and E.U. Weber, 'A Domain-Specific Risk-Taking (DOSPERT) scale for
    adult populations', *Judgment and Decision Making* 1 (2006), 33 – 47.

5. M. A. Hillen et al., 'Tolerance of uncertainty: conceptual analysis, integrative mod
    el, and implications for healthcare', *Social Science & Medicine* 180 (2017), 62 – 75.

6. R. N. Carleton et al., 'Increasingly certain about uncertainty: intolerance of un
    certainty across anxiety and depression', *Journal of Anxiety Disorders* 26 (2012),
    468 – 79.

7. G. Gigerenzer and R. Garcia-Retamero, 'Cassandra's regret: the psychology of not
    wanting to know', *Psychological Review* 124 (2017), 179 – 96.

8. 리처드 파인먼의 논평은 BBC 인터뷰의 일부다. YouTube, https://www.youtube.
    com/watch?v=E1RqTP5Unr4

9. 영국 정부의 BSE에 대한 조사는 다음 웹페이지를 참고하라. https://webarchive.na
    tionalarchives.gov.uk/ukgwa/ 20060802142310/http://www.bseinquiry.gov.uk/

10. P. Slovic, 'Perception of risk', *Science* 236 (1987), 280 – 85.

11. H. P. Lovecraft, *Supernatural Horror in Literature*, https://gutenberg.net.au/ ebook
    s06/0601181h.html

2장. 말하지 말고 숫자로 보여줘라

1. P. Wyden, *Bay of Pigs: The Untold Story* (Jonathan Cape, 1979).

2. P. Knapp et al., 'Comparison of two methods of presenting risk information to
    patients about the side effects of medicines', *Quality and Safety in Health Care* 13
    (2004), 176 – 80.

3. 'Summary of product characteristics. Section 4.8: Undesirable effects', *European
    Medicines Agency* (2016), https://www.ema.europa.eu/en/documents/presentation/
    presentation-section-48-undesirableeffects_en.pdf

4. 'MI5 terrorism threat level', MI5 (2010), https://www.mi5.gov.uk/threats-and-
    advice/terrorism-threat-levels

5. 'The UK National Threat Level has been raised from substantial to SEVERE – me
    aning an attack is highly likely', Gov.uk, https://www.gov.uk/government/news/

uk-terrorism-threat-level-raised-to-severe

6. D.V. Budescu et al., 'The interpretation of IPCC probabilistic statements around the world', *Nature Climate Change* 4 (2014), 508‒12.

7. 같은 자료.

8. Fifth Assessment Report, Summary for Policymakers, Intergovernmental Panel on Climate Change (IPCC) (2014), https://ar5-syr.ipcc.ch/topic_summary.php

9. D. Irwin and D. Mandel, 'Variants of vague verbiage: intelligence community met hods for communicating probability', https://papers.ssrn.com/abstract=3441269

10. D. R. Mandel and D. Irwin, 'Facilitating sender‒receiver agreement in communi cated probabilities: is it best to use words, numbers or both?', *Judgment and Decisi on Making* 16 (2021), 363‒93.

11. Budescu et al., 'The interpretation of IPCC probabilistic statements around the wo rld'.

12. 오바마의 인터뷰는 채널 4Channel 4의 프로그램인 〈빈 라덴 사살*Bin Laden: Shoot to Kill*〉(2011)을 참고하라.

13. J. A. Friedman and R. Zeckhauser, 'Handling and mishandling estimative probabil ity: likelihood, confidence, and the search for Bin Laden', *Intelligence and National Security* 30 (2015), 77‒99.

14. 'The death of Osama bin Laden: how the US finally got its man', *Guardian*, 12 Oct. 2012.

15. T. Gneiting et al., 'Probabilistic forecasts, calibration and sharpness', *Journal of the Royal Statistical Society: Series B* 69 (2007), 243‒68.

16. 네이트 실버가 트럼프의 당선 가능성을 28.6%로 예측한 것은 https://projects.five thirtyeight.com/2016-election-forecast/을 참고하라.

17. 'Nate Silver's model gives Trump an unusually high chance of winning. Could he be right?', *Vox*, 3 Nov. 2016.

18. R. M. Cooke, 'The aggregation of expert judgment: do good things come to those who weight?', *Risk Analysis* 35 (2015), 12‒15.

19. P. E. Tetlock and D. Gardner, *Superforecasting: The Art and Science of Prediction* (McClelland & Stewart, 2015).

20. D. Gardner, Future Babble (Penguin, 2012).

21. D. J. Spiegelhalter et al., 'Bayesian approaches to randomized trials', *Journal of the Royal Statistical Society: Series A* 157 (1994), 357‒87.

22. N. Dallow et al., 'Better decision making in drug development through adoption of formal prior elicitation', *Pharmaceutical Statistics* 17 (2018), 301‒16.

23. Cooke, 'The aggregation of expert judgment'.

24. 'Nulty & Ors v Milton Keynes Borough Council [2013] 1 WLR 1183', para 37,

England and Wales Court of Appeal (2013), https://www.casemine.com/judgement/uk/5a8ff70260d03e7f57ea5959

25. Lord Leggatt, 'Some questions of proof and probability', UK Supreme Court, https://www.supremecourt.uk/news/speeches.html#2023

26. M. K. B. Parmar et al., 'The chart trials: Bayesian design and monitoring in practice', *Statistics in Medicine* 13 (1994), 1297-312

27. M. K. B. Parmar et al., 'Monitoring of large randomised clinical trials: a new approach with Bayesian methods', *Lancet* 358 (2001), 375-81.

3장. 확률이 존재하기는 하는가?

1. F. N. David, *Games, Gods, and Gambling: A History of Probability and Statistical Ideas* (Dover Publications, 1998).

2. 같은 자료.

3. G. Cardano, *Liber de ludo aleae* (FrancoAngeli, 2006).

4. 'GCSE Maths Past Papers - Revision Maths', *Edexcel*, at https://revisionmaths.com/gcse-maths/gcse-maths-past-papers/edexcelgcse-maths-past-papers

5. 'Student protest against "unfair" GCSE maths question goes viral', *Guardian*, 5 June 2015.

6. 'Number of Atoms in the Universe', *Oxford Education Blog*, https://educationblog.oup.com/secondary/maths/numbers-of-atoms-in-the-universe

7. 'Card Shuffling - 52 Factorial', *QI*, at https://www.youtube.com/watch?v=SLIvwtIuC3Y

8. 'Stigler's law of eponymy', Wikipedia.

9. S. M. Stigler, *Casanova's Lottery: The History of a Revolutionary Game of Chance* (University of Chicago Press, 2022).

10. 같은 자료.

11. 'National Lottery (United Kingdom)', Wikipedia.

12. F. P. Ramsey, 'Truth and probability', McMaster University Archive for the History of Economic Thought: (1926), 156-98, at https://econpapers.repec.org/bookchap/hayhetcha/ramsey1926.htm

13. R.Feynman, 'Probability', *The Feynman Lectures on Physics Vol 1*, Ch. 6, at https://www.feynmanlectures.caltech.edu/I_06.html

14. A. M. Turing, 'The applications of probability to cryptography', www.nationalarchives.gov.uk HW 25/37 (1941-2). 조판 버전은 https://arxiv.org/abs/1505.04714에서 확인할 수 있다.

15. B. de Finetti, *Theory of Probability* (Wiley. 1974).
16. 'De Finetti's theorem', Wikipedia.

4장. 우연을 통제할 수 있는가?

1. 'Cambridge coincidences collection', *Understanding Uncertainty*, https://understandinguncertainty.org/coincidences/

2. 'Ron Biederman's trousers', *Understanding Uncertainty*, https://understandinguncertainty.org/user-submitted-coincidences/ronbiedermans-trousers

3. P. Diaconis and F. Mosteller, 'Methods for studying coincidences', *Journal of the American Statistical Association* 84 (1989), 853 – 61.

4. 'Army coat hanger', *Understanding Uncertainty*, http://understanding uncertainty. org/user-submitted-coincidences/army-coat-hanger

5. 'Born in the same bed', *Understanding Uncertainty*, http://understanding uncertainty.org/user- submitted-coincidences/born-same-bed

6. 'What are the Odds?', BBC Sounds, https://www.bbc.co.uk/sounds/play/b09v2x58

7. 'Happy birthday to you: couple have 3 children all born on same date', *Daily Mail Online*, 13 Oct. 2010.

8. 'Archive on 4 – Good luck, Professor Spiegelhalter', BBC Sounds, https://www.bbc.co.uk/sounds/play/b09kpmys

9. T. S. Nunnikhoven, 'A birthday problem solution for nonuniform birth frequencies', *American Statistician* 46 (1992), 270 – 74.

10. 'September 19th is Huntrodds day!', *Understanding Uncertainty*, https://understandinguncertainty.org/september-19th-huntrodds-day

11. O. Flanagan, 'Huntrodds' Day: celebrating coincidence, chance and randomness', *Significance*, 15 Sept. 2014.

12. 'Population estimates by marital status and living arrangements, England and Wales', *Office forNationalStatistics*, https://www.ons.gov.uk/ peoplepopulationandcommunity/populationandmigration/populationestimates/data sets/populationestimatesbymaritalstatusand livingarrangements

13. 'It's lucky eight for Pagham couple', *Sussex World*, 7 Aug. 2008.

14. R. Sheldrake, 'Morphic resonance and morphic fields: an introduction', https://www.sheldrake.org/research/morphic-resonance/introduction

15. P. Diaconis and F. Mosteller, 'Methods for studying coincidences'.

16. 'To Infinity and beyond', BBC Horizon 2009 – 2010, https://www.bbc.co.uk/pro

grammes/b00qszch

17. A. B. Russell, 'What is the monkey simulator?' (2014), https://github.com/arusse
ll/infinite-monkey-simulator

18. 'Understanding uncertainty: infinite monkey business', *Plus Maths*, https://plus.
maths.org/content/infinite-monkey-businesst

19. K. Yates, 'The unexpected maths problem at work during the Women's Wor
ld Cup', BBC Future, https://www.bbc.com/future/article/ 20230830-the-
unexpected-maths-problem-at-work-during-the-womensworld-cup

20. L. Takács, 'The problem of coincidences', *Archive for History of Exact Sciences* 21
(1980), 229-44.

21. Diaconis and Mosteller, 'Methods for studying coincidences'.

22. 데이비드 스피겔할터, 《숫자에 약한 사람들을 위한 통계학 수업》 (웅진지식하우스,
2020).

23. 비행기 추락 사고에 대한 자세한 내용은 https://www.planecrashinfo.com/에서 확
인할 수 있다.

24. D. Spiegelhalter 'Another tragic cluster - but how surprised should we be?', *Unde
rstanding Uncertainty*, https://understandinguncertainty.org/another-tragic-cluster-
how-surprised-should-we-be

25. 'Statistics and the law', Royal Statistical Society, https://rss.org.uk/membership/
rss-groups-and-committees/sections/statistics-law/

26. D. J. Spiegelhalter and H. Riesch, 'Don't know, can't know: embracing deeper un
certainties when analysing risks', *Philosophical Transactions of the Royal Society*, A 369
(2011), 4730-50.

5장. 인생은 운에 얼마나 좌우되는가?

1. R. Doll, 'Commentary: the age distribution of cancer and a multistage theory of
carcinogenesis', *International Journal of Epidemiology* 33 (2004), 1183-4.

2. '1949 Manchester BEA Douglas DC-3 Accident', Wikipedia.

3. 'Five survivors of spectacular falls', BBC News, 17 June 2013.

4. D. Flusfelder, *Luck: A Personal Account of Fortune, Chance and Risk in Thirteen Invest
igations* (4th Estate, 2022).

5. 'Archive on 4-Good luck, Professor Spiegelhalter', BBC Sounds, https:// www.
bbc.co.uk/sounds/play/b09kpmys

6. 'Edward F. Cantasano', Wikipedia.

7. D. Hadert, 'Lord Howard de Walden', *Guardian*, 12 July 1999.

8. D. K. Nelkin, ʻMoral luckʼ, *The Stanford Encyclopedia of Philosophy*, ed. E. N. Zal ta and U. Nodelman, https://plato.stanford.edu/archives/spr2023/entries/moral-luck/

9. T. Nagel, *Mortal Questions* (Cambridge University Press, 1979.)

10. ʻRichard P. Feynman Quoteʼ, *A−Z Quotes*, https://www.azquotes.com/quo te/1285990

11. ʻEarly Space Shuttle flights riskier than estimatedʼ, *National Public Radio*, 4 March 2011.

12. 안타깝게도 2011년 보고서 원본은 NASA 우주왕복선 안전 및 임무 보증 사무소(Sp ace Shuttle Safety and Mission Assurance Office)의 웹사이트에서 더 이상 볼 수 없지만, 주요 그래픽은 다음 논문에 재현되어 있다. D. Spiegelhalter et al., ʻVisualizing uncertai nty about the futureʼ, *Science 333* (2011), 1393−400 (Supplementary material).

13. ʻEnglandʼs result against India in the third test could hinge on the toss of a coin: I should know. . . I lost 14 in a row!ʼ, *Daily Mail Online*, 24 Nov. 2016.

14. ʻDerren Brown−10 Heads in a Rowʼ (2012), YouTube, https://www.youtube. com/watch?v=XzYLHOX50Bc

15. ʻFlipping 10 heads in a row: full videoʼ (2011), YouTube, https://www.youtube. com/watch?v=rwvIGNXY21Y

16. ʻBuilders picking Lotto ball 39 had best chance of winning UK national lottery in 2022ʼ, *Guardian*, 27 Dec. 2022.

17. M. J. Mauboussin, *The Success Equation* (Harvard Business Review Press, 2012).

18. ʻFootball results, statistics & soccer betting odds dataʼ, https://www.football-data. co.uk/data.php

19. ʻTrueSkillTM ranking systemʼ, Microsoft Research, https://www.microsoft.com/ enus/research/project/trueskill-ranking-system/

20. E.C. Marshall and D. J. Spiegelhalter, ʻReliability of league tables of in vitro fertili sation clinics: retrospective analysis of live birth ratesʼ, *British Medical Journal*, 316 (1998), 1701−4.

21. H. Goldstein and D. J. Spiegelhalter, ʻLeague tables and their limitations: statistic al issues in comparisons of institutional performanceʼ, *Journal of the Royal Statistical Society: Series A (Statistics in Society)* 159 (1996), 385−409.

22. E. Smith, *Luck, What It Means and Why It Matters* (Bloomsbury, 2012).

23. R. Wiseman, *The Luck Factor* (Arrow, 2004).

24. 선천성 심장병 어린이 수술에 대한 자세한 결과는 https://www.childrensheartsurg ery.info/에서 확인할 수 있다.

6장. 예측할 수 있다고 착각하지 마라

1. A. Lee et al., ʿBOADICEA: a comprehensive breast cancer risk prediction model incorporating genetic and nongenetic risk factorsʾ, *Genetics in Medicine* 21 (2019), 1708－18.

2. The Cystic Fibrosis Foundation; https://www.cff.org/intro-cf/cf-genetics-basics

3. M. Blastland, *The Hidden Half: How the World Conceals its Secrets* (Atlantic Books, 2019).

4. P. S. Laplace, *A Philosophical Essay on Probabilities* (1814), https://www.gutenberg.org/ebooks/58881

5. D. Garisto, ʿThe universe is not locally real, and the physics Nobel Prize winners proved itʾ, *Scientific American* (2023).

6. A. Albrecht and D. Phillips, ʿOrigin of probabilities and their application to the multiverseʾ, *Physical Review* D 90 (2014), 123514.

7. B. B. Brown, ʿSome tests on the randomness of a million digitsʾ, RAND Corporation (1948), https://www.rand.org/pubs/papers/P44.html

8. Rand Corporation, *A Million Random Digits with 100,000 Normal Deviates* (Rand Corporation, 2001).

9. G.W. Brown, ʿHistory of RANDʾs random digits: summaryʾ, RAND Corporation (1949), https://www.rand.org/pubs/papers/P113.html

10. ʿTails you win: the science of chanceʾ, BBC Four, https://www.bbc.co.uk/programmes/p00yh2rc

11. P. Diaconis et al., ʿDynamical bias in the coin tossʾ, *SIAM Review* 49 (2007), 211－35.

12. E. Paparistodemou et al., ʿThe interplay between fairness and randomness in a spatial computer gameʾ, *International Journal of Computing and Machine Learning* 13 (2008), 89－110.

13. ʿU.S. makes mistake on Visa lottery, must redrawʾ, Reuters, 13 May 2011.

14. ʿLottery draft － 1969, CBS Newsʾ, YouTube, http://www.youtube.com/watch?v=-p5X1FjyD_g

15. ʿUK national lotto winning numbersʾ, http://lottery.merseyworld.com/Winning_index.html

16. John Haigh showed the chi-squared statistic must be increased by a factor 48/43, before being compared to a null distribution with 48 degrees of freedom. The resulting P-values for the four distributions are 0.97, 0.34, 0.12 and 0.21, showing good compatibility with a uniform distribution. 존 하이(John Haigh)는 카이제곱 통계를 48/43배 증가시켜야 자유도 48의 영 분포(null distribution)와 비교할 수 있음을 보

여주었다. 4가지 분포의 P값은 0.97, 0.34, 0.12, 0.21가 나오는데, 균등분포와 잘 어울리는 것으로 나타났다. J. Haigh, 'The statistics of the National Lottery', *Journal of the Royal Statistical Society: Series A* 160 (1997), 187 – 206.

17. 'How to win lotto: Beat Lottery', BeatLottery.co.uk, https://www.beatlottery.co.uk/lotto/how-to-win

18. 'Stephanie Shirley career story: the importance of being ERNIE', *Significance* 3 (2006), 33 – 6.

19. A. L. Mishara, 'Klaus Conrad (1905 – 1961): delusional mood, psychosis, and beginning schizophrenia', *Schizophrenia Bulletin* 36 (2010), 9 – 13.

20. B. Cohen, 'Spotify made its shuffle feature less random so that it would actually feel more random to listeners – here's why', *Business Insider* (2020), https://www.businessinsider.com/spotifymade-shuffle-feature-less-random-to-actually-feel-random-2020-3

21. I. Palacios- Huerta, 'Professionals play Minimax', *Review of Economic Studies* 70 (2003), 395 – 415.

22. N. M. Laird, 'A conversation with F. N. David', *Statistical Science* 4 (1989), 235 – 46.

7장. 미래의 가능성을 바꾸는 베이즈 정리의 힘

1. T. Bayes, 'An essay towards solving a problem in the doctrine of chances', *Philosophical Transactions* 53 (1763), 370 – 418.

2. E. O'Dwyer, 'Facial recognition cameras set to scan crowds at King's coronation as 11,500 police deployed', *inews.co.uk*, 3 May 2023.

3. 'Live facial recognition', *College of Policing* (2022), https://www.college.police.uk/app/live-facial-recognition/live-facial-recognition

4 'Met police to deploy facial recognition cameras', BBC News, 24 Jan. 2020.

5. S. Coble, 'London police adopt facial recognition technology as Europe considers five-year ban', *Infosecurity Magazine* (2020), https://www.infosecurity-magazine.com/news/the-met-adopt-facial-recognition/

6. 'Alan Turing papers on code breaking released by GCHQ', BBC News, 19 April 2012.

7. 데이비드 스피겔할터, 《숫자에 약한 사람들을 위한 통계학 수업》(웅진지식하우스, 2020).

8. 'The influence of ULTRA in the Second World War', https://www.cix.co.uk/~klockstone/hinsley.htm

9. T. Carlyle, *Oliver Cromwell's Letters and Speeches: with elucidations* (Scribner, Welford and Co., 1871). http://www.gasl.org/refbib/Carlyle__Cromwell.pdf에서 pdf 파일을 구할 수 있다.

10. R. Bain, 'Are our brains Bayesian?', *Significance* 13 (2016), 14−19.

8장. 과학이 불확실성에 대처하는 법

1. 'GUM: guide to the expression of uncertainty in measurement', BIPM (2008), https://www.bipm.org/en/committees/jc/jcgm/publications

2. B. N. Taylor, 'Guidelines for evaluating and expressing the uncertainty of NIST measurement results', United States: Commerce Department: National Institute of Standards and Technology (NIST), National Bureau of Standards (U.S.) (1993), http://dx.doi.org/10.6028/NIST.TN.1297

3. M. Henrion and B. Fischhoff, 'Assessing uncertainty in physical constants', *American Journal of Physics* 54 (1986), 791−8.

4. 같은 자료.

5. A. D. Franklin, 'Millikan's published and unpublished data on oil drops', *Historical Studies in the Physical Sciences* 11 (1981), 185−201.

6. The RECOVERY Collaborative Group, 'Dexamethasone in hospitalized patients with Covid-19', *New England Journal of Medicine* 384 (2021), 693−704.

7. E. Thompson, *Escape from Model Land* (Basic Books, 2022).

8. G. E. P. Box, 'Science and statistics', *Journal of the American Statistical Association* 71 (1976), 791−9.

9. R. L. Wasserstein and N. A Lazar, 'The ASA statement on p-values: context, process, and purpose', *American Statistician* 70 (2016), 129−33.

10. 같은 자료.

11. S. Greenland et al., 'To curb research misreporting, replace significance and confidence by compatibility', *Preventive Medicine* 164 (2022), 107127.

12. 'COVID treatment developed in the NHS saves a million lives', NHS England (2021).

13. R. M. Turner et al., 'Routine antenatal anti-D prophylaxis in women who are Rh(D) negative: meta-analyses adjusted for differences in study design and quality, *PLOS ONE* (2012), e30711.

14. J. Park et al., 'Combining models to generate a consensus effective reproduction number R for the COVID-19 epidemic status in England', *medRxiv* (2023), https://www.medrxiv.org/content/10.1101/2023.02.27.23286501v1

15. 'SPI-M-O: consensus statement on COVID-19', Gov.uk, 15 Oct. 2020.

16. T. Maishman et al., 'Statistical methods used to combine the effective reproduction number, R(t), and other related measures of COVID-19 in the UK', *Statistical Me thods in Medical Research* 31 (2022).

17. A. Oza, 'Reproducibility trial: 246 biologists get different results from same data sets', *Nature*, 12 Oct. 2023.

18. D. A. van Dyk, 'The role of statistics in the discovery of a Higgs boson', *Annual Review of Statistics and Its Applications* 1 (2014), 41 – 59.

19. 'New results indicate that new particle is a Higgs boson', CERN, 14 March 2013.

20. S. Stepanyan et al., 'Observation of an exotic $S=1$ baryon in exclusive photoprodu ction from the deuteron', *Physical Review Letters* 91 (2003), 252001.

21. van Dyk, 'The role of statistics in the discovery of a Higgs Boson'.

22. 'Faster than light particles found, claim scientists', *Guardian*, 22 Sept. 2011.

23. https://statmodeling.stat.columbia.edu/2024/03/27/bayesian-inference-with-informative-priors-is-not-inherently-subjective/

9장. 확률을 얼마나 신뢰할 수 있는가?

1. Ministry of Defence, 'Joint doctrine publication 2-00, intelligence, counter- intell igence and security support to joint operations' (2023), https://assets. publishing.se rvice.gov.uk/media/653a4b0780884d0013f71bb0/JDP_2_00_Ed_4_web.pdf

2. 'Assessing Russian activities and intentions in recent U.S. elections', Intelligen ce Committee, 6 Jan. 2019, https://www.intelligence.senate.gov/publications/ assessing-russian-activities-and-intentions-recent-uselections

3. J. A. Friedman and R. Zeckhauser, 'Handling and mishandling estimative probabil ity: likelihood, confidence, and the search for Bin Laden', *Intelligence and National Security* 30 (2015), 77 – 99.

4 D. Irwin and D.R. Mandel, 'Communicating uncertainty in national security inte lligence: expert and nonexpert interpretations of and preferences for verbal and nu meric formats', *Risk Analysis* 43 (2023), 943 – 57.

5 'Assessing Russian activities and intentions in recent U.S. elections'.

6. 'Contaminated blood', UK Parliament, 11 July 2017, https://hansard. par liament.uk/commons/2017-0711/debates/E647265A-4A8A-4D87-95A2-66A91E3A37D6/ContaminatedBlood

7. J. M. Micallef et al., 'Spontaneous viral clearance following acute hepatitis C infect ion: a systematic review of longitudinal studies', *Journal of Viral Hepatitis* 13 (2006),

34 - 41.

8. 'Inquiry publishes report by the Statistics Expert Group', Infected Blood Inquiry, 15 Sept. 2022.

9. IPCC Cross-Working Group Meeting on Consistent Treatment of Uncertainties, 'Guidance note for lead authors of the IPCC Fifth Assessment Report on consiste nt treatment of uncertainties', IPCC, 2010, http://www.ipcc-wg2.gov/meetings/CGCs/Uncertainties-GN_IPCC brochure_lo.pdf

10. IPCC AR6 Working Group 1, 'Summary for policymakers', IPCC, 2022, https://www.ipcc.ch/report/ar6/wg1/chapter/summary-for-policymakers/

11. A. Kause et al., 'Confidence levels and likelihood terms in IPCC reports: a survey of experts from different scientific disciplines', *Climatic Change* 173 (2022).

12. 'What is GRADE?', *BMJ Best Practice*, https://bestpractice.bmj.com/info/toolkit/learn-ebm/what-is-grade/

13. H. Balshem et al., 'GRADE guidelines: 3. Rating the quality of evidence', *Journal Clinical Epidemiology* 64 (2011), 401 - 6.

14. 같은 자료.

15. 'Non-pharmaceutical interventions (NPIs) table', Gov.uk, 21 Sept. 2020, https://www.gov.uk/government/publications/npis-table-17-september-2020/non-pharmaceutical-interventions-npis-table-21-september-2020

16. 'Teaching & learning toolkit', Education Endowment Foundation, 12 May 2016, https://educationendowmentfoundation.org.uk/evidence/teaching-learning-toolkit

17. 'Official statistics in development', Office for Statistics Regulation, https://osr.statisticsauthority.gov.uk/policies/official-statistics-policies/official-statistics-in-development/

10장. 기후변화, 범죄의 책임이 누구에게 있는가?

1. C. J. Ferguson, 'The good, the bad and the ugly: a meta-analytic review of posi tive and negative effects of violent video games', *Psychiatric Quarterly* 78 (2007), 309 - 16.

2. 'Can the cat give you cancer? Parasite in their bellies linked with brain tumours', *Daily Mail Online*, 27 July 2011.

3. D. Grady et al., 'Hormone therapy to prevent disease and prolong life in postmeno pausal women' *Annals of Internal Medicine* 117 (1992), 1016 - 37.

4. J. E. Manson et al., 'The Women's Health Initiative hormone therapy trials: upda

te and overview of health outcomes during the intervention and post-stopping phas
es', *Journal of the American Medical Association* 310 (2013), 1353 – 68.

5. H. N. Hodis and W. J. Mack, 'Menopausal hormone replacement therapy and re
duction of all-cause mortality and cardiovascular disease: it's about time and timi
ng', *Cancer Journal*, 28 (2022), 208 – 23.

6. H. S. Hansen et al., 'The fraction of lung cancer attributable to smoking in the No
rwegian Women and Cancer (NOWAC) Study', *British Journal of Cancer* 124 (2021),
658 – 62.

7. 'Bacon, ham and sausages have the same cancer risk as cigarettes, warn experts',
Daily Record, 23 Oct. 2015.

8. J. M. Samet et al., 'The IARC Monographs: updated procedures for modern and
transparent evidence synthesis in cancer hazard identification', *Journal of the Nation
al Cancer Institute* 112 (2019), 30 – 37.

9. 'Aspartame sweetener to be declared possible cancer risk by WHO, say reports',
Guardian, 29 June 2023.

10. 'Quantifying uncertainty in causal analysis', US Environmental Protection Agency
(2016), https://www.epa.gov/caddis-vol1/quantifying-uncertainty-causal-analysis

11. 'IPCC AR6 Working Group 1: Summary for policymakers', IPCC, https://www.
ipcc.ch/report/ar6/wg1/chapter/summary-for-policymakers/

12. 같은 자료.

13. 'Attributing extreme weather to climate change', Met Office, https://www.metoffi
ce.gov.uk/research/climate/understanding-climate/attributing-extreme-weather-to-
climate-change

14. G. Schmidt, 'Climate models can't explain 2023's huge heat anomaly – we could
be in uncharted territory', *Nature*, 19 March 2024.

15. F. Guterl et al., 'How global warming is turbocharging monster storms', *Newswe
ek*, 5 Sept. 2018.

16. K. A. Reed et al., 'Forecasted attribution of the human influence on Hurricane Flo
rence', *Science Advances* 6 (2020).

17. S.-K. Min et al., 'Anthropogenic contribution to the 2017 earliest summer onset
in South Korea', *Bulletin of the American Meteorological Society* 100 (2019), S73 – 7.

18. A. Hannart and P. Naveau, 'Probabilities of causation of climate changes', Journal
of Climate2 31 (2018), 5507 – 24.

19. 'Adverse drug reaction probability scale (Naranjo) in drug-induced liver injury', *Liv
erTox: Clinical and Research Information on Drug-Induced Liver Injury*, National Insti
tute of Diabetes and Digestive and Kidney Diseases (2012), http://www.ncbi.nlm.
nih.gov/books/NBK548069/

20. 'Novartis Grimsby Ltd v Cookson', England and Wales Court of Appeal, EWCA Civ 1261 (2007).

21. 'FAQs: probability of causation', Centers for Disease Control and Prevention, https://www.cdc.gov/niosh/ocas/faqspoc.html

22. A. Broadbent, 'Epidemiological evidence in proof of specific causation', *Legal Theory* 17 (2011), 237-78.

23. *Reference Manual on Scientific Evidence: Third Edition* (National Academies Press, 2011), http://www.nap.edu/catalog/13163

24. 'DNA-17 Profiling', Crown Prosecution Service, https://www.cps.gov.uk/legal-guidance/dna-17-profiling

25. 'Guideline for evaluative reporting in forensic science', *ENFSI* (2016), https://enfsi.eu/docfile/enfsiguideline-for-evaluative-reporting-inforensic-science/

26. 'Science and the law', Royal Society, https://royalsociety.org/about-us/programmes/science-and-law/

27. 'R v Sally Clark', England and Wales Court of Appeal, EWCA Crim 1020 (2003).

28. P. Dawid, 'Statistics on trial', *Significance* 2 (2005), 6-8

29. 같은 자료.

30. 'R v Sally Clark', England and Wales Court of Appeal, EWCA Crim 1020 (2003).

31. 'R v Adams', Wikipedia.

32. L.H. Tribe, 'Trial by mathematics: precision and ritual in the legal process', *Harvard Law Review* 84 (1971), 1329-93.

33. Lord Leggatt, 'Some questions of proof and probability', UK Supreme Court, https://www.supremecourt.uk/news/speeches.html#2023

34. J. M. Keynes, *Treatise on Probability* (Macmillan, 1921).

35. Lord Leggatt, 'Some questions of proof and probability'.

36. N. Nic Daéid et al., 'The use of statistics in legal proceedings: a primer for the courts', Royal Society (2020).

11장. 그럼에도 미래를 알고 싶은 당신에게 필요한 수학

1. 조앤 K. 롤링, 《해리 포터와 아즈카반의 죄수》 (문학수첩, 2025).

2. https://improbability-principle.com/

3. S. D. Snobelen, 'Statement on the date 2060', https://isaac-newton.org/statement-on-the-date-2060/

4. 'More or Less - 22/05/2009', BBC Sounds, https://www.bbc.co.uk/sounds/play/b00kfsgg

5. D. J. Spiegelhalter, 'The professor's premiership probabilities', 22 May 2009, http://news.bbc.co.uk/1/hi/programmes/more_or_less/8062277.stm

6. 'Lawro's predictions', BBC, 24 May 2009, http://news.bbc.co.uk/sport1/hi/ foot ball/8048360.stm

7. D. J. Spiegelhalter and Y-L. Ng, 'One match to go!', *Significance* 6 (2009), 151–3.

8. T. Palmer, *The Primacy of Doubt: From Climate Change to Quantum Physics, How the Science of Uncertainty Can Help Predict and Understand our Chaotic World* (Oxford Un iversity Press, 2022).

9. Skill scores of forecasts of weather parameters by TIGGE centres, ECMWF, htt ps://charts.ecmwf.int/products/plwww_3m_ens_tigge_wp_mean?area=Europe&pa rameter=24h%20precipitation&score=Brier%20 skill%20score

10. 'GraphCast: AI model for faster and more accurate global weather forecasting', Go ogle DeepMind, 14 Nov. 2023.

11. 'Inflation report – May 2018', Bank of England, https://www.bankofengland.co. uk/inflation-report/2018/may-2018

12. J. Mitchell and M. Weale, 'Forecasting with unknown unknowns: censoring and fat tails on the Bank of England's Monetary Policy Committee', EMF Research Pa pers (2019), https://ideas.repec.org//p/wrk/wrkemf/27.html

13. K. Wijndaele et al., 'Television viewing time independently predicts all-cause and cardiovascular mortality: the EPIC Norfolk Study', *International Journal of Epidemi ology* 40 (2011), 150–59.

14. A. Sud et al., 'Realistic expectations are key to realising the benefits of polygenic sc ores', *British Medical Journal* 380 (2023), e073149.

15. "Hancock criticised over DNA test 'over-reaction'", BBC News, 21 March 2019.

16. 'Predict prostate', https://prostate.predict.nhs.uk/

17. 'Life expectancy for local areas in England, Northern Ireland and Wales: between 2001 to 2003 and 2020 to 2018', Office for National Statistics, 23 Sept. 2021, ht tps://www.ons.gov.uk/peoplepopulationandcommunity/healthandsocialcare/health andlifeexpectancies/bulletins/lifeexpectancy forlocalareasoftheuk/between2001to200 3and2018to2020

18. 'Past and projected period and cohort life tables: 2020-based, UK 1981 to 2070', Office for National Statistics, 12 Jan. 2022, https://www.ons.gov.uk/peoplepopula tionandcommunity/birthsdeathsandmarriages/lifeexpectancies/bulletins/pastandproj ecteddatafromtheperiodandcohort lifetables/2020baseduk1981to2070

19. 'Mortality improvements and CMI_2021: frequently asked questions (FAQs)', Institute and Faculty of Actuaries, https://www.actuaries.org.uk/mortality- improvements-and-cmi-2021-frequently-asked-questions-faqs

20. 'Climate change 2021 : the physical science basis. Working Group I Contribution to the IPCC Sixth Assessment Report, Chapter 4', IPCC (2021), https://www. ipcc.ch/report/ar6/wg1/chapter/chapter-4/

21. D. Stainforth, 'The big idea : can we predict the climate of the future?', *Guardian*, 22 Oct. 2023.

22. 예컨대 다음과 같은 글을 참고하라. 'Can policymakers trust forecasters? Experts, modelers, and forecasters try to predict events, but which of them are most reliab le?', Institute for Progress (IFP), https://ifp.org/can-policymakers-trust-forecasters/

12장. 앞으로 벌어질 재난들에 휩쓸리지 않는 법

1.   J. E. Heffernan and J. A. Tawn, 'An extreme value analysis for the investigation into the sinking of the M.V. *Derbyshire*', *Journal of the Royal Statistical Society Series C: Applied Statistics* 52 (2003), 337 – 54.

2.   F. Liljeros et al., 'The web of human sexual contacts', *Nature* 411 (2001), 907 – 8.

3.   A. Clauset and R. Woodard, 'Estimating the historical and future probabilities of la rge terrorist events', *Annals of Applied Statistics* 7 (2013), 1838 – 65.

4.   E. Frederick, 'Predicting Three Mile Island', *MIT Technology Review*, 24 April 2019.

5.   T. R. Wellock, 'A figure of merit : quantifying the probability of a nuclear reactor accident', *Technological Culture* 58 (2017), 678 – 721.

6   E. Marsden, 'Farmer's diagram, or F–N curve : representing society's degree of cata strophe aversion', *Risk Engineering*, 22 July 2022, https://risk-engineering.org/con cept/Farmer-diagram

7.   'Reactor safety study : an assessment of accident risks in U.S. commercial nuclear power plants. Report NoWASH-1400-MR', Nuclear Regulatory Commission (Was hington, DC, 1975), https://www.osti.gov/biblio/7134131

8.   'Flood risk ten times higher in many places over the world within 30 years', Deltar es, 23 March 2023, https://www.deltares.nl/en/news/flood-risk-ten-times-higher- in-many-places-over-the-world-within-30-years

9.   T. H. J. Hermans et al., 'The timing of decreasing coastal flood protection due to sea-level rise', *Nature Climate Change* 13 (2023), 359 – 66.

10. 'Your long term flood risk assessment', Gov.uk, https://check-long-term-flood- risk.service.gov.uk/risk

11. 'National risk register 2023', Gov.uk, https://www.gov.uk/government/publicatio ns/national-risk- register2023

12. H. Sutherland et al., 'How people understand risk matrices, and how matrix desi

gn can improve their use: findings from randomized controlled studies', *Risk Analy sis* 42 (2021), 1023–41.

13. The House of Lords Science and Technology Select Committee report, https://pub lications.parliament.uk/pa/cm201011/cmselect/cmsctech/498/49808.htm

14. World Economic Forum, Global Risks Report 2023. Available from: htt ps:// www.weforum.org/publications/ global- risks- report- 2023/

15 H. W. J. Rittel and M. M. Webber, 'Dilemmas in a general theory of planning', *Policy* Science 4 (1973), 155–69.

16. J. Wolff, 'Risk, fear, blame, shame and the regulation of public safety', *Economics and Philosophy* 22 (2006), 409–27.

13장. 깊은 불확실성을 인정해야 한다

1. N. Taleb, *The Black Swan: The Impact of the Highly Improbable* (Random House, 2007).

2. J. Derbyshire, 'Answers to questions on uncertainty in geography: old lessons and new scenario tools', *Environment Planning A: Economy and Space* 52 (2020), 710–27.

3. A. Stirling, 'Keep it complex', Nature 468 (2010), 1029–31.

4. J. M. Keynes, 'The General Theory of Employment', *Quarterly Journal of Economi cs* 51 (1937), 209–23, at 213–14.

5. F. Knight, *Risk, Uncertainty and Profit* (1921), http://www.econlib.org/library/Kni ght/knRUP.html

6. R. M. Cooke, 'Deep and shallow uncertainty in messaging climate change', *Saf ety, Reliability and Risk Analysis* (CRC Press, 2013), https://papers.ssrn.com/abstra ct=2432227

7. D. Benford et al., 'The principles and methods behind EFSA's guidance on uncert ainty analysis in scientific assessment', *EFSA Journal*16 (2018), e05122.

8. R. Flage and T. Aven, 'Expressing and communicating uncertainty in relation to quantitative risk analysis (QRA)', *Reliability and Risk Analysis Theory Applications* 2 (2009), 9–18.

9. J. Kay and M. King, *Radical Uncertainty* (Bridge Street Press, 2020).

10. O. A. Lindaas and K.A. Pettersen, 'Risk analysis and black swans: two strategies for de-blackening', *Journal of Risk Research* 19 (2016), 1231–45.

11. Derbyshire, 'Answers to questions on uncertainty in geography', 710–27.

12. 'Emissions scenarios', IPCC, https://archive.ipcc.ch/ipccreports/sres/ emission/ind ex.php?idp=3

13. 'Stories from tomorrow: exploring new technology through useful fiction', Gov. uk, https://www.gov.uk/government/publications/stories-from-the-future-exploring-new-technology-through-useful-fiction/stories-from-tomorrow-exploring-new-technology-through-useful-fiction

14장. 정치, 사회, 경제에서 일어날 혼란을 막는 기술

1. 'Full text of Dick Cheney's Speech', *Guardian*, 27 Aug. 2002.

2. 'September Dossier', Wikipedia (2023).

3. Review of Intelligence on Weapons of Mass Destruction, http://www.butlerreview.org.uk/

4. Report of the Select Committee on Intelligence on prewar intelligence assessments about postwar Iraq together with additional and minority views. Library of Congress, https://www.loc.gov/item/2008354011/

5. 의심을 퍼뜨리는 장사꾼, https://www.merchantsofdoubt.org/

6. *Agnotology: The Making and Unmaking of Ignorance* (Stanford University Press, 2008).

7. O. O'Neill, 'Linking trust to trustworthiness', *International Journal of Philosophical Studies* 26(2) (2018), 293 – 300.

8. B. Fischhoff and A. L. Davis, 'Communicating scientific uncertainty', *Proceedings of the National Academy Sciences* 111 (Supplement 4), 16 Sep. 2014, 13664 – 71.

9. J. Champkin, 'Lord Krebs', *Significance* 10 (2013), 23 – 9.

10. B. C. Young et al., 'Daily testing for contacts of individuals with SARS-CoV-2 infection and attendance and SARS-CoV-2 transmission in English secondary schools and colleges: an open-label, cluster-randomised trial', *Lancet* 398 (2021), 1217 – 29.

11. J. W. Tukey, 'The future of data analysis', *Annals of Mathematical Statistics* 33 (1962), 1 – 67, at 13 – 14.

12. S. Teal and A. Edelman, 'Contraception selection, effectiveness, and adverse effects: a review', *Journal of the American Medical Association* 326 (2021), 2507 – 18.

13. 'What does probability of precipitation mean?', NOAA's National Weather Service, https://www.weather.gov/lmk/pops

14. M. Galesic and R. Garcia-Retamero, 'Statistical numeracy for health: a cross-cultural comparison with probabilistic national samples', *Archives of Internal Medicine*, 170 (2010), 462 – 8.

15. D. Bourdin and R. Vetschera, 'Factors influencing the ratio bias', *EURO Journal on Decision Processes* 6 (2018), 321 – 42.

16. 'Binge watching can actually kill you, says new study', *Independent*, 25 July 2016.

17. T. Shirakawa et al., 'Watching television and risk of mortality from pulmonary em bolism among Japanese men and women', *Circulation* 134 (2016), 355 – 7.

18. S. S. Hall, 'Scientists on trial: at fault?', *Nature News* 477 (2011), 264 – 9.

19. F. P. Polack et al., 'Safety and efficacy of the BNT162b2 mRNA Covid-19 vacci ne', *New England Journal of Medicine* 383 (2021), 2603 – 15.

20. 'Micromort', Wikipedia.

21. L. Padilla et al., 'Uncertainty visualization', in W. Piegorsch et al. (eds.), *Computat ional Statistics in Data Science* (Wiley, 2022), 405 – 21.

22. P. K. J. Han et al., 'Communication of uncertainty regarding individualized cancer risk estimates', *Medical Decision Making* 31 (2011), 354 – 66.

23. C. R. Schneider et al., 'The effects of quality of evidence communication on perce ption of public health information about COVID-19: two randomised controlled trials', *PLoS One* 16 (2021), e0259048.

24. A. M. van der Bles et al., 'The eff ects of communicating uncertainty on public tru st in facts and numbers', Proceedings of the National Academy Sciences 117 (2020), 7672 – 83.

25. M. Blastland et al., 'Five rules for evidence communication', *Nature* 587 (2020), 362 – 4.

26. E. Humpherson, 'Uncertainty about official statistics', *Journal of Risk Research* (2024), DOI: 10.1080/13669877.2024.2360920.

27. 'RESIST 2 counter disinformation toolkit', Government Communication Servi ce, https://gcs.civilservice.gov.uk/publications/resist-2-counterdisinformation-toolkit/

28. J. R. Kerr et al., 'Transparent communication of evidence does not undermine pub lic trust in evidence, *PNAS Nexus* 1 (2022), pgac280.

15장. 위험을 관리하고 불확실성과 싸워 이기는 법

1. L. J. Savage, *The Foundations of Statistics* (Dover, 1972).

2. A. Tversky and D. Kahneman, 'Advances in prospect theory: cumulative represent ation of uncertainty', *Journal of Risk and Uncertainty* 5 (1992), 297 – 323.

3. K. Ruggeri et al., 'Replicating patterns of prospect theory for decision under risk', *Nature Human Behaviour* 4(2020), 622 – 33.

4. 'Daniel Kahneman – dyads, and other mysteries', https://josephnoelwalker. com/143-daniel-kahneman/

5. D. Ellsberg, 'Risk, ambiguity and the savage axioms', *Quarterly Journal of Economics* 75 (1961), 643–69.

6. 'Decision support tools', NHS England, https://www.england.nhs.uk/personalised care/shared-decision-making/decision-support-tools/

7. G. Gigerenzer and D. G. Goldstein, 'Reasoning the fast and frugal way: models of bounded rationality', *Psychological Review* 103 (1996), 650–69.

8. 예컨대 다음과 같은 글을 참고하라. https://gobraithwaite.com/thinking/how-daniel-kahneman-learned-the-value-of-stories-for-thinking-fast-and-slow/

9. S. G. B. Johnson et al., 'Conviction narrative theory: a theory of choice under radical uncertainty', *Behavioural and Brain Sciences* 30 (2022), e82.

10. 'The Green Book', Gov.uk (2022), https://www.gov.uk/government/publications/the-green-book-appraisal-and-evaluation-in-central-government/the-green-book-2020.

11. 'TPWS – the once and future safety system', *Modern Railways* 25 Sept. 2019.

12. 'Woodland natural capital accounts', Office for National Statistics, https://www.ons.gov.uk/economy/environmentalaccounts/bulletins/woodlandnaturalcapitalaccountsuk/2022

13. B. Flyvbjerg, 'Top ten behavioral biases in project management: an overview', *Project Management Journal* 52 (2021).

14. 'Valuation – EQ-5D', EuroQol, https://euroqol.org/eq-5d-instruments/eq-5d-5l-about/valuation-standard-value-sets/

15. Health and Safety Executive, Reducing Risks, Protecting People. *HSE's Decision-making Process* (2011), http://www.hse.gov.uk/risk/theory/r2p2.htm

16. 'Flixborough (Nypro UK) Explosion 1st June 1974', Health and Safety Executive, https://www.hse.gov.uk/comah/sragtech/caseflixboroug74.htm

17. 'Union Carbide India Ltd, Bhopal, India. 3rd December 1984', Health and Safety Executive, https://www.hse.gov.uk/comah/sragtech/caseuncarbide84.htm

18. "Browned toast and crispy roast potatoes 'a potential cancer risk'", *Telegraph*, 22 Jan. 2017.

19. D. J. Spiegelhalter, 'How dangerous is burnt toast?' (2017), https://medium.com/wintoncentre/how-dangerous-is-burnt-toast-c5e237873097

20. D. J. Spiegelhalter, 'Coffee and cancer: what Starbucks might have argued' (2018), https://medium.com/wintoncentre/coffee-and-cancer-what-starbucks-might-have-argued-2f20aa4a9fed

21. 'Proposed OEHHA regulation clarifies that cancer warnings are not required for coffee under proposition 65', OEHHA, 15 June 2018.

22. R. Poole et al., 'Coffee consumption and health: umbrella review of meta-analyses

of multiple health outcomes´, *British Medical Journal* 359 (2017), j5024.

23. O.V Martin et al., ´Dispelling urban myths about default uncertainty factors in ch emical risk assessment − sufficient protection against mixture effects?´, *Environme ntal Health* 12 (2013), 53.

24. D. A. Dankovic et al., ´The scientific basis of uncertainty factors used in setting oc cupational exposure limits´, *Journal of Occupational and Environmental Hygiene* 12 (2015), S55 − 68.

25. J. Peto et al., ´The European mesothelioma epidemic´, *British Journal of Cancer* 79 (1999), 666 − 72.

26. P. E. Tetlock et al., ´False dichotomy alert: improving subjective probability esti mates vs. raising awareness of systemic risk´, *International Journal of Forecasting* 39 (2023), 1021 − 5.

27. D. Spiegelhalter, ´Fear and numbers in Fukushima´, *Significance* 8 (2011), 100 − 103.

28. A. Hasegawa et al., ´Health effects of radiation and other health problems in the af termath of nuclear accidents, with an emphasis on Fukushima´, *Lancet* 386 (2015), 479 − 88.

16장. 불확실성 앞에 겸손하라, 포용하라, 즐겨라

1. ´Treaty on artificial intelligence safety and cooperation´, TAISC.org, https://taisc. org

2. J.-M. Salotti, ´Humanity extinction by asteroid impact´, *Futures* 138 (2022), 102933.

3. A. Sandberg and N. Bostrom, ´Global catastrophic risks survey´, Technical report 2008-1, Future Humanity Institute, University of Oxford, 2008.

4. D. J. Spiegelhalter, ´Probabilistic reasoning in predictive expert systems´, in L. N. Kanal and J. Lemmer (eds.), *Uncertainty in Artificial Intelligence* (North-Holland, 1986), pp. 47 − 68.

5. 해리 G. 프랭크퍼트, 《개소리에 대하여》 (필로소픽, 2023)

6. Ministry of Defence, *Red Teaming Handbook*, Gov.uk, https://www.gov.uk/govern ment/publications/a-guide-to-red-teaming

그림 목록

표 목록

찾아보기